U0387205

Love me forever
Love me forever
甜蜜de爱

Come on!
Come on!
Baby!

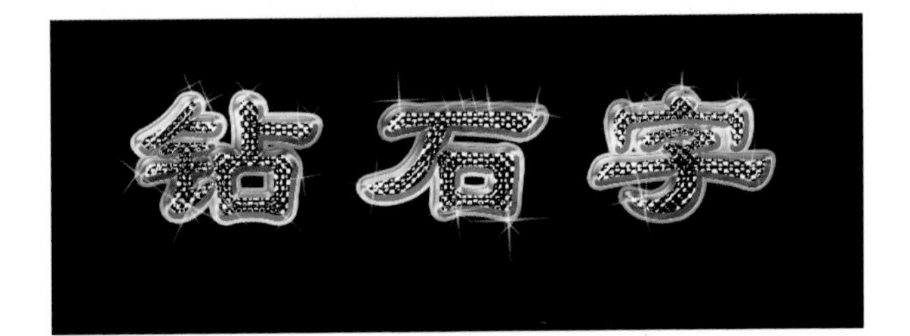

广东女子职业技术学院

由广东省妇联主办、经广东省人民政府批准成立的公办女子高等学府。学院的前身是广东省妇女干部学校，至今有30多年的办学历史。

学院地址：广州市番禺区市莲路南浦段2号

邮政编码：511450

CHINA
梅花香自苦寒来
50分
中国邮政

俏皮女孩

4.22 世界地球日
保护地球，给后代一个蓝天、碧水、绿树的世界！

中華茶藝
文化展览
Chinese Tea Art
弘扬优秀传统茶文化 加强茶文化交流与合作
中国茶艺文化展览
Chinese Tea Art Culture Exhibition
时间：2009年12月18至28日
比赛内容：茶艺表演、才艺展示、知识问答、艺术性、知识性、竞技性、娱乐性四位一体.
大赛网站：http://www.chinese of tea art .com

易享 上城 空间
A BUILTY CITY WERE BUILD
AND BUILTY ,
IT IS NEED US JOIN MODEN ALL DAY CITY
摩登不夜城 娱乐风景这边更好
动静两相宜 公园和商业互相渗透
成都，一座让娱乐业大展宏图的地方。
电话：0300-55668888/55889999 网址：www.modencity.com

To
Form
Merry
christmas

笛子 篇
01./海韵 /02.诗意 /03.归人 /04.康定情歌 /05.祈祷
06./庭院深深 /07.甜蜜蜜 /08.流水年华 /09.原来的我
10.魂牵旧梦 /11.船歌 /12.逝去的爱 /13.今宵多珍重
WCD
VIDEO
TM
CD-02/68
中国新世纪唱片总公司出版

老歌新唱旋律难忘
情感音乐新潮时尚
[情感音樂]笛子篇

21世纪高职高专创新精品规划教材

中文版 Photoshop CS6 图形图像处理案例教程

主　编　石利平

副主编　唐　斌　潘　飞　刘　媛

中国水利水电出版社
www.waterpub.com.cn

内 容 提 要

Photoshop CS6 是 Adobe 公司推出的图像设计及处理软件，它以强大的功能深受用户的青睐。本书从教学实践的角度进行编写，除第 1 章外，其他章节均以实用的案例引出本节的主要知识点。每节主要由制作目的、相关技能和制作步骤组成，部分章节中还包括有技能拓展，帮助读者深入学习相关的知识。本书共分 10 章，包括 Photoshop 的基础知识，Photoshop 的基本操作，选区的创建和应用，图层和文字，处理图像和调整图像，画笔工具的应用，通道和蒙版，路径、动作和动画，滤镜的使用和综合应用案例等。

本书采用案例驱动方式编写，把培养学生操作和应用能力放在第一位，内容翔实，编排合理，可作为高职高专以及各类院校计算机专业和非计算机专业的教材，也可作为各类职业教育和在职培训教材，对自学者来说也是一本有益的读物。

本书配有电子教案和实例素材，读者可以到中国水利水电出版社和万水书苑的网站上免费下载，网址为：http://www.waterpub.com.cn/softdown/和 http://www.wsbookshow.com。

图书在版编目（CIP）数据

中文版Photoshop CS6图形图像处理案例教程 / 石利平主编. -- 北京 : 中国水利水电出版社, 2015.3（2020.8 重印）
21世纪高职高专创新精品规划教材
ISBN 978-7-5170-2743-0

Ⅰ. ①中… Ⅱ. ①石… Ⅲ. ①图象处理软件－高等职业教育－教材 Ⅳ. ①TP391.41

中国版本图书馆CIP数据核字(2014)第303574号

策划编辑：陈宏华　　责任编辑：魏渊源　　封面设计：李　佳

书　　名	21世纪高职高专创新精品规划教材 中文版 Photoshop CS6 图形图像处理案例教程
作　　者	主　编　石利平 副主编　唐　斌　潘　飞　刘　媛
出版发行	中国水利水电出版社 （北京市海淀区玉渊潭南路 1 号 D 座　100038） 网址：www.waterpub.com.cn E-mail：mchannel@263.net（万水） sales@waterpub.com.cn 电话：（010）68367658（营销中心）、82562819（万水）
经　　售	全国各地新华书店和相关出版物销售网点
排　　版	北京万水电子信息有限公司
印　　刷	三河市鑫金马印装有限公司
规　　格	184mm×260mm　16 开本　21.75 印张　540 千字　2 彩插
版　　次	2015 年 3 月第 1 版　2020 年 8 月第 5 次印刷
印　　数	12001—14000 册
定　　价	39.00 元

前　言

Photoshop CS6 是 Adobe 公司推出的图像处理软件，它因其功能强大深受用户的青睐，是全球公认的最具有盛名的图像处理软件。Photoshop 被广泛应用于广告设计、照片处理、建筑设计、网页设计、出版印刷、包装与装潢设计等领域。Photoshop CS6 比以前的版本又增加了不少的功能，速度也更快，更受广大用户的欢迎。

本书采用案例驱动方式编写，每节都是以一个案例切入教学，该案例尽可能包含本节课中主要的知识点，力求通过实际应用帮助读者理解知识点。各节主要由四部分组成：制作目的、相关技能、制作步骤和技能拓展。制作目的主要说明案例制作的要求，以及主要涉及的知识点和案例制作的效果图及素材；相关技能主要介绍与本案例相关的技能知识点；制作步骤详细讲解案例的实现步骤；技能拓展主要介绍利用本节相关知识实现的图像处理效果。通过技能拓展案例读者可进一步掌握本节的相关技能，加深对技能知识的理解。

本书内容由浅入深，通俗易懂。在选择案例时，我们不仅考虑注重案例实用性，也强调案例的针对性和趣味性。通过案例的学习，不仅掌握 Photoshop 的理论知识，也能提高读者的实际动手能力，也可掌握不少 Photoshop 中的操作技巧，很适合初学者使用。

本书的作者主要是学校工作教学第一线的计算机老师、Photoshop 的职业技能培训人员，他们不仅有丰富的教学经验，还有大量的实际制作经验，为了本书的编写，付出了大量的精力和汗水。

本书既可作为高职高专计算机专业以及大中专院校的非计算机专业的教材，也可以作为社会各培训机构的培训教程，也可供初学者自学参考。

本书由石利平担任主编统稿，唐斌、潘飞和刘媛担任副主编。全书编写分工如下：第 1 章由刘媛编写，第 3、4、5、7、8 章由石利平编写，第 2、6、9 章由唐斌编写，第 10 章由潘飞编写。参与本书编写的还有黄华林、钟洁云、蒋桂梅、黎小瑾、金晓龙、宋阳秋、余以胜、孙春燕、宋广科等。

由于时间仓促，书稿内容多，要将各知识点融会在各案例中，是一项难度相当大的工作，书中欠妥之处，在所难免，恳请广大读者批评指正。

编　者

2014 年 12 月

目　　录

第1章 Photoshop 的基础知识

Adobe Photoshop 是当前最流行的图像编辑、数码照片处理和平面设计的专业软件，随着版本的不断升级，它的功能越来越强大、实用和人性化。本章主要介绍 Adobe Photoshop CS6 的窗口环境、图像处理的基本知识等内容。

1.1 Photoshop 的操作界面

1.1.1 启动 Adobe Photoshop CS6

启动 Adobe Photoshop CS6 常用的方法如下：

- 单击桌面任务栏的开始菜单，选择“开始”>“程序”>Adobe Photoshop CS6>Adobe Photoshop CS6 命令。
- 双击桌面上的 Adobe Photoshop CS6 快捷方式图标。

1.1.2 Adobe Photoshop CS6 的工作窗口

启动 Photoshop CS6 后，Photoshop 工作窗口如图 1-1 所示。其工作窗口从上至下依次是菜单栏、工具选项栏、标题栏、图像窗口、状态栏，编辑窗口左边是工具箱，右边是面板。

图 1-1 Photoshop 的工作窗口

Photoshop CS6 提供有深色背景选项，可以凸显图像。工具箱是以单列的形式显示，可节省屏幕区域。控制面板都整齐地排列在屏幕的右侧，关闭或显示控制面板（也称面板）时，Photoshop 工作区域大小会自动调整。单击控制面板上的“折叠为图标”双箭头按钮，控制面板将缩小到很小并排列在窗口右边，双箭头按钮变为“展开面板”按钮，如图 1-2 所示。单击“折叠为图标面板”上的“扩展停放”按钮，可展开面板，如图 1-3 所示。

图 1-2　控制面板折叠

图 1-3　折叠面板展开

1.1.3　Photoshop CS6 工作界面亮度调整

按组合键 Alt+F1，可将 Photoshop CS6 工作界面亮度调暗（从浅灰到黑色）；按组合键 Alt+F2，可将 Photoshop CS6 工作界面亮度调亮（从黑色到浅灰）。

1.1.4　标题栏和菜单栏

Photoshop 标题栏上主要显示 Photoshop 程序名称，当编辑图像文件窗口处于最大化时，标题栏上还会显示当前文档的名字、缩放比例和色彩模式等信息。如显示如图 1-4 所示，则表示文件名为“校园风光.jpg”，图像的显示缩放比例为 66.7%，色彩模式为 RGB，颜色深度为 8 位。

图 1-4　Photoshop 的标题栏

菜单栏有“文件”、“编辑”、“图像”等 10 个菜单项，包含了 Photoshop 的主要功能。如使用某个菜单命令，则单击相应菜单，弹出下拉菜单，再单击选择要使用的命令。

1.1.5　工具箱和选项栏

1. 工具箱

工具箱中包含了用于创建和编辑图像的各种工具，工具是分类存放的，各类工具间由横线分隔开，如图 1-1 所示。Photoshop CS6 中的工具箱可以单列显示，也可以双列显示。单击工具箱上方的向右箭头按钮，工具由单列显示转变为双列显示，箭头按钮方向变为向左。工具箱单列显示时如图 1-5 所示。

通过单击“窗口”>“工具”菜单命令，可控制工具箱的显示与隐藏，当该命令前有符号√时，则说明工具箱处于显示状态。用鼠标拖曳工具箱顶部，可以在 Windows 屏幕上移动工具箱。当鼠标移至工具箱面板按钮的上方，停留片刻，系统即显示出该按钮的名称和快捷键。

要使用某种工具，直接单击工具箱面板上的该工具即可。

（1）工具组中工具的选择。

在工具箱中作用相近的工具放在同一工具按钮下，这样的工具按钮的右下角有一小三角形，表示有一组工具。用鼠标点按住带小三角形的工具按钮不松开，系统会弹出该组工具，用鼠标右击该工具也可弹出该组工具，鼠标移至要用的工具上单击即选中该工具。也可按住 Shift 键的同时反复按工具快捷键，或按住 Alt 键的同时反复单击工具按钮，即可选择工具组内其他工具。

（2）工具的快捷键。

工具箱中的大多数工具，除可用鼠标选取外，还可用键盘直接选取，只要按相应的快捷键，即可选择该工具，提高工作速度。表 1-1 列举了多数工具与其对应的快捷键。

图 1-5 Photoshop 工具箱

表 1-1 Photoshop 的部分工具与相应快捷键列表

工具名	快捷键	工具名	快捷键
矩形选框工具	M	渐变工具	G
移动工具	V	模糊工具	R
套索工具	L	减淡工具	O
魔棒工具	W	路径选择工具	A
裁切工具	C	文字工具	T
切片工具	K	钢笔工具	P
修复画笔工具	J	矩形工具	U
画笔工具	B	注释工具	N
仿制图章工具	S	吸管工具	I
历史记录画笔工具	Y	抓手工具	H
橡皮擦工具	E	缩放工具	Z

2. 工具选项栏

工具选项栏默认是在显示菜单栏下面，主要用于设置工具的参数和属性。工具选项栏会随所选工具的不同而变化，不同的工具有不同的参数，有些参数对于几种工具都是通用的，如“羽化”参数项对于选框工具、椭圆工具、套索工具和磁性套索工具等都是通用的，而有些设置则是某一种工具特有的。

选项栏由头部区、工具图标和工具参数设置三个部分组成。头部区在选项栏的最左边，用鼠标拖曳它，可以调整选项栏的位置。头部区也称为手柄栏。当指针悬停在工具上时，将会出现工具提示。图 1-6 所示为“选择工具”的选项栏。工具图标紧跟头部区右边，单击它或其右边的黑色箭头，系统会调出一“工具预设”面板，有些工具的预设面板是空的，剪切工具的“工具预设”面板如图 1-7 所示。利用该面板可选择已预设好参数的工具，也可保存工具的参数设置。参数设置区一般由按钮、下拉列表框、复选框和单选框等组成，用来设置工具的各参数。

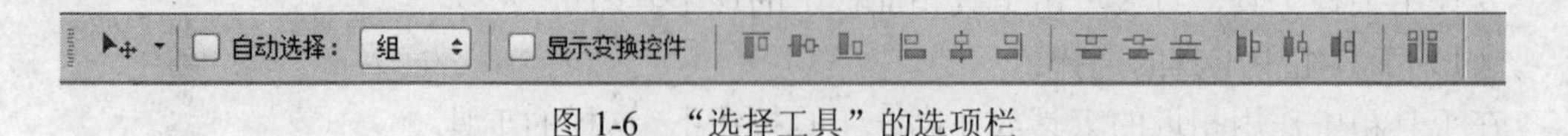

图 1-6 “选择工具”的选项栏

单击“窗口”>“选项”菜单命令，可控制选项栏的显示与隐藏，当该命令前有符号√时，则说明处于显示状态。

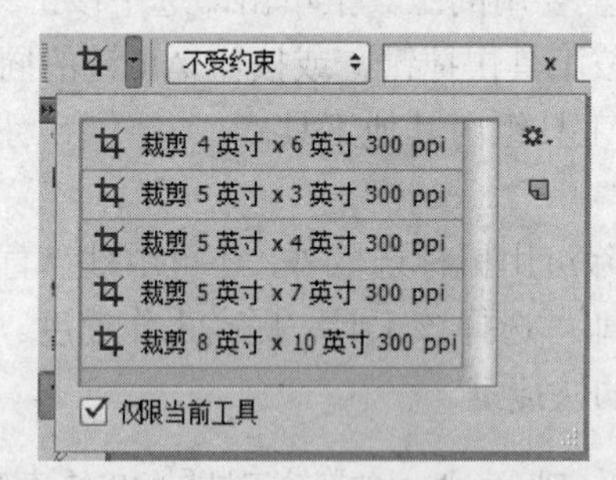

图 1-7 剪切工具的“工具预设”面板

单击“工具预设”面板中的工具预设项，即可预设该项工具。

用户也可以自定义工具预设。如在处理图像中，需要经常使用某一个工具的相同设置，则可以将这组设置作为预设存储起来，以便需要时可随时使用该预设。存储的预设将出现在“工具预设”面板中。自定义工具预设的方法如下：

（1）先在工具箱中选择好工具，设置好参数。

（2）单击选择项上的工具图标，系统弹出“工具预设”面板。

（3）单击“工具预设”面板右上角的“创建新的工具预设”按钮。

（4）在系统弹出的“新工具预设”对话框中输入名字，然后单击“确定”按钮即可。

1.1.6 图像窗口

图像窗口是 Photoshop 操作对象的放置区域，主要用来显示、编辑和浏览图像。图像窗口有自己的标签，上面显示文件名、缩放比例、颜色模式等信息。当用户在 Photoshop 中打开多个图像时，图像标签停放在选项卡上，当前图像的标签加亮显示，可以采用以下几种方法在图像间切换。

- 单击选项卡上的图像标签即可在各图像间切换。
- 通过“窗口”菜单切换。打开“窗口”菜单，在“窗口”菜单的最下面，显示当前打开的图像文件名，单击菜单中相应文件名，即切换到相应图像。
- 按组合键 Ctrl+Tab 按前后顺序切换各图像窗口；按组合键 Ctrl+Shift+Tab 按相反顺序切换图像窗口。

可将鼠标指向选项卡上的图像标签并拖动出选项卡，则该窗口便成为可以移动到任何位置的浮动窗口，如图 1-8 所示。将一个浮动的窗口拖动到选项卡上，当出现蓝色边框时，松开鼠标，窗口重新停放到选项卡上。

图 1-8　浮动窗口

如果打开的图像过多，选项卡上不能显示所有图像的文件名称，可单击选项卡右侧的双箭头按钮 >> ，在打开文件列表中选择需要的图像文件，如图 1-9 所示。

在选项卡上沿水平方向拖动图像标签，可以调整图像排列序顺。

图 1-9　显示图像文件列表

1.1.7　面板

面板是用于信息显示、工具和图像参数设置的一种特殊窗口。面板一般显示在 Photoshop 操作界面的右边，浮动在窗口的上方，在系统默认状态下，面板都是以面板组的形式出现，用户根据需要可以组合、拆分、关闭或打开面板，也可移动其位置和调整大小。每个面板的右上角都有一个▾☰按钮，单击该按钮显示该面板菜单，常用的面板有“图层”、“历史记录”、“颜色”和“导航器”等20多种。

1. 常用面板介绍

（1）“图层”面板。

“图层”面板列出了当前图像中的所有图层、图层组和图层效果。利用“图层”面板上的按钮可完成创建、隐藏、显示、拷贝和删除图层等操作；可以访问“图层”面板菜单和“图层”菜单上的其他命令和选项；点按面板右上角的三角形可以访问处理图层的命令。“图层”面板如图1-10所示。

（2）“路径”面板。

“路径”面板主要显示当前图像中路径的信息，利用它可以新建路径、选择路径、删除路径和编辑路径、将路径转换为选区等操作。“路径”面板如图1-11所示。

图1-10 “图层”面板

图1-11 “路径”面板

（3）“历史记录”面板。

“历史记录”面板可以记录用户最近的操作步骤，利用它可以恢复到图像之前的状态，利用它还可以根据一个状态或快照创建文档。“历史记录”面板如图1-12所示。

（4）“颜色”面板。

“颜色”面板显示当前前景色和背景色的颜色值。利用“颜色”面板中的滑块，可以根据几种不同的颜色模型编辑前景色和背景色。也可以从显示在面板底部的四色曲线图中的色谱中选取前景色或背景色。“颜色”面板如图1-13所示。

图1-12 “历史记录”面板

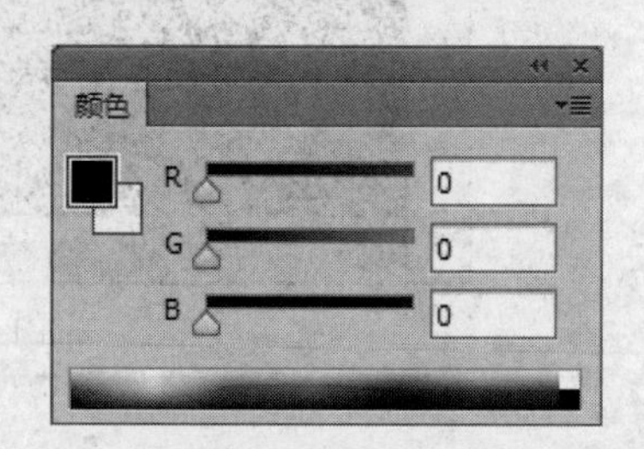

图1-13 “颜色”面板

（5）“导航器”面板。

利用“导航器”面板可以快速更改图像的大小，当图像无法在整个画布看到时，可在导航器面板中看到其他区域。在“导航器”面板中可拖曳滑块或改变文本框中的数据，可调整图像显示大小。当画布窗口无法看到整个图像时，拖曳“导航器”面板中的红色正方形，可调整图像的显示区域。“导航器”面板如图 1-14 所示。

2. 显示或隐藏面板

单击窗口菜单中相应的面板命令，可以控制面板的显示与隐藏。在窗口菜单中，如果命令前标有“√”号，说明该面板当前处于显示状态，如没有该符号说明该面板处于隐藏状态。

单击面板右上角的按钮，打开面板菜单，如图 1-15 所示，选择“关闭”命令，即关闭当前面板；选择“关闭选项卡组”命令，即关闭面板所在组所有面板。

图 1-14 “导航器”面板

图 1-15 打开面板菜单

3. 移动面板组（或面板）

将鼠标指向面板组（或面板）的标题栏上，然后拖曳面板组（或面板），即可移动相应的面板组（或面板）。

4. 调整面板的大小

将鼠标指向面板的边框上，当鼠标指针变成双箭头形状时，拖曳鼠标可调整面板的大小。

5. 分离面板

将鼠标指向要分离的面板标签上（即面板名字上），按住鼠标左键，拖曳面板至面板组之外，释放鼠标，即可将其从面板组中分离出来。

6. 合并面板

将鼠标指向面板标签上，按住鼠标左键，拖曳面板至面板组（或另一面板）中，当面板组的框线变粗变亮蓝色，这时释放鼠标，即可将面板合并到面板组中。

7. 面板组的折叠与展开

双击面板组的标题栏，可使面板在折叠与展开状态切换。也可单击面板组右上角的双箭头按钮，面板组折叠为图标，如图 1-16 所示；单击面板图标上的按钮，则重新展开面板，也可以单击面板组的图标，重新展开面板。

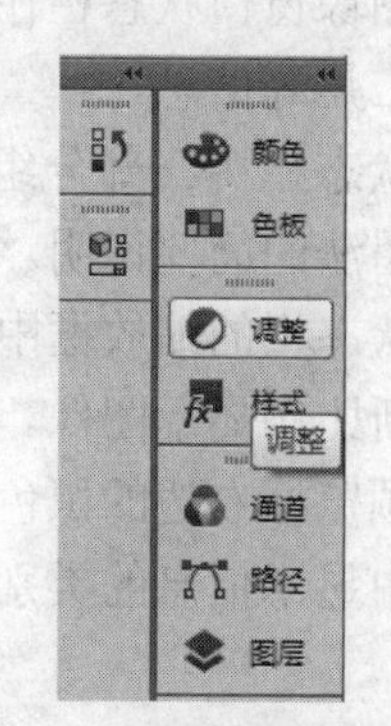

图 1-16 面板折叠为图标

8. 将面板恢复到默认状态

如果调整了面板的大小、位置等后，单击“窗口”>“工作区”>“复位基本功能”菜单命令，可将面板复位到系统默认的状态。

1.1.8 在面板、对话框和选项栏中输入值

在面板、对话框和选项栏中输入值可以使用以下任一操作：

- 在文本框中键入一个值，然后按 Enter 键。

- 拖动滑块。
- 将指针移到滑块或弹出滑块的标题上。当指针变为指向手指时，将小滑块向左或向右拖移。此功能只可用于选定滑块和弹出式滑块。
- 拖动转盘上的指针。
- 单击面板中的箭头按钮以增大或减小值。
- 单击文本框，然后使用键盘上的向上箭头键和向下箭头键来增大或减小值。
- 从与文本框关联的下拉菜单中选择一个值。

图 1-17 所示为常见的几种输入值的方式。

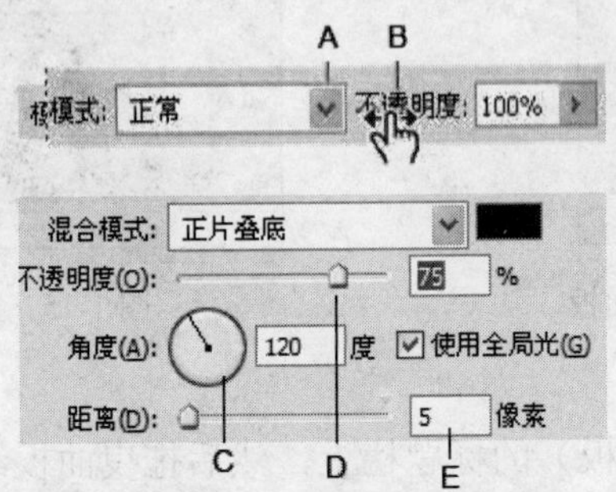

A．菜单箭头　B．小滑块　C．转盘　D．滑块　E．文本框

图 1-17　输入值的方式

1.1.9　状态栏

图像窗口状态栏在 Photoshop 图像窗口的底部，用于显示文件的显示比例、大小、当前使用的工具等信息。

状态栏由三部分组成，左边是缩放框，中间是预览框，右边是文本行。文本行是对现用工具用法的简要说明。缩放框用于显示当前图像窗口中的显示比例。如想改变图像的显示比例，可在状态栏的缩放框中单击，缩放框显示插入点，输入一显示比例，然后按 Enter 键，系统立刻按新比例显示图像。预览框用于显示一些信息，用户可以更改在预览框中显示信息的类别，单击预览框右边的黑色箭头，系统打开一弹出式菜单，如图 1-18 所示，用户可从中选择在预览框中显示信息的类别。该菜单中各项含义如下。

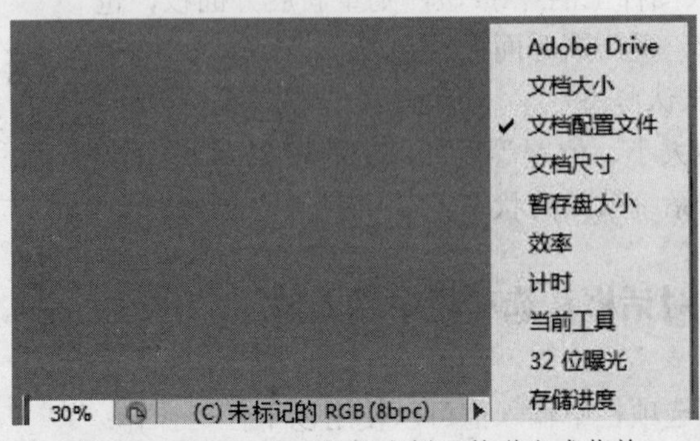

图 1-18　Photoshop 的状态栏及其弹出式菜单

- Adobe Drive：显示图像文档的 Version Cue 工作组状态。
- 文档大小：显示当前打开的图像中的数据量信息，左边的数字表示图像拼合图层并存储文件后的大小。右边的数字文件包含图层和通道的近似大小。此项为系统默认选项。
- 文档配置文件：显示图像使用的颜色配置文件的名称。
- 文档尺寸：显示图像的尺寸。
- 暂存盘大小：显示用于处理图像的 RAM 和暂存盘的数量信息。左边的数字表示当前正由程序用来显示所有打开的图像的内存量。右边的数字表示可用于处理图像的总 RAM 量。
- 效率：显示执行实际操作所花时间的百分比。如此值低于 100%，则说明 Photoshop 正在使用暂存盘，因此操作速度较慢。
- 计时：显示完成上一个操作所花的时间，单位为秒。
- 当前工具：查看现用工具的名称。
- 32 位曝光：用于调整预览图像，便于查看 32 位/通道高动态范围（HDR）图像的选项。只有当显示 HDR 图像时，该项才有用。
- 存储进度：保存文件时，显示存储进度。

单击状态栏文件信息区域中的任何位置，可以显示图像的宽度、高度、通道及分辨率等信息，如图 1-19 所示。按住 Ctrl 键单击状态栏，可以显示图像拼贴相关信息，如图 1-20 所示。

图 1-19　图像宽度等信息

图 1-20　图像拼贴相关信息

1.2　图像处理中的基本概念

1.2.1　像素与分辨率

在 Photoshop 中，像素是位图图像里的最小组成单位，像素不能再被划分为更小的单位。它是一块带有颜色、明暗、坐标等信息的正方形的颜色块，用以表示一幅位图图像。像素是有大有小的。位图图像的单位面积内，容纳的像素越多，单个像素也越小，图像质量越高；反之，单位面积内容纳的像素越少，单个像素越大，图像质量越低。

图像的分辨率是指单位长度上像素的数量，通常以 ppi 表示，也即 pixel/inch（像素/英寸）。在 Photoshop 中，用户可以更改图像的分辨率。在数字化的图像中，分辨率的大小直接影响到图像的质量。分辨率高的图像就越清晰，文件也就越大。

图像打印时，高分辨率的图像比低分辨率的图像包含的像素更多，因此像素点更小。因高分辨率图像中的像素密度比低分辨率的图像高，所以高分辨率的图像可以重现更多细节和更细微的颜色过渡，无论打印尺寸多大，高品质的图像通常看起来效果都不错。

一般图像用于显示或网络使用时，分辨率可设置为72ppi，这样文件小，利于传输和显示；如图像用于喷墨打印机打印，分辨率可设置为100～150ppi；如图像用于印刷，则分辨率设置应为300ppi。

1.2.2 矢量图与点阵图

电脑中的图像按信息的表示方式可分为矢量图和位图两种。通常所讲的图形是指矢量图，图像指的是位图（也称点阵图）。

1. 点阵图

位图（bitmap）是由像素组成的。位图是由像素阵列的排列来实现其显示效果的，每个像素有自己的颜色信息。在对位图图像进行编辑操作的时候，可操作的对象是每个像素。点阵图像中像素的颜色种类越多，图像文件就越大。

点阵图的文件格式很多，如*.bmp、*.pcx、*.gif、*.jpg、*.tif、*.psd等。

2. 矢量图

矢量图（vector）也叫做向量图。矢量图是通过多个对象的组合生成的，是记录了对象形状及颜色的算法。由于矢量图形可通过公式计算获得，所以矢量图形文件体积一般较小。矢量图形最大的优点是无论放大、缩小或旋转等不会失真，其与分辨率无关，适用于图形设计、文字设计和一些标志设计、版式设计等。

目前常用的矢量软件有Freehand、Illustrator、CorelDRAW等。大名鼎鼎的Flash MX制作的动画也是矢量图形动画。常用的矢量图文件格式有cdr、wmf、ico等。

3. 点阵图与矢量图的区别

首先，点阵图与矢量图的构成原理是不一样。其次，一般情况下，点阵图像能更真实、更自然、更逼真地表示真实的场景。但点阵图像体积大，在放大、缩小或旋转时会产生失真。矢量图的图形颜色多少与文件大小基本无关，色彩相对单调，文件体积一般较小。矢量图在放大、缩小或旋转时不会产生失真。

下面通过一个例子，来理解点阵图与矢量图在缩小与放大之后有什么不同。下面图1-21中，左边雪花图像为点阵图，右边为矢量图，图片大小为350像素×180像素，现将执行Photoshop中的“图像”>“图像大小”菜单命令，将图像变为175像素×90像素，如图1-22所示，这时两图像几乎没区别。再使用“图像”>“图像大小”，将图像大小变为原来大小，这时图像变为如图1-23所示，很明显，左边的点阵图已变模糊了，而矢量图没变化。如先将图像缩为43×20像素，然后再放大为原来大小，则左边的点阵图将变得更不清晰了，如图1-24所示。

图1-21 原图

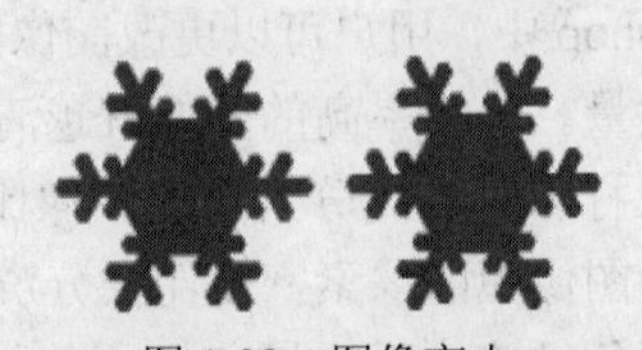

图1-22 图像变小

图 1-23　图像由小恢复原来大小

图 1-24　图像缩小后再放大

1.2.3　色相、饱和度、亮度与色调

色相、饱和度和亮度称为色彩的三要素，任何一种色彩都可以用这三个量来确定和表示。

色相指纯色，是组成可见光谱的单色，也即色彩的相貌。平常我们所说的赤、橙、黄、绿、青、蓝、紫都是色相的一种。

饱和度表示色彩的纯度，相当于彩色电视机的色彩浓度。当彩色饱和度高时色彩较艳丽，饱和度很低时接近灰色。白、黑和其他灰色色彩都没有饱和度的。在最大饱和度时，每一色相具有最纯的色光。

亮度也称为明度，是指色彩的明暗程度，等同于彩色电视机的亮度，亮度高色彩明亮，亮度低色彩暗淡，亮度最高得到纯白，最低得到纯黑。

色调是指图像色彩外观的基本倾向，也即图像画面色彩的基调。画面上的明度、纯度、色相这三个要素中，某种因素起主导作用，就称之为某种色调。如一幅摄影作品虽然有多种颜色，但总体有一种倾向，是偏绿或偏红，是偏暖或偏冷等等。这种颜色上的倾向就是一幅摄影作品的色调。

1.2.4　图像的颜色模式

Photoshop 的颜色模式是基于颜色模型的。颜色模型即用数字描述颜色，颜色模型对于印刷中使用的图像非常有用。各颜色模型是通过不同的方法用数字描述颜色的。颜色模式是决定显示和打印图像时使用哪种方法或哪组数字即哪种颜色模型。Photoshop 中可以支持多种颜色模式，如位图、灰度、双色调、RGB 颜色、CMYK 颜色等。执行 Photoshop 菜单栏中的“图像”>“模式”命令，在弹出的子菜单中可看到 Photoshop 中所支持的颜色模式。下面简单介绍常用的颜色模式。

1. RGB 颜色模式

RGB 颜色模式是 Photoshop 中最常用的模式之一，也是默认的颜色模式。RGB 颜色模式使用 RGB 模型，是通过对红（R）、绿（G）、蓝（B）三个颜色通道的变化以及它们相互之间的叠加来得到各式各样的颜色的，RGB 即是代表红、绿、蓝三个通道的颜色，这个标准几乎包括了人类视力所能感知的所有颜色，是目前运用最广的颜色系统之一，是一种发光模式。

在 RGB 模式下，对于彩色图像中的每个 RGB（R：红色、G：绿色、B：蓝色）分量，为每个像素指定一个 0（黑色）～255（白色）之间的强度值。例如，红色使用 R 值 255、G 值 0 和 B 值 0，而亮红色 R 值为 246，G 值为 20，B 值为 50。当所有三种成分值相等时，产生中性灰色。当所有成分的值均为 255 时，结果是纯白色；当该值为 0 时，结果是纯黑色。

2. 灰度模式

灰度模式也是一种标准的颜色模型，该模式使用多达 256 级灰度来表现图像颜色。灰度图像中的每个像素都有一个 0（黑色）～255（白色）之间的亮度值。灰度值也可以用黑色油墨覆盖的百分比来度量（0%等于白色，100% 等于黑色）。

灰度模式可用于表现高品质的黑白图像。大家平时都习惯把灰度的照片称为“黑白照片”，“黑白照片”这个名词的说法是不准确的。使用黑白或灰度扫描仪生成的图像通常以“灰度”模式显示。“黑白”其实是位图模式（不是黑就是白，没有阶调）。在 Photoshop 中任何彩色模式下的各颜色信息通道与 Alpha 通道以及专色通道等等，分离开后都是灰度的。在灰度模式状态下，因为没有额外的颜色信息的影响和干扰，其色调校正是最直观的，并且是唯一能转换位图和双色调模式的色彩模式。

3. 位图模式

该模式下只用黑色或白色颜色之一表示图像中的像素。位图模式下的图像是真正的黑白图像，图像中的像素要么是黑色，要么是白色，该模式下的图像颜色深度为 1。因位图模式包含的颜色信息最少，因而相应的图像占用磁盘空间也最小。

4. CMYK 颜色模式

CMYK 颜色模式广泛用于印刷行业，在制作要用印刷色打印的图像时，应使用 CMYK 模式。C 代表青色，M 代表洋红色，Y 代表黄色，K 代表黑色。因为在实际引用中，青色、洋红色和黄色很难叠加形成真正的黑色，最多不过是褐色而已。因此才引入了 K——黑色。黑色的作用是强化暗调，加深暗部色彩。该模式是当白光照到物体上，经过物体吸收一部分颜色后，反射而产生色彩，因此称为减色模式。

在 Photoshop 的 CMYK 模式中，为每个像素的每种印刷油墨指定一个百分比值。为最亮（高光）颜色指定的印刷油墨颜色百分比较低，而为较暗（暗调）颜色指定的百分比较高。例如，亮红色可能包含 2%青色、93%洋红、90% 黄色和 0%黑色。在 CMYK 图像中，当四种分量的值均为 0%时，就会产生纯白色。

5. 索引颜色模式

索引颜色模式用最多 256 种颜色生成 8 位图像文件，它采用一个颜色表存放并索引图像中的颜色。如果原图像中的一种颜色没有出现在查照表中，程序会选取已有颜色中最相近的颜色或使用已有颜色模拟该种颜色。它只支持单通道图像（8 位/像素），因此，我们通过限制调色板、索引颜色减小文件大小，同时保持视觉上的品质不变，多用于多媒体动画的应用或网页。

6. 双色调颜色模式

该模式通过二至四种自定油墨创建单色调、双色调（两种颜色）、三色调（三种颜色）和四色调（四种颜色）的灰度图像。

7. Lab 颜色模式

Lab 颜色是 Photoshop 在不同颜色模式之间转换时使用的中间颜色模式。

Lab 颜色模式有三个分量组成，一个介于 0～100 之间的明度分量（L），和 a 分量（绿色-红色轴）和 b 分量（蓝色-黄色轴）。在 Photoshop 的 Adobe 拾色器中，a 和 b 分量的范围为+127～-128。在“颜色”面板中，a 分量和 b 分量的范围可从+120～-120。

Lab 模式所定义的色彩最多，且与光线及设备无关并且处理速度与 RGB 模式同样快，比

CMYK 模式快很多。因此，可以放心大胆地在图像中使用 Lab 模式。而且，Lab 模式在转换成 CMYK 模式时色彩没有丢失或被替换。因此，最佳避免色彩损失的方法是：应用 Lab 模式编辑图像，再转换为 CMYK 模式打印输出。

当将 RGB 模式转换成 CMYK 模式时，Photoshop 会自动将 RGB 模式转换为 Lab 模式，再转换为 CMYK 模式。在表达色彩范围上，处于第一位的是 Lab 模式，第二位是 RGB 模式，第三位是 CMYK 模式。

8. 多通道颜色模式

在多通道模式中，每个通道都使用 256 级灰度。进行特殊打印时，多通道图像十分有用。

下列原则适用于将图像转换为多通道模式：

- 原图像中的颜色通道在转换的图像中成为专色通道。
- 将颜色图像转换为多通道模式时，新的灰度信息基于每个通道中像素的颜色值。
- 将 CMYK 图像转换为多通道模式可以创建青色、洋红、黄色和黑色专色通道。
- 将 RGB 图像转换为多通道模式可以创建青色、洋红和黄色专色通道。
- 从 RGB、CMYK 或 Lab 图像中删除通道可以自动将图像转换为多通道模式。

9. HSB 模式

人们对色彩的直觉感知，首先是色相，即红橙黄绿青蓝紫中的一个，然后是它的深浅度。HSB 色彩就是籍由这种模式而来的，它把颜色分为色相、饱和度、明度三个因素，它将我们人脑的“深浅”概念扩展为饱和度（S）和明度（B）。

在 Photoshop 中要选择一种颜色，如果不知道它的具体 RGB 值或 CMYK 值时，用 HSB 模式进行选择比较方便直观。如需要一个深蓝色，可先将 H 设置到蓝色，再调整 S 和 B 的值。颜色深则 S（饱和度）值大，颜色浅 S 值小；颜色亮则 B（明度）值大，颜色暗 B 值小。如图 1-25 所示，利用 Photoshop 的“颜色”面板设置深蓝色。

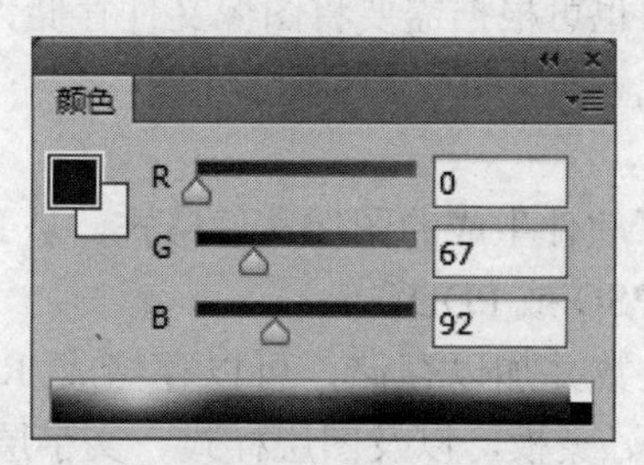

图 1-25 “颜色”面板

1.2.5 颜色深度

颜色深度简单说就是最多支持多少种颜色信息，一般是用“位”来描述的，也称位深度或像素深度。较大的位深度（每像素信息的位数更多）意味着数字图像具有较多的可用颜色和较精确的颜色表示，则图片占的空间也较大。例如，颜色深度为 1 的像素仅有两个可能的值：黑色和白色；若颜色深度为 8 的像素有 2^8 或 256 个可能的颜色。常用的颜色深度值范围为 1 到 64 位/像素。

执行 Photoshop 的菜单命令“文件”>“新建”时，系统打开“新建”对话框，其中“颜色模式”下拉列表框右侧中的下拉列表框即为图像文件“颜色深度”设置框。图 1-26 所示的“新建”对话框中，“颜色深度”为 8 位。

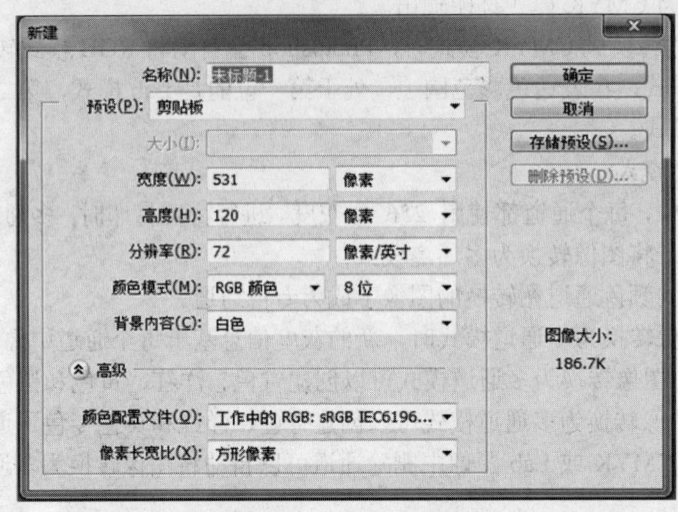

图 1-26 “新建”对话框

1.2.6 图像文件的格式

图像文件的格式是指图像文件存储时所采用的格式。图像文件格式决定了在文件中存放何种类型信息，如何与各种应用软件兼容，如何与其他文件交换数据。Photoshop 支持的图像的格式有很多，用户应根据图像的用途决定图像存为何种格式。利用 Photoshop 可以对不同格式的图像文件进行编辑和存储，也可根据需要将图像文件存储为其他格式的文件。下面主要介绍 Photoshop 中常用的文件格式。

1. PSD 格式

PSD 格式文件是 Photoshop 软件生成的图像文件格式，是 Photoshop 图像处理软件专用的图像文件格式，文件扩展名为 PSD 或 PDD。

PSD 文件能够自定义颜色数并加以存储，可以存储成 RGB 或 CMYK 模式，能保存 Photoshop 的图层、通道、路径、蒙板，以及图层样式、文字层、调整层等额外信息，可方便以后对文件再作修改。PSD 文件格式是目前唯一能够支持全部图像色彩模式的格式。因 PSD 文件采用无损压缩，所以文件体积相对较大，特别是当图层较多时，比较耗费存储空间。PSD 文件在大多平面软件内部可以通用，如 CorelPhoto-pain 等，但由于 PSD 体积庞大，所以浏览器类的软件不支持它。

2. BMP 格式

Windows 系统下的标准位图格式，文件扩展名为 bmp、RLE 和 DIB，使用很普遍。其结构简单，是没有经过压缩的数字图像文件，但图像文件数据量比较大。它最大的好处就是能被大多数软件接受，可称为通用格式。

3. TIFF 格式

TIFF 是带标签的图像文件，由 Aldus 公司与微软公司共同开发设计的图像文件格式，用以保存由色彩通道组成的图像，文件扩展名为 tif 或 tiff。TIFF 是一种无损压缩的文件格式，不会破坏任何图像数据，保证图像质量，它的最大优点是图像不受操作平台的限制，无论 PC 机、MAC 机还是 UNIX 机，都可以通用。TIFF 格式应用于较专业的用途，如海报、书籍等，很少应用于互联网上。

4. JPEG 格式

JPEG 格式是“Joint Photographic Experts Group（联合图像专家组）”的缩写，文件扩展名为 JPG、JPE 或 JPEG，是应用最广泛的图片格式之一。JPEG 采用一种特殊的有损压缩算法，压缩技术十分先进，在获得极高的压缩率的同时能展现十分丰富生动的图像。该文件格式适用于互联网传输，不适用于制成印刷品。

5. GIF 格式

GIF 格式是网页中常用的格式，扩展名是 GIF，最多只能存储 256 色。它的优点是采用无损压缩存储，可以生成很小的文件，支持透明色，可以制作动画，是网络上很流行的一种图像格式。

6. PNG 格式

PNG 格式是为适应网络传输而开发的图像文件格式，其目的是替代 GIF 和 TIFF 文件格式。该格式文件增加一些 GIF 文件格式所不具备的特性，存储灰度图像时深度可多到 16 位，存储彩色图像时的深度可多到 48 位。

7. EPS 格式

EPS 格式是为 PostScript 打印机上输出图像而开发的文件格式。EPS 格式可以同时包含矢量图形和位图图像，支持 RGB、CMYK、位图、双色调、灰度、索引和 Lab 模式，但不支持 Alpha 通道。几乎所有的页面排版程序都支持 EPS 格式。

8. Dicom 格式

Dicom（医学数字成像和通信）格式用于存储和传输医学图像，扩展名为 dcm，如超声波图像。

9. PDF 格式

PDF 格式是一种通用的文档格式，具有电子文档搜索和导航功能，支持矢量和位图数据。PDF 格式是 Adobe Illustrator、Adobe Acrobat 和 Adobe Reader 的主要格式。

思考与练习

1. 什么是色彩的三要素？什么是色相？什么是亮度？什么是饱和度？
2. 常见的图像的颜色模式有哪些，各有什么特点？
3. 什么矢量图？什么是点阵图？各有什么特点？
4. 常见的图像文件格式有哪些？它们各有什么特点？

第2章 Photoshop 的基础操作

2.1 『案例』新建、保存和关闭图像

主要学习内容：

- 图像的新建、保存、关闭

一、制作目的

绘制图像是 Photoshop CS6 的基本功能之一，就如同画画一样，从一张白纸到五彩缤纷，如果要在一个空白的图像上绘画，就先要在 Photoshop CS6 中新建一个图像文件。

二、相关技能

1. 新建图像

新建图像是开启 Photoshop CS6 设计之门的第一步，通常可以用下面几种方法新建图像。

- 执行“文件”>“新建”命令。
- 按组合键 Ctrl+N。
- 按住 Ctrl 键的同时，在 Photoshop CS6 的工作区内双击鼠标。

在“新建”对话框中，“名称”选项的文本框中可以输入新建图像的文件名。“预设”选项的下拉列表中有部分 Photoshop CS6 中预先设置好的文件规格。在“宽度”和“高度”选项的数值框中可以直接输入需要的数值。在“分辨率”选项的输入框中可以根据图像的用途，输入需要的分辨率。在“颜色模式”选项的下拉列表中有多种 Photoshop CS6 支持的模式供选择。在“背景内容”中选择图像的背景颜色。

2. 保存图像

完成对图像的处理后，就需要对图像进行保存。通常可以用下面几种方法保存图像。

- 执行“文件”>“存储”命令。
- 按组合键 Ctrl+S。

当第一次保存新建图像时，系统将弹出“存储为”对话框，在对话框中输入文件名，选择保存的路径和图片格式，单击“保存”按钮即可。如果对该文件进行修改后，再次执行“存储”命令，系统不会弹出“存储为”对话框而直接覆盖掉上一次保存的文件。

如果想既不想放弃上一次保存的文件，又想保留修改过的结果，可以使用“存储为”命令，其作用是将修改结果另外存储为一个新的文件，同时原文件保留不变。

3. 关闭图像

如果图像事前保存，则可直接关闭图像，通常可以用下面几种方法关闭图像。

- 执行“文件”>“关闭”命令。
- 按组合键 Ctrl+W。
- 单击图像窗框右上方的小叉“关闭”按钮 ×。

关闭图像时，若当前文件被修改过或是新建文件，则系统会弹出一个提示对话框，询问用户是否保存修改，选择“是”即可保存修改并关闭图像，选择“否”则不保存修改并关闭图像，选择“取消”则放弃关闭操作，如图 2-1 所示。

图 2-1　保存更改提示对话框

如果已经打开了多个图像，要将打开的图像全部关闭，可以执行“文件”>“关闭全部”命令。

三、制作步骤

（1）打开 Photoshop CS6，执行“文件”>“新建”菜单命令，打开的“新建”对话框如图 2-2 所示。点击“确定”按钮，即可新建一个图像文件。

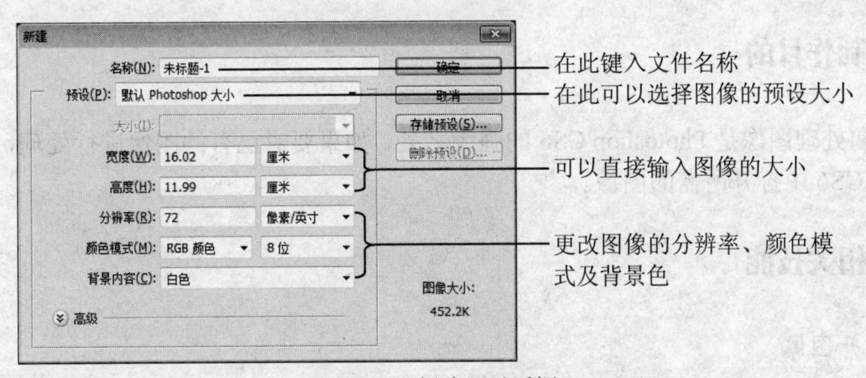

图 2-2　“新建”对话框

（2）在工具箱中选择画笔工具，然后在刚才新建的图像上随意绘制一个图形，如图 2-3 所示。

（3）执行“文件”>“存储”命令，因为是第一次保存，所以打开“存储为”对话框，如图 2-4 所示。在“保存在”下拉列表中选择要保存的路径或直接输入要保存的路径；在“文件名”框中输入文件名称；在“格式”下拉框中选择要“保存的文件格式”。

（4）点击“保存”命令，再执行“文件”>“关闭”命令，或者接单击文件标签的小叉标志 ×，关闭图像，注意，此时并未退出 Photoshop CS6。

图 2-3　随意绘制图形

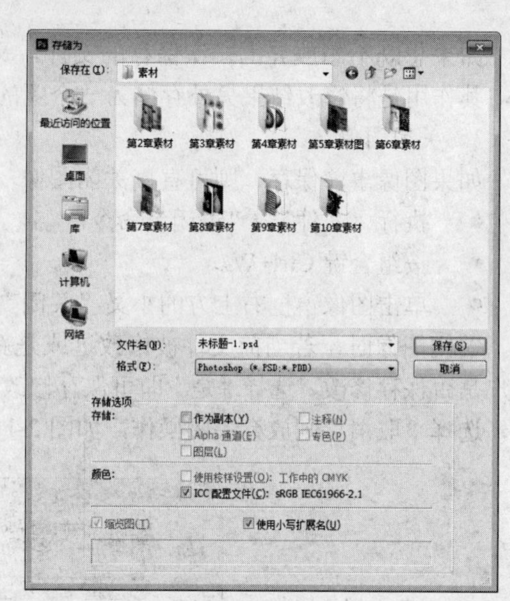

图 2-4　首次保存

（5）执行“文件”>“退出”命令，或者直接单击软件标题栏上最右侧的小叉标志 ✕ ，退出 Photoshop CS6。

2.2　『案例』浏览图像

主要学习内容：

- 图像的打开和浏览

一、制作目的

修改和处理图像是 Photoshop CS6 的强大之处，如果要对已有的图像进行处理，就先要在 Photoshop CS6 中打开所需的图像。

二、相关技能

1. 打开图像

使用“打开”命令，通常可以用下面几种方法打开图像。

- 执行“文件”>“打开”命令。
- 按组合键 Ctrl+O。
- 直接在 Photoshop CS6 界面中双击鼠标左键。

注意：如图 2-5 所示，在“打开”对话框中可以同时打开多个文件。按住 Ctrl 键，鼠标点选不连续的多个文件，按住 Shift 键，鼠标点击可以选择连续的多个文件，也可以在“打开”对话框中用鼠标拖动，框选多个连续文件，再打开。

图 2-5　“打开”对话框

2. 改变图像显示比例

在使用 Photoshop CS6 处理图像时，可以通过改变图像显示比例来使工作更加准确、便捷、高效。

打开一个图像文件时，可以在工作区的左下角看到当前的显示比例，如图 2-6 所示。

通常可以用下面几种方法来改变图像显示比例。

直接在图 2-6 所示的显示比例处输入需要的比例，按 Enter 键确认。

使用“缩放工具”：选择工具箱中的“缩放工具”，在图像中光标变为放大工具时，每单击一次鼠标，图像就会放大显示一级。在选项栏中选择缩小工具，每单击一次鼠标，图像就会缩小显示一级。

使用“导航器”控制面板：如图 2-7 所示，用户可以在“导航器”控制面板中对图像进行放大，单击控制面板右下角较大的三角图标，可逐次地放大图像。单击控制面板左下角的三角图标，可逐次缩小图像。拖拽小三角形的滑块可以自由地放大和缩小图像。在左下角的数值框中直接输入数值后，按 Enter 键确认，也可以改变图像显示比例。

图 2-6　显示比例

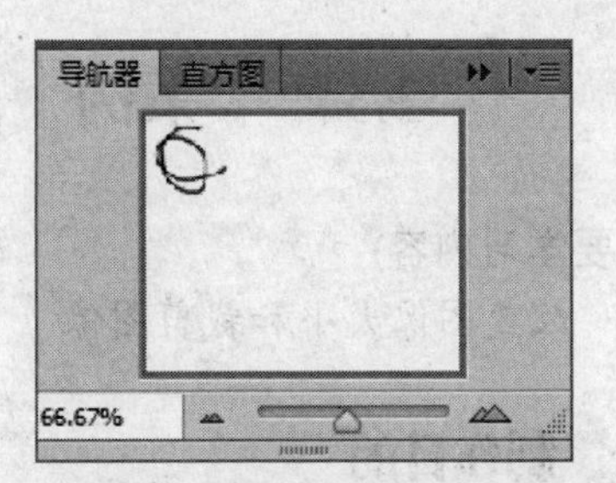

图 2-7　“导航器”控制面板

使用快捷键：按住 Ctrl 键和+键，可以逐次放大图像。按 Ctrl 键和-键可以逐次缩小图像。当正在使用工具箱的其他工具时，按住组合键 Ctrl+空格键，可以快速切换到放大工具；按住组合键 Alt+空格键，可以快速切换到缩小工具。

3. 切换屏幕显示方式

处理图片时，Photoshop CS6 可以根据用户的需要，个性化地显示屏幕。

在工具箱最下端的“更改屏幕模式”按钮上，按住鼠标左键约 1 秒钟，如图 2-8 所示，即可看到 3 种屏幕显示方式，使用者可以根据需要选择其中一种。如果只是鼠标单击“更改屏幕模式”按钮或者反复按快捷键 F，可以在 3 种屏幕显示方式中切换，反复按 Tab 键可以关闭和开启除图像和菜单外的其他控制面板。

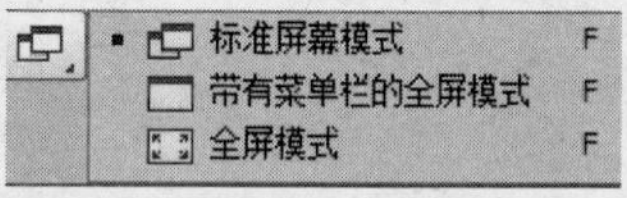

标准屏幕模式 F
带有菜单栏的全屏模式 F
全屏模式 F

图 2-8 切换屏幕显示方式

4. 选取工具箱中工具的方法

熟练地掌握工具箱是学习 Photoshop CS6 的基础。为了节省屏幕空间，Photoshop CS6 将工具分了组，在某个工具图标上按住鼠标左键不放或单击该图标，都可以展开这一组工具，再选择自己需要的。

三、制作步骤

（1）使用“打开”命令打开文件。

打开 Photoshop CS6，执行“文件”>“打开”菜单命令，在“打开”对话框的“查找范围”下拉框中选择要打开文件所在的路径。在“文件和目录”列表中选择要打开的文件，然后单击“打开”按钮即可打开文件；也可直接双击要打开的文件，直接将文件打开。

（2）打开最近使用过的文件。

执行“文件”>“最近打开文件”命令。

（3）按上面所列方法中的一种打开在案例 1 中首次保存的图像。

（4）单击工具箱的缩放工具，选择相应的选项栏里的放大按钮，再点击图像，可以看到图像被放大，使用抓手工具，移动被放大的图像。同样，请试试缩小按钮，观察图像大小的变化。

（5）单击菜单栏“窗口”命令，勾选“导航器”，观察“导航器”面板。尝试更改左下角显示比例的数值或拖动右下角的放缩滑块，观察图像变化。

（6）选择工具箱最下端的“更改屏幕模式”按钮，按照 3 种方式查看屏幕模式。

2.3 『案例』改变图像的大小和裁剪图像

主要学习内容：

- 改变图像大小和裁剪图像

一、制作目的

在处理图像时，经常需要调整图像的大小。例如，在用数码相机照相以后，经常要将相片裁剪，然后放到博客里。在 Photoshop CS6 中，可以轻松做到这些。

二、相关技能

1. 图像尺寸和画布尺寸的调整

选择“图像”>“图像大小”命令，系统将弹出“图像大小”对话框，如图 2-9 所示。在“图像大小”对话框中，“像素大小”选项组通过改变宽度和高度的数值，改变图像在屏幕上的显示大小，图像的尺寸也相应改变；“文档大小”选项组通过改变宽度、高度和分辨率的数值，改变图像的文档大小，图像的尺寸也相应改变；选中“约束比例”复选框，可以看到在宽度和高度的选项后出现“锁链”图标，该图标表示改变其中一项，两项会成比例地同时变化。

图像画布尺寸的大小是指当前图像周围的工作空间的大小。选择“图像”>“画布大小”命令，系统将弹出“画布大小”对话框，如图 2-10 所示。在“画布大小”对话框中，“当前大小”选项组显示的是当前文件的大小和尺寸；“新建大小”选项组用于重新设定图像画布的大小；“定位”选项则可调整图像在新画面中的位置，可偏左、居中或偏右等；“画布扩展颜色”选项的下拉列表中可以选择填充图像周围扩展部分的颜色，在列表中可以选择前景色、背景色等，也可以根据自己的需要进行调整。选择“图像”>“旋转画布”命令，可以改变画布的方向。

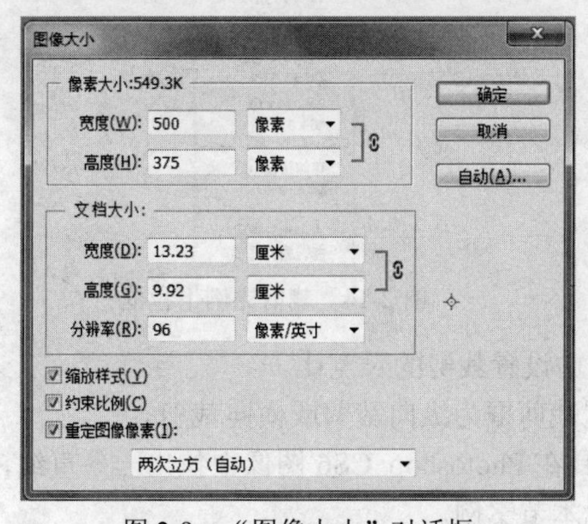

图 2-9 “图像大小”对话框

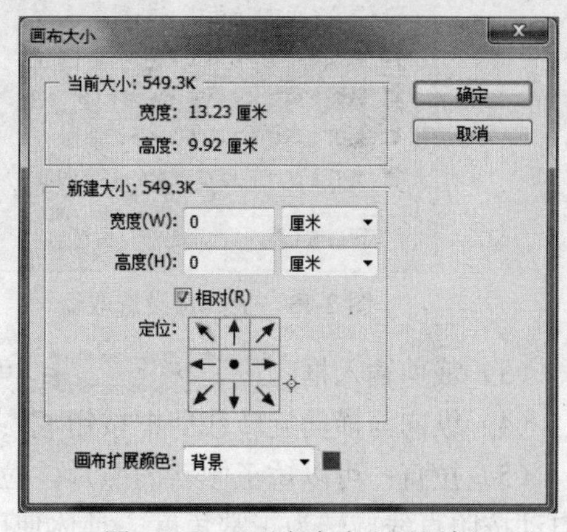

图 2-10 “画布大小”对话框

2. 裁剪工具

Photoshop CS6 的裁剪工具是将图像中被裁剪工具选取的图像区域保留，其他区域删除的一种工具。使用裁剪工具可以方便地对图像进行裁剪。首先，在工具箱中选择裁剪工具，然后用鼠标在图像中拖拽出需要保留的区域，如图 2-11 所示，可以看到，需要保留的区域仍然是高亮度的，而将要被裁剪的区域将被暗色调屏蔽（在选项栏中可以更改屏蔽的颜色和不透明度），明暗分界处有 8 个控制手柄，用于改变保留区的大小，同时还可以旋转保留区。然后双击鼠标左键，或点击图标，或按 Enter 键，即可裁剪图片。裁剪工具选项栏如图 2-12 所示。

裁剪工具选项栏各项含义如下：

（1）下拉按钮：单击工具选项栏左侧的下拉按钮，可以打开工具预设选取器，如图 2-13 所示，在预设选取器里可以选择预设的参数对图像进行裁剪。

（2）裁剪比例按钮 不受约束：该按钮可以显示当前的裁剪比例或设置新的裁剪比例，其下拉选项如图 2-14 所示。如果 Photoshop CS6 图像中有选区，则按钮显示为选区。

图 2-11　使用裁剪工具拖拽后

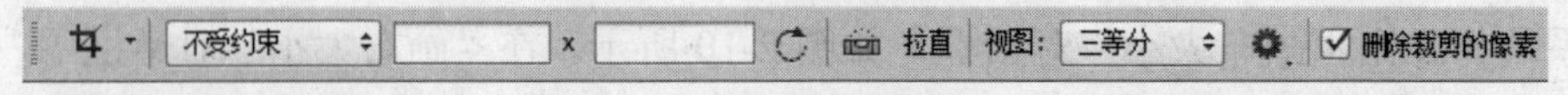

图 2-12　裁剪工具选项栏

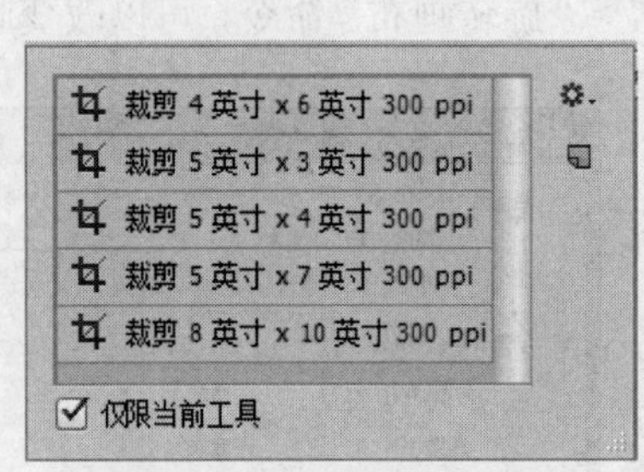

图 2-13　工具预设选取器

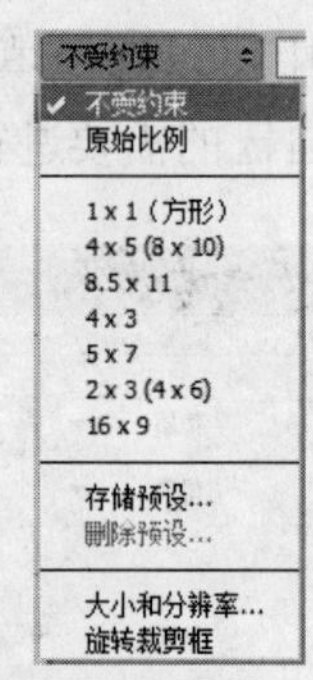

图 2-14　裁剪比例下拉框

（3）裁剪输入框 ：可以自由设置裁剪的长宽比。

（4）纵向与横向旋转裁剪框按钮 ：设置裁剪框为纵向裁剪或横向裁剪。

（5）拉直：可以矫正倾斜的照片。拉直工具在 Photoshop CS6 图像中拉出一条直线，图像自动按照直线旋转为正常角度，具体使用请见本节案例。

（6）视图：可以设置 Photoshop CS6 裁剪框的视图形式，如黄金比例和金色螺线等，如图 2-15 所示，可以参考视图辅助线裁剪出完美的构图。

（7）其他裁剪选项 ：可以设置裁剪的显示区域，以及裁剪屏蔽的颜色、不透明度等，如图 2-16 所示。

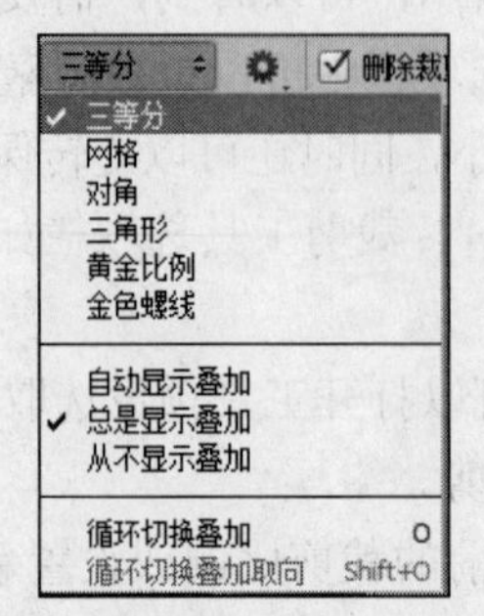

图 2-15　视图下拉菜单

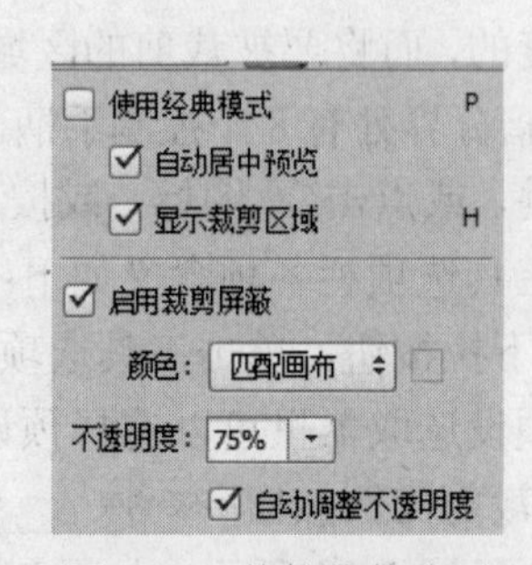

图 2-16　其他裁剪选项

（8）删除裁剪像素：勾选该选项后，裁剪完毕后的图像将不可更改；不勾选该选项，即使裁剪完毕后选择 Photoshop CS6 裁剪工具单击图像区域仍可显示裁切前的状态，并且可以重新调整裁剪框。

3．透视裁剪工具

透视裁剪工具可以在裁剪的同时方便地矫正图像的透视错误，即对倾斜的图片进行矫正，其操作方法与裁剪工具相似，但是可以通过控制手柄将裁剪区域调整为透视或不规则的四边形，从而改变图像的形态。点击“前面的图像”，裁剪完成后的图像大小将和原图保持一致。透视裁剪工具选项栏如图 2-17 所示。

图 2-17　透视裁剪工具选项栏

（1）宽度与高度参数输入框：在该框中可以输入需要裁剪出的图像尺寸。

（2）分辨率：设置裁剪得到的图像的分辨率大小。

（3）单位：单击该按钮可以设置裁剪后图像的分辨率单位。

（4）前面的图像：单击该按钮可以使裁剪后的图像与之前打开的图像大小相同。

（5）清除：单击该按钮可以清除输入框中的数值。

（6）显示网格：勾选显示网格，则显示裁剪框的网格，如图 2-18 所示；不勾选，则仅显示外框线。

4．撤销操作

如果不小心做了某些错误操作，可以通过“编辑”>“后退一步”命令来撤销，也可按组合键 Ctrl+Alt+Z，能更方便地撤销错误操作。

通过“历史记录”面板可以更加直观和准确地撤销操作。从“窗口”菜单中打开“历史记录”面板，如图 2-19 所示，从中选择要撤回的步骤，默认情况下，历史记录中将保留 20 步操作的状态，为了能够方便地返回某个状态，可以选择历史记录面板右下角的小相机图标，为该状态建立快照，方便返回；单击历史记录面板上的按钮，可以当前文档状态创建一个新的文档。单击历史记录面板上的“删除当前状态”按钮，可以删除当前选定的历史记录以及其之后的历史记录，使当前文档恢复到当前历史记录之前的状态。

图 2-18　裁剪显示网格

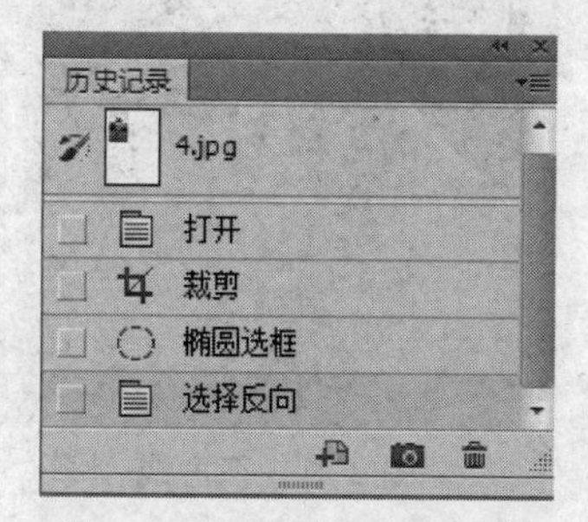

图 2-19　“历史记录”面板

5．标尺、参考线和网格线的设置

设置标尺可以精确地编辑和处理图像。选择“视图”>“标尺”命令可以显示或隐藏标尺。若要调整标尺的单位，可以选择“编辑”>“首选项”>“单位与标尺”命令，如图 2-20 所示。

“单位”选项组用于设置标尺和文字的显示单位，有不同的显示单位供选择；“列尺寸”选项组可以用列来精确确定图像的尺寸，剩下的选项与输出有关。

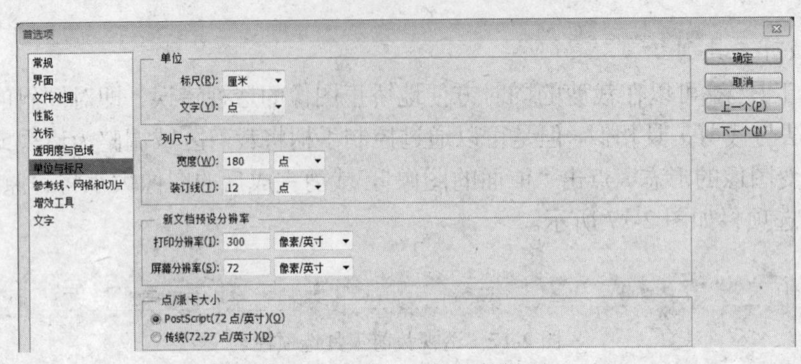

图 2-20　单位与标尺的设置

设置参考线可以使编辑的位置更加精确。将鼠标的光标放在水平标尺上，按住左键不放，拖拽出水平的参考线；将鼠标的光标放在垂直标尺上，按住左键不放，拖拽出垂直的参考线。选择工具箱中的“移动”工具可以移动参考线，如图 2-21 所示。选择“视图”>“锁定参考线”命令，可以将参考线锁定，锁定后就不能移动了。选择“视图”>“清除参考线”命令，可以将参考线清除。

设置网格线可以将图像处理地更加精确。选择“视图”>“显示”>“网格”命令，可以看到，图像被划分成若干个小块，可以更精确地定位和对齐，如图 2-22 所示。如果要更改网格线的设置，选择“编辑”>“首选项”>“参考线、网格和切片”命令，打开“首选项”对话框进行设置，如图 2-23 所示。

图 2-21　参考线

图 2-22　网格

6. 智能参考线的应用

智能参考线用于同图层或者不同图层的数个图形的对齐。例如，新建一个文件，在背景层上新建两个图层，分别为“图层 1”和“图层 2”，在两个图层上各绘制一个不同大小且不同颜色的椭圆，选择“视图”>“显示”>“智能参考线”命令，打开“智能参考线”，使用移动工具将图层 2 靠近图层 1，在相应的对齐处，Photoshop CS6 会自动显示“智能参考线”，并按照参考线对齐，如图 2-24、图 2-25、图 2-26 所示。

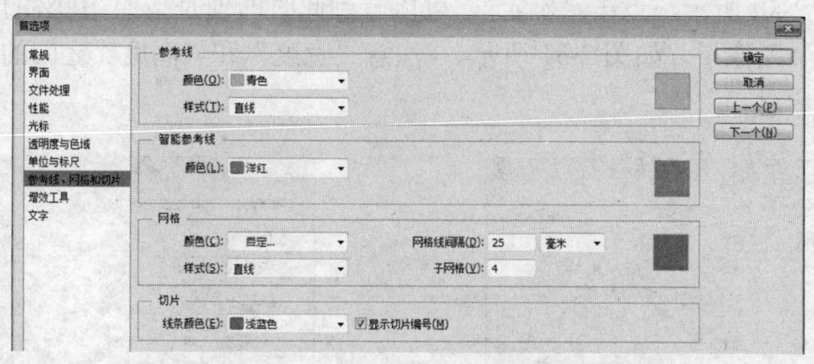

图 2-23　参考线、网格的设置

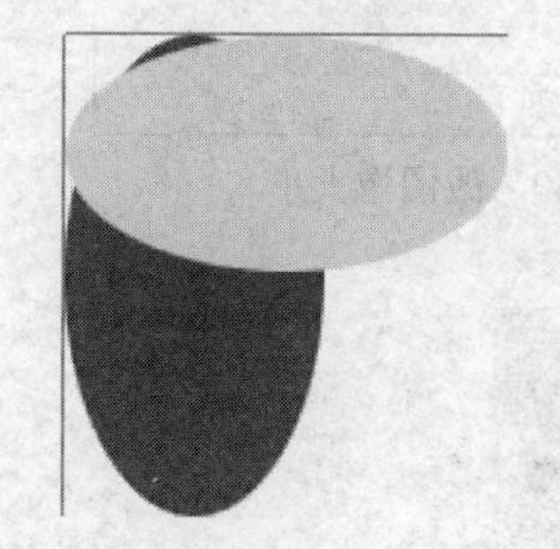

图 2-24　智能参考线示例 1

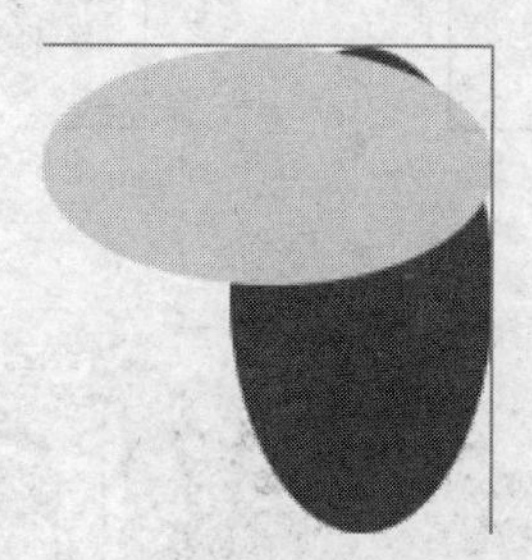

图 2-25　智能参考线示例 2

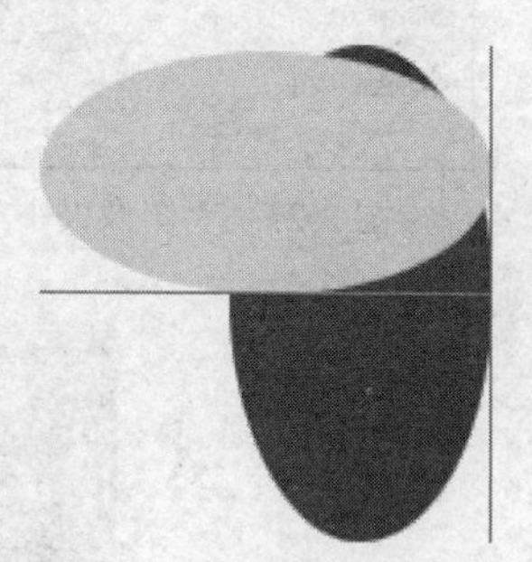

图 2-26　智能参考线示例 3

三、制作步骤

（1）用 Photoshop CS6 打开素材 2-1，如图 2-27 所示。该素材是数码相片，原始文件较大，我们可以看到，Photoshop CS6 在打开时已经自动选择了一个显示比例，如果按 100%显示，即使是全屏，也只能显示相片的局部，如图 2-28 所示。

图 2-27　素材

图 2-28　100%比例显示局部

（2）查看该相片的大小。选择“图像”>“图像大小”命令，系统将弹出“图像大小”对话框，如图 2-29 所示。更改其中“像素大小”中的“宽度”为 400，可以看到“高度”也自动变化，如图 2-30 所示，点击“确定”，可以看到此时即使是按照 100%的比例，也可以在屏幕中观察到整个图像了，如图 2-31 所示。（注意“宽度”和“高度”之间的锁链图标，思考该图标表示什么意思。）

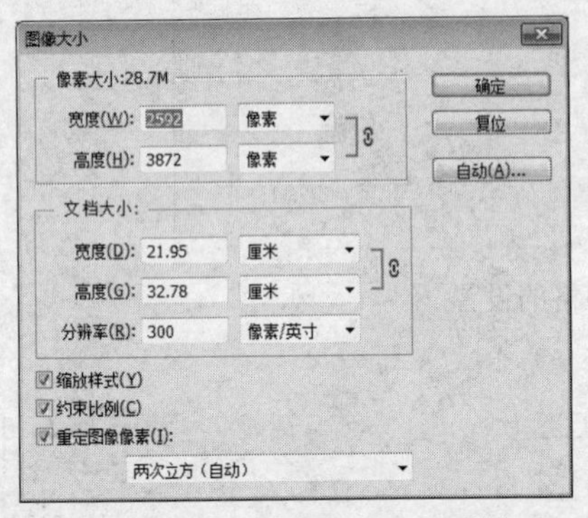

图 2-29 “图像大小”对话框

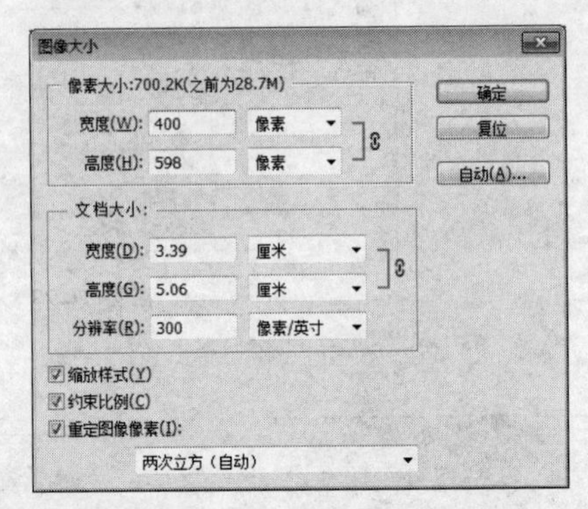

图 2-30 改图像大小

图 2-31 更改后的效果

（3）更改画布大小。选择“图像”>“画布大小”命令，系统将弹出“画布大小”对话框，如图 2-32 所示，更改画布的“宽度”和“高度”，观察图像的变化。

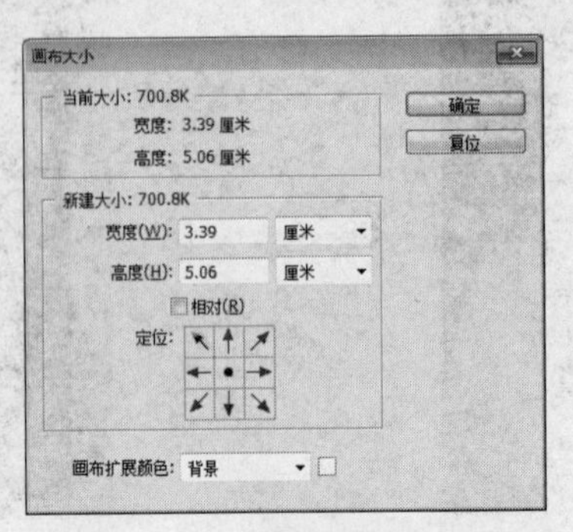

图 2-32 “画布大小”对话框

（4）选择“图像”>“画布旋转”命令，可以改变画布的方向，如图 2-33 所示。

（5）在处理图像时，往往需要对原图像进行裁剪，选择工具箱中的裁剪工具，拖拽出我们想要的范围，然后双击鼠标左键，或者按 Enter 键，即可裁剪图片，如图 2-34 所示。操作时，可以按住鼠标左键从画布的上边缘和左边缘拖拽出参考线，也可以打开“视图”>“标尺”，或者“视图”>“显示”>“网格”等辅助工具进行对齐。

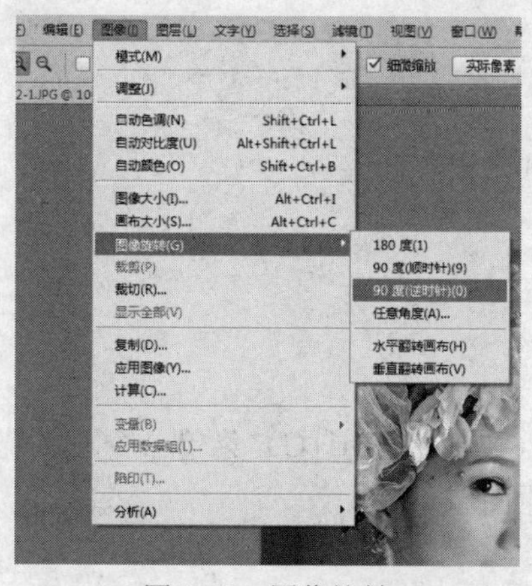

图 2-33　图像旋转

图 2-34　裁剪图像

（6）如果要撤销刚才做的一步操作，可以选择“编辑”>“后退一步”命令，如图 2-35 所示；也可以从“窗口”菜单中打开“历史记录”面板，如图 2-36 所示，从中选择要撤回的步骤。请读者自行尝试。

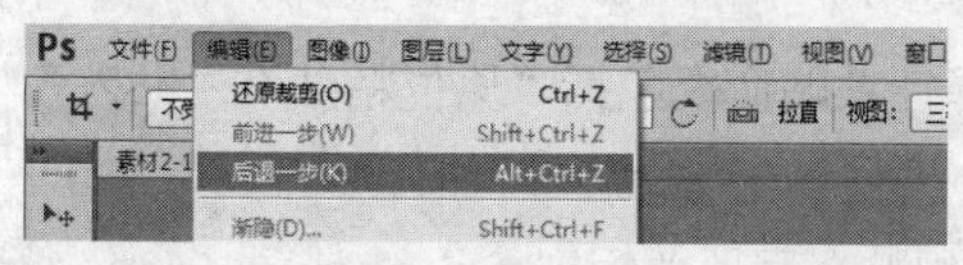

图 2-35　后退一步

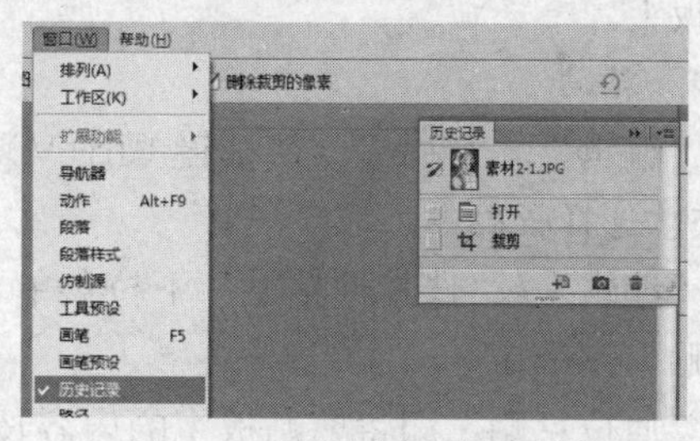

图 2-36　“历史记录”面板

（7）打开素材 2-4，可以看到建筑物的倾斜走向。选择透视裁剪工具，通过手柄沿着倾斜走向调整裁剪范围，如图 2-37 所示，双击鼠标进行裁剪，效果如图 2-38 所示，可以看到倾斜建筑物的走向发生改变（注意：如透视角度过大，通常也会引起原图的失真），再通过裁剪工具略微调整，最后效果如图 2-39 所示。

图 2-37　调整透视裁剪范围

图 2-38　执行透视裁剪

图 2-39　最后调整结果

2.4 『案例』图像复制、剪切、粘贴、移动和删除

主要学习内容：

- 图像的复制、剪切、粘贴、移动和删除

一、制作目的

掌握图像的复制、剪切、粘贴、移动和删除等基本操作。

二、相关技能

1. 拷贝命令

在图像中创建选区后，执行“编辑”>“拷贝”（快捷键 Ctrl+C）菜单命令，系统将选区内当前图层的图像复制一份放在内存的剪贴板上，原图像不变。

2. 合并拷贝

“编辑”>“合并拷贝”（快捷键 Shift+Ctrl+C）命令，是将当前选区内所有可见图层（图层的概念将在后面的章节中详细介绍）的图像复制到剪贴板中。

3. 剪切

“编辑”>“剪切”（快捷键键 Ctrl+X）命令，是将当前选区内当前图层的图像剪掉放在剪贴板上。

4. 粘贴

“编辑”>“粘贴”（快捷键 Ctrl+V）命令，将剪贴板上的内容粘贴到当前文档中。

5. 选择性粘贴

“编辑”>“选择性粘贴”下拉菜单下的选择性粘贴命令包括“原位粘贴”、“贴入”、“外部粘贴”三个命令。

“原位粘贴”即将剪贴板中的内容按原位置粘贴入当前文档中。

“贴入”命令是将剪切或拷贝的选区内容粘贴到同一图像或不同图像中的另一个选区中，最终效果是源选区内容粘贴到新图层，而目标选区将转换为图层蒙版，即源选区内容在目标选区范围内的显示，超出选区范围的区域将不显示。使用移动工具可以调整贴入图像的位置。

“外部粘贴”也创建图层蒙版，其效果与“贴入”命令粘贴效果相反，是将目标选区内容保留，选区之外部分被源选区内容覆盖。

6. 图像的复制

方法一：首先选择要复制的图像，然后单击工具箱中的“移动工具”，先按住 Alt 键，然后用鼠标拖曳选区内的图像，拖动后即可松开 Alt 键，这时图像已多出一份，将图像拖至合适的位置即可。

方法二：选择要复制的图像，执行“编辑”>“复制”菜单命令，再执行“编辑”>“粘贴”菜单命令，这时画布中多出一新复制得到的图像，然后利用移动工具将新复制出的图像拖动到合适的位置即可。

7. 图像的移动

方法一：利用移动工具。选择要移动的图像，选择移动工具，将其拖动到新位置即可。如果被移动的图像是在背景层上，则移动后，图像原位置会被 Photoshop 背景色填充；如果在普通图层上，图像原位置会变成透明区域。

方法二：利用方向键。选择要移动的图像，按一次方向键，图像会在相应的方向上移动一个像素，如按住 Shift 键的同时按一次方向键，则选中的图像会在相应方向移动 10 像素。

8. 图像的删除

选择画布中要删除对象，然后按 Delcte 键或 Backspace 键，即可删除选中的对象；执行“编辑”>“剪切”或“编辑”>“清除”菜单命令，也可将选择的对象删除。

9. 复制文档

“图像”>“复制”菜单命令，是基于当前打开文档的当前状态创建一份文档副本。执行该命令，打开“复制图像”对话框，如图 2-40 所示。在“为”选项的文本框内输入新文档的文件主名；若图像存在多个图层，如选择“仅复制合并的图层”项，则复制后多个图层合并为一个图层，否则复制后还是存在多个图层。

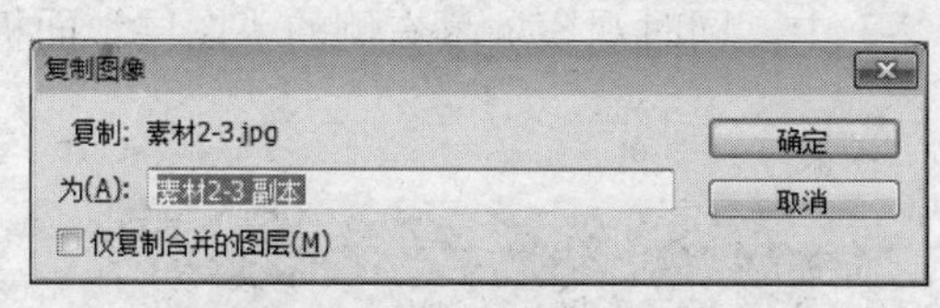

图 2-40 “复制图像”对话框

当打开的文档窗口为浮动窗口时，在其窗口顶部右击，在打开的快捷菜单中也有“复制”命令。

三、制作步骤

（1）在 Photoshop CS6 中打开素材 2-2 和素材 2-3，默认多个素材的排列方式是“选项卡”，如图 2-41 所示。根据自己的操作习惯，用户可以在菜单命令“窗口”>“排列”中调整，如图 2-42 所示。

图 2-41 以“选项卡”方式显示素材窗口

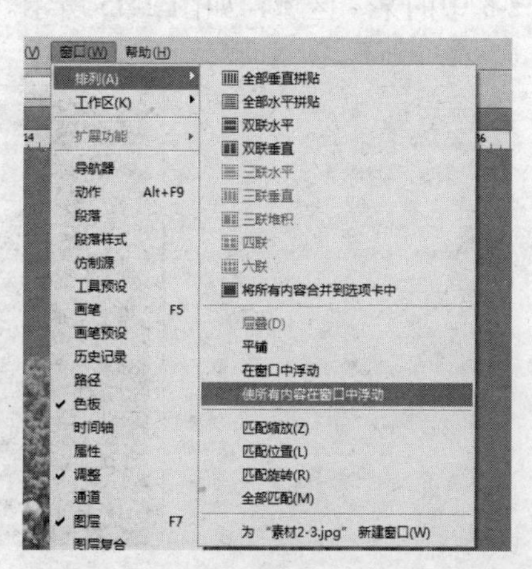

图 2-42 调整素材窗口

（2）用椭圆选框工具 选中素材 2-2 中的人像，如图 2-43 所示。执行“编辑”>“拷贝”（快捷键 Ctrl+C）菜单命令，系统将选区内当前图层的图像复制一份放在内存的剪贴板上，原图像不变。

图 2-43　选中素材 2-2 中的人像

（3）切换到素材 2-3 窗口，执行“编辑”>“粘贴”（快捷键 Ctrl+V）命令，将剪贴板上的内容粘贴到当前的素材 2-3 中，同时观察屏幕右侧的“图层”面板，如图 2-44 所示，看看有什么变化？

图 2-44　执行粘贴命令后

（4）在图层面板中选中“图层 1”，然后按 Delete 键删除，接着用椭圆选框工具 选中素材 2-3 中的某一区域，如图 2-45 所示。再在素材 2-2.jpg 的文档标签上单击切换至该文档。

图 2-45　在素材 2-3 中建立选区

（5）切换回素材 2-2，按组合键 Ctrl+A 全选整幅图，按组合键 Ctrl+C 复制图像，如图 2-46 所示，再切换回素材 2-3，执行“编辑”>“选择性粘贴”>“贴入”命令，并使用移动工具移动图层 1，观察图像的变化。

图 2-46　“贴入”命令

（6）再次删除图层 1，重复步骤（5），最后一步执行“编辑”>“选择性粘贴”>“外部粘贴”命令，这时文档窗口如图 2-47 所示。使用移动工具移动图层 1，观察图像的变化。

图 2-47　“外部粘贴”命令

（7）执行“图像”>“复制”命令，在弹出的对话框中勾选“仅复制合并的图层”，如图 2-48 所示，点击“确定”，效果如图 2-49 所示。对比图 2-47，观察在新文档图 2-49 中图层面板的变化。

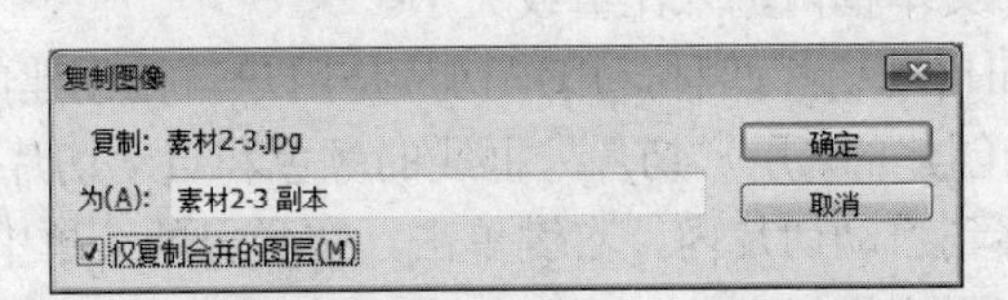

图 2-48　勾选“仅复制合并的图层”

图 2-49　勾选“仅复制合并的图层”的图层面板变化

2.5　『案例』图像与网页

主要学习内容：

- 图像的切片

一、制作目的

Photoshop CS6 不但可以方便地将图片保存成网页格式，还可以根据需要，将图片切成若干小块，方便网页的设计和制作。通过学习本例，可以掌握切片工具、切片选择工具和将图片保存成网页格式的方法。

二、相关技能

1. 切片工具

切片工具的作用是将图像切分出几个矩形热区切片。切片工具的选项栏如图 2-50 所示。

图 2-50　切片工具的选项栏

其中，“样式”下拉列表框用来设置选取切片长宽限制的类型，有三个选项：“正常”、“固定长宽比”、“固定大小”。当“样式”下拉列表框选择了“固定长宽比”或“固定大小”时，可在“宽度”和“高度”文本框内输入比值或大小。

切片分为用户切片和自动切片两种，用户切片是用户自己创建的，如案例中“我的诗”等，自动切片是系统自动创建的。用户切片外框线的颜色和自动切片外框线的颜色不一样，是高亮蓝色显示。将鼠标移到自动切片内，右键单击，在弹出的菜单中点击“提升到用户切片”内，可将自动切片转换为用户切片。

2．切片选择工具

切片选择工具主要用来选择切片，调整用户切片的位置和大小。按住 Ctrl 键再点击鼠标左键，可在切片工具和切片选择工具间切换。

三、制作步骤

（1）用 Photoshop CS6 打开素材 2-2，如图 2-51 所示。该素材是一个 JPG 格式的图像，现在要将它制作成网页，要求左侧“我的诗”、“我的画”、“我的歌”三个项目要单独成为图像，便于在专业网页制作工具中进行交互式设计与链接。

图 2-51　素材

（2）点击工具箱中的切片工具，按住鼠标左键，在图片中“我的诗”、“我的画”、“我的歌”区域切出 3 个切片，如图 2-52 所示，除了我们切出的切片外，Photoshop CS6 会自动产生其他切片。

图 2-52　产生切片

（3）选择与切片工具同一组的切片选择工具，双击图片中 03 号切片“我的诗”，打开如图 2-53 所示的对话框，将该切片命名为“我的诗”。用同样的方法将 07 号切片命名为“我的画”，将 09 号切片命名为“我的歌”。

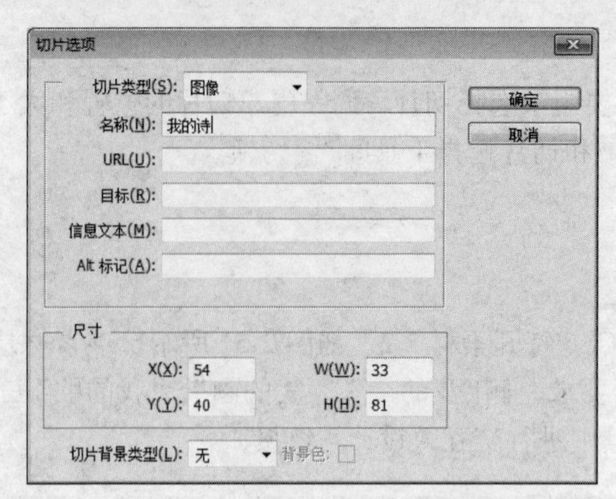

图 2-53 “切片选项”对话框

（4）点击“文件”>“存储为 Web 和设备所用格式”命令，打开如图 2-54 所示的对话框，点击“存储”，设置好存储路径，得到一个 html 类型的文件及一个名为 images 的文件夹，查看 images 文件夹，可以看到“我的诗”、“我的画”、“我的歌”三个项目单独成为图像。利用 Dreamweaver 等网页制作工具可以进一步对网页进行编辑。

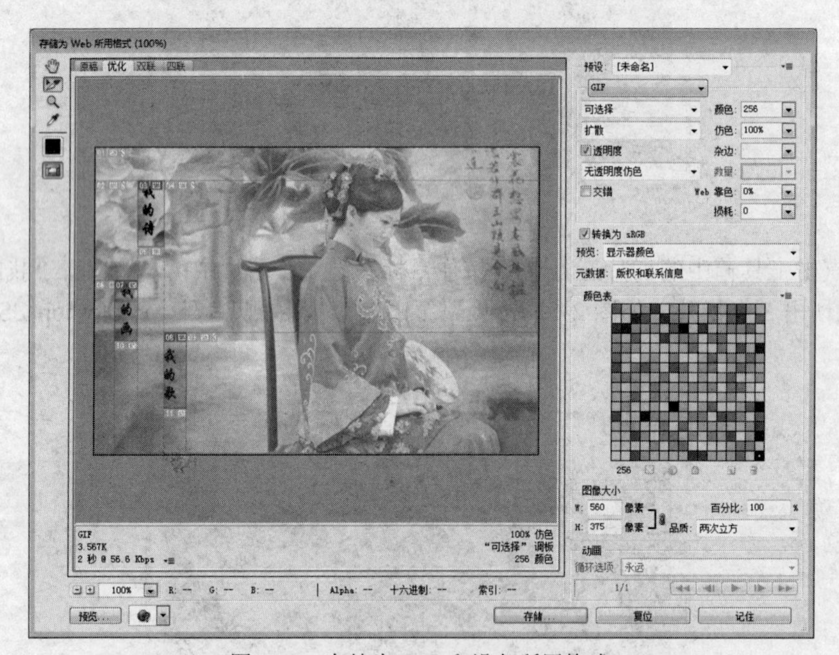

图 2-54 存储为 Web 和设备所用格式

思考与练习

1．打开 Photoshop CS6 熟悉本章所讲的各种操作。

2．用数码相机拍摄一组相片，再用 Photoshop CS6 更改相片的大小，并适当裁剪，上传到自己的博客或网络相册上去。

3．结合 Dreamweaver 等网页制作工具，尝试将图像初步转换成网页。

第3章 选区的创建和应用

3.1 『案例』制作艺术照片

主要学习内容：

- 设置前景色和背景色
- 选区的概念
- 规则选框工具的使用
- 移动、取消和隐藏选区
- 变换选区

一、制作目的

本例素材为 bg1.jpg、j1.jpg 和 j2.jpg，原图如图 3-1 所示，效果如图 3-2 所示。本例制作目的是利用规则选框工具选取人物主体，更加突出人物。利用选区羽化功能，使照片看上去更舒服一些，图片的合成更自然，也增加一些艺术感。

图 3-1　素材图片

图 3-2　效果图

二、相关技能

1. 设置前景色和背景色

前景色用于显示当前绘图工具的颜色，背景色用于显示图像的背景颜色。可以利用拾色器、颜色面板、色板面板及吸管工具设置前景色和背景色。

（1）“拾色器”对话框。

单击工具箱或“颜色”面板中的“前景色”或“背景色”按钮，可调出“拾色器”对话框，如图3-3所示。在“拾色器”对话框中可用鼠标在颜色区域中单击选择颜色，也可输入数据定义颜色。在拾色器中选择颜色时，会有一个圆形标记指出该颜色在色域中的位置。

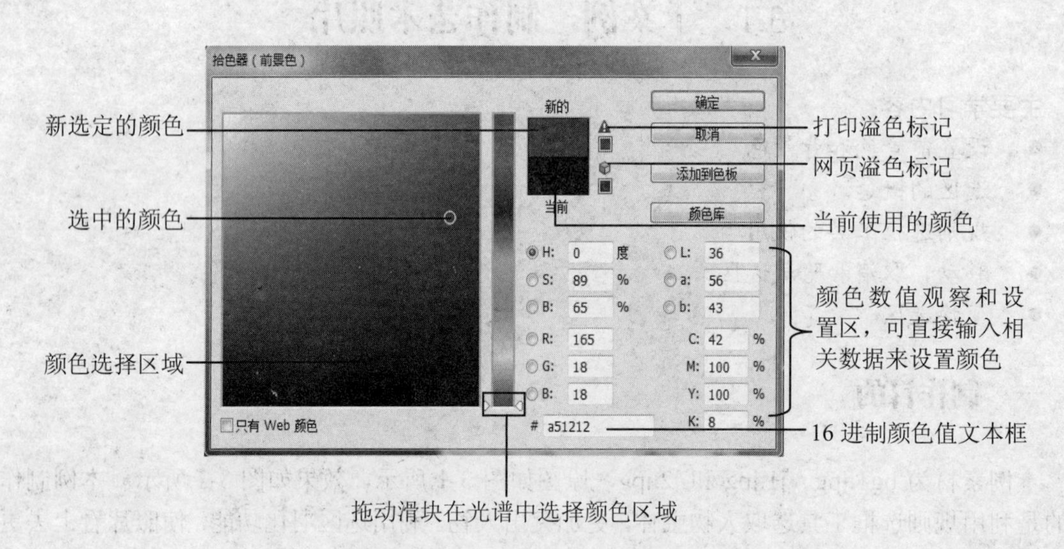

图3-3 “拾色器”对话框

使用“拾色器”对话框选择颜色的方法如下：

- 粗选颜色：用鼠标拖动颜色选择条上的滑块或鼠标直接在颜色选择条上单击，确定颜色；也可直接用鼠标在“颜色选择区”单击选择颜色，如图3-3中选色的小圈的中心即是选定的颜色。
- 精确设置颜色：可在“拾色器”对话框右下侧的文本框中输入相应的数据来确定颜色。如在RGB相应文本框中均输入0，则为黑色。
- 可以在Adobe拾色器的外部选择颜色。当指针移到文档窗口上时，指针会变成“吸管”工具。然后可以通过在图像中点按来选择颜色。选中的颜色将显示在Adobe拾色器中。在图像中点按，然后按住鼠标按钮移动，可将吸管工具移到桌面上的任何位置。可通过松开鼠标按钮来选择颜色。

注意：当“拾色器”对话框中出现“色域警告”标记，说明所选择的颜色已经超越打印机所能识别的颜色范围，打印机无法将其准确打印。单击该标记，可将当前颜色换成可打印的与之最接近的颜色。当选择的颜色非Web颜色时，“拾色器”对话框中出现标记。单击标记可以选择与当前颜色最接近的Web颜色。

（2）利用工具箱中的前景色和背景色按钮。

- Photoshop 中系统默认的前景色为黑色和背景色为白色，单击工具栏上的“默认前景色和背景色”按钮，如图 3-4 所示，即将前景和背景设置为默认颜色，快捷键为 D。
- “设置前景色”图标：单击工具栏上的“前景色”图标，系统调出“拾色器（前景色）”对话框，可以直接用鼠标在色彩区域单击选择需要的颜色，也可在对话框的 RGB 颜色数值框中输入颜色值设置前景色，如图 3-4 所示。

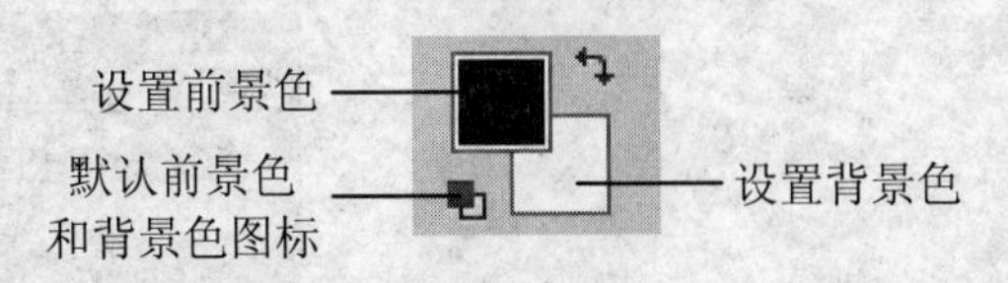

图 3-4　设置前景色和背景色按钮

- “设置背景色”图标：单击工具栏上的“背景色”图标，系统调出“拾色器”对话框，可以设置背景色。
- “切换前景色与背景色”按钮：单击该按钮可切换背景色和前景色，其快捷键为 X。

（3）利用“颜色”面板设置前景色和背景色。

利用“颜色”面板可进行颜色的设置，“颜色”面板如图 3-5 所示。

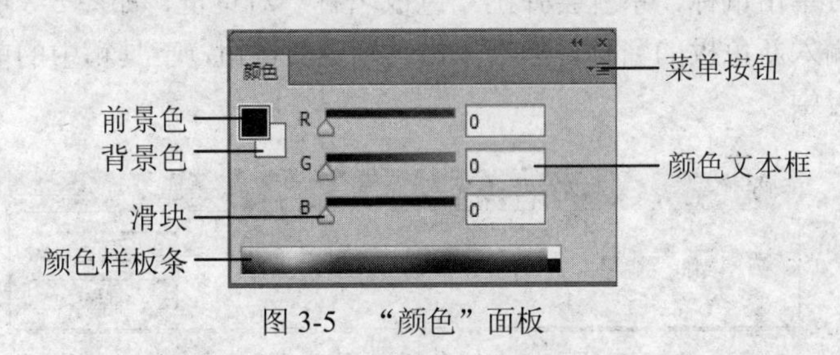

图 3-5　“颜色”面板

- 前景色色块：单击该色块，打开“拾色器”对话框，设置前景色。
- 背景色色块：单击该色块，打开“拾色器”对话框，设置背景色。
- “颜色”面板上的滑块：滑块可为灰度、RGB、HSB、CMYK、Lab、Web 颜色，单击面板右上角的“菜单按钮”，可弹出“颜色”面板菜单，如图 3-6 所示，可进行切换。
- 设置颜色：可按住鼠标拖动滑块，松开鼠标即确定颜色；也可用鼠标在面板下方的色谱条上单击选中颜色，选中后，“颜色”面板中颜色文本框中的数据也会随之改动；还可在颜色文本框中输入相应的数据来精确设定颜色，这时面板上方的滑块数值也跟着变换数值。

（4）利用“色板”面板设置前景色和背景色。

单击“窗口”>“色板”菜单命令，可打开“色板”面板，如图 3-7 所示。

- 设置前景色：用鼠标在“色板”面板上单击颜色块，所单击的颜色就会显示在工具箱的前景色按钮上。
- 设置背景色：按住 Ctrl 键，单击颜色块，选取的颜色会显示在工具箱的背景色按钮上。
- 删除颜色块：按住 Alt 键，鼠标移至“色板”面板的颜色块上，鼠标变成小剪刀形状时单击，可以删除该颜色块；也可用鼠标指向色板中的颜色块上，将其拖曳到“色板”下方的按钮上，也可删除色块。

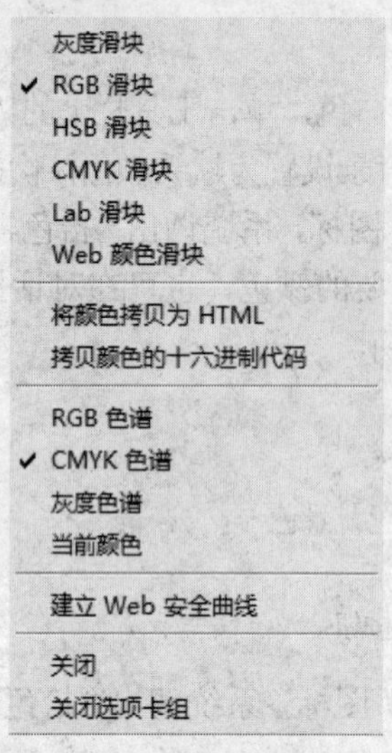

图 3-6 “颜色”面板菜单

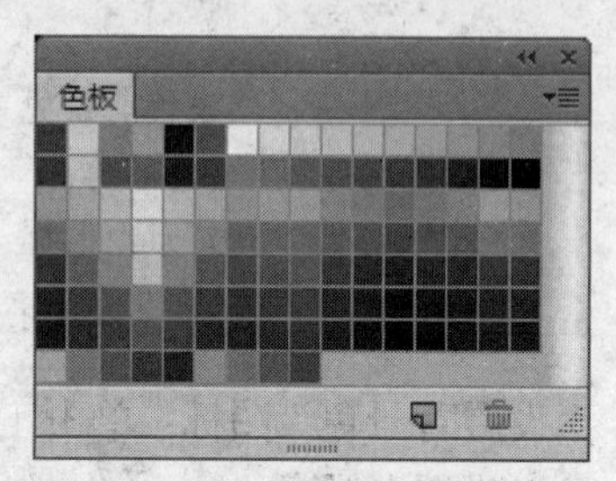

图 3-7 “色板”面板

- 添加颜色块：单击“色板”面板下方的“创建前景色的新色板”按钮 ，可向“色板”面板添加前景色块；也可把鼠标指向“色板”面板的空白处，当鼠标变成油漆桶形状时单击鼠标，系统会弹出“色板名称”对话框，如图 3-8 所示。在“名称”框中可以输入新色板的名称，然后单击“确定”按钮，工具箱中的前景色会添加到“色板”面板中。

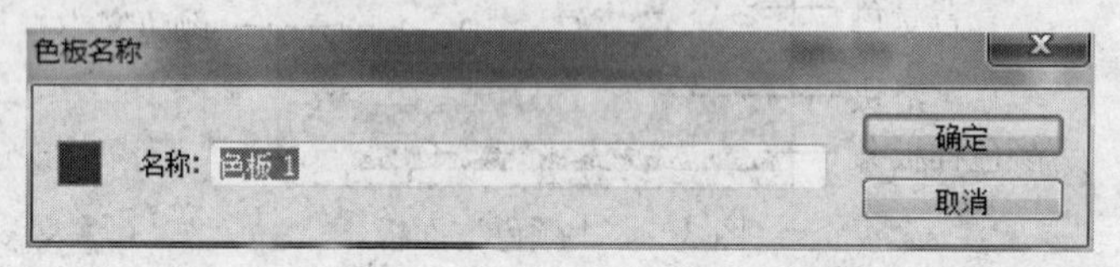

图 3-8 “色板名称”对话框

2. 选区的概念

在 Photoshop 中，如只对图像中部分进行处理，必须先选择该部分。通过某些操作选择图像区域，即形成选区，Photoshop 中的选区是四周由流动的虚线框起来的。选区是 Photoshop 中很重要的部分。选区可以由选取工具、路径、通道等创建。Photoshop 中大部分选区是使用选取工具创建的。

选取工具分规则选区选择工具和不规则选区选择工具。规则选区选择工具有矩形选框工具、椭圆选框工具、单行选框工具和单列选框工具；不规则选区选择工具有套索工具、多边形套索工具、磁性套索工具、快速选择工具和魔棒工具。

选区是个封闭的区域，选区一旦建立，Photoshop 中大部分操作就只针对当前图层选区范围内有效。如果要对整个当前图层操作，须取消选区。可用快捷键 Ctrl+D 取消选区。

3. 规则选框工具组

规则选框工具组有矩形选框工具、椭圆选框工具、单行选框工具和单列选框工具。选择选框工具后，鼠标形状变为十字形。

（1）“矩形选框”工具 。

快捷键为 M 或 Shift+M，利用矩形选框工具，可以创建一个矩形的选区。其选项栏如图

3-9所示。各选项的作用如下：

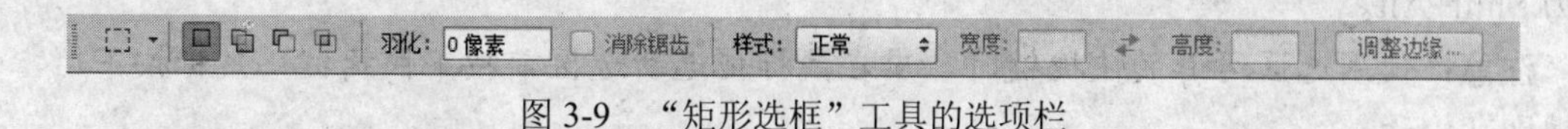

图3-9 “矩形选框”工具的选项栏

- “新建选区”按钮：单击它后，则表示创建一个新选区。如在状态下，已有一个选区，再创建选区时，原来的选区将消失。
- “添加到选区”按钮：在添加选区状态下，鼠标形状为十₊。如原来没有选区，则创建一个新选区；如已有一个选区，那么再创建一个选区时，如新选区在原来的选区外，则将形成两个封闭的流动虚线框，如图3-10所示；如两者有相交，则形成一个封闭的流动虚线框，如图3-11所示。

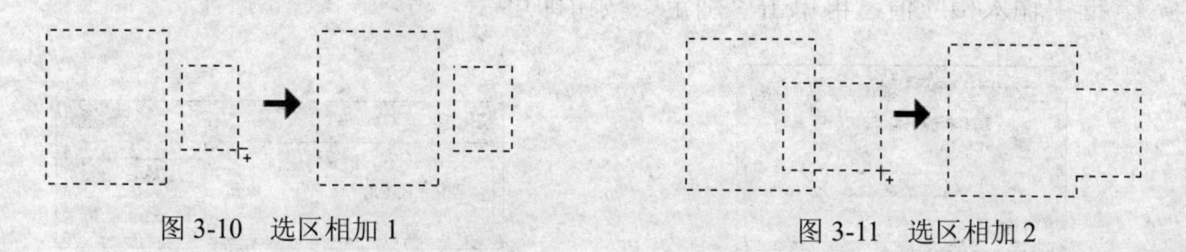

图3-10 选区相加1　　图3-11 选区相加2

- “从选区减去”按钮：在该状态下，鼠标形状为十₋。如原来没有选区，则创建一个新选区；如已有一个选区，那么再创建一个选区时，如新选区在原来选区外，则仍然为原来选区，如图3-12所示；如果新选区与旧选区有相交部分，则减去两选区相交的区域，如图3-13所示；如新选区在原选区内部，则形成一个中间空的选区，如图3-14所示；如新选区完全框住原选区，如图3-15所示，系统会弹出如图3-16所示的警告框。

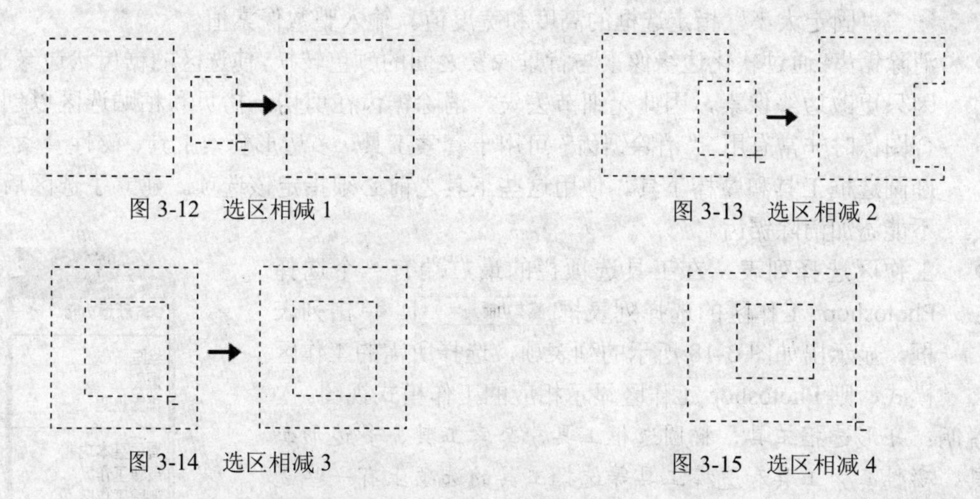

图3-12 选区相减1　　图3-13 选区相减2

图3-14 选区相减3　　图3-15 选区相减4

- “与选区交叉”按钮：其作用是保留两个选区交叉的部分，在该状态下，鼠标形状为十ₓ。如原来没有选区则创建一个新选区；如新选区与原有选区无相交部分，则系统也弹出如图3-16所示的警告框。

新建、添加、减去、交集称为选区的运算，这几个选区的运算对其他选区工具作用是一样的，任一选区工具都有这四种运算，且可运用于不同的选区工具。也可通过快捷键来切换选区的运算方式。添加到选区的快捷键为 Shift，从选区中减去的快捷键为 Alt，相交运算的快捷键为 Shift+Alt。

注意：使用选区运算的快捷键时，应在鼠标拖选新选区前按下快捷键，鼠标按下后，快捷键即可松开。

当选择工具的运算为新选区时，如已创建有选区，鼠标指向选区内或选框上，按住鼠标左键，可移动选区的位置。

- 羽化：即是通过建立选区和选区周围像素之间的转换边界来模糊边缘。该模糊边缘将丢失选区边缘的一些细节。使用选项栏上的羽化，须在创建选区前，先在选项栏上设置该值，否则不起作用。如创建好选区后，再设置羽化，可执行“选择”>“修改”>“羽化”菜单命令，快捷键为 Shift+F6，系统弹出如图 3-17 所示的对话框，在文本框中输入相应值，再单击“确定”按钮即可。

图 3-16 警告对话框

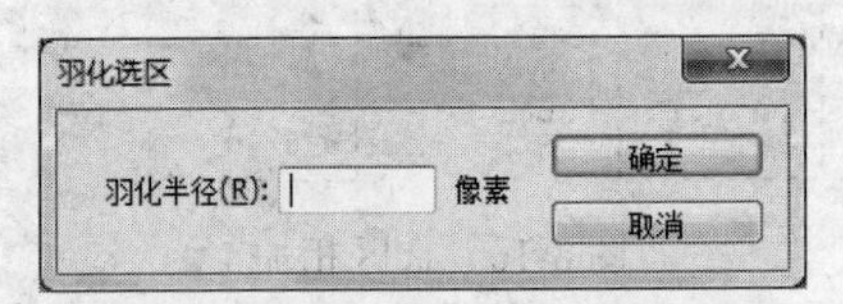

图 3-17 “羽化选区”对话框

- 样式：矩形工具、圆角矩形工具和椭圆选框工具的选项栏中均有“样式”选项。样式包括“正常”、“固定长宽比”和“固定大小”三项。
  - “正常”通过拖移确定选框的比例。
  - “固定长宽比”设置高度与宽度的比例。输入长宽比的值（在 Photoshop 中，十进制值有效）。例如，若要绘制一个宽是高两倍的选框，请输入宽度 2 和高度 1。
  - “固定大小”指定选框的高度和宽度值。输入整数像素值。
- 消除锯齿：通过软化边缘像素与背景像素之间的颜色转换，使选区的锯齿状边缘平滑。因只更改边缘像素，因此无细节丢失。消除锯齿在剪切、拷贝和粘贴选区以创建复合图像时非常有用。“消除锯齿”可用于套索工具、多边形套索工具、磁性套索工具、椭圆选框工具和魔棒工具。使用这些工具之前必须指定该选项。建立了选区后，就不能添加消除锯齿。
- 工作区选择列表：在工具选项栏的最右端有一个选择 Photoshop 工作区的选择列表框 基本功能，单击列表框，显示出如图 3-18 所示的列表项，选择所需的工作区模式，则 Photoshop 工作区显示相应的工作模式视图。

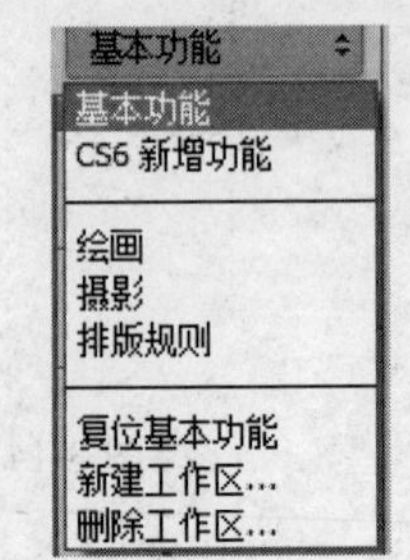

图 3-18 工作区下拉列表

说明：矩形选框工具、椭圆选框工具、套索工具、多边形套索工具、磁性套索工具和魔棒工具等选择工具的选项上有一些选项是相同的，它们的功能也是一样的，以后其他选择工具选项栏有与上面项相同的，将不再介绍。

（2）“椭圆选框”工具。

利用“椭圆选框”工具，可以创建一个椭圆的选区。其选项栏如图 3-19 所示。与矩形选框工具相同的选项不再介绍。

图 3-19　“椭圆选框”工具的选项栏

使用矩形工具、圆角矩形工具或椭圆选框工具，按下鼠标后，再按住 Shift 键时拖移可将选框限制成方形或圆形，完成操作时要先松开鼠标按钮再松开 Shift 键；要从以鼠标单按的点为选框的中心，则在开始拖移鼠标后再按住 Alt 键，完成操作时也是要先松开鼠标按钮再松开 Alt 键。

（3）“单行选框工具”和“单列选框工具”。

这两个工具的作用是选取图像中一个像素高的横条或一个像素宽的竖条，使用时只需要在创建的地方点按鼠标即可，这两个工具无快捷键。

4. 移动、取消和隐藏选区

（1）移动选区。

如已创建选区，使用任何选区工具，在选项栏中选择新建选区，然后将指针放在选区边框内，指针变为，这时将拖曳鼠标可以移动选区。这时也可将选区移动到其他图像中，当再回到原图像中操作时，选区可再显示出来。

（2）取消选区。

按组合键 Ctrl+D 取消选区，也可单击“选择”>“取消选择”菜单命令取消选区。在选区工具处于“新选区”或“与选区交叉”状态下，鼠标在选区外任意地方单击，也会取消选区。

（3）隐藏选区。

设置选区边框的流动线不显示，选区即可隐藏，但此时还可对选区进行操作。选择“视图”>“显示”>“选区边缘”菜单命令，快捷键为 Ctrl+H，可控制选区在显示与隐藏间切换，如该命令前有符号“√”，则说明当前选区处于显示状态。

（4）恢复取消的选区。

如要使最后取消的选区重新显示出来，可按组合键 Ctrl+Shift+D 或执行“选择”>“重新选择”菜单命令。

（5）反向选择选区。

反向选择选区即选择当前图像区域中选区之外的区域。选择“选择”>“反向”菜单命令，或按组合键 Ctrl+Shiftl+I，即反向选择。

5. 变换选区

使用“选择”>“变换选区”菜单命令，可以对当前选区进行移动、缩放、变形、旋转、改变中心点位置等操作。执行变换选区命令后，选区四周出现调整选区框，如图 3-20 所示，当前圆形选区出现定界框，图中⌖形状表示变换中心位置，默认情况下变换中心为选区的中心，用户可以改变变换中心位置。

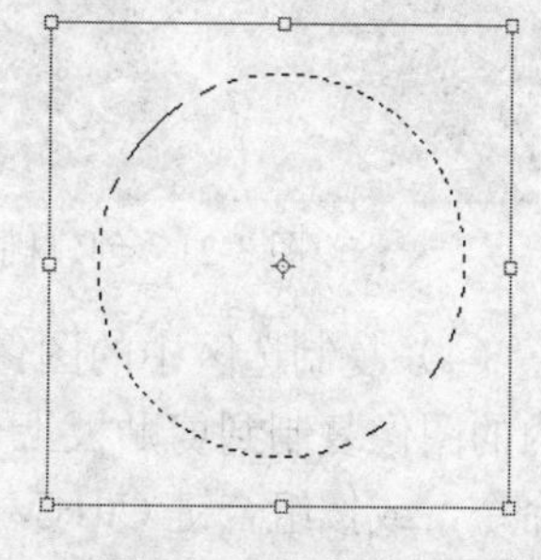

图 3-20　变换选区

- 移动选区：鼠标移到调整框内，当鼠标指针变为▸形状时，按住鼠标左键并拖动可移动选区。
- 缩放选区：鼠标移到调整框的控制点□上，当鼠标指针变为↔、↕、⤡形状后，单击并拖动可缩放选区。

- 移动选区中心位置：鼠标指向选区中心位置，当鼠标指针变为形状后，单击并拖动鼠标可改变选区中心位置。
- 旋转选区：鼠标移到调整框的外侧，当鼠标指针变为形状后，单击并拖动鼠标可以图像中心为支点旋转选区。按住 Shift 键并拖动各角手柄，则选区高度与宽度等比例缩放。按住 Alt 键并拖动，则选区以定界中心为对称中心对称缩放。按住 Alt+Shift 键并拖动控制点，选区对称且等比例缩放。
- 变形选区：按住 Ctrl 键并拖动某个控制点可对选区进行任意扭曲变形操作。
- 对称变形：按住 Ctrl+Alt 键并拖动某个控制点，选区对称变形。
- 选区斜切变形：按组合键 Ctrl+Shift 并拖动控制点，选区进行斜切变形。
- 选区透视变形：按组合键 Ctrl+Alt+Shift 并拖动控制点，选区透视变形。

三、制作步骤

（1）在 Photoshop 中打开三个素材文件。单击“文件”>“打开”菜单命令，找到素材后打开。将图像 j1.jpg 作为当前图像窗口。

（2）创建选区。在工具箱上单击选择椭圆选框工具。在工具选项栏上设置“羽化”为 10 像素，然后在图像窗口以人物为中心按住鼠标左键拖出一个虚线画成的椭圆，即椭圆选区。椭圆选区创建好后，松开鼠标，即创建一个选区，如图 3-21 所示。

（3）调整选区。如选区大小或位置不合适，可单击“选择”>“变换选区”菜单命令，选区的四周会出现调整框，它有一个中心点与八个控制点（即方点）。这时可以拖动调整框上的控制方点，改变椭圆选区的大小，如图 3-22 所示，调整选区的宽度；鼠标移到调整框外，鼠标指针变为形状，拖动鼠标可以旋转选区；鼠标移到调整框内，变成形状，单击并拖动鼠标，可以移动整个选区。调整到满意，按下 Enter 键，或单击选项栏的，完成调整选区，调整框就消失了。

图 3-21　创建椭圆选区

图 3-22　调整椭圆选区

（4）复制选区中的图像。选择“编辑”>“拷贝”菜单命令，或按组合键 Ctrl+C，将选区内的图像复制到剪贴板上。选择 bg1.jpg 图像窗口为当前窗口，选择“编辑”>“粘贴”菜单命令，或按组合键 Ctrl+V，将剪贴板内的图像粘贴到当前窗口中。选择工具箱上的“移动”工具，拖动新粘贴的图像到背景图像的左上角，如图 3-23 所示。

图 3-23 将图像移到左上角

（5）选择另一张图像。选择图像 j2.jpg 为当前图像窗口。选择“矩形选框”工具，在图像中拖动鼠标选择人物主体，创建一个矩形选区，如图 3-24 所示。选择“选择”>“修改”>“羽化”菜单命令，系统弹出“选区羽化”对话框，输入“羽化半径”为 15 像素，如图 3-25 所示，单击“确定”按钮。

图 3-24 创建矩形选区

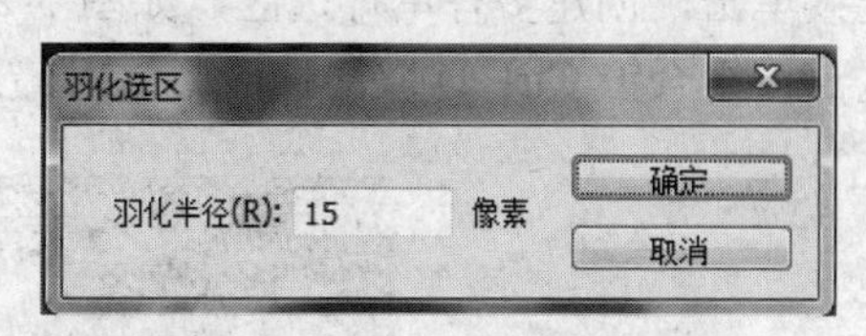

图 3-25 “羽化选区”对话框

（6）复制选区。按 Ctrl+C 执行复制命令，再选择 bg1.jpg 图像窗口为当前窗口，按组合键 Ctrl+V，将图像粘贴到当前窗口。选择“移动”工具，将新粘贴的图像拖动到当前图像的右下角，如图 3-26 所示。

图 3-26 移动图像

（7）创建单列选区。在图层面板上单击新建图层按钮，建立一新图层。选择工具箱上的“单列选框工具”，在图像的左边单击创建单列选区（宽度为 1 个像素），按住 Shift 键，连续创建多个单列选区，如图 3-27 所示。

图 3-27　创建单列选区

（8）设置前景色和背景色为系统默认的颜色，即前景色为黑色，背景色为白色。按快捷键 D，即将前景色和背景色设置为默认的颜色。

（9）将单列选区填充为白色。按组合键 Ctrl+Delete，用背景色填充当前选区。

提示：按组合键 Alt+Delete 用前景色填充当前选区。

（10）创建单行选区。选择“单行选框工具”。在图像的上边框处，按住 Shift 键在不同位置连续单击，创建多行单行选区，如图 3-28 所示。按组合键 Ctrl+Delete，用背景色填充当前选区。按组合键 Ctrl+D 取消选区。这时最终效果图如图 3-2 所示。

图 3-28　创建单行选区

（11）保存文件。选择“文件”>“存储为”菜单命令，保存格式为 PSD，文件名为“jjphoto”。也可以格式 JPEG 再保存一份。

3.2　『案例』制作漂亮的花

主要学习内容：

- 自由变换
- 变换
- 缩小与扩展选区

一、制作目的

通过本例掌握自由变换工具的使用以及进一步掌握规则选框工具的应用。花的效果图如3-29所示。

图 3-29 “花”效果图

二、相关技能

1. 变换

“编辑”>“变换”下拉菜单包含有多种变换命令，如缩放、旋转、斜切等，如图 3-30 所示。这些命令可以对路径、图层以及选中的图像进行变换操作。

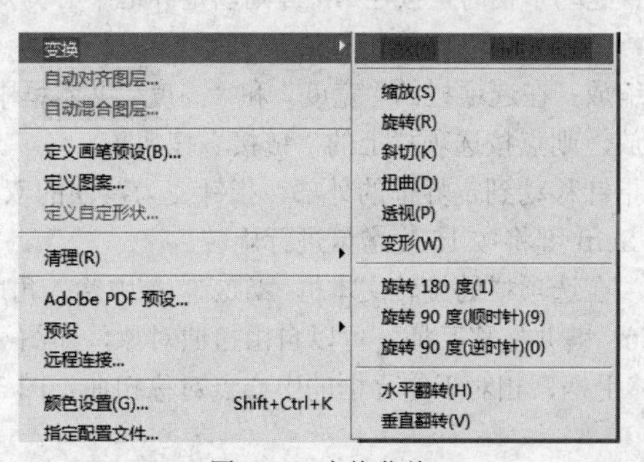

图 3-30 变换菜单

执行缩放、旋转、斜切、扭曲、透视和变形命令后，当前对象周围出现一个方形的定界框，定界框四个边框上共有八个控制点（即方形边框上的正方形小框，也称为手柄），定界框中间有一个中心点 ⟡，如图 3-31 所示。默认情况下，当前对象的中心点是定界框的中心点。定界框四个顶点上的手柄也称为角手柄。

定界框的中心点可以移动，它是变换的中心，中心点位置不同，变换效果也不同。

变换菜单中的其他命令，直接对当前对象执行相应变换，不出现定界框。图 3-32 所示为对图 3-31 中的对象执行水平翻转的效果。

图 3-31　矩形定界框

图 3-32　水平翻转后

“编辑”>自由变换”命令可对选区内的对象进行旋转、缩放、斜切、扭曲和透视等调整，它包含了变换菜单中的所有变换功能，其快捷键为 Ctrl+T。

2. 自由变换

“自由变换”命令执行后，选区的四周会出现矩形定界框。自由变换选项栏上各项与“变换选区”命令选项栏上各项含义与功能是完全一致的，只是自由变换调整的是选区中的图像，变换选区调整的是选区，自由变换选项栏如图 3-33 所示。

图 3-33　自由变换的公共选项栏

- 拖动缩放：鼠标指向定界框上的手柄时，鼠标指针变为↔、↕、⤡形状时，拖移定界框上的手柄即可缩放对象。拖移矩形框顶点手柄时，按住 Shift 键，则对角的长与宽等比例缩放；拖动手柄时，按住 Alt 键则以定界框中心为对称中心点，使对象对称缩放。
- 根据数字进行缩放：在选项栏的“宽度”和“高度”文本框中输入百分比。如要保持长宽同比例缩放，则点按选项栏上的“链接”按钮。
- 拖移旋转：将指针移动到定界框的外部，指针变为弯曲的双向箭头时拖移，即可旋转对象。按 Shift 键将按 15 度增量进行旋转。
- 根据数字旋转：在选项栏的旋转文本框 △ 0.00 度 中输入角度值。
- 扭曲：按住 Ctrl 键并拖移手柄，可以自由扭曲对象，如图 3-34 所示。按住组合键 Ctrl+Alt 并拖移手柄，相对于定界框的中心点对称扭曲，图 3-35 所示。

图 3-34　自由扭曲

图 3-35　对称扭曲

- 斜切：按住组合键 Ctrl+Shift 并拖移边手柄。拖动定界框水平边框中点上的手柄时，对象水平斜切；拖动定界框垂直边框中点上的手柄时，对象垂直斜切；拖动定界框顶点上的手柄时，水平方向拖动手柄，则水平斜切，垂直方向拖动手柄，则垂直斜切。图 3-36 所示为一种斜切效果。
- 根据数字斜切：在选项栏的 H（水平斜切）和 V（垂直斜切）文本框中输入相应斜切角度值。
- 透视：按住组合键 Ctrl+Alt+Shift 并拖移各角手柄。图 3-37 所示为一种透视效果。

图 3-36　斜切效果

图 3-37　一种透视效果

- 更改定位中心点位置：单击选项栏的中心点定位符上的方块，更改中心点位置。也可用鼠标指向选区中心点，当鼠标指针变为形状后，单击并拖动可改变定位中心点位置。
- 移动选择的对象：可在选项栏的 X（水平位置）和 Y（垂直位置）文本框中输入新中心的位置值；也可将鼠标移到调整框内，当鼠标指针变为形状时，按住鼠标左键并拖动即可移动选区
- 变形按钮：单击选项栏中的“在自由变换和变形模式之间切换”按钮，则进入“变形”模式，这时选项栏如图 3-38 所示。这时可对当前选区中对象进行变形操作，可拖动控制点变形选区内对象的形状；也可从选项栏中的“变形”弹出式菜单中选取一种变形样式，变形菜单如图 3-39 所示。从“变形”弹出式菜单中选取一种变形样式之后，可以用鼠标拖动方形手柄来调整变形的形状。

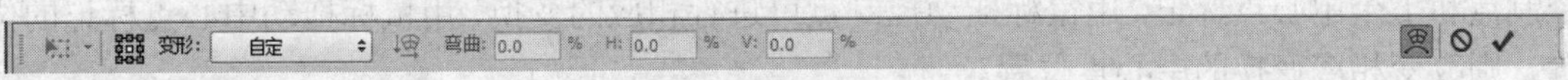

图 3-38　变形选项栏

操作实例：制作瓶子标签效果。操作步骤如下：

（1）打开素材“瓶子.psd”，选择水果图片图层，使用移动工具调整好水果图片的位置。按组合键 Ctrl+T 对水果图像执行自由变换，单击选项栏上“变形”按钮，显示控制点和控制线，如图 3-40 所示。

（2）鼠标指向控制点，拖动控制点可移动控制点的位置，把定界框左右两侧的控制点拖动到瓶子左右两侧边上。拖动控制点手柄线（只有四个角控制点有手柄。手柄的一边端点是控制点，另一边是实心圆点）的方向及长短，使水果图左右两侧边与瓶子左右两侧边重合，如图 3-41 所示。再调整定界框上下两边框控制点，形成向下一定的弧度，即可实现贴标签效果，如

图 3-42 所示。单击选项栏中的“提交”按钮✔，完成自由变换。

注意：在调整时为了看清瓶子左右边线，可设置水果图片图层的不透明度为 50%左右，调好后，再恢复 100%。用户也可使用“变形”类型中的“拱形”，设置其弯曲值为负值约-20%左右，再将图片缩小，也可以实现贴标签效果。

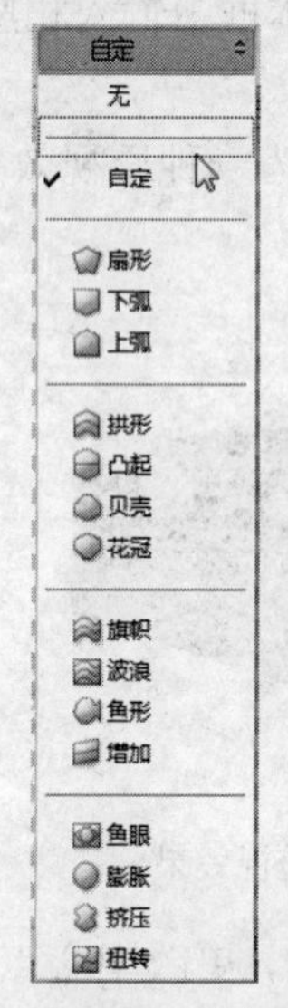

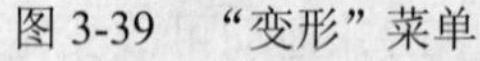

图 3-39 “变形”菜单　　图 3-40 单击“变形”　　图 3-41 调整两边　　图 3-42 标签效果

自由变换设置完成后，可执行下列操作之一确认操作：按 Enter 键；或单击选项栏中的“提交”按钮✔；或者在变换选框内单击鼠标两次。

如果要取消变换自由变换，可按 Esc 键或点按选项栏中的“取消”按钮⊘。

注意：利用组合键 Ctrl+Shift+T 可以将上次做过变换的操作重复执行一次，也可通过菜单命令“编辑”>“变换”>“再次”实现。按组合键 Ctrl+Alt+Shift+T 可以将上次做过的变换操作重复一次，并复制一份相应的图像。

3. 变换图像

选择“编辑”>“变换”的下一级菜单命令（主要有旋转、缩放、斜切、扭曲和透视），可按选定的特定方式对图像进行变换。选择相应命令后，选区的四周会出现矩形调整框、8 个控制点和 1 个中心点标记。用鼠标拖动控制点可进行相应的变换，用鼠标拖动中心点标记的位置，则改变相应变换的中心点位置。

4. 缩小选区

选择“选择”>“修改”>“缩小”菜单命令，可按给定的像素值缩小当前选区。

5. 扩展选区

选择“选择”>“修改”>“扩展”菜单命令，可按给定的像素值扩大当前选区。

三、制作步骤

（1）建立新文件。选择“文件”>“新建”命令，新建一个大小为 800 像素×800 像素，颜色模式为 RGB 颜色，背景为白色的新文件。

（2）利用路径创建选区。选择工具箱中路径工具组的“自定义形状”工具，在工具选项栏设置绘图模式为“路径”，选择“形状”为“低音谱号”，在画布上部分区按住鼠标左键并拖动画出低音谱号形状，宽度约为 110 像素，高度约为 220 像素，如图 3-43 所示。按组合键 Ctrl+Enter，即将创建的路径转换为选区，如图 3-44 所示。

（3）添加新图层。在图层调板上单击“创建新图层”按钮，添加一新图层 1。

（4）选区填充渐变颜色，制作一个花瓣。单击工具箱中的“渐变工具”，在其公共选项栏上设置渐变样式为“线性渐变”，选择渐变颜色为“色谱”。然后从选区拖出一条填充渐变线，填充颜色满意即松开鼠标，选区内即填充了渐变颜色，如图 3-45 所示。按组合键 Ctrl+D 取消选区。

（5）复制图形。按组合键 Ctrl+T，当前选择的对象进入自由变换状态，先将定界框的中心点移至低音谱号形状的末端，如图 3-46 所示。在“自由变换”的选项栏上的旋转文本框 0.00 度 中输入 25，即按 25 度顺时针旋转；单击“保持长宽比”按钮，即设置长宽比等比例缩放，在设置“垂直缩放比例”框中输入 95%，这时工具选项栏如图 3-47 所示。单击选项栏中的提交按钮✔，完成一次自由变换。

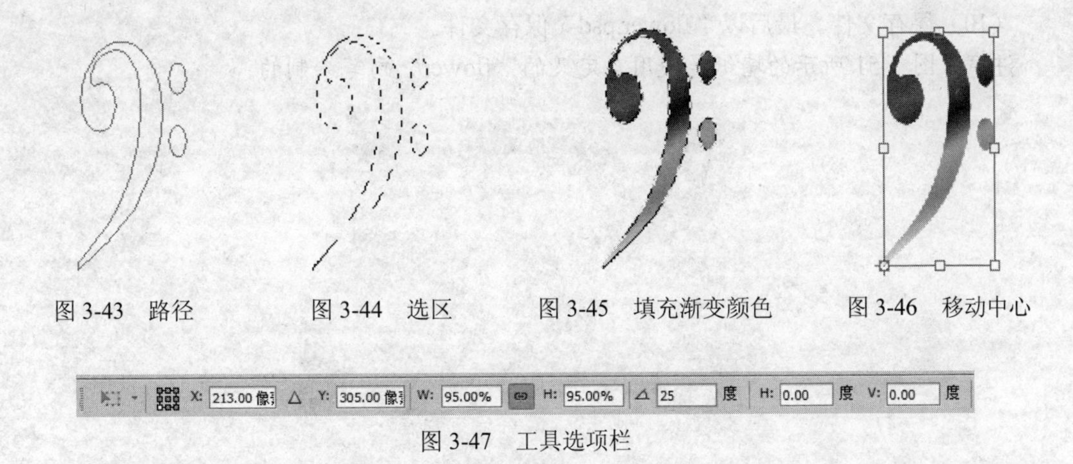

图 3-43　路径　　图 3-44　选区　　图 3-45　填充渐变颜色　　图 3-46　移动中心

图 3-47　工具选项栏

（6）制作花。重复按组合键 Ctrl+Shift+Alt+T 多次，直到形成一个圆形的花即可，这时图层面板上包含多个图层 1 的副本图层，如图 3-48 所示。

提示：组合键 Ctrl+Shift+Alt+T 的功能是执行上次相同的变换并复制出新图像。

（7）将背景层隐藏显示。在图层调板上，单击“背景”图层的“指示图层可见性”按钮，将“背景”图层隐藏。其目的一是后面的图案和画笔定义不包含背景，二是为了变换后的图像图层拼合。

（8）合并可见图层。选择“图层”>“合并可见图层”菜单命令，或按组合键 Shift+Ctrl+E，将多个花瓣图层合并为一个图层。

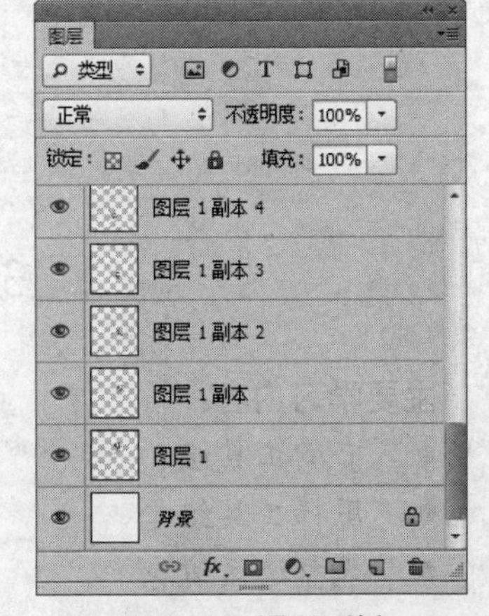

图 3-48　图层面板

（9）将花定义为图案和画笔预设，供以后使用。选择“编辑”>“定义画笔预设”菜单命令，弹出“画笔名称”

对话框，输入名称“flower”，如图 3-49 所示，单击“确定”按钮，完成画笔预设定义。再选择“编辑”>“定义图案”菜单命令，弹出“图案名称”对话框，输入名称“flower”，如图 3-50 所示，单击“确定”按钮，完成图案定义。

图 3-49 “画笔名称”对话框

图 3-50 “图案名称”对话框

（10）保存文件。最后以“flower.psd”保存文件。

注意：图 3-51 所示的墙纸是使用自定义的“flower”画笔绘制的。

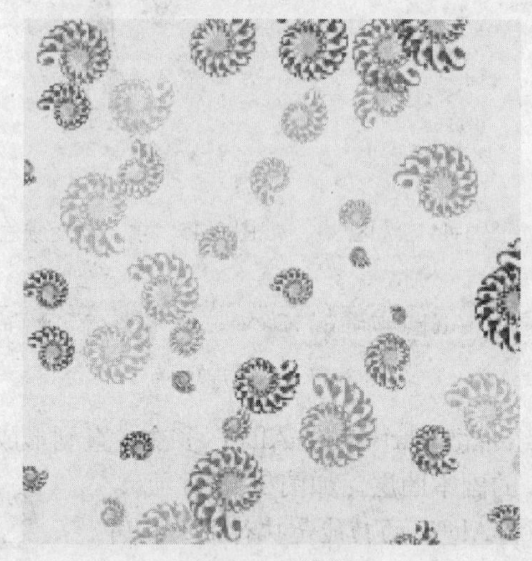

图 3-51 墙纸

3.3 『案例』照片合成

主要学习内容：

- 套索工具组
- 魔棒工具组
- 调整选区边缘
- 移动工具

一、制作目的

素材图如图3-52所示，将制作如图3-53所示的图像。本例制作目的主要是利用选择工具，实现多幅图像合成为一幅图像。通过本例的制作，应掌握套索工具和魔棒工具的使用方法。

图3-52　三幅素材图片

图3-53　照片合成效果图

二、相关技能

1. 套索工具组

本组工具主要用来选取不规则的选区，包括套索工具、多边形套索工具和磁性套索工具。利用套索工具和多边形套索工具可以绘制选框的直边线段，也可以手绘线段。磁性套索工具主要用于快速选择与背景对比强烈且边缘复杂的对象。

（1）套索工具。

套索工具常用于对已有选区进行加选或减选。

选择套索工具后，鼠标指针变为旁多了形状，这时用鼠标在画布内单击并拖曳可创建一个不规则的选区。如果选取的选区终点和起点未重合，Photoshop会自动将起点与终点以直线连接成一个封闭的选区。

（2）多边形套索工具。

多边形套索工具适合创建多边形选区。选择该工具后，鼠标指针形状为，依次单击多边形的各个顶点，可以创建多边形选区。如图3-54所示，利用多边形套索工具选择一个多边形区域。选择时，只需在多边形的各个顶点单击，系统会在两个相邻的单击点间建立直线，最后形成一个封闭的多边形选区。

图3-54　多边形选区

（3）磁性套索工具。

磁性套索工具是一种可识别边缘的套索工具，常用来抠图，常用于抠取边缘颜色与周围背景颜色对比较鲜明的对象。抠图就是把图像的一部分从原始图像中分离出来成为单独的图层，主要是为了后期的图像合成做准备。常用的方法有套索工具、选框工具直接选择，快速蒙版、钢笔勾画路径后转选区，以及抽出滤镜、通道等方法。

与前两个工具不同，系统会根据鼠标拖曳处的边缘的色彩对比度来创建紧固点和线段，形成选区。在使用该工具时，用户可根据需要直接单击鼠标添加的紧固点，也可用 Backspace（或 Delete 键）撤消建立的紧固点和线段。磁性套索工具的选项栏上比前两个工具多了“套索宽度”和“频率”两个选项，如图 3-55 所示。

羽化：0 像素　消除锯齿　宽度：10 像素　对比度：10%　频率：57　调整边缘...

图 3-55　“磁性套索工具”的选项栏

其中一些选项作用如下：

- 宽度：指定系统以鼠标光标中心为基准，工具检测边缘周围的宽度，单位为像素。磁性套索工具只检测从指针中心开始指定距离以内的边缘。当要选择对象边缘与背景明显时，可设置“宽度”值大些，反之小些。
- 边对比度：指定套索对图像边缘的灵敏度，其值范围为 1%到 100%之间的值。数值较高时只检测与它们的环境对比鲜明的边缘，较低时则检测低对比度边缘。
- 频率：设置创建选区时添加紧固点的频度，范围为 0 到 100。数值越大，系统添加紧固点较多较快。当频率为 0 时，添加的紧固点是最少的。
- 钢笔压力：当使用光笔绘图板，此项才起作用。若选中了该选项，增大光笔压力，边缘宽度减小。

2. 魔棒工具组

这组工具包括快速选择工具和魔棒工具。

（1）快速选择工具。

快速选择工具类似于笔刷，能够调整圆形笔尖大小绘制选区，是一种基于色彩差别且能用画笔智能查找主体边缘的快速选择对象的工具。此工具适合选择连续成片且主体边缘相对清晰的对象。

该工具使用方法简单，在对象上单击并在拖动鼠标即快速“绘制”选区，拖动时选区会向外扩展并自动查找和跟随图像中定义的边缘。没有选区时，默认的选区运算方式是新建；选区建立后，选区运算方式自动改为添加到选区；如果按住 Alt 键，选区运算方式变为从选区减去。

快速选择工具的圆形画笔笔尖可以调整大小、硬度和间距等，该工具选项栏如图 3-56 所示，选项栏各项含义如下：

图 3-56　“快速选择工具”的选项栏

- ：设置创建选区的运算方式，分别为“新建选区”、“添加到选区”和“从选区中减去”。“新建选区”是在未选择任何选区的情况下的默认选项。

- 画笔笔尖大小：此项用于更改快速选择工具的画笔笔尖大小。单击此项打开“画笔选取器”面板，如图 3-57 所示，可设置画笔“大小”、“硬度”和“间距”等，可以拖动滑块调整大小，也可以直接在文本框输入数值。

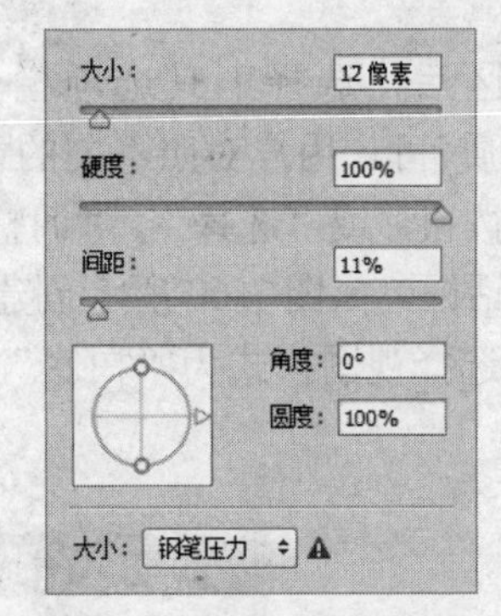

图 3-57　“画笔选取器”面板

注意：在建立选区时，按右方括号键“]”可增大快速选择工具画笔笔尖的大小；按左方括号键“[”可减小快速选择工具画笔笔尖的大小。

- 对所有图层取样：选择此项，在当前所有图层中取样创建选区。
- 自动增强：选择此项可减少选区边界的粗糙度和块效应。“自动增强”自动将选区向图像边缘进一步流动并自动进行一些边缘调整。
- 调整边缘：创建选区后，利用此项可以优化选区的边缘。

使用快速选择工具绘制选区如图 3-58 所示。

图 3-58　使用快速选择工具创建选区

（2）魔棒工具。

该工具是用于选取图像中颜色相似的区域，是基于鼠标单击的像素的相似度。用户利用魔棒工具可选择颜色一致的区域。

使用该工具时，只需将鼠标在要选择的颜色区域上单击，系统会将与单击点颜色相似的区域选中。其选项栏如图 3-59 所示。

取样大小：取样点　容差：10　☑消除锯齿　☑连续　☐对所有图层取样　调整边缘...

图 3-59　“魔棒工具”的选项栏

可通过设定魔棒工具选项栏上的容差，来控制选取颜色的误差范围。

- 容差：当容差越大，选择区域越广。容差的数值范围在 0～255 间。
- 连续：勾选此项，只选择图像中与单击点连续的颜色区域。不勾选此项，则选择图像中与单击颜色相近的所有区域。

- 用于所有图层取样：选择此项，选择与单击颜色相似的所有图层中的区域。否则，魔棒工具将只从现用图层中选择与单击颜色相似的区域。

注意：为了方便选择，可以将图像的显示比例放大，再进行选择。

3. 调整边缘

在使用任一选择工具创建选区后，选择工具选项栏上的“调整边缘”按钮可用。调整边缘选项可以提高选区边缘的品质，可让用户对照不同的背景查看选区，方便编辑选区边缘。单击工具选项栏上的“调整边缘”按钮，或“选择”>“调整边缘”（快捷键为 Alt+Ctrl+R）菜单命令，系统弹出“调整边缘”对话框。如图 3-60 所示创建一个人物选区，执行“调整边缘”命令，打开“调整边缘”对话框，选择视图模式为“白底”，显示效果如图 3-61 所示。“调整边缘”对话框中各项含义如下：

图 3-60 创建人物选

图 3-61 “调整边缘”对话框

（1）视图模式：单击“视图”下拉按钮，弹出视图下拉菜单，如图 3-62 所示。有“闪烁虚线”、“叠加”、“黑底”等六种视图模式，按 F 键循环切换视图，按 X 键暂时停用所有视图。鼠标指向相应视图模式时，系统有浮动文字介绍该视图的显示效果，如图 3-62 所示，介绍“闪烁虚线”视图。

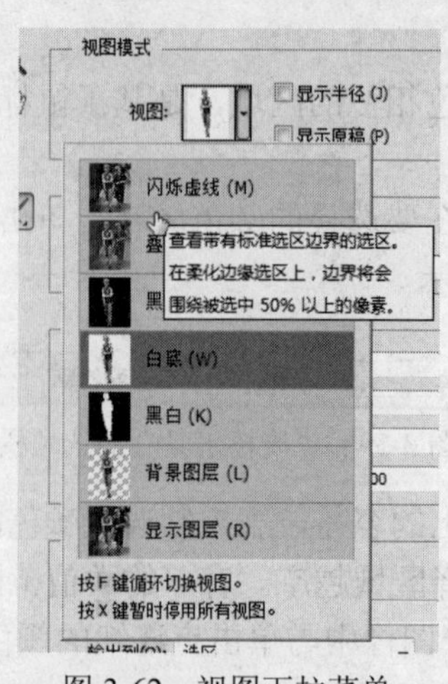

图 3-62 视图下拉菜单

（2）半径：决定选区边界周围的区域大小。增加半径可在含有柔化过渡或细节的区域中创建更加精确的选区边界，如模糊边界，短的毛发的边界等，如图 3-63 所示。

（3）平滑：可减少选区边界中的不规则区域，使选区边界更平滑，如图 3-64 所示。取值范围为 0～100。

（4）羽化：其作用是在选区及其周围像素之间创建柔化边缘过渡。范围是从 0～250 像素。如图 3-65 所示。

图 3-63 增加半径

图 3-64 平滑后

图 3-65 羽化

（5）对比度：其作用是锐化选区边缘并去除模糊的不自然感。当半径设置过高时选区边缘附近产生过多杂色，这时增加对比度可以消除这些杂色。将选区增加半径 8.9 时，选区边缘出现杂色，将对比度调整为 42%，去除杂色，如图 3-66 所示。

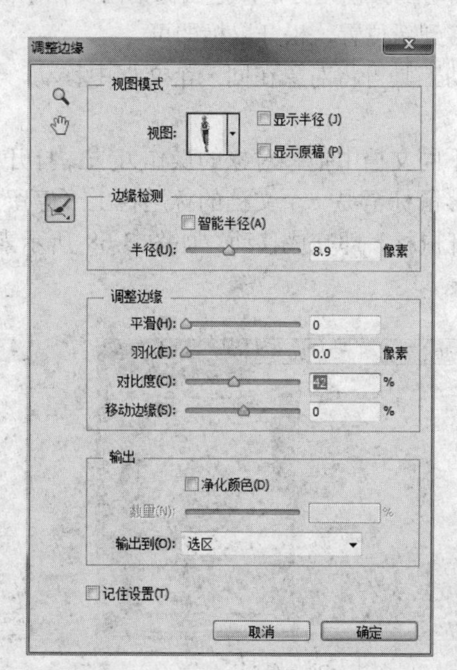

图 3-66 使用对比度

（6）移动边缘：收缩或扩展选区边界。可设置一个介于 0%～100%之间的数以进行扩展，或设置一个介于 0%～-100%之间的数以进行收缩。这对柔化边缘选区进行微调很有用。收缩选区可从选区边缘移去不需要的背景色。

提示：对于灰度图像或其选定对象的颜色与背景非常相似的图像，请可先调整平滑值，然后使用“羽化”选项和“移动边缘”，这样可将图像的边缘杂色去掉。

（7）单击缩放工具可在调整选区时将其放大或缩小。

（8）使用抓手工具可调整图像在当前的位置。

（9）净化颜色：勾选此项，拖动调整数量可去除选区的彩色杂边，数值最大，去除杂边的范围越大。

（10）输出到：该项的下拉列表中可以选择“选区”的输出位置，如图 3-67 所示。

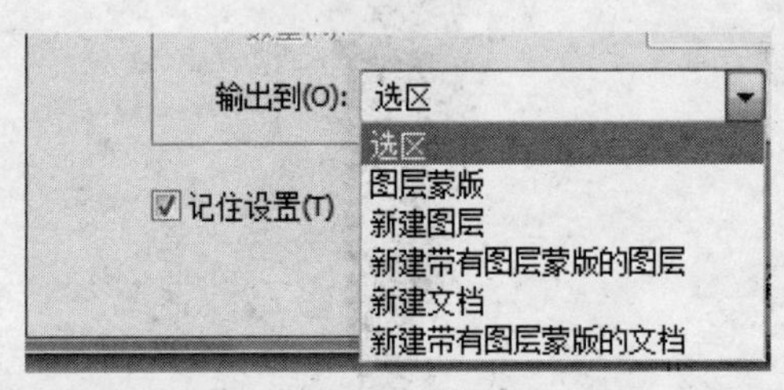

图 3-67　“输出到”下拉菜单

如勾选对话框最下面的“记住设置”，则这时“调整边缘”对话框中各项参数值将应用到下次的“调整边缘”和“调整蒙版”操作中。

4. 移动工具

移动工具可移动选区内的对象或图层，或将多个选区内对象或多个图层内容以某种方式对齐。移动工具使用方法：把鼠标指向文档画面中，按住鼠标左键拖移鼠标，将选区内对象或图层拖移到新位置，松开鼠标即可。

移动工具可将对象在同一个文档中移动，也可将对象移至另一个文档，这时实现对象的复制。

在不同文档中拖移对象的操作方法：打开各文档，把鼠标指向要移动的文档画面中，单击并拖移鼠标至另一个文档的标题栏上（停留片刻）或文档窗口中，当鼠标指针变为形状时，松开鼠标，即完成移动。如图 3-68 所示素材，将小驴图片拖移到 grass 图中，效果如图 3-69 所示。

图 3-68　素材

图 3-69　移动图像后

注意：如移动对象要到另一个文档中心位置，拖移同时按住 Shift 键，拖移完成后，先松开鼠标，再松开 Shift 键。

移动工具的选项栏如图 3-70 所示。

图 3-70　移动工具的选项栏

- 自动选择：勾选此项，当用鼠标在图像上单击，Photoshop 自动选择鼠标所接触的非透明图像那一层图层或组。
- 显示变换控件：勾选此项，当用鼠标单击图像中的非透明区域时，被选的对象显示出边界，如图 3-71 所示，这时可对选择的对象进行自由变换。

图 3-71　显示定界框

利用移动工具对齐图像内多个选区或图层的操作方法如下：

（1）执行下列操作之一：

- 若要将图层的内容对齐到选区，则在图像内建立一个选区。然后在图层面板中选择图层。
- 若要将多个图层的内容对齐到选区边框，则在图像内建立一个选区。然后在图层面板中将要对齐的图层链接起来。
- 若要将图层内容与现有图层内容对齐，将要对齐的图层与现有图层链接。

（2）选择移动工具。

（3）在选项栏中单击一个或多个对齐按钮：顶边对齐、垂直中心对齐、底边对齐、左边对齐、水平中心对齐或右边对齐。

在图像内分布图层的操作方法如下：

（1）在图层面板中，将三个或更多的图层链接起来（或选择三个或更多的图层）。

（2）选择移动工具。

（3）在选项栏中单击一个或多个分布按钮：按顶边分布、按垂直中心分布、按底边分布、按左边分布、按水平中心分布或按右边分布。

注意：链接图层的方法：按住 Ctrl 键单击图层面板上的图层，可选择多个不连续的图层；按住单击第一要选的图层，再按住 Shift 键单击最后一个图层，选择多个连续的图层。然后在图层面板上的被选图层上右击鼠标，在打开的快捷菜单中单击“链接图层”命令，即将选择的多个图层设置为链接图层。

三、制作步骤

（1）在 Photoshop 中打开三幅素材图片：“清华园.jpg”、“白云图.jpg”、“boy.jpg”。单击“文件”>“打开”菜单命令，找到所用的素材后双击打开。

（2）调整“清华园.jpg”图片的高度。选择清华园图片窗口为当前窗口。该图片曝光不够，按组合键 Ctrl+L，打开“色阶”对话框。拖动“输入色阶”水平轴右端的白色滑钮到 215 处，如图 3-72 所示，即将亮度为 215～255 的图像像素的亮度合并为 255，图像亮度提高，如图 3-73 所示。

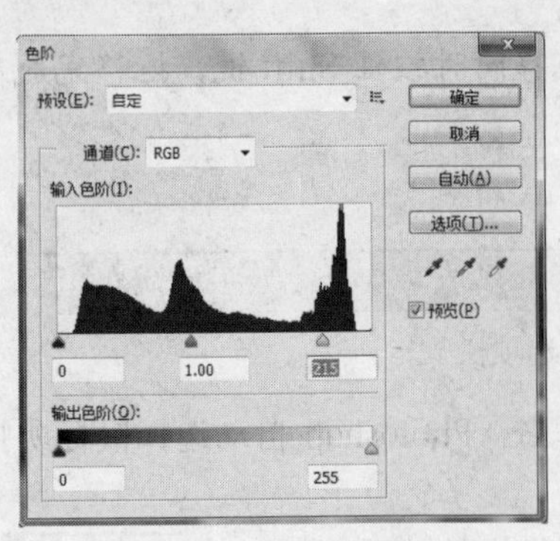

图 3-72 “色阶”对话框

图 3-73 图像亮度提高

（3）选择天空部分。选择工具箱中的魔棒工具，在魔棒工具的选项栏设置“容差”为 10，选中“消除锯齿”选项，不选择“连续”选项，设置选区的运算模式为“添加到选区”，其他为默认设置，单击天空部分，创建天空选区。如一次不能选择全部天空部分，可用魔棒工具在未选中的天空部分再单击，直到天空部分全选。设置不选择“连续”选项，目的是为了选择松树叶缝间的天空。如天空全选了后，除天空以外的对象也有被选中的，这时可使用套索选框工具，在选项栏上设置选区运算模式为“减去”，在多选的部分上拖动框选，将其从选区中除去，只保留天空部分。如图 3-74 所示。

（4）用白云图替换清华园图片的天空部分。单击白云图的标题，切换到白云图图像窗口，按 Ctrl+A 全选该图，再按 Ctrl+C 执行复制命令。按组合键 Ctrl+Tab 切换到“清华园.jpg”图像窗口。然后单击“编辑”>“选择性粘贴入”>“贴入”命令或按快捷键 Alt+Shift+Ctrl+V，将白云图粘贴到清华园图中，这时白云图只是在选中的天空部分显示，取代原来的天空。如要对白云图调整位置，可选择“移动工具”，选择白云图，拖动其到合适位置。最终如图 3-75 所示。

图 3-74 选中天空部分

图 3-75 天空换为白云图

（5）选择两个小男孩。切换至 boy.jpg 图片窗口，选择工具箱中的磁性套索工具，在图像中两个小男孩身体边缘单击鼠标，设置第一个紧固点（为一方形点），然后将鼠标指针沿着男孩身体的边缘移动，Photoshop 会在鼠标经过的边界处放置一定的紧固点来连接选区指针，如图 3-76 所示。如用户需在鼠标经过的边界添加紧固点，可单击鼠标。Photoshop 继续跟踪鼠标走过的边缘，并根据需要添加紧固点。如添加的紧固点不合适，可以按 Backspace（或 Delete）键撤消建立的紧固点，根据需要可撤消多个。当新建紧固点与开始的紧固点重合时，鼠标指针旁会多出一个小圆圈，这时单击鼠标，封闭路径区域选框，形成一个封闭的选区，如图 3-77 所示。

图 3-76　创建紧固点

图 3-77　创建选区后

注意：使用磁性套索工具时，按 Capslock 键鼠标指针变为⊕，圆形的大小即是磁性套索工具能检测的边缘宽度，按“[”和“]”可调整检测边缘宽度。再次按 Capslock 键鼠标指针变回原来系统默认的形状。

（6）调整选区的边缘。选区创建好后，单击“磁性套索工具”选项栏上的“调整边缘”按钮，进入“调整边缘”对话框，如图 3-78 所示，对选区进一步优化，使选区边缘更自然、更平滑。当前选区边缘颜色比较浅，为更能看清选区边缘选择精确性，可更改“视图”为“黑底”。如调整选区大小，拖动“移动边缘”滑块拖至正值则向外扩展选区，拖至负值则缩小选区；增加“平滑”值可减少选区边缘不规则区域，使选区边缘更平滑。

（7）复制两个男孩到清华园图片。按组合键 Ctrl+J，即执行以当前选区创建新图层命令，将两个男孩创建到一个新图层中，然后选择工具，鼠标指向图层面板新得到的图层 1，按住左键拖动图层 1 到清华园图片文档窗口中，生成图层 2，并放置在白云图层的上方，这时“清华园”图片窗口的图层面板如图 3-79 所示。执行“编辑>变换>缩放”命令，将两个男孩缩放到合适大小，缩放时，要保证长宽缩放比例一致，以防人物变形。

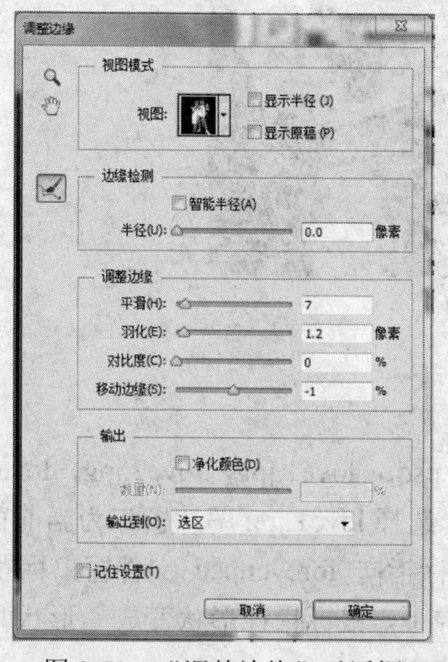

图 3-78　“调整边缘”对话框

图 3-79　图层面板

（8）移动人物到合适位置。用移动工具拖动男孩们到合适的位置，最终效果如图 3-53 所示。

（9）保存文件。将最终效果文件以文件“清华园留影.psd”保存。

四、技能拓展——浪漫婚纱照

制作目的

本例制作目的是熟练应用选框工具、移动工具、图像描边、自由变换等操作，制作浪漫婚纱照。素材为 forever.psd,，love1.jpg，love2.jpg，love3.jpg，如图 3-80 所示，效果如图 3-81 所示。

图 3-80 素材

图 3-81 效果图

制作步骤

（1）在 Photoshop 中打开四幅素材图片：forever.psd,，love1.jpg，love2.jpg，love3.jpg。

（2）将图片 love1.jpg 复制到 forever.psd 文档中。选择 love1.jpg 图片窗口为当前窗口，选择移动工具，鼠标指向该图像，按住鼠标左键拖动鼠标指向 forever.psd 文件窗口标题栏，当 forever.psd 图像窗口显示出来时，将鼠标拖动至该图像上，鼠标指针形状变成形状时，松开鼠标，即将图片复制到 forever.psd 文档中，生成新图层 1。

（3）调整图层1的位置。在图层面板上，将图层1拖动到图层“心+心”的下面。这时图层面板如图3-82所示。将图层1的图片移到合适的位置，如图3-83所示。

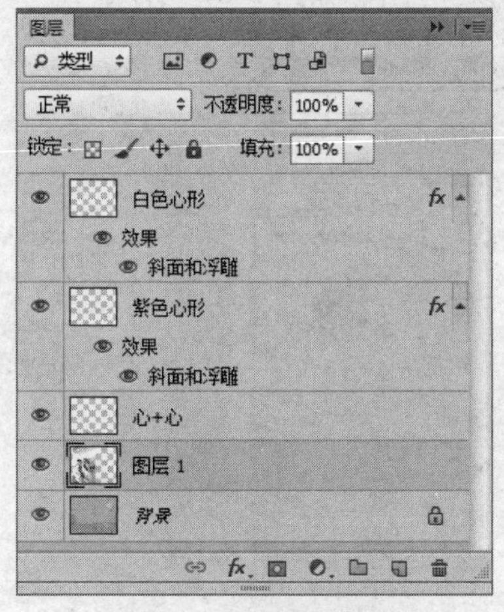

图3-82 图层面板

图3-83 图片移位

（4）选区描边。执行“编辑”>“描边”命令，打开“描边”对话框，如图3-84所示，设置描边“宽度”为10像素，位置为“居外”，“颜色”为白色（如当前颜色不是白色，可在“颜色”上单击，系统打开拾色器，在拾色器中选择颜色），单击“确定”按钮，为图像添加白色边框。

（5）复制图像。单击love2.jpg图像标题栏，切换到该图像窗口。在工具箱上选择矩形选框工具，在图像上选择人物主体，然后按组合键Ctrl+C；再切换到forever.psd文档窗口，按组合键Ctrl+V，将图像粘贴到当前窗口中，产生图层2；再按组合键Ctrl+T将图像自由变换，将图像整为合适大小，旋转合适的角度，单击工具选项栏上的“确定”按钮✓，这时图像如图3-85所示。

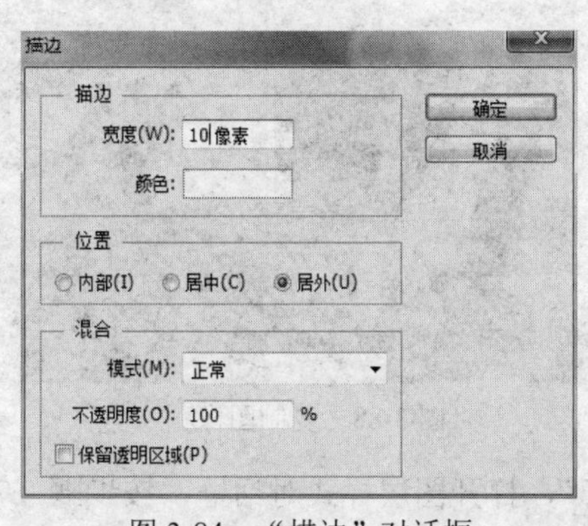

图3-84 “描边”对话框

图3-85 图像

（6）描边。执行“编辑”>“描边”命令，打开“描边”对话框，设置描边“宽度”为5像素，位置“居外”，“颜色”白色，单击“确定”按钮，为图像添加白色边框。

（7）添加投影。在图层面板的“图层 2”上双击鼠标，打开“图层样式”对话框，单击“投影”，选择“投影”项，并显示“投影”选项卡。设置“不透明度”为 50%，“角度”为 135 度，距离为 18 像素，大小为 5 像素，如图 3-86 所示，这时图像如图 3-87 所示。

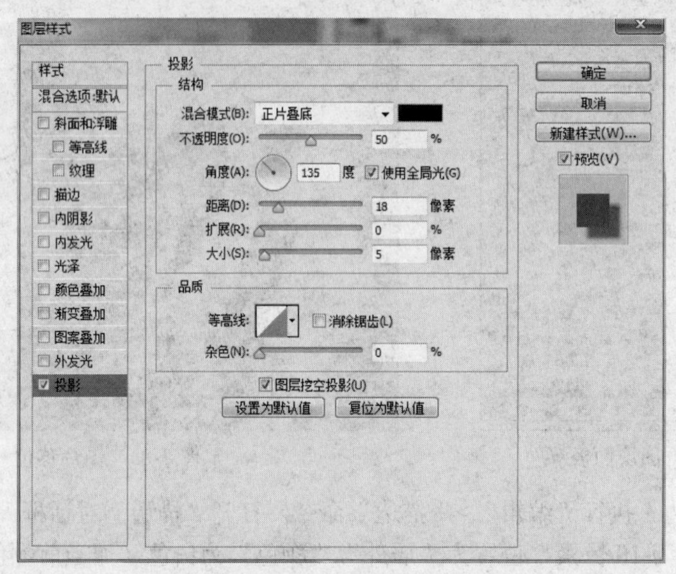

图 3-86 “投影”选项卡

（8）复制图像 love3.jpg。切换至 love3.jpg 图像窗口，使用矩形选框工具，选择人物主体，选区大小与步骤（5）中所创建选区大小要差不多，按组合键 Ctrl+C，再切换到 forever.psd 文档窗口，按组合键 Ctrl+V，将图像粘贴到当前窗口中，产生图层 3；再按组合键 Ctrl+T 将图像自由变换，将图像整为合适大小，旋转合适的角度，单击工具选项栏上的“确定”按钮 ✓，这时图像如图 3-88 所示。

图 3-87 添加投影效果

图 3-88 复制图像

（9）添加图层样式。在图层面板上双击“图层 3”，打开图层样式对话框，按步骤（7）的方法也为该图层添加同样设置的投影。再单击图层样式上的“描边”，打开“描边”选项卡，如图 3-89 所示设置，描边宽度为 5 像素，颜色也为白色，单击“确定”按钮，关闭“图层样式”对话框。

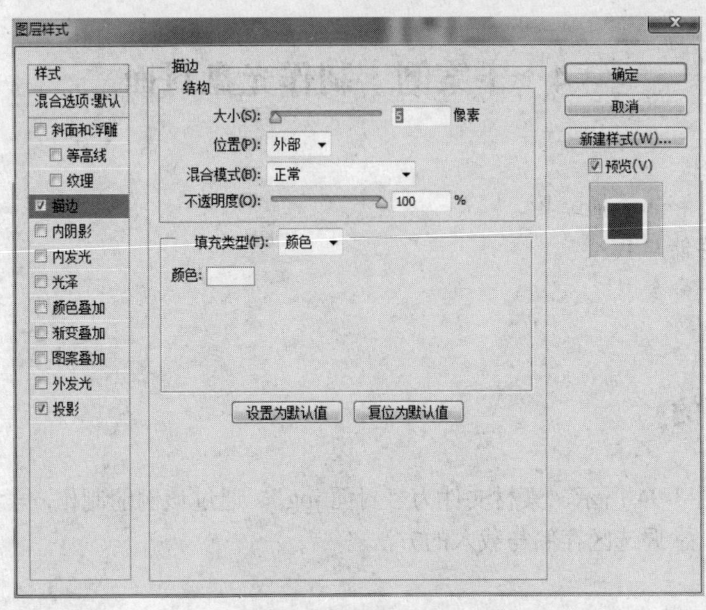

图 3-89　“描边”选项卡

（10）设置等号右边两个心形牵手效果。使用移动工具将两个心形移动，使之相交，如图 3-90 所示。按住 Ctrl 键单击图层面板上的“白色心形”图层缩览图，选择白色心形，如图 3-91 所示。再按住组合键 Ctrl+Shift+Alt，单击图层面板上的“紫色心形”图层缩览图，松开鼠标，松开按键，即选择两个心形相交的区域，如图 3-92 所示。在图层面板上单击白色心形图层，选择白色心形图层为当前图层。选择工具箱上的橡皮擦工具，在上部分选区上拖动鼠标擦除白色部分，按组合键 Ctrl+D 取消选区，牵手心形如图 3-93 所示。

图 3-90　心形相交

图 3-91　创建选区

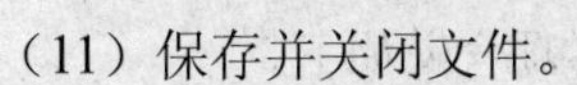

图 3-92　两个心形相交区域

图 3-93　牵手心形

（11）保存并关闭文件。

3.4 『案例』制作光盘封面

主要学习内容：

- 渐变工具和油漆桶工具
- 选区的存储与载入
- “填充”命令
- 定义图案

一、制作目的

本例效果如图 3-94 所示，素材文件为“封面.jpg”。通过该例的制作，学习渐变工具、颜料桶工具的使用，掌握选区存储与载入的方法。

图 3-94 光盘封面效果图

说明：我们生活中常用的光盘盘面外径（即整个光盘的直径）是 120mm，光盘中心孔洞直径为 22mm，中心透明圆环宽约为 7mm。

二、相关技能

1. 选区的存储与载入

（1）存储选区：编辑图像时，创建了某些选区，可以将选区存储以备后用。单击“选择”>“存储选区”菜单命令，系统弹出“存储选区”对话框，如图 3-95 所示，利用该对话框可以保存当前的选区。其中“文档”表示用来存储选区的图像文档，默认显示当前文档；“通道”指的是选区保存的通道；“名称”为当前选区要存储的名称。如果在“通道”下拉菜单中选择已保存的选区，如图 3-96 所示，则“操作”中各项均可选，可设置当前要存储选区与“通道”菜单中所选已存储选区（图 3-96 中为选区 1）的操作关系，其各项含义如下。

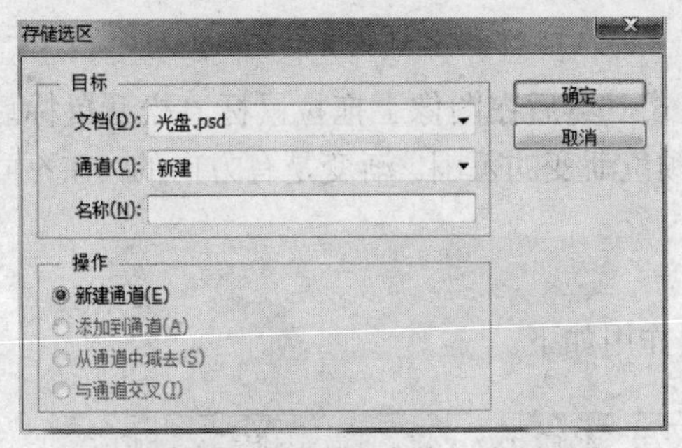

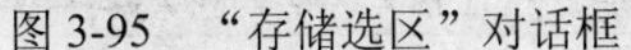
图 3-95 “存储选区”对话框

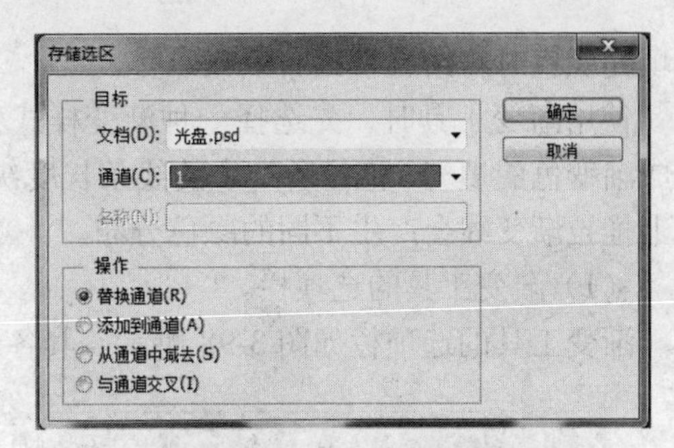

图 3-96 选择已保存的选区

- 替换通道：存储选区后，所选择通道中选区消失，当前选区存储到所选通道。
- 添加到通道：当前选区与通道中原来选区相加，形成新的选区存入相应通道。
- 从通道中减去：通道中原来的选区减去的现有选区，形成新的选区存入所选通道。
- 与通道交叉：通道中原来选区与当前选区相重合的部分作为新选区存入所选通道。

（2）载入选区：单击“选择”>“载入选区”菜单命令，系统弹出“载入选区”对话框，如图 3-97 所示。如果当前图像中无选区，则“操作”项只有第一项可选，利用该对话框可以载入已保存的选区。

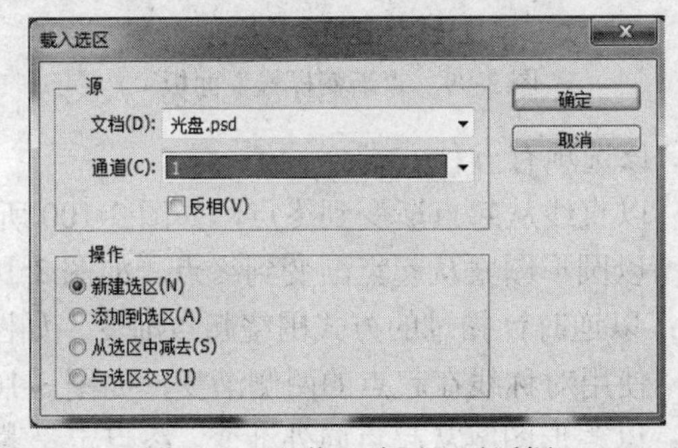

图 3-97 “载入选区”对话框

“文档”表示要载入选区所在的文档；“通道”用于选择包含要载入选区的通道；“反相”指反转选区，相当于选择菜单中的“反向”命令。

“操作”栏内有几个单选项，可设置载入选区与当前选区的操作关系，其各项含义如下。

- 新建选区：原有的选区消失，载入的选区变为当前的选区。
- 添加到选区：载入的选区与原来选区相加，形成新的选区。
- 从选区中减去：载入选区后，在原来的选区中减去载入的选区，形成新的选区。
- 与选区交叉：载入选区后，产生新的选区，新选区为载入选区与原来选区相重合的部分。

2. 选择整个画布和反选选区

（1）选择整个画布：单击“选择”>“全选”菜单命令或按组合键 Ctrl+A，即可将整个画布选为选区。

（2）反选选区：如想创建除当前选区外的画布区域为选区，可单击“选择”>“反向”菜单命令，或按组合键 Shift+Ctrl+I，即可选择选区外的部分为选区。

3. 渐变工具

利用渐变工具可以产生渐变的色彩，可给选区填充渐变颜色。如没有选区，使用渐变工具填充颜色时将给整个画布填充。

使用渐变工具时，先选择一种渐变样式和方式，然后在图像上拖拉鼠标，松开鼠标后即完成渐变色的填充。拖拉所产生的线条长度决定颜色渐变的范围。渐变是有方向的，在不同方向上拖拉渐变线会产生不同的颜色分布。

（1）渐变工具的选项栏。

渐变工具的选项栏如图 3-98 所示，其各选项作用如下。

图 3-98 渐变工具的选项栏

- “渐变样式”下拉列表框：单击该列表框右边的箭头按钮，系统弹出“渐变样式”面板，如图 3-99 所示。单击可选择要填充的样式。

图 3-99 “渐变样式”面板

- 渐变填充的选项：该选项有五种方式。
  - ➢ 线性渐变：以直线从起点渐变到终点，如图 3-100 所示。
  - ➢ 径向渐变：以圆形图案从起点渐变到终点，如图 3-101 所示。
  - ➢ 角度渐变：以逆时针扫过的方式围绕起点渐变，如图 3-102 所示。
  - ➢ 对称渐变：使用对称线在起点的两侧渐变，如图 3-103 所示。
  - ➢ 菱形渐变：以菱形图案从起点向外渐变。终点定义菱形的一个角，如图 3-104 所示。
- 反向：可以产生反向渐变的效果。填充完如图 3-104 所示效果，如选择反向，再进行填充，效果如图 3-105 所示。

图 3-100 线性渐变

图 3-101 径向渐变

图 3-102 角度渐变

图 3-103 对称渐变

图 3-104 菱形渐变

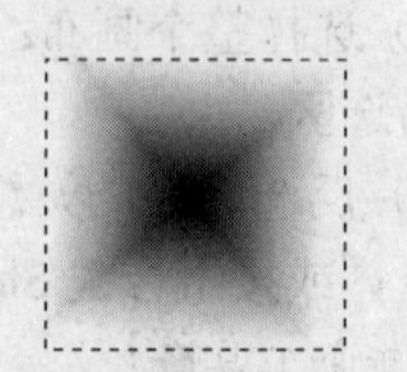

图 3-105 菱形渐变

- 仿色：这个选项可防止渐变色印刷时出现条带化。选中该复选框后，填充的渐变色色彩会过渡地更柔和、更平滑，效果看起来更自然，但这在屏幕显示效果不是很明显。
- 透明区域：选中该项后，可以创建带有透明区渐变效果，否则不可以。如选择“透明条渐变”样式▨，选择“透明区域”，可创建如图3-106所示的渐变；取消此项，则创建实色渐变，如图3-107所示。

图3-106 透明渐变

图3-107 实色渐变

（2）自定义渐变样式。

定义渐变色，即是指定从什么颜色变化到什么颜色。单击渐变工具选项栏上的渐变样式框中的渐变颜色缩览图，系统会弹出如图3-108所示的“渐变编辑器”对话框。

“预设”框中的渐变颜色为目前系统中可使用的渐变颜色列表，在预设中单击一个渐变色颜色，它会出现在对话框下部分的“渐变条编辑器”上，用户可以编辑它；单击⚙，打开“预设”面板主菜单，如图3-109所示，利用此菜单，可以进行选择其他的渐变样式、更改渐变预设的显示方式等操作。

图3-108 “渐变编辑器”对话框

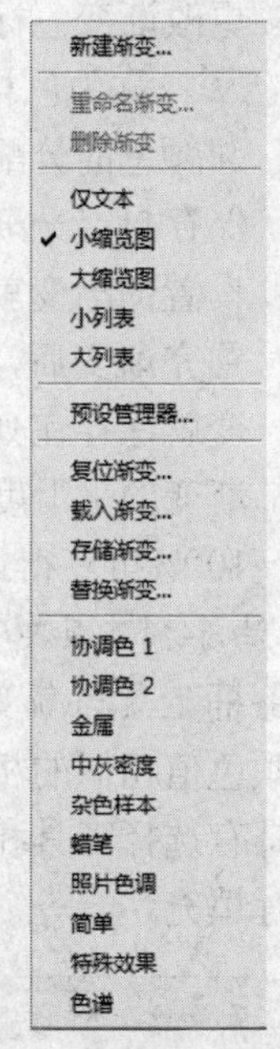

图3-109 “预设”面板主菜单

“载入”按钮：单击此按钮，打开“载入”对话框，可选择其他的渐变颜色载入。

“存储”按钮：单击此按钮，打开“存储”对话框，可将渐变颜色列表中的渐变色存储，存储的文件扩展名为.grd。可复制渐变颜色文件到其他电脑上使用。

“色标”框是用来调整或删除当前渐变条上选中的色标的颜色值或不透明度。

“渐变条编辑器”是用来编辑渐变颜色的。在“渐变条编辑器”下方的色标用来设置渐变色，上方的色标用来设定渐变的不透明度。

- 增加色标：鼠标移至渐变条编辑器上边框，鼠标光标变为手形时，单击可增加渐变不透明色标；鼠标移至渐变条编辑器下边框，鼠标光标变为手形时，单击可增加渐变颜色色标。
- 更改色标的颜色：双击色标或单击选择某一色标（被选中的色标上方的三角形为黑色）后单击色标框中“颜色”右侧的色板，系统打开“拾色器”对话框，即可改变颜色。
- 删除渐变色标：在渐变条中将要删除的色标向上或向下拖离渐变条，即可将其删除；也可单击选择色标，然后单击“色标”框中的删除按钮。
- 更改渐变不透明色标的透明度：单击选中不透明色标，在“不透明”后的文本框中输入相应的数值即可。不透明色标是用灰度来表示所代表的不透明度，不透明值的变化范围为0%～100%。色标上显示白色，为完全透明，值为0%；色标上显示黑色，为完全不透明，值为100%。
- 更改色标的位置：可以在渐变条上直接拖动色标改变其位置，也可在“渐变编辑器”“位置”后的文本框中直接输入数字，也可在“位置”两字上方直接左右拖动鼠标（同时按Shift键位置变换加速，按Alt键减速），也可按Ctrl键在“位置”两字后的数值框中左右拖动鼠标（同时按Shift键位置变换加速，按Alt键减速），也可以将鼠标定位在数字框中后使用鼠标滚轮。
- 更改渐变色标中点的位置：单击某一色标后，该色标与其前后色标间会有一个小菱形◇，称为色标中点，其决定两个相邻色标颜色分配比例。改变菱形点位置可改变相邻颜色的分配比例。改变其位置的操作方法与更改色标位置方法一样。
- 保存自定义渐变：渐变设置完成后，就可以使用了，但如后面再选用了其他渐变，原设置的渐变就不存在了。如多次使用，应将渐变保存起来。保存渐变的方法为：设置完渐变后，在“名称”框输入合适的名字，然后单击“新建”按钮，这样新的渐变就保存在列表中了。
- 渐变的平滑度设置：“平滑度”项是设置色彩的过渡范围，其取值范围为0%～100%，100%可获得最亮丽且最丰富的过渡色彩。

4. 油漆桶工具

油漆桶工具与渐变工具为同一组工具，其作用是为区域着色，油漆桶工具填充鼠标单击处像素颜色值相似的相邻像素，着色方式可以是前景色或图案，其选项栏如图3-110所示。油漆桶工具有选择工具和填充工具的双重属性，工作原理与魔棒工具相似，可根据颜色取样点对图像进行填充。

前景 模式：正常 不透明度：100% 容差：32 消除锯齿 连续的 所有图层

图3-110 “油漆桶工具”的选项栏

（1）“填充”下拉列表框：此项用来选择油漆桶工具的填充方式。选项有两个：一是“前景”，选择该项后填充的是前景色；二是“图案”，选择此项后，“图案”下拉列表框变为可用，可选择合适的图案进行填充。

（2）“图案”下拉列表框：单击该下拉列表框或下拉按钮，均可弹出一个“图案样式”

面板，如图3-111所示，在此面板中双击可选择图案。单击该面板右边的面板主菜单按钮，系统会弹出如图3-112所示的菜单，利用此菜单可以更换、删除或新建图案。

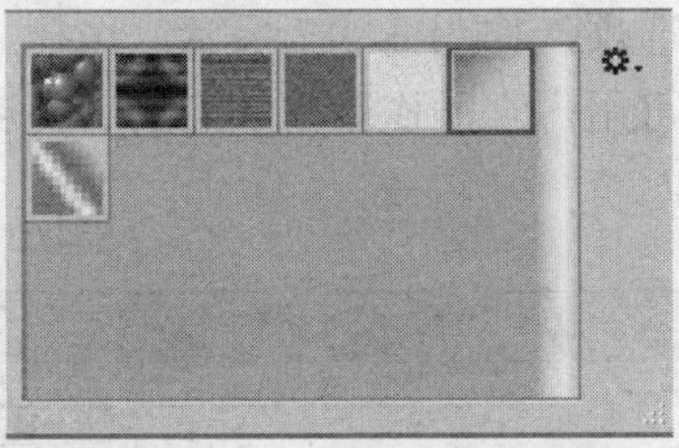

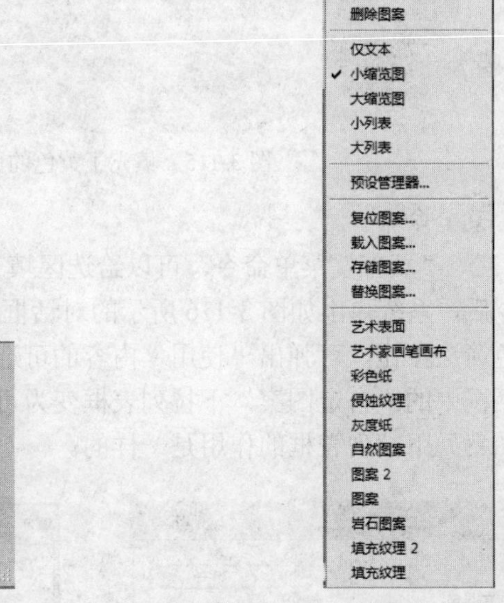

图3-111 “图案样式”面板　　　图3-112 “图案样式”面板主菜单

（3）“容差”：容差值决定油漆桶工具的填充颜色范围，其值越大，填充色的范围就越大。

（4）“消除锯齿”复选框：选中该项后，创建的填充区域的边缘会更平滑些，边缘锯齿减少。

（5）“连续的”复选框：如选择了“连续的”选项，则只填充与单击点像素邻近的像素。如果不选该项，则填充图像中的所有相似像素。

（6）“所有图层”复选框：选择该项，则基于所有可见图层中进行填充。

例：打一张白云图像，如图3-113所示。设置前景色为黄色（R：240、G：230、B：30），选择油漆桶工具，选项栏如图3-114所示，用鼠标在白云图右上角的蓝色上单击，则与单击点颜色容差范围在30且相连的像素均被填充为黄色，如图3-115所示。

图3-113 “白云图”

前景 模式：正常 不透明度：100% 容差：30 消除锯齿 连续的 所有图层

图3-114 “油漆桶工具”的选项栏

图 3-115　填充了黄色的白云图

5. “填充”菜单命令

执行“编辑”>“填充”菜单命令，可以给选区填充单色或图案，没有选区则填充整个画布。选择该命令后，系统弹出如图 3-116 所示的对话框。单击“填充”对话框中的“使用”下拉列表框的黑色箭头按钮，可弹出“使用”内容的可选项，如图 3-117 所示。选择“图案”，则“填充”对话框中的“自定图案”下拉列表框变为可用，它的作用与上面的“油漆桶工具”选项栏中的“图案”下拉列表框的作用是一样的。

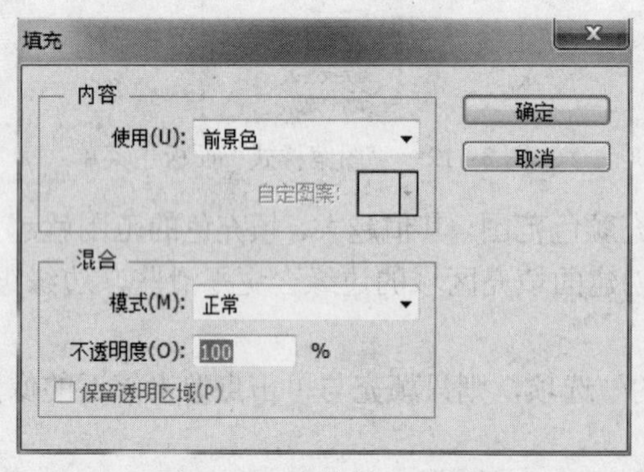

图 3-116　“填充”对话框

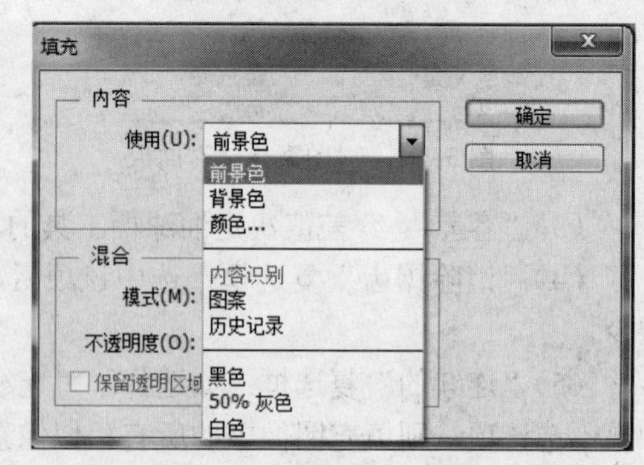

图 3-117　“填充”对话框

6. 定义图案

根据需要，可以在任何的图像上使用“编辑”>“定义图案”命令创建基于选区的新图案。用于创建图案的选区须为矩形、一列单像素或一行单像素，且选区的“羽化”为 0 像素。

操作方法如下：

（1）选择要用作图案的区域。

（2）选取“编辑”>“定义图案”菜单命令，系统弹出“图案名称”对话框，如图 3-118 所示。

（3）在“名称”框中输入图案的名称，然后单击“确定”按钮，图案创建完成。

图 3-118　“图案名称”对话框

三、制作步骤

（1）建立新文件。单击“文件”>“新建”命令，创建一个大小为600像素×600像素的文件，文档名为“光盘封面”，颜色模式为“RGB颜色”，背景为“白色”，分辨率为120像素/英寸，单击“确定”按钮，完成画布设置，创建一新文件。

（2）显示网格和标尺。选择“视图”>“显示”>“网格”命令，使画布显示网格。选择“视图”>“标尺”命令，使画布显示标尺。右击标尺，在打开的快捷菜单中选择“像素”，使标尺的单位为像素。

（3）调整原点的位置。鼠标指向窗口左上角（水平标尺与垂直标尺相交部分），在此处单击鼠标并按住鼠标左键向右下拖动，屏幕上显示出十字线。将十字线中点拖到画布的中心，即坐标为(300像素,300像素)处，松开鼠标，此点即为新原点。

注意：*在窗口左上角双击鼠标，即可将原点恢复到系统默认的位置。*

（4）在新原点处添加水平与垂直参考线。用鼠标指向水平方向的标尺，然后按住左键向下拖动鼠标，拖至新原点时，松开鼠标左键即拖出一条水平方向的参考线。用鼠标指向垂直方向的标尺，按住鼠标向右拖动鼠标至新原点时松开鼠标，即创建垂直方向上的参考线。在标尺上右击鼠标，在打开的快捷菜单中选择“毫米”，使标尺的单位为毫米。

（5）创建半径为60mm的圆形选区。选择“椭圆选框工具”，在画布中心即新原点处单击鼠标，按住组合键Shift+Alt，创建一个以原点为中心、半径为60mm的圆形选区。如图3-119所示。

（6）填充七彩的渐变色。单击图层面板的“创建新图层”按钮，创建一新图层1（注意：如果以下操作没有特别说明，均在此图层上完成）。选择工具箱上的“渐变工具”，在其选项栏上选择“角度渐变”，单击“渐变样式”下拉表框的下拉按钮，在打开的列表框中选择“色谱”渐变色。将鼠标指向画布的中心点，按住鼠标左键拖出渐变线至选区边界，即给选区填充了的七彩色。如图3-120所示。

（7）再以画布中心为圆心，绘制一个直径为36mm的小圆选区。选择“椭圆选框工具”，用鼠标在画布中心点单击并按住Shift和Alt键，即以画布中心为圆心绘制一个圆形选区，拖至半径为18mm，先松开鼠标再松开按键，即创建好选区。按Del键删除圆内图像，这时图像如图3-121所示。

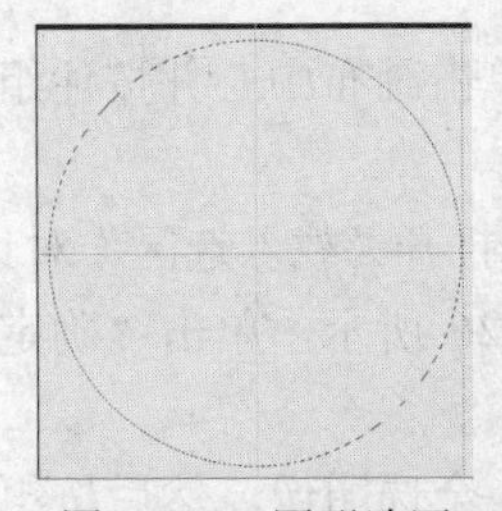

图3-119　圆形选区

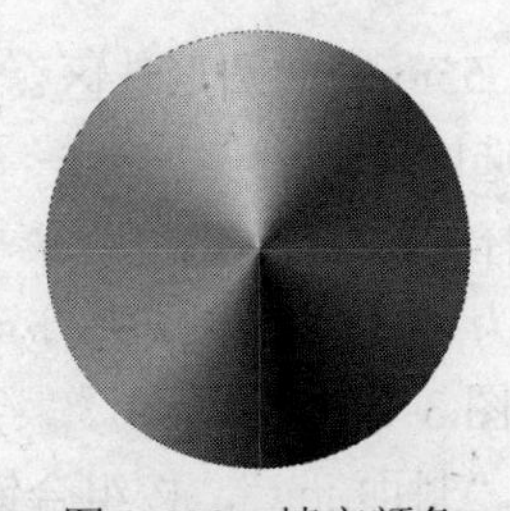

图3-120　填充颜色

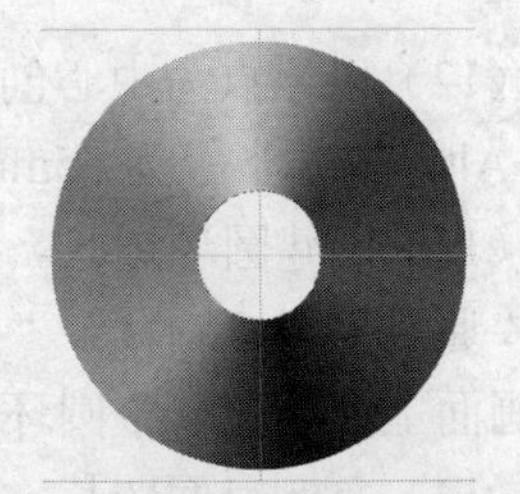

图3-121　删除中心部分

（8）存储选区。执行“选择”>“存储选区”菜单命令，打开“存储选区”对话框，设置选区名称“圆1”，通道为“新建”，如图3-122所示，单击“确定”按钮。

（9）创建新图层 2。单击图层面板的“创建新图层”按钮，创建一新图层 2。设置背景为白色，然后按组合键 Ctrl+Del，用白色填充当前选区。

（10）在画布中央绘制一个圆形选区。使用前面同样的方法，以画布中心为圆心，绘制一个半径为 11mm 的小圆选区。然后按 Delete 键将选区中的图像删除，在图层 2 得到一个白色圆环，如图 3-123 所示。按组合键 Ctrl+D 取消选区。

说明：图 3-123 所示效果，是将背景层和彩色圆环所在图层暂时隐藏了。

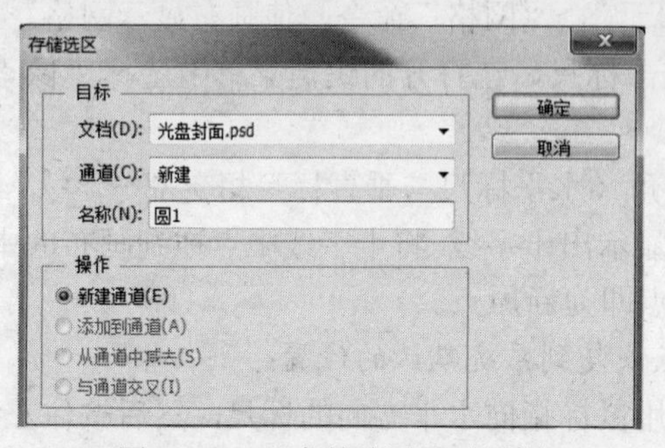

图 3-122 “存储选区”对话框

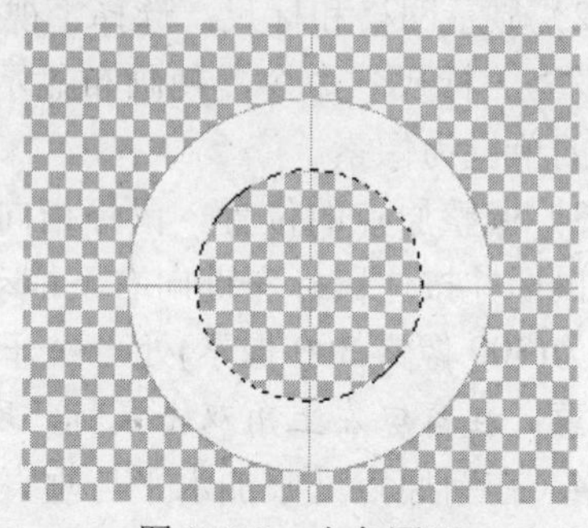

图 3-123 白色圆环

（11）设置白色圆环透明效果。在图层面板上双击图层 2，打开“图层样式”对话框，选择“斜面和浮雕”项，在对应的选项卡中设置相应参数，如图 3-124 所示。然后在图层面板上设置图层的不透明度为 27%左右，效果如图 3-125 所示。

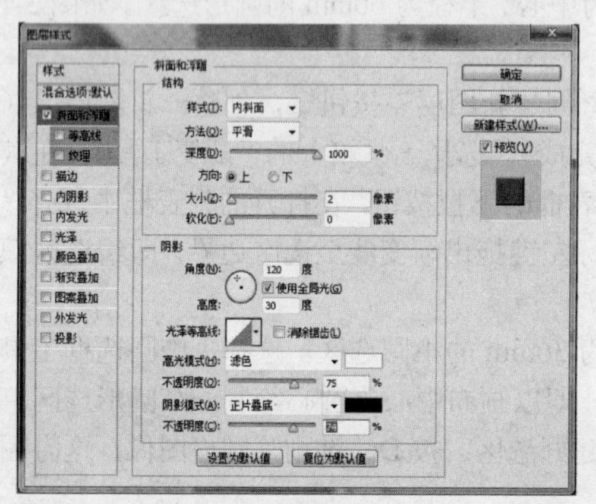

图 3-124 图层样式”对话框

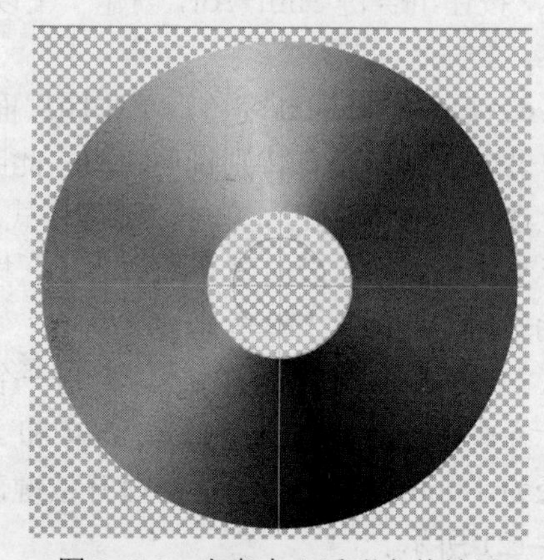

图 3-125 光盘中心透明立体效果

（12）以原点为中心创建半径为 55mm 的圆形选区。用鼠标单击画布中心并按住组合键 Shift+Alt，创建半径为 55mm 的圆形选区。

（13）创建圆环选区。执行“选择”>“载入选区”菜单命令，打开“载入选区”对话框，选择“通道”为“圆 1”，“操作”项为“从选区中减去”，如图 3-126 所示，单击“确定”按钮。画面上即创建一个圆环选区，如图 3-127 所示。

（14）复制封面图片。打开素材“封面.jpg”，按组合键 Ctrl+A 全选图像，然后按组合键 Ctrl+C 复制整幅图像。切换至光盘图像所在文件，按组合键 Alt+Shift+Ctrl+V（贴入）将图像粘贴入圆环选区内，并创建图层 3。使用移动工具将图像调整至合适位置，如图 3-128 所示。这时图层面板如图 3-129 所示。

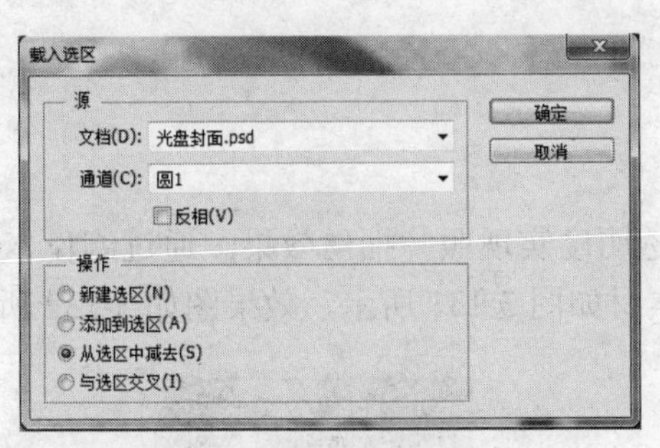

图 3-126　“载入选区”对话框

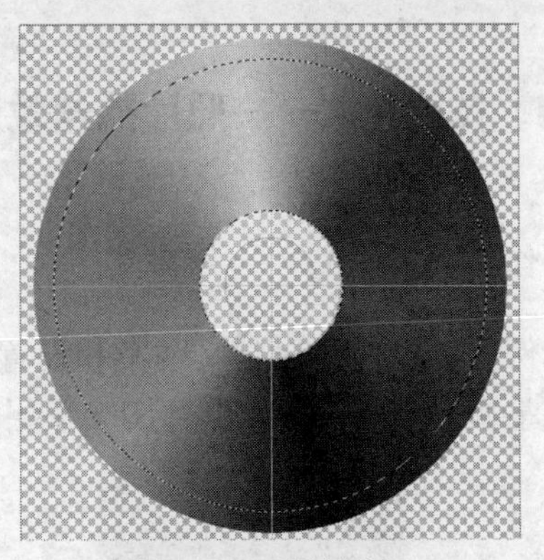

图 3-127　圆环选区

图 3-128　贴入图像

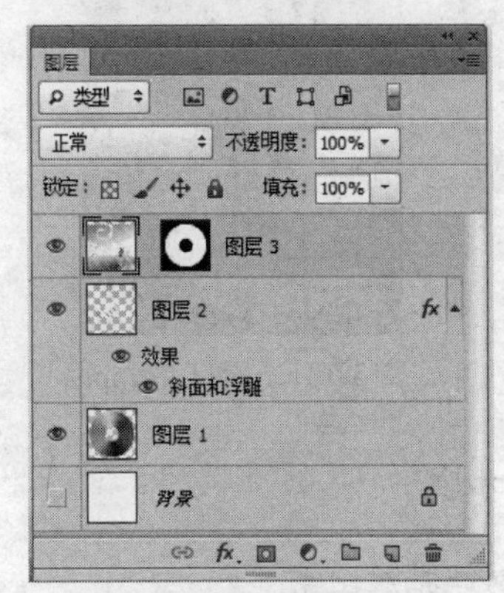

图 3-129　图层面板

（15）拼合图层。选择“图层”>“合并可见图层”菜单命令（当前背景处于隐藏状态），将图层 3、图层 2 和图层 1 合并为一个图层 3。

（16）增加立体效果。单击“图层”>“图层样式”>“斜面和浮雕”命令，打开“图层样式”对话框，并显示“斜面和浮雕”选项卡，如图 3-130 所示进行设置，然后单击“确定”按钮，完成本例制作。保存文件。最终效果如图 3-94 所示。

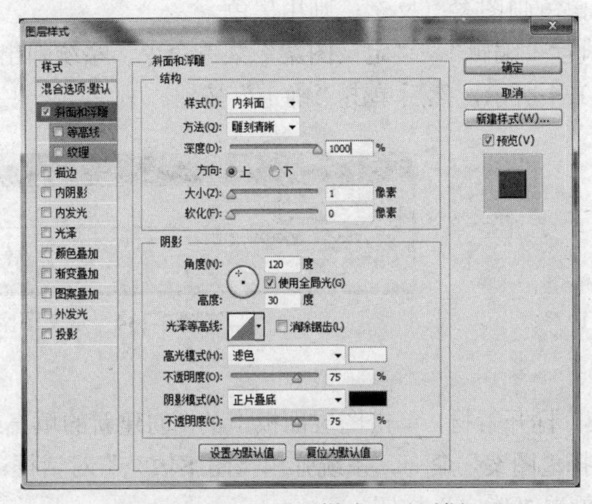

图 3-130　“图层样式”对话框

四、技能拓展——照片抽丝效果

制作目的

本例主要是应用自定义图案和设置图层的不透明度实现照片抽丝效果。通过制作本例，应熟练掌握自定义图案、创建图案图层等操作。素材如图 3-131 所示，效果图如 3-132 所示。

图 3-131 素材 girl.jpg

图 3-132 抽丝效果

制作步骤

1. 制作抽丝图案

（1）新建一块透明画布。画布大小一般是 6 像素×6 像素，分辨率为 72 像素，背景透明（请特别注意，本例背景为透明）。

（2）将画布的显示调整到最大比例。使用缩放工具将画布放大至 3200%，或在导航器面板上直接设置成放大比例为 3200%。

（3）制作图案。选择铅笔工具，画笔大小调成 1 像素，在画布上点画出喜欢的形状，本例使用颜色为白色，图案如图 3-133 所示。颜色可任选，黑色白色用得比较多。如制作抽丝的图案色调较暗，则使用白色画图案；反之，则用黑色。

（4）定义图案。执行“编辑”>“定义图案”菜单命令，系统弹出“图案名称”对话框，输入图案名称，如图 3-134 所示，然后单击“确定”按钮。

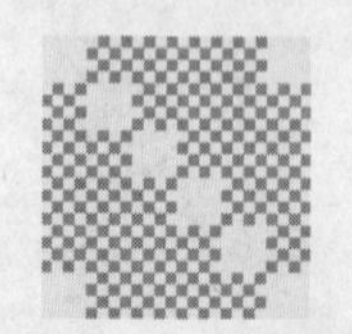

图 3-133 绘制图案 1

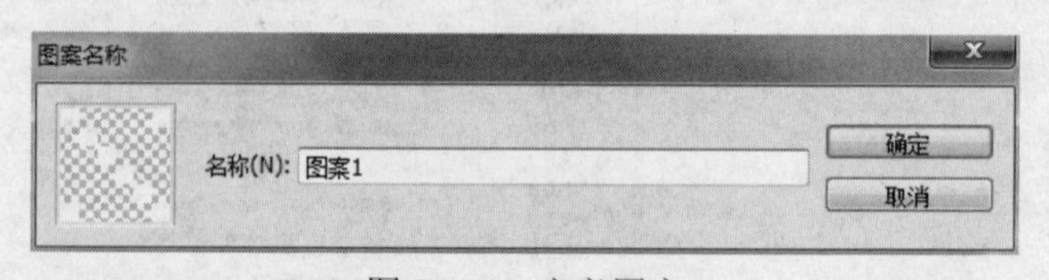

图 3-134 定义图案

2. 实现抽丝效果

（1）新建填充图案。打开素材，单击图层面板上的“创建新的填充或调整图层”按钮，在弹出的下拉菜单中选择“图案”命令，系统弹出“图案填充”对话框，选择上面刚做好的图案，如图 3-135 所示，单击“确定”按钮。

（2）调整填充图案层的不透明度。在图层面板上将填充图案层的不透明度调到合适数值，本例为 45%，如图 3-136 所示。本例制作完成，保存文件。

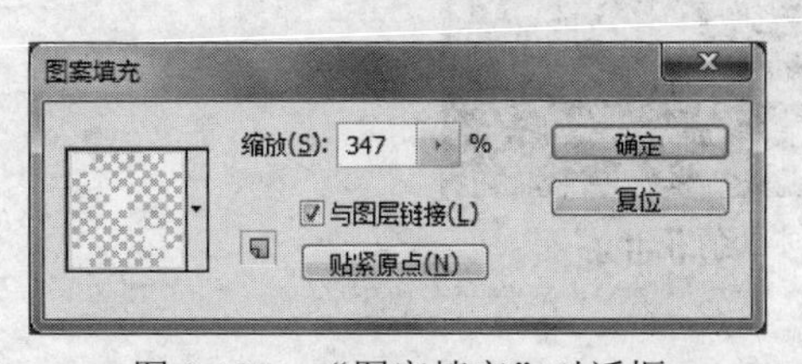

图 3-135　“图案填充”对话框

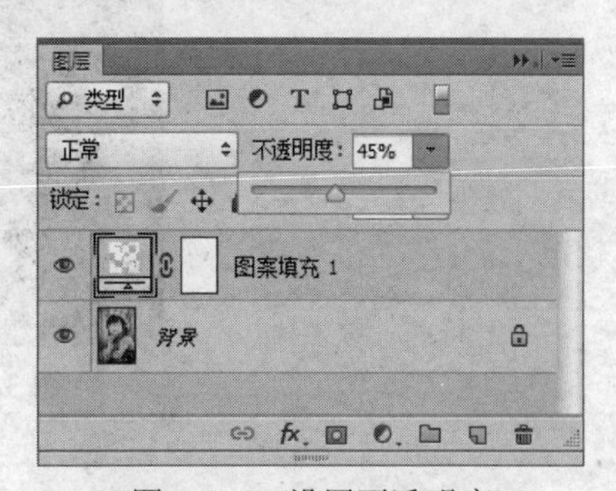

图 3-136　设置不透明度

注意：更改上例中铅笔所绘制的图案，可实现不同的抽丝效果，如图 3-137、图 3-138 所示为定义的图案及相应效果图。用户可以充分发挥想象力，设置不同的图案，也可用画笔工具绘制，也可在绘制后，再进行自由变换，然后再定义为图案，效果会更有特色。

图 3-137　点斜线抽丝效果

图 3-138　斜线抽丝

3.5　『案例』改变花蕊的颜色

主要学习内容：

- “色彩范围”命令
- 扩展选区
- 创建边界选区

一、制作目的

将素材图像中黄色的花蕊换成红色花蕊，素材为文件“菊花.jpg”，如图 3-139 所示。通过该例的制作，主要学习用“色彩范围”命令创建选区，用选取相似命令扩大选区，以及选区的扩大与缩小等修改选区的方法。

图 3-139　素材“菊花.jpg”

二、相关技能

1. “色彩范围”命令

利用“色彩范围”命令根据现有选区或图像内的颜色创建选区，它与魔棒工具功能相似，但它有更多的工具选项，选择精度更高。单击“选择”>“色彩范围”菜单命令可启动该命令。

打开素材“彩色圆.jpg”文件，单击“选择”>“色彩范围”菜单命令，系统打开“色彩范围”对话框。在图像中单击或拖动确定所选的颜色选区，可以改变容差值或增减颜色取样来改变颜色选区的大小。在素材右上红色圆上单击后，产生的选区效果如图 3-140 所示，这时“色彩范围”对话框的设置如图 3-141 所示。

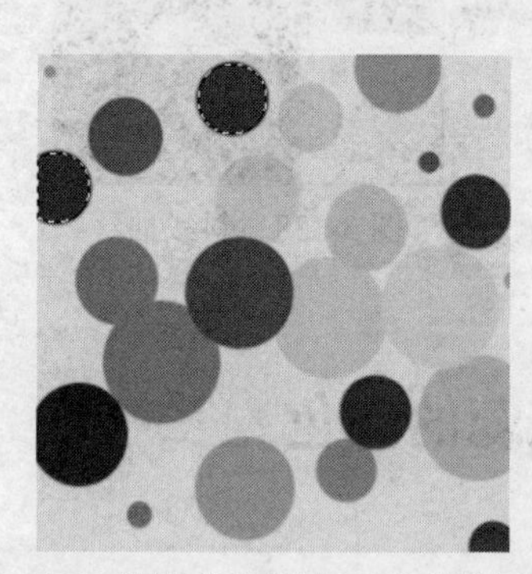

图 3-140　素材“彩色圆.jpg”的选区效果

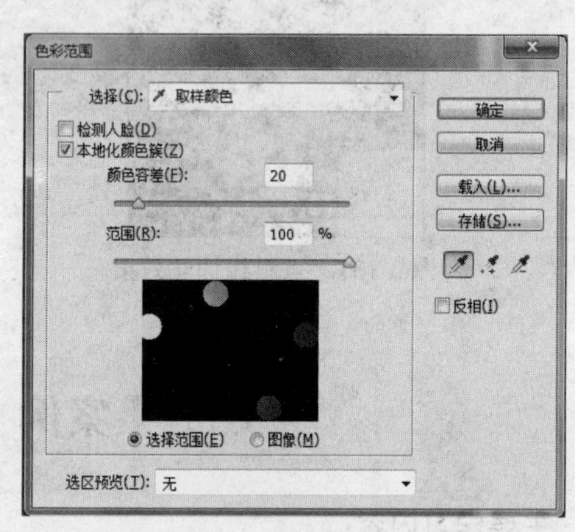

图 3-141　“色彩范围”对话框

“色彩范围”对话框中的主要选项介绍如下：

- “选择”下拉列表框：有“取样颜色”、一些预设颜色等选项，如图 3-142 所示。如选择“取样颜色”项，则用户可在图像中单击或拖动鼠标来创建颜色选区；如选取某一预定颜色，如为红色，则在图像中创建含红色的像素选区；如选择色调“中间调”，则创建含中间调的选区。“溢色”选项仅适用于 RGB 和 Lab 图像，选择图像中溢出的颜色。溢出的颜色是指不能使用印刷色打印或在网页中不能显示的颜色。“皮肤”在选择人物皮肤时使用此项。
- 检测人脸：选择人物皮肤时，选择此项，可以更加准确地选择皮肤。

- 本地化颜色簇及范围：选择“本地化颜色簇”后，拖动“范围”项上的滑钮可以控制要包含在选区中的图像颜色与取样点间的最大和最小距离。例如图 3-143 所示的图像，如只选择一朵花，则可以在要选的花上单击取样，如图 3-144 所示，然后缩小“范围”值，调整到只选择单击的那朵花，如图 3-145 所示。

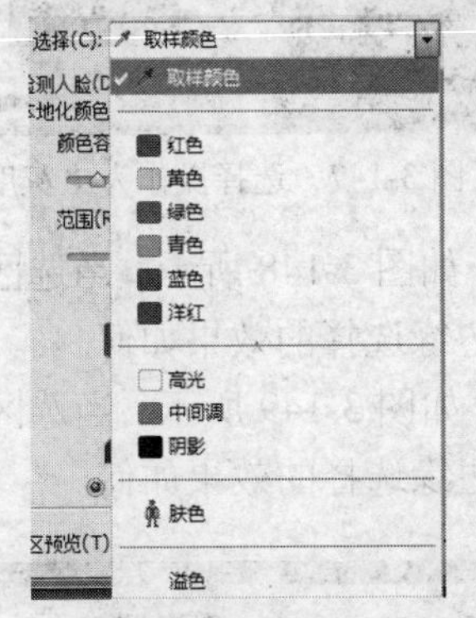

图 3-142　“选择”下拉列表

图 3-143　花图片

图 3-144　单击取样

图 3-145　缩小选择范围

- 选区预览图：在对话框中选择“选择范围”，则对话框中的选区预览图中，白色表示选择的区域，黑色代表没有选择的区域，灰色代表选择有一定透明度的区域；如果选择“图像”，则在预览区显示整个图像，当想从图像中不在屏幕范围的部分进行取样创建选区时，可选择该项。
- 颜色容差：可用“颜色容差”滑块或输入一个数值来设置选择的颜色范围。值越大则选择颜色范围越大，值越小则选择颜色范围越小。
- ：依次为“吸管工具”、“添加到取样”和“从取样中减去”。默认状态为“吸管工具”，在图像或预览图中单击对颜色取样，这时光标为吸管；若要添加颜色，则选择“添加到取样”工具并在预览或图像区域中单击取样颜色；若移去颜色，则选择“从取样中减去”工具并在预览或图像区域中单击取样颜色。
- “选区预览”项：用来设置在图像窗口中如何显示选区。该下拉列表中共有 5 项，各项作用如下：
  - 无：不在图像窗口中显示任何选区预览，显示原图像，如图 3-146 所示。
  - 灰度：以选区在灰度通道中的外观在图像窗口显示选区，如图 3-147 所示。

图 3-146　选择操作为“无”

图 3-147　选择操作为“灰度”

- 黑色杂边：在黑色背景上用彩色显示选区，如图 3-148 所示。当选区颜色与黑色对比较鲜明时，可使用这个选项观察选区边缘选择的效果如何。
- 白色杂边：在白色背景上用彩色显示选区，如图 3-149 所示。当选区颜色与白色对比较鲜明时，可使用这个选项观察选区边缘选择的效果如何。

图 3-148　选择操作为“黑色杂边”

图 3-149　选择操作为“白色杂边”

- 快速蒙版：使用当前系统的快速蒙版设置显示选区。

2. 扩展选区以包含具有相似颜色的区域

方法一：单击“选择”>“扩大选取”菜单命令，Photoshop 会查找当前图像中与选区内像素色调相似的像素，从而扩大选区，且只选择与原选区相连接的像素。

方法二：选择“选择”>“选取相似”菜单命令，Photoshop 会在整个图像中查找与选区内像素色调相近的像素，扩大选区，不仅仅是相连接的像素。

3. 按指定数量的像素扩展或收缩选区

（1）选取“选择”>“修改”>“扩展”或“收缩”命令。

（2）系统弹出“扩展选区”或“收缩选区”对话框，对于“扩展量”或“收缩量”，输入一个 1～500 之间的像素值，然后按“确定”按钮。这时选区边框按指定数量的像素扩大或缩小。

4. 创建边界选区

创建一个选区，然后选取“选择”>“修改”>“边界”命令，系统打开“边界选区”对话框，如图 3-150 所示，在“宽度”文本框为新选区边框输入一个 1～200 之间的像素值，然后单击“确定”按钮。系统会以原选区边界线为中线向外部和内部扩展选区，扩展后的选区边界形成新的选区。图 3-151 为现有选区，图 3-152 为边界扩宽 40 像素后的选区图。

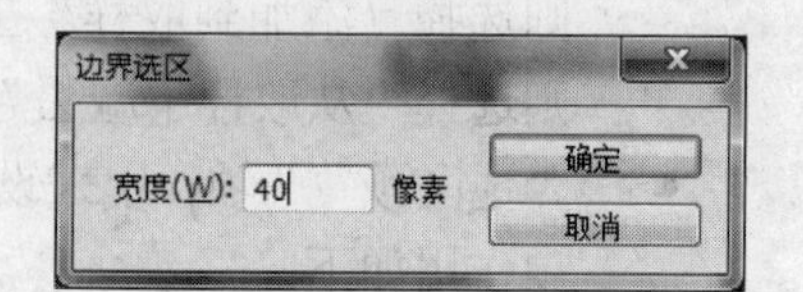

图 3-150　“边界选区”对话框

图 3-151　矩形选区

图 3-152　边界扩大 40 像素后的选区

三、制作步骤

（1）打开素材文件。打开文件“菊花.jpg”。

（2）选择黄色花蕊。选择“选择”>“色彩范围”命令，系统弹出“色彩范围”对话框，设置“颜色容差”为 82，其他设置如图 3-153 所示。然后移动鼠标至图像上，这时鼠标指针形状变为吸管状，在任一朵黄色的花蕊上单击，这时可将大部分黄色花蕊选中。如果花蕊选择偏少，可使用“添加到取样” 工具进行加选。

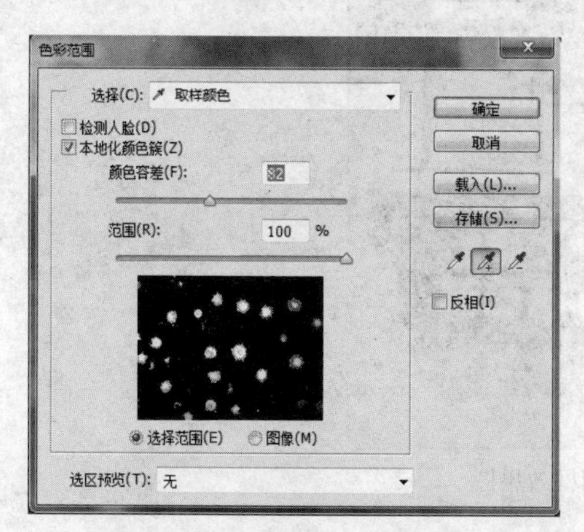

图 3-153　“色彩范围”对话框

图 3-154　选择黄色花蕊

（3）扩大选取。单击“选择”>“选择相似”菜单命令，这时选区会扩大，更多的黄色花蕊被选中。如还有黄色花蕊未选中，可再次执行“选择相似”命令，可执行多次，直至黄色花蕊都被选中。如这时花蕊之外的像素被选中，可使用“快速选择工具”在减去模式下，在多选的区域单击，去掉多选的部分，最终选区只含黄色花蕊，如图 3-154 所示。

（4）改变花蕊的颜色。执行“图像”>“调整”>“色相/饱和度”命令，调整色相为-66，饱和度为+17，如图 3-155 所示，然后单击“确定”按钮。按组合键 Ctrl+D 取消选区。

（5）保存文件。制作完成，以文件名“红蕊菊花.psd”保存文件。最终效果如图 3-156 所示。

色相/饱和度
预设(E): 自定
确定
取消
全图
色相(H): -63
饱和度(A): +17
明度(I): 0
着色(O)
预览(P)

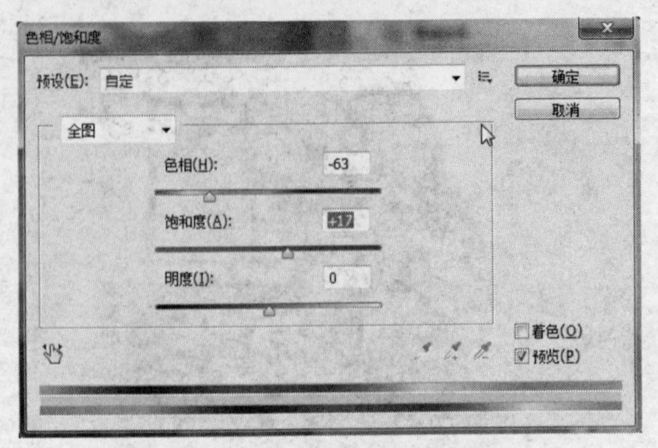

图 3-155 “色相/饱和度”对话框

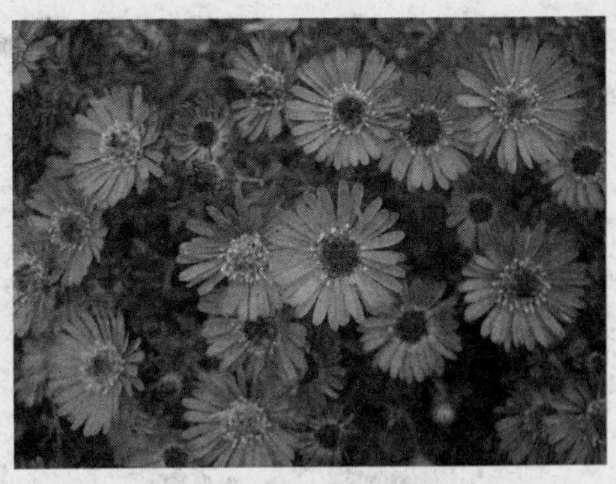

图 3-156 最终效果图

四、技能拓展——制作个性化相框

制作目的

为一幅照片添加个性化相框，目的是熟练扩大选区和变换选区的操作方法，进一步掌握渐变工具的使用。本例素材为“艺术照.jpg”，效果图如 3-157 所示。

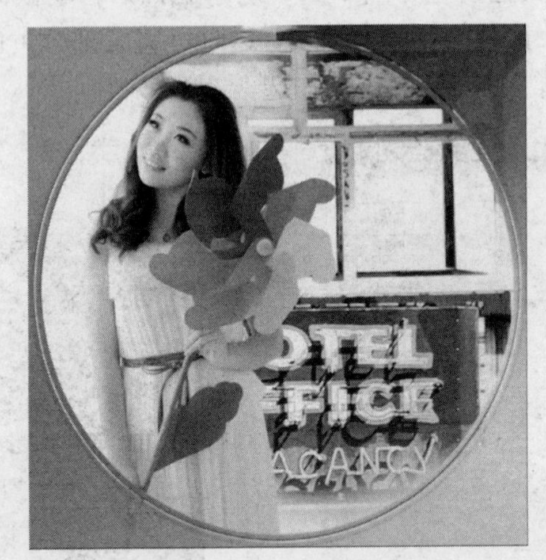

图 3-157 相框效果图

制作步骤

（1）打开素材。找到素材文件并打开。

（2）创建选区。按组合键 Ctrl+A 全选整个图像。执行“选择”>“变换选区”菜单命令，将选区等比例变换为原来大小的 95%，这时工具选栏设置如图 3-158 所示。按两次 Enter 键确定选区的变换，这时选区如图 3-159 所示。

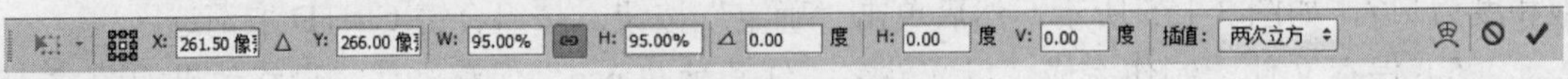

X: 261.50 像
Y: 266.00 像
W: 95.00%
H: 95.00%
0.00
度
H: 0.00
度
V: 0.00
度
插值: 两次立方

图 3-158 工具选项栏

（3）创建相框选区。执行“选择”>“修改”>“边界”命令，在打开的“边界选区”对话框中设置“宽度”为 5 像素，然后单击“确定”按钮。

（4）扩大相框选区。再重复执行步骤（3）5 次，这时得到的选区如图 3-160 所示。

图 3-159　创建选区

图 3-160　执行 6 次边界命令后的选区

（5）添加新图层。在图层面板上单击“创建新图层”按钮，得到新图层 1。

（6）在图层 1 上用渐变色填充选区。在工具箱上单击选择“渐变工具”，选择渐变色为“色谱”，并设置为“线性渐变”，模式为“正常”，不透明度为 100%，不选择“仿色”。然后在选区的左上角拖动鼠标至右下角填充渐变色，如图 3-161 所示。填充后效果如图 3-162 所示。按组合键 Ctrl+D 取消选区。

图 3-161　拖对角渐变线

图 3-162　填充渐变色后的效果

（7）复制图层 1。为了使边框颜色更浓些，在图层面板上拖动图层 1 到“创建新图层”按钮上，得到图层 1 副本。

（8）拼合图层 1 和图层 1 副本。按组合键 Ctrl+E，即将图层 1 和图层 1 副本拼合成一个图层 1。

（9）添加极坐标滤镜效果。执行“滤镜”>“扭曲”>“极坐标”命令，打开“极坐标”对话框，选择“平面坐标到极坐标”，如图 3-163 所示，单击“确定”按钮，这时相框效果如图 3-164 所示。

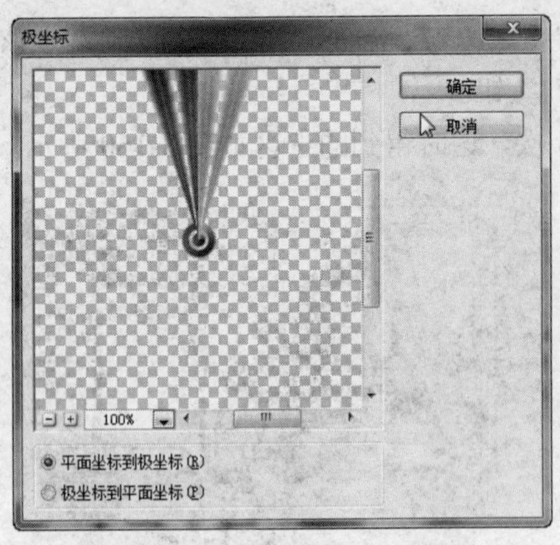

图 3-163 “极坐标”对话框

图 3-164 执行“极坐标”后的效果

（10）擦除不需要的部分。选择工具箱上的“橡皮擦工具”，擦除图层 1 中间的部分，擦除后的效果如图 3-165 所示。

（11）为图层 1 增加立体感。选择“图层”>“图层新式”>“斜面和浮雕”菜单命令，系统弹出“图层样式”对话框，如图 3-166 所示进行设置，然后单击“确定”按钮。

图 3-165 擦除后的效果

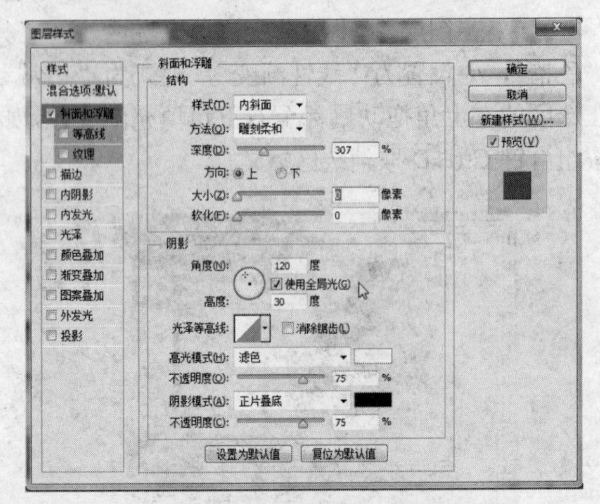

图 3-166 “图层样式”对话框

（12）保存文件。制作完成，以文件名“艺术相框.psd”保存文件，效果如图 3-157 所示。

练习题

1．制作三色谱，如图 3-167 所示。制作要求如下：

（1）先创建直径为 100 像素的红色（#FF0000）、绿色（#00FF00）和蓝色（#0000FF）三个圆形，如图 3-168 所示。

（2）将红蓝圆形选区交集填充为洋红色（#FF00FF），红色与绿色相交处为黄色（#FFFF00），绿色与蓝色相交处为青色（#00FFFF），红绿蓝相交处为白色（#FFFFFF）。

（3）调整圆形交集大小等比。

图 3-167　三色谱效果图

图 3-168　创建三个圆

2．制作变换图形，如图 3-169 所示。制作要求如下：

（1）先制作如图 3-170 所示的图形，将线条两端虚线化。

（2）对曲线进行自由变换约 50 度，复制 7 个，即组成线条变化图案。

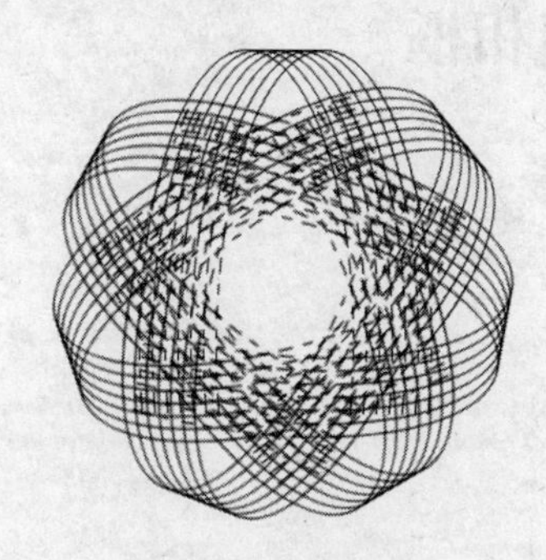

图 3-169　变换图形

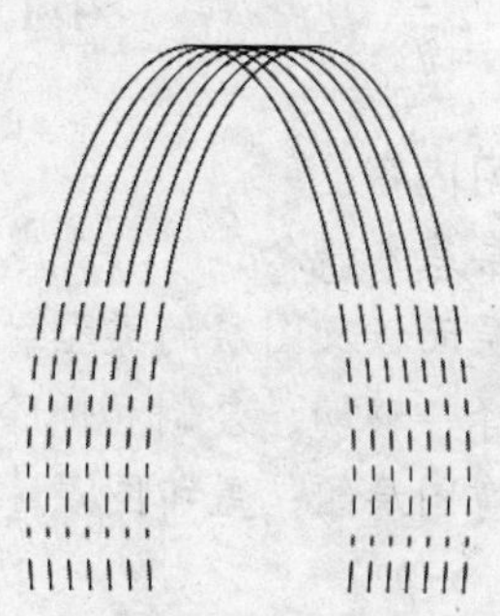

图 3-170　线条

3．制作牵手字母，如图 3-171 所示。

图 3-171　牵手字母

4．制作折纸效果，如图 3-172 所示，素材如图 3-173 所示。

图 3-172　折纸效果图

图 3-173　素材

第4章 图层和文字

4.1 『案例』跑出相框

主要学习内容：

- 图层基本概念
- 图层面板及图层的类型
- 选择、移动、复制和删除图层
- 创建图层组，盖印图层

一、制作目的

本例素材 run.jpg 如图 4-1 所示，效果如图 4-2 所示。本例制作目的是利用图层的顺序、图层的投影，实现三维效果的照片效果。通过本例学习，初步了解图层面板、图层菜单和图层样式的使用，帮助理解图层的顺序等技术知识点。

图 4-1　素材

图 4-2　效果图

二、相关技能

1．图层的基本概念

图层是 Photoshop 中很重要的部分。图层可以看作是一张张透明的纸，Photoshop 中的作品常常是多个图层堆叠而成的效果。设计作品时，最好将图像的各部分别置于不同的图层中，最后这些图层叠加得到最终图像。各个图层都可以单独编辑，而不影响其他图层的内容。图层也可以增加、删除或调整堆叠顺序，也可以暂时隐藏、调整不透明度（背景图层不能调整不透明度）等操作。在 Photoshop 中编辑图像时，根据需要可以将多个图层进行随意的合并和操作。一幅图像中至少有一个图层存在。

在 Photoshop 中画一张笑脸时，可以将脸盘、嘴、眼睛、鼻子、腮红分别画在五个图层上，组合成笑脸，如图 4-3 所示，这时图层面板如图 4-4 所示。分图层创建作品，便于对图像作修改，如对“嘴”不满意可以单独在“嘴”所在层上修改，也可将图层删除，重新创建新的层再画“嘴”，而不会影响笑脸的其他部分。

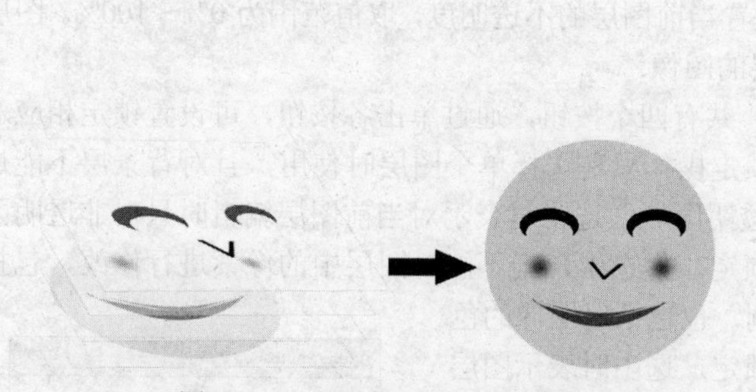

图 4-3 五个图层合成笑脸示意图

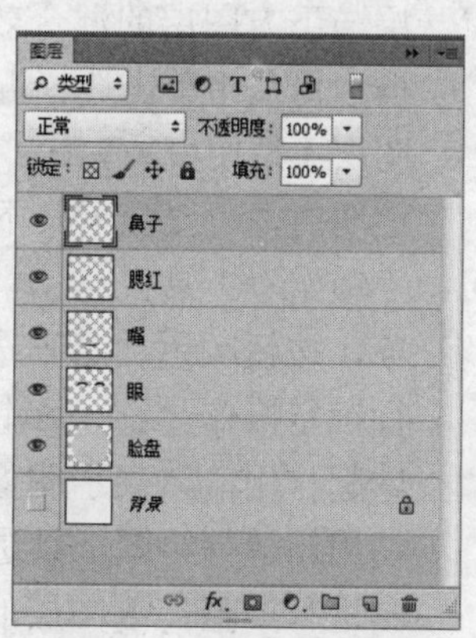

图 4-4 笑脸的图层面板

当前选定的图层称为当前图层，当前图层的名字显示在文档窗口的标题栏上。

2. *图层面板*

图层面板是 Photoshop 中很重要的一个面板，它显示当前文档包含的所有图层、图层组及图层效果。图层是用来创建、编辑和管理图层的。图层面板如图 4-5 所示。

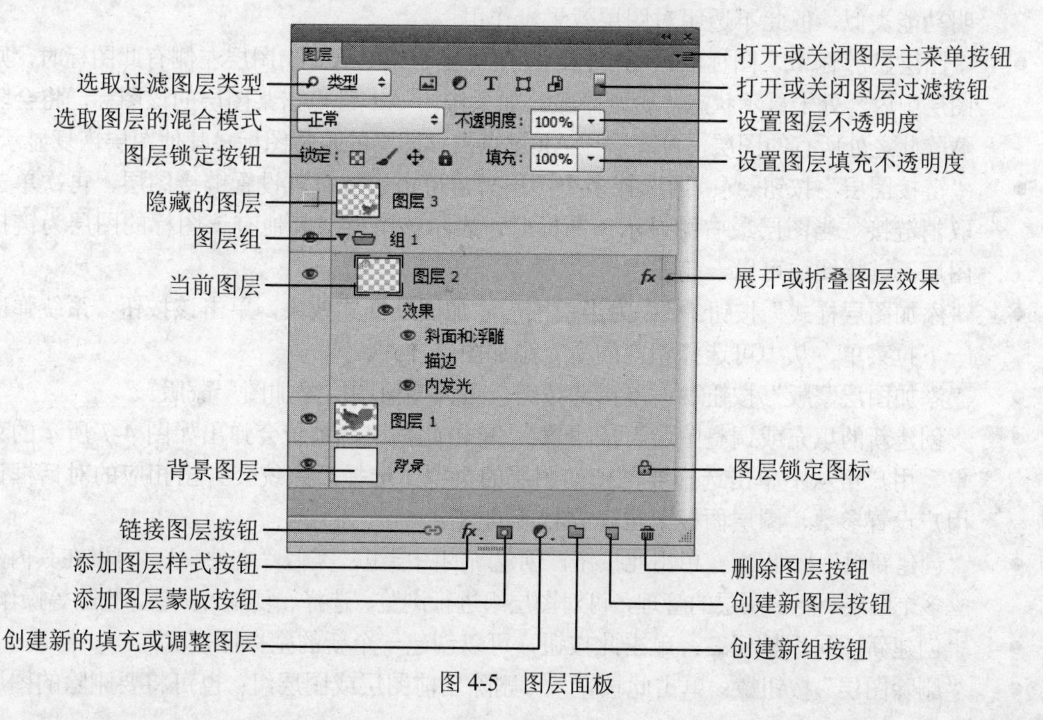

图 4-5 图层面板

“图层”面板各部分的作用如下：

- “选取滤镜类型”列表框：该列表框有类型、名称、效果、模式、属性及颜色六项，用来选择过滤图层的条件类型。如当前以“类型”过滤图层，单击选择“类型”列表中的“文字滤镜图层”T图标，图层面板上只显示文字图层，其他图层隐藏。
- “打开或关闭图层过滤”按钮：单击此按钮可以打开或关闭图层过滤功能。
- “设置图层的混合模式”下拉列表框正常：图层的混合模式是设置当前图层与下方图层的混合效果。单击该下拉框右侧的三角形按钮，系统弹出一下拉列表框，可从中单击选择混合模式，各模式的作用将在后面的章节中介绍。
- 图层不透明度100%：用于设置当前图层的不透明度，取值范围为0%～100%。图层透明时，可以显示其下方图层的图像。
- “锁定”工具栏：共有四个按钮，通过单击各按钮，可设置锁定相应对象，按钮颜色加深则选中。锁定操作只在选择单个图层时使用，且对背景层不能进行锁定操作。表示锁定不透明区域，选中时表示对当前图层编辑时只对非透明区域起作用。表示图像像素锁定，如选中，则不能对图层中的像素进行修改，包括使用铅笔等绘图工具进行绘制，也包括对图像的色彩进行调整。图层的移动锁定，选中时表示图层中的对象不能移动，如移动系统会弹出如图4-6对话框。表示图层的全部锁定，如果选择，则当前图层既无法绘制也不能移动，也不能改变图层的混合模式和不透明度。

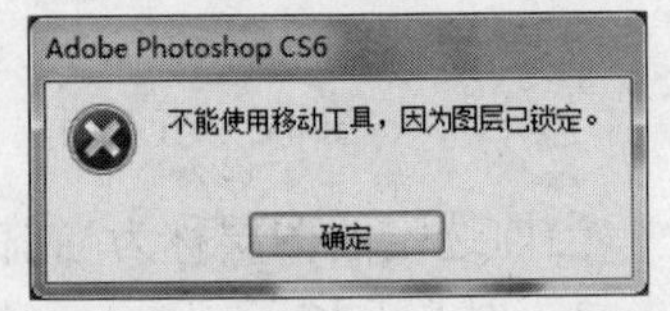

图4-6　系统提示对话框

- “填充”列表框填充：100%：用于设置当前图层填充内容的不透明度，与图层不透明功能类似，但此不透明对图层效果没作用。
- “图层显示/隐藏”图标：用于控制图层的显示或隐藏。当图层左侧有此图标时，则图层中内容处于显示状态，否则隐藏。如果按住Alt键点击某图层的该图标，将会隐藏除此之处所有的图层，再次按住Alt键点击该图层的眼睛图标，其他图层恢复显示。
- “链接图层”按钮：当选择多个图层时，单击该按钮可设置链接图层，再次单击取消链接。当图层最右侧显示该图标时，表示该图层与其他有该图标的图层为链接图层，链接图层可以一起编辑。
- “添加图层样式”按钮fx：为当前图层添加图层样式效果，单击该按钮，系统弹出一下拉菜单，从中可选择相应的命令添加图层样式。
- “添加图层蒙版”按钮：单击此按钮，可为当前图层添加图层蒙版。
- “创建新的填充或调整图层”按钮：单击此按钮，系统会弹出如图4-7所示的菜单，用户可从中单击选择要创建的图层的类型，选择后系统会弹出相应的对话框让用户设置参数，图层面板上也建立相应的图层。
- “创建新组”按钮：单击此按钮，创建新的图层组，类似“文件夹”，可以在其内建立多个图层，便于图层的管理，可对图层组进行浏览、选择、复制、移动、删除等操作。
- “创建新图层”按钮：单击此按钮，可以创建一个新的空白图层。
- “删除图层”按钮：单击此按钮，可删除当前图层或图层组；也可将要删除的图层或图层组拖到该按钮上，松开鼠标时，即可删除图层或图层组。

- “图层面板菜单”按钮：单击此按钮，可弹出图层面板菜单，根据需要可从中选择合适的命令。
- “折叠/展开图层组”按钮：单击此图标可以打开或折叠图层组。
- “展开/折叠图层效果”按钮：单击此按钮可以打开或折叠图层效果。
- 图层缩览图：图层名左侧的图像是图层的缩览图，它显示图层中图像的内容。缩览图中的棋盘格表示图层中的透明区域。在缩览图上右击鼠标，打开快捷菜单，可以更改缩览图的大小。如图 4-8 所示。

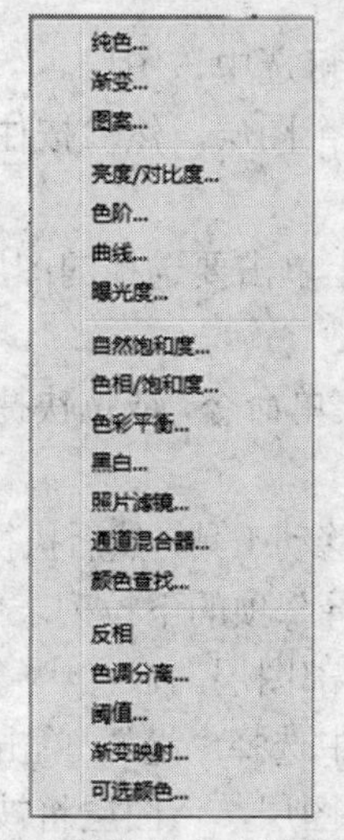

图 4-7　“创建新的填充或调整图层”菜单

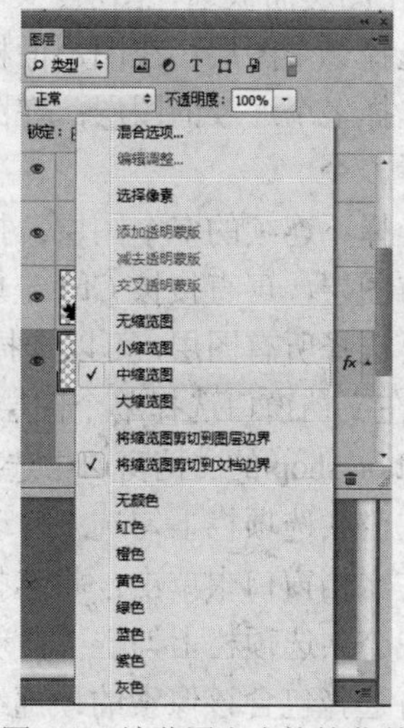

图 4-8　缩览图右击快捷菜单

3. 图层的类型

Photoshop CS6 中的图层类型有很多种，它们功能也各不相同，在图层面板显示也不同，常见图层类型如图 4-9 所示。

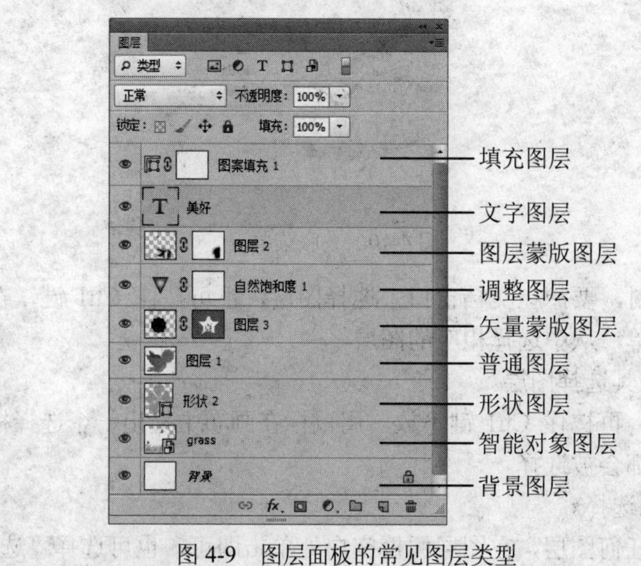

图 4-9　图层面板的常见图层类型

背景图层是位于最下面的图层，一个图像文件只有一个背景图层，它是不透明的，是无法与其他图层交换堆叠次序的。只有当背景层转换为普通图层后，才能与其他图层交换堆叠次序。普通图层是 Photoshop 中最基本的图层类型，新建的普通图层都是透明的。文字图层是使用文字工具后，系统自动创建的图层，只可以输入文字。调整图层主要用于从整体上调整图像的色彩。填充图层是使用单一颜色或渐变颜色、图案填充在新的图层中，而形成图像遮盖效果。

4. 选择图层

要对图层内容进行编辑，应先选择相应的图层，图层被选中后，在图层面板相应的图层以蓝色条标识。可以同时选择多个图层，一起进行某些相同的操作，如删除图层或复制图层等。

（1）在图层面板选择图层。

- 选择一个图层：在图层面板上单击相应的图层，即可选中该图层。
- 选择多个连续的图层：在图层面板上，先单击第一个图层，然后按住 Shift 键单击最后一个。
- 选择不连续的多个图层：按住 Ctrl 键在图层面板上单击要选择的图层，如果包括当前图层，可直接按 Ctrl 键单击其他图层即可。
- 要选择所有图层，可以选择“选择”>“所有图层”菜单命令，或按快捷键 Ctrl+Alt+A。

（2）在文档窗口选择单个图层。

可以 Photoshop 的文档窗口中选择图层。先在工具箱选择移动工具，然后执行以下操作之一：

- 在公共选项栏上勾选“自动选择”项，从“自动选择”项的下拉列表中选择“图层”，在文档窗口中单击，将选择包含光标下的像素的顶部图层。
- 在公共选项栏上勾选“自动选择”项，在下拉列表中选择“组”，单击要选择的内容，将选择包含该像素的顶部组，如单击的是未编组的图层，该图层将被选中。
- 在文档窗口中右击鼠标，系统弹出关联菜单，如图 4-10 所示，从中选择图层。关联菜单中列出了所有包含当前光标指针下的像素的图层。

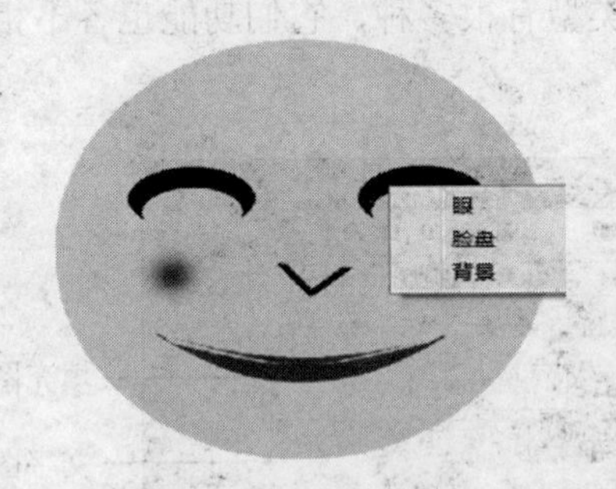

图 4-10　关联菜单

在使用其他工具时，要想在文档窗口中选择图层，也可按住 Ctrl 键，在文档窗口右击鼠标，系统弹出关联菜单，从中选择相应的图层。

（3）使用移动工具选择图层。

切换至移动工具，再按住 Ctrl 键不放，用鼠标在画布中拖出一个选择框，凡是选择框接触到的像素所在图层都会被选择。

（4）取消图层的选择。

如果当前不选择任何图层，在图层面板空白处单击即可，也可选择“选择”>“取消选择图层”菜单命令。如取消某个图层的选择，可以按住 Ctrl 键并单击该图层。

5. 创建新的图层或图层组

在 Photoshop 中创建新图层的方法有很多种，当创建了新的图层后，新的图层自动变成当前工作图层。

（1）创建新的普通图层。

创建新的普通图层常用的方法有以下几种：

- 在创建新文件时，即单击“文件”>“新建”命令，在弹出的“新建”对话框中设置“背景内容”为“透明”，如图 4-11 所示，单击“确定“按钮，系统创建一新文件，同时新文件中也创建一新的普通图层。

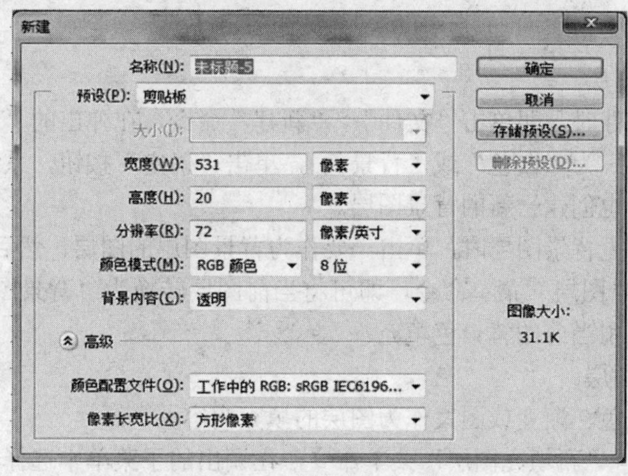

图 4-11　“新建”对话框

- 单击“图层”面板上的“创建新图层”按钮，可在当前图层的上方创建一新的空白图层。
- 单击“图层”>“新建”>“图层”菜单命令，系统弹出“新建图层”对话框，如图 4-12 所示。在对话框中进行合适的设置后，单击“确定”按钮，即可在当前图层的上方创建一新的空白图层。

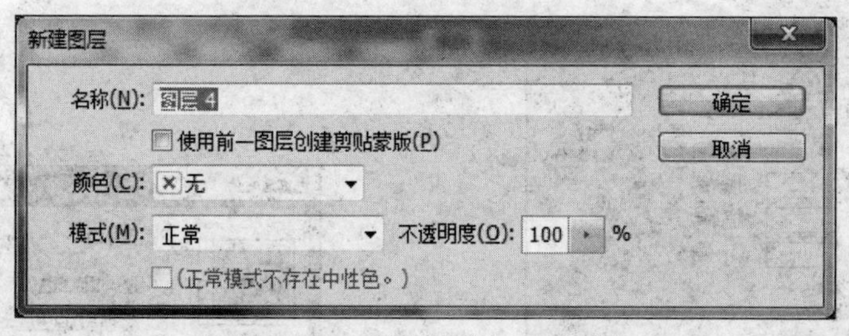

图 4-12　“新建图层”对话框

- 单击“图层”>“新建”>“通过拷贝的图层”菜单命令，将创建一新图层，并将当前图层选区内图像复制到新创建的图层中。
- 单击“图层”>“新建”>“通过剪切的图层”菜单命令，将创建一新图层，并将当前图层选区内图像移动到新创建的图层中。

- 按住 Alt 键双击图层面板上的背景图层，可将背景图层转换为普通图层；也可直接双击图层面板上的背景图层，或者单击“图层”>“新建”>“背景图层”菜单命令，系统都将弹出“新建图层”对话框，如图 4-13 所示，单击“确定”按钮后，可以将当前文件中的背景图层转换为普通图层。

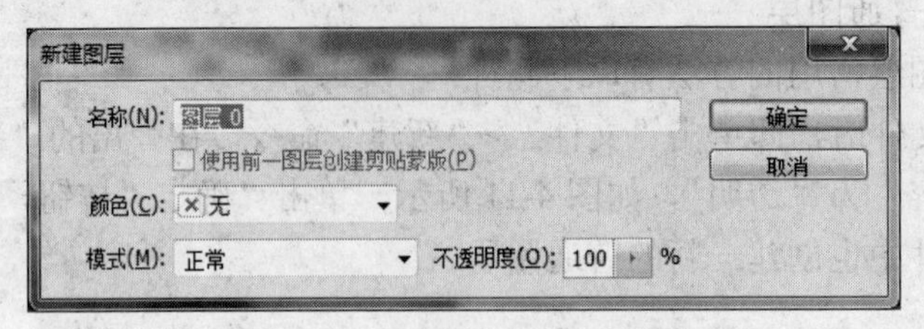

图 4-13 “新建图层”对话框

（2）创建背景图层。

- 在创建新文件时，即单击“文件”>“新建”命令，在弹出的“新建”对话框中设置“背景内容”为“白色”或“背景色”，单击“确定”按钮，系统创建一新文件，同时新文件中也创建一新的背景图层。
- 当前文件中无背景图层时，单击一要作为背景图层的图层，然后单击“图层”>“新建”>“背景图层”菜单命令，即可将当前图层转换为“背景图层”，且原图层中的透明区域将用当前的背景色填充。

（3）创建填充图层。

填充图层是以纯色、渐变或图案作为图层的填充内容。

可单击“图层”>“新填充图层”菜单命令，在调出的子菜单中选择相应的命令，也可以单击图层面板上的“创建新的填充或调整图层”按钮，在弹出的菜单中选择“纯色”、“渐变”或“图案”填充之一，系统弹出相应的对话框，进行合适的设置后，单击“确定”按钮，即可创建一个填充图层。如图 4-14 所示为创建了 3 个不同的填充图层后的图层面板。如果创建填充图层后，要再修改填充的颜色、渐变或图案，可直接双击图层面板上的“图层缩览图”，在弹出的相应对话框中进行修改。双击“图案填充 1”图层的“图层缩览图”，弹出如图 4-15 所示的“图案填充”对话框，可修改填充图案。

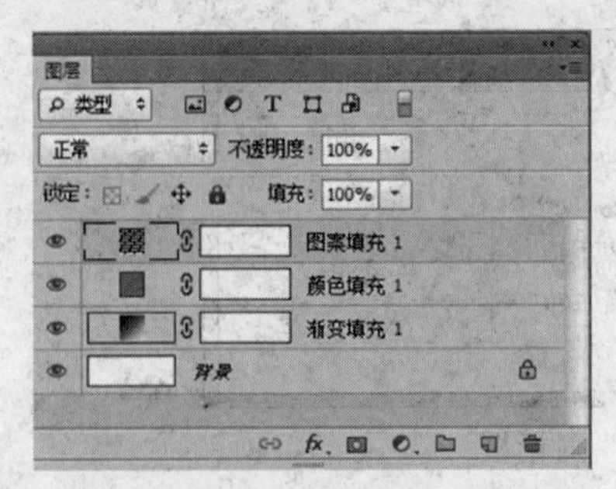

图 4-14 创建 3 个填充图层

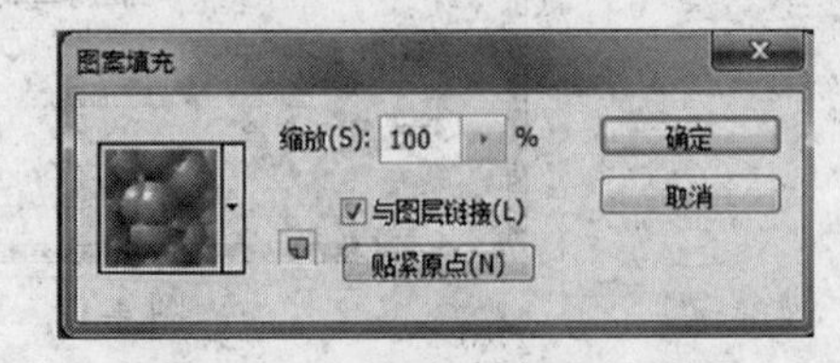

图 4-15 “图案填充”对话框

（4）创建调整图层。

调整图层可调节其下所有图层中图像的色调、亮度、饱和度等。

可单击“图层”>“新调整图层”菜单命令，在打开的子菜单中选择相应的命令，也可以单击图层面板上的“创建新的填充或调整图层”按钮，在弹出的菜单中选择相应调整项，系统会弹出相应的调整对话框，进行合适的设置后，单击“确定”按钮，系统即创建一个相应的调整图层。如选择“色相/饱和度”命令，系统弹出如图 4-16 所示的面板，设置好后，单击“确定”按钮，系统即在当前图层上创建一“色相/饱和度”调整图层。

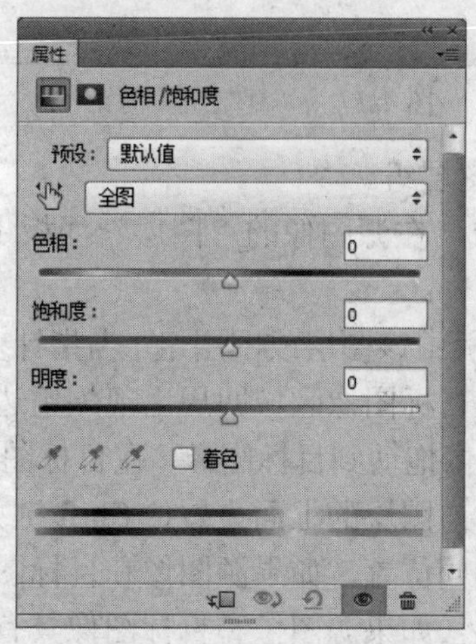

图 4-16 “色相/饱和度”面板

提示：使用调整图层与填充图层的好处在于：这两种图层存放用于对其下方图层的选区或整个图层进行色彩调整的信息，不会对其下边图层内图像造成永久性改变，如删除调整图层或填充图层，其下边的图层内容则恢复原样。

（5）创建图层组。

单击图层面板中的“新建组”按钮，即可创建新的图层组。

6. 移动图层（或图层组）

若更改图层或图层组在图层面板上的顺序，可在“图层”面板中将图层或组向上或向下拖动。当突出显示的线条出现在要放置图层或组的位置时，松开鼠标按钮即可；也可将图层移到一个组中，将该图层拖动到相应的组文件夹即可。如果组已关闭，则图层会被放到组的底部。

7. 图层内容的移动

若要移动当前图层所有图像在画布上的位置，可单击工具箱内的“移动工具”按钮，或在使用其他工具时按住 Ctrl 键，用鼠标拖曳画布上的图像，或用键盘的上下左右方向键调整图像位置，每按一次方向键在相应方向上移动一个像素的距离。

若移动图层中部分图像的位置，应先创建选区框选这部分图像，再用鼠标或方向键移动图像的位置。

8. 复制图层（或图层组）

（1）在同一个图像内复制图层（或图层组）。

执行以下方法之一即可。

- 先选择图层或组，然后将其拖动到图层面板的“新建图层”按钮，新建图层按钮加亮，松开鼠标。
- 可选择图层或组，从“图层”菜单或“图层”面板菜单中选取“复制图层”或“复制组”，如图 4-17 所示为“复制组”对话框，单击“确定”按钮，完成复制。

图 4-17 “复制组”对话框

（2）在图像间复制图层或图层组。

首先打开源图像和目标图像，在源图像的“图层”面板中选择一个或多个图层或选择一个图层组，然后执行以下操作之一：

- 用鼠标指向“图层”面板中该图层或图层组，当指针变成手形时拖动该图层或图层组到目标图像区域中，当目标图像区域四周出现加粗边框，松开鼠标即可。
- 使用移动工具，从源图像拖动到目标图像。在目标图像的“图层”面板中，复制的图层或图层组将出现在当前图层的上面。按住 Shift 键并拖动，可以将图像内容定位于它在源图像中占据的相同位置（如果源图像和目标图像具有相同的像素大小），或者定位于文档窗口的中心（如果源图像和目标图像具有不同的像素大小）。
- 从“图层”菜单或“图层”面板菜单中选取“复制图层”或“复制组”，在弹出相应对话框的“文档”下拉列表中选取目标文档，单击“确定”按钮。

（3）将图层或图层组创建到新文档中。

在“图层”面板中选择一个图层或图层组，然后在从“图层”菜单或“图层”面板菜单中选取“复制图层”或“复制组”，在弹出相应对话框的“文档”下拉列表中选取“新建”，单击“确定”按钮，如图 4-18 所示，其中名称框中可输入新建文件的名称。

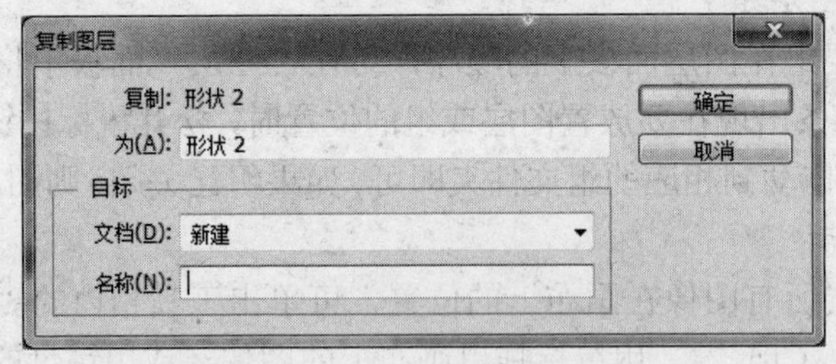

图 4-18 “复制图层”对话框

9. 删除图层或图层组

执行以下方法之一即可。

- 在图层面板上选择要删除的图层或图层组，然后将其拖到删除图层按钮上即可，或单击删除图层按钮即可。
- 在图层面板上选择要删除的图层或图层组，然后右击鼠标，在弹出的快捷菜单中选择“删除图层”或“删除组”命令，或单击“图层”>“删除”菜单命令下的“组”或“图层”子命令。

10. 改变图层或图层组的不透明度

图层的不透明度是设置当前图层遮蔽或显示其下方图层的程度，其取值范围为 0%～100%。

当不透明度为100%的图层则完全不透明，而当不透明度为0% 的图层是完全透明的。

改变图层的不透明度，先选择要设置的图层或图层组，然后执行下列操作之一：

（1）在“图层”面板的“不透明度”文本框中输入值，或拖动“不透明度”弹出式滑块，如图4-19所示。

图4-19 “不透明度”文本框及滑块

（2）选取“图层”>“图层样式”>“混合选项”菜单命令，在打开的对话框的“不透明度”文本框中输入值，或拖动“不透明度”滑块，如图4-20所示。

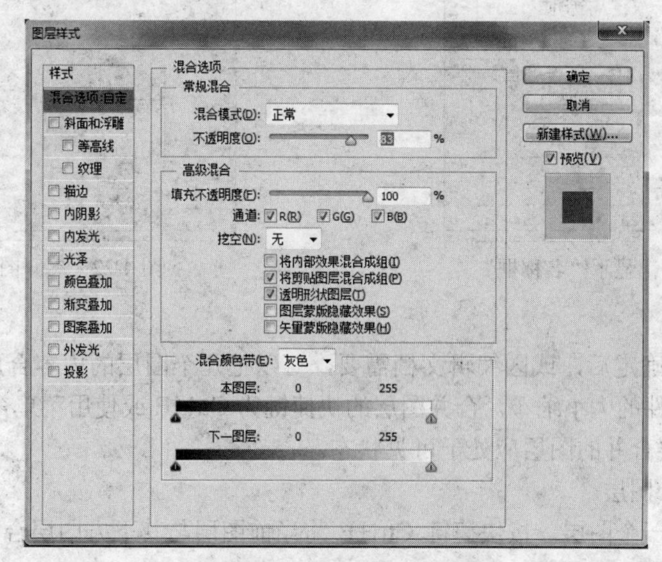

图4-20 “图层样式”对话框

注意：背景图层或锁定图层的不透明度是无法更改的。将背景图层转换为普通图层，则可以设置其不透明度。

11. 图层或组的重命名

为图层设置合适的名称，便于对文档的编辑，便于用户识别面板中的图层。要进行重命名可执行下列操作之一：

- 在“图层”面板中，双击图层名称或组名称，然后输入新名称。
- 选择一个图层或图层组，并从“图层”菜单中选取“重命名图层”或“重命名组”命令，在图层面板中显示出“名称”文本框，如图4-21所示，在“名称”文本框内输入新名称，然后按Enter键确定。

12. 为图层或组标识颜色

为图层或组标识颜色，便于用户在“图层”面板中找到相关图层，标识的颜色显示在图层面板上相应图层的眼睛图标处。操作方法是：在图层面板上的一个图层或组上方右击鼠标，在打开的快捷菜单中选择要使用的颜色，即为图层或组标识了相应的颜色。

13. 将图层移入或移出图层组

在图层面板上拖曳图层到相应的图层组上时，当该图层组被一个方框框选时，松开鼠标左键，即实现将所拖图层移入图层组中。将图层组中的图层再拖曳到图层组外，松开鼠标左键，图层即从图层组中移出。

图层组可以折叠也可展开。单击图层组图标前的标志▼，可将图层组折叠，这时图层组图标显示为▶🗀。单击图标▶，即可将图层组展开，显示出组内的内容，且图标变为▼🗁，如图 4-22 所示。

图 4-21　显示“名称框”

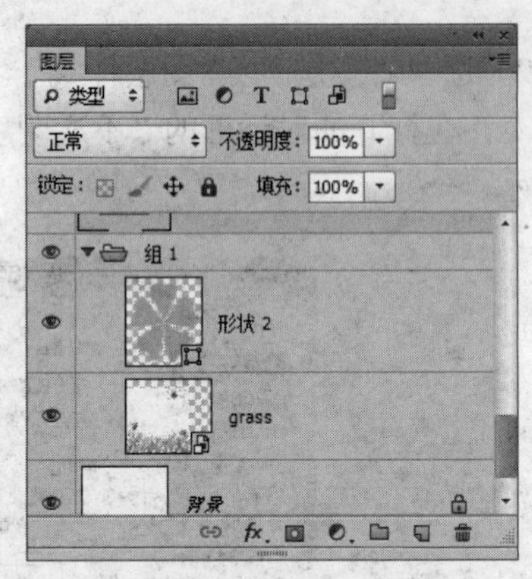

图 4-22　展开图层组

14. 合并图层

当图层的内容确定后，或因编辑文档需要，可以把几个图层的内容合成到一个图层中，合并图层后图像文件的大小缩小。合并图层的快捷键为 Ctrl+E 或使用菜单命令“图层”>“合并图层”。请注意要合并的图层应处于可见状态。

（1）合并两个图层。

如当前仅选择一个图层，按快捷键 Ctrl+E 将当前图层与其下方图层合并，合并后的图层采用原下方图层的名称和颜色标志。

（2）合并多个图层。

当选择了多个图层后，按快捷键 Ctrl+E 将所选图层合并，合并后的图层采用原位于最上面图层的名称，颜色标志不继承。

（3）合并可见图层。

执行“图层”>“合并可见图层”菜单命令，或按快捷键 Ctrl+Shift+E 命令可以把当前所有处于显示状态的图层合并，处于隐藏状态的图层保持原样。

（4）合并链接图层。

如设置了链接图层，当仅想合并链接图层时，可先通过“图层”>“选择链接图层”菜单命令选择这些图层，然后按快捷键 Ctrl+E 合并链接图层。

（5）拼合图像

执行“图层”>“拼合图像”菜单命令，可将所有图层合并为背景层，如有图层处于隐藏状态，系统会弹出如图 4-23 所示的警告框，如单击“确定”按钮，则处于隐藏的图层将被丢弃。

图 4-23　警告框

注意：在存储合并的文档后，下次再打开文档将不能恢复到未合并前的状态；图层的合并是永久行为；不能将调整图层或填充图层作为合并的目标图层。

15. 盖印图层

除了合并图层外，还可以盖印图层。盖印可以将多个图层的内容合并为一个目标图层，同时使其他图层保持完好。当盖印多个选定图层或链接的图层时，Photoshop 将创建一个包含合并内容的新图层。

（1）向下盖印。

选择一个图层，按组合键 Ctrl+Alt+E，可将当前图层内容盖印到下方图层，原图层内容不变。

（2）盖印多个图层。

选择多个图层，按组合键 Ctrl+Alt+E，可将多个图层内容盖印到一个新图层，原图层内容不变。

（3）盖印所有可见图层。

按组合键 Shift+Ctrl+Alt+E，可将所有可见图层内容盖印到一个新图层，原图层内容不变。

三、制作步骤

（1）打开素材文件。执行“文件”>“打开”菜单命令，找到素材文件，将其打开。

（2）添加相框。执行“窗口”>“动作”菜单命令，显示出“动作”面板，如图 4-24 所示。单击选择动作面板中的“木质画框 50 像素”，然后单击位于面板下方的“播放动作”按钮 ▶，系统弹出“信息”提示框，如图 4-25 所示，单击“继续”按钮，稍等片刻，系统为图像加上相框，这时图像和图层面板如图 4-26 所示。

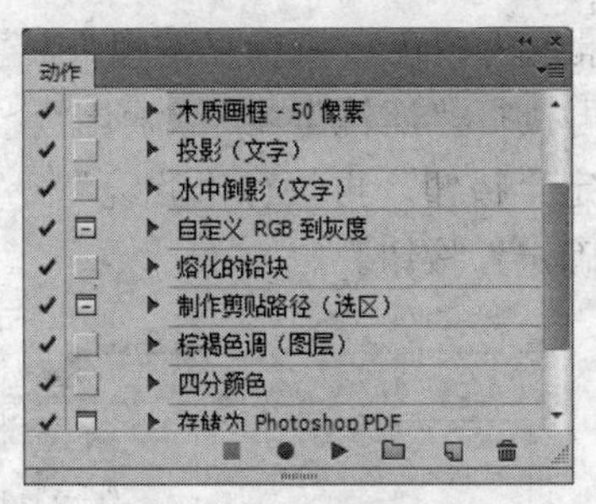

图 4-24　动作面板

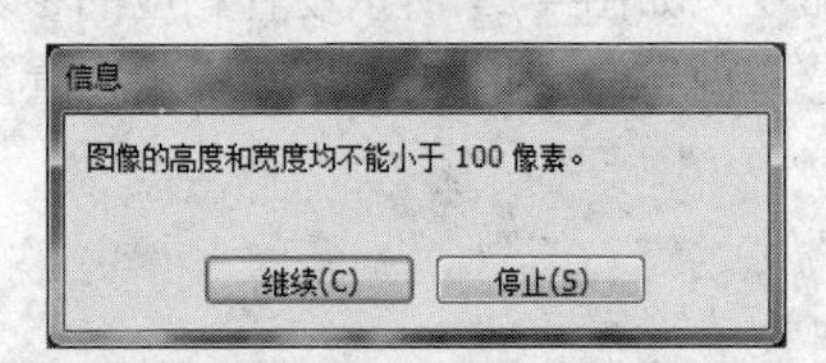

图 4-25　“信息”提示框

图 4-26　添加相框

（3）将背景层转化为普通图层。按住 Alt 键并双击背景图层，即将背景图层转化为普通图层，且图层名变为图层 0。

（4）扩大画布。执行“图像”>“画布大小”菜单命令，打开“画布大小”对话框，设置“定位”为左侧的中点，宽度为 100%，高度为 20%，勾选“相对”项，如图 4-27 所示，单击“确定”按钮。

（5）创建背景图层。单击图层面板上的“创建新图层” 按钮，增加一新图层 2。并将该图层拖到图层 0 的下方。然后执行“图层”>“新建”>“图层背景”菜单命令，图层 2 即转化为背景图层，这时图层面板如图 4-28 所示。

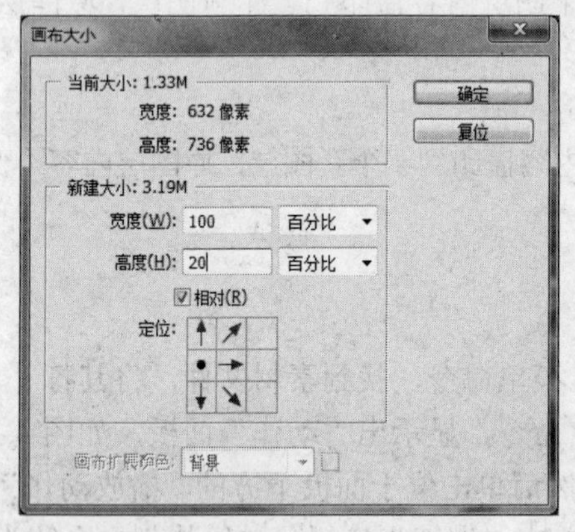

图 4-27 “画布大小”对话框

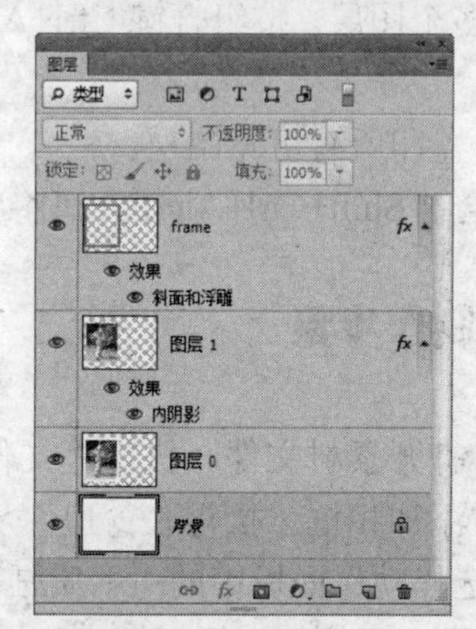

图 4-28 图层面板

（6）设置背景图层。选择工具箱上的“吸管工具”，在男孩衣服上单击，即设置前景色为浅橙色（本例中点选的颜色为#fcad87）。再设置背景色为白色。执行“滤镜”>“渲染”>“云彩”菜单命令，使背景为白色和橙色的云彩图。再执行“滤镜”>“像素化”>“彩色半调”命令，如图 4-29 所示设置相应的参数，单击“确定”按钮。再执行“滤镜”>“模糊”>“动感模糊”命令，如图 4-30 所示设置参数，单击“确定”按钮。

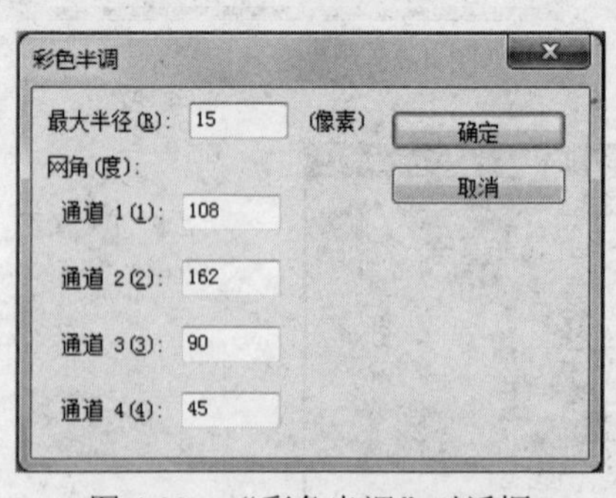

图 4-29 “彩色半调”对话框

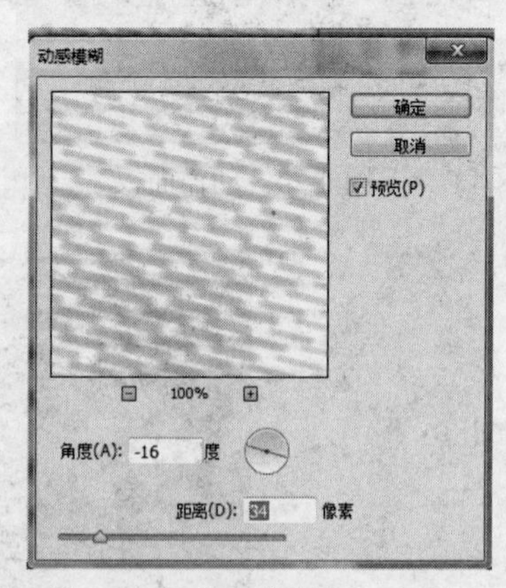

图 4-30 “动感模糊”对话框

（7）调整画框的大小。在图层面板上单击 frame 图层，选择该图层。再选择矩形选框工具，选择相框下部分区域，如图 4-31 所示。再切换至移动工具，多次按键盘上的向上方向键↑，使相框变成如图 4-32 所示效果。按组合键 Ctrl+D 取消选区。

图 4-31 选择下部分相框

图 4-32 移动相框

（8）删除图层 1 中在相框外的图像。在图层面板上选择图层 1。再使用矩形选框工具选择图层 1 中在相框外的图像，如图 4-33 所示，按 Del 键删除这些部分。

（9）复制跨在前面的一部分腿。将图层 frame 和图层 1 隐藏，选择图层 0 为当前图层。使用磁性套索工具选择前面的部分腿，如图 4-34 所示。

注意：选择跑出相框的部分腿时，选择的部分要比实际超出相框的部分要多些。

（10）通过复制创建新的图层。按组合键 Ctrl+J，将所选腿复制并创建到新的图层 2 中。在图层面板上双击该图层 2，图层名处出现名字框，在名字框中输入新文件名“腿”，然后按 Enter 键确定。

图 4-33 选择图层 1

图 4-34 选择腿

（11）调整图层的位置。拖动腿图层至图层 frame 的上方，显示图层 frame 和图层 1，隐藏图层 0，这时效果如图 4-35 所示。

（12）盖印图层。单击腿图层，再按住 Shift 键单击图层 1，选择三个连续的图层。按组合键 Ctrl+Alt+E 盖印图层，将选择的三个图层内容合并创建新的“腿（合并）”图层。

（13）移动“腿（合并）”图层内容的位置。将除“背景”图层和“腿（合并）”图层之外的图层隐藏。选择“腿（合并）”图层为当前图层，使用移动工具将图层内容移动位置，如图 4-36 所示。

（14）为“腿（合并）”图层添加“投影”效果，增加立体感。执行“图层”>“图层样式”>“投影”菜单命令，系统打开“图层样式”对话框，按图 4-37 所示设置参数，单击“确定”按钮，效果如图 4-38 所示。

图 4-35　跨出相框

图 4-36　调整位置

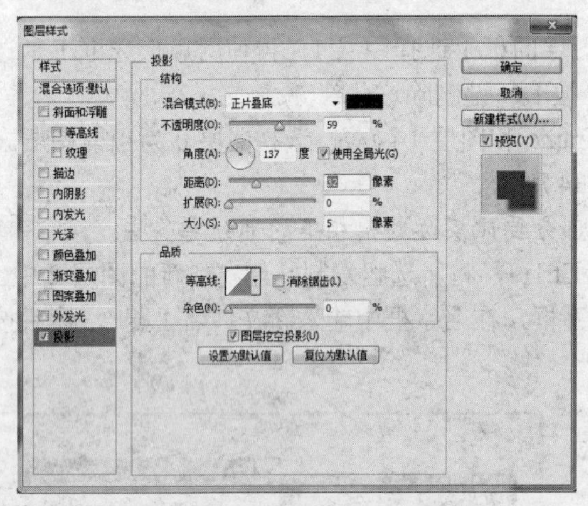

图 4-37　“图层样式”对话框

图 4-38　添加投影

（15）添加修饰文字。使用文字工具输入相应文字。字体为 Ravie，字体和字颜色自定。单击“样式”面板上的“双环发光”，为文字添加双环发光样式。再按照步骤（14）的方法为该图层添加投影效果。

（16）添加修饰图案。增加一新图层，使用画笔工具，选择“缤纷蝴蝶”笔刷，在画面上单击，添加几个蝴蝶图案。执行“图层”>“图层样式”>“投影”菜单命令，添加合适的投影。

（17）保存文件。制作完成，以文件名“run.psd”保存文件。

四、技能拓展

（一）树林晨曦

制作目的

本例的制作素材“树林.jpg”如图 4-39 所示，效果如图 4-40 所示。本例主要是利用模糊滤镜、图层的不透明度以及镜头光晕滤镜制作光线效果。特别要注意图层在图层面板上的顺序。

图 4-39　素材

图 4-40　效果图

制作步骤

（1）打开素材，建立新图层。打开素材后，在图层面板上单击“创建新图层”按钮，在背景图层上新建“图层 1”。

（2）创建几个三角形和四边形光线选区。使用“多边形套索工具”创建几个三角形和四边形的选区，填充为白色，图 4-41 所示。

（3）高斯模糊处理。执行“滤镜”>“模糊”>“高斯模糊”命令，打开“高斯模糊”对话框，参考图 4-42 设置参数，单击“确定”按钮，白色光线被模糊处理，如图 4-43 所示。按组合键 Ctrl+D 取消选区。

图 4-41　创建白色光带

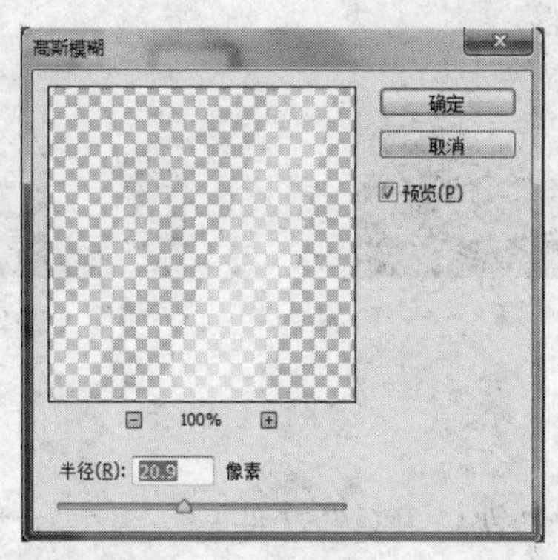

图 4-42　“高斯模糊”对话框

图 4-43　创建反光区域

（4）添加反光区域。选择画笔工具，选择较大柔边的白色画笔，在光线底端涂抹，如图 4-43 所示。

（5）调整图层的不透明度。在图层面板上调整“图层 1”的不透明度为 30%左右，效果如图 4-44 所示。

（6）在背景层上添加光源。选择背景图层，执行“滤镜”>“渲染”>“镜头光晕”命令，打开“镜头光晕”对话框，如图 4-45 所示，选择“50-300 毫米变焦”，在对话框上方的预览框中单击确定光源中心，十字即标志光源中心。

（7）保存文件。将文件以文件名“树林晨曦.psd”保存。

图 4-44　调整图层的不透明度

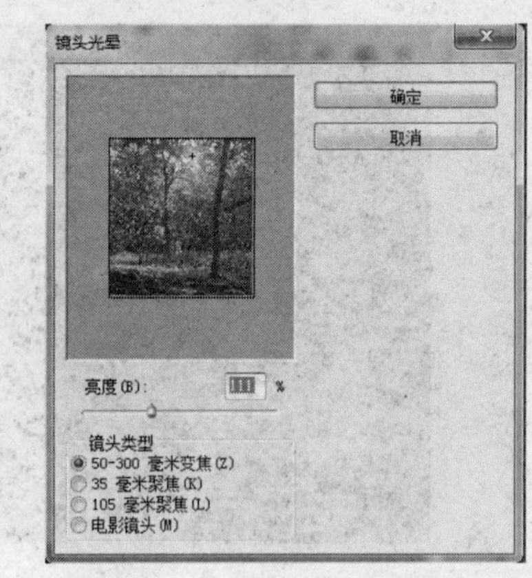

图 4-45　“镜头光晕”对话框

（二）照片效果

制作目的

通过掌握制作照片效果，进一步掌握创建图层方法，初步了解图层的样式。素材如图 4-46 所示，效果图如图 4-47 所示。

图 4-46　素材

图 4-47　照片效果图

制作步骤

（1）打开素材。打开素材“铁塔.JPG”文件。

（2）创建一个宽度为 227 像素、高度为 180 像素的选区。单击工具箱中的“矩形选框工具”，在其公共选项上设置“样式”为“固定大小”，“宽度”为 321 像素，“高度”为 214 像素，其选项栏设置如图 4-48 所示，然后在画布合适的位置上单击鼠标，即创建出选区，如图 4-49 所示。

图 4-48　选框工具的选项栏

（3）创建新图层。按组合键 Ctrl+Shift+J 键将选中的图像剪切到新图层中，得到“图层 1”。

（4）调整新图层的色阶。按组合键 Ctrl+L，打开“色阶”对话框，调整参数，如图 4-50 所示，使图像颜色稍加深。

图 4-49　创建矩形选区

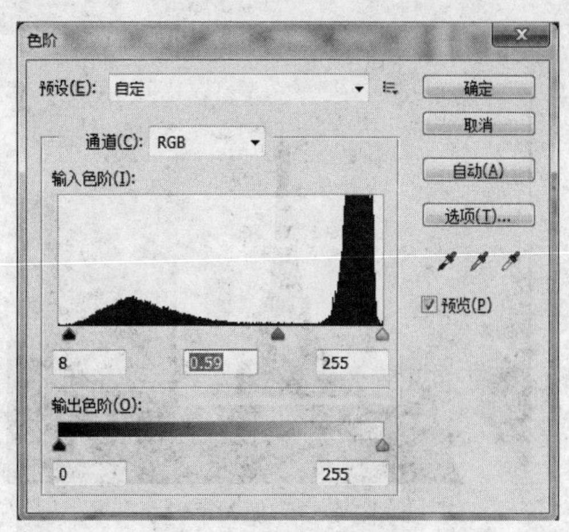

图 4-50　“色阶”对话框

（5）为新图层描边和添加投影。在图层面板上双击图层 1（非图层名上），弹出“图层样式”对话框，单击“样式”列表项中的“描边”项，对话框右侧显示“描边”选项卡，设置“描边宽度”为 10 个像素，描边颜色为“白色”，如图 4-51 所示。单击“确定”按钮。勾选“样式”列表中的“投影”项，在对话框右边的“投影”选项卡中设置“角度为”为-132 度，“不透明度”为“54%”，“距离”为“24”像素，如图 4-52 所示，单击“确定”按钮。

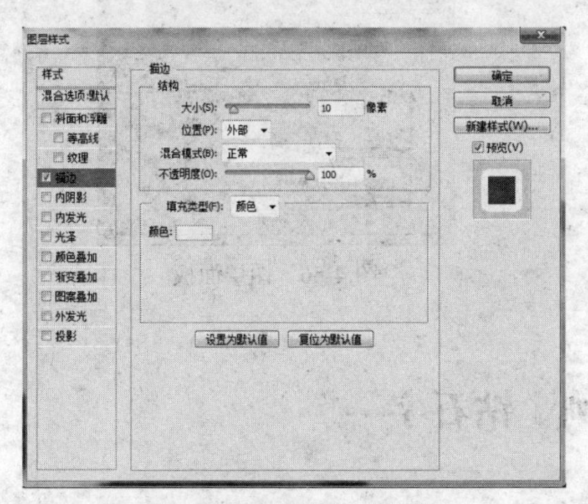

图 4-51　“描边”选项卡

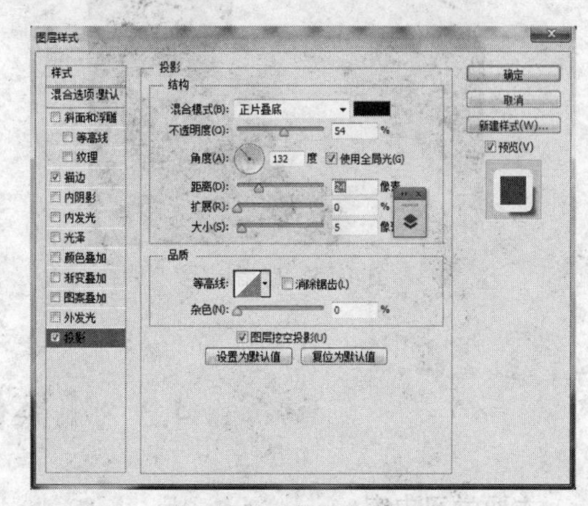

图 4-52　“投影”选项卡

（6）复制手臂。打开素材 hand.psd，拖动图层面板上的“hand”图层至“铁塔”图像窗口中，松开鼠标，即完成复制手臂。

（7）调整手臂图层位置。拖动手臂图层将其移动到“图层 1”的下方，然后将手臂移至合适的位置，如图 4-53 所示。这时图层面板如图 4-54 所示。

（8）复制拇指。在图层面板上，单击图层 1 左边的“指示图层可见性”眼睛图标，暂时隐藏图层 1。使用磁性套索工具选择拇指，如图 4-55 所示。再按组合键 Ctrl+J 将拇指复制到一个新图层，得到图层 2。将图层 2 移至图层 1 的上方。单击图层 1 左边的“指示图层可见性”图标，显示图层 1。这时面板如图 4-56 所示。

（9）保存文件。按组合键 Ctrl+D 取消选区，制作完成，分别以“照片效果.jpg”和“照片效果.psd”保存文件。

图 4-53　加入手臂

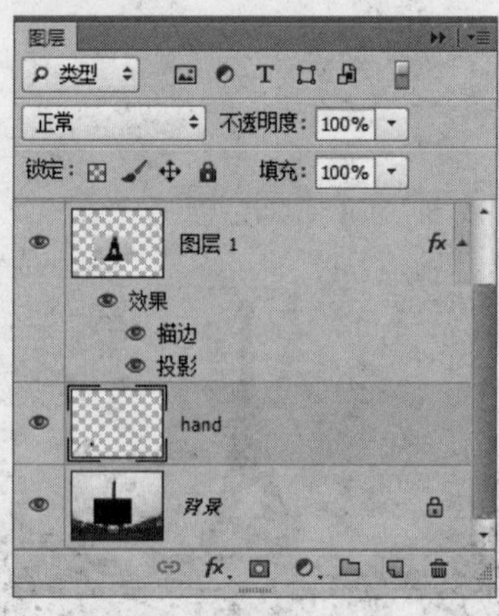

图 4-54　加入手臂后的图层面板

图 4-55　拇指选区

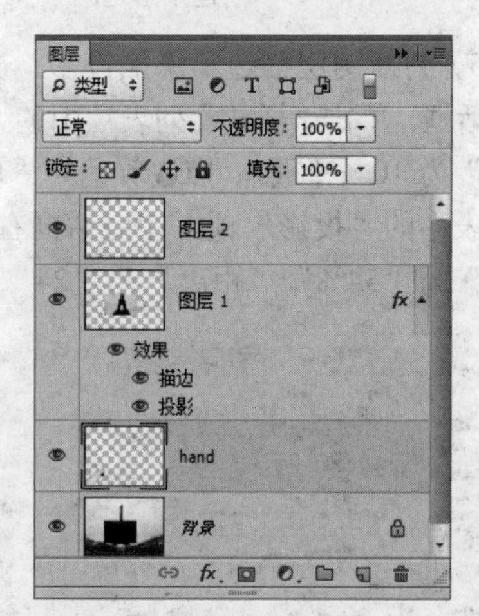

图 4-56　图层面板

4.2　『案例』钻石字

主要学习内容：

- 创建图层组
- 图层剪贴蒙版
- 图层样式
- 将图层样式转换为图像图层
- 样式面板

一、制作目的

本例制作如图 4-57 所示的闪闪发光的钻石字。通过本例学习图层样式和创建剪贴蒙版，初步了解滤镜和文字工具的使用。

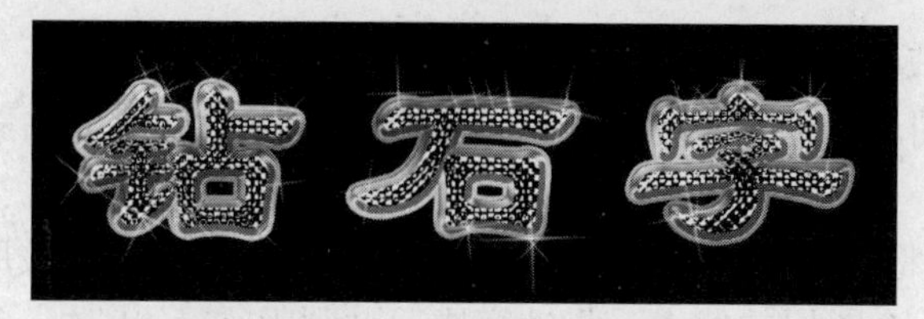

图 4-57　闪闪发光的钻石字

二、相关技能

1. 创建图层组

图层组是若干个图层的集合，类同于文件夹，便于管理图层。图层可以折叠，无论组中有多少个图层，折叠后只占用一个图层的空间，方便缩短图层面板空间。

如要创建图层组，可执行下列操作之一：

- 单击“图层”面板中的“新建组”按钮，即使用默认选项创建新组。
- 选取“图层”>“新建”>“组”菜单命令。
- 从“图层”面板菜单中选取“新建组”命令。
- 在按住 Alt 键的同时，单击“图层”面板中的“新建组”按钮，以显示“新建组”对话框并设置组选项。
- 在按住 Ctrl 键的同时，单击“图层”面板中的“新建组”按钮，以在当前选中的图层下添加一个图层。

注意：在图层组中还可以建立子图层组。图层组的复制、删除与移动请参见前面图层的相应操作。

2. 图层剪贴蒙版

剪贴蒙版是使用某个图层的内容来遮盖其上方的图层。遮盖效果由底部图层或基底图层决定的内容。基底图层的非透明内容将在剪贴蒙版中裁剪（显示）它上方的图层的内容。剪贴图层中的所有其他内容将被遮盖掉。蒙版中的基底图层名称带下划线，上层图层的缩览图是缩进的。在剪贴蒙版中可使用多个图层，但必须是连续的图层。为剪贴蒙版图标。如图 4-58 所示。剪贴图层（两个花图像图层）的内容仅在基底图层（文字图层）中的文字中可见，基底图层的名称是带下划线的。

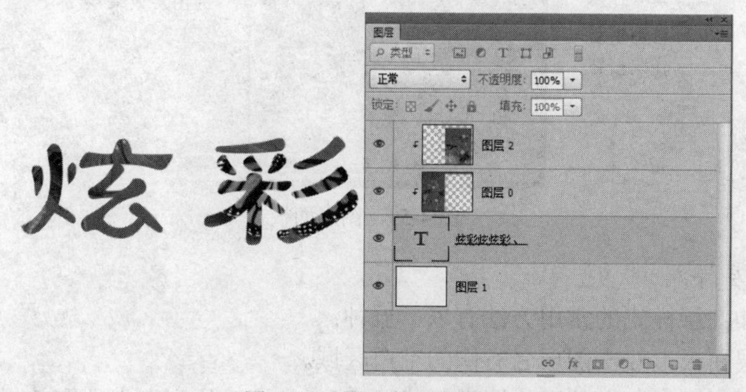

图 4-58　图层剪贴蒙版

（1）创建剪贴蒙版。

带有蒙版的基底图层一定要位于要蒙盖的图层的下方。创建剪贴蒙版，可执行以下操作之一：

- 按住 Alt 键，将指针放在“图层”面板上用于分隔要在剪贴蒙版中包含的基底图层和其上方的第一个图层的线上，指针变成剪贴蒙版形状时，单击鼠标左键。
- 选择“图层”面板中的基底图层上方的第一个图层，并选取“图层”>“创建剪贴蒙版”命令。

注意：如要向剪贴蒙版添加其他图层，用上面操作之一即可。如果在剪贴蒙版中的图层之间创建新图层，或在剪贴蒙版中的图层之间拖动未剪贴的图层，该图层将成为剪贴蒙版的一部分。

（2）移去剪贴蒙版中的图层。

执行下列操作之一：

- 按住 Alt 键并将指针放在“图层”面板上分隔两组图层的线上，鼠标指针变成时，单击鼠标。
- 在“图层”面板中选择剪贴蒙版中的图层，并选取“图层”>“释放剪贴蒙版”命令（快捷键是 Alt+Ctrl+G）。此命令从剪贴蒙版中移去所选图层以及它上面的任何图层。

3. 图层样式

Photoshop CS6 提供了许多效果（如投影、发光和斜面）来美化图层内容的外观。图层效果与图层内容是链接的，如移动或编辑图层的内容时，修改后内容中会显示相同的效果。例如，如果对文本图层应用发光效果且添加了新的文本，则新文本也将显示发光效果。

所谓图层样式即应用于一个图层或图层组的一种或多种效果。用户可应用“样式”面板中的预设样式，用户也可使用“图层样式”对话框来创建自定样式。图层应用图层样式后，图层面板中图层名称的右侧会显示图层样式图标，如图 4-59 所示。可以在“图层”面板中展开样式，以便查看或编辑合成样式的效果。

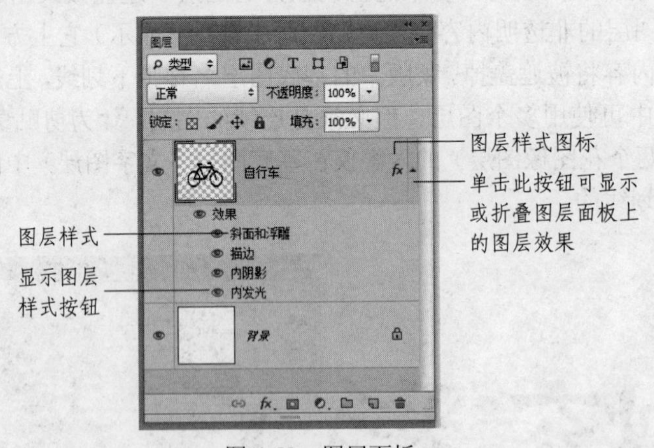

图 4-59　图层面板

4. 使用图层样式

为图层添加图层样式的常用方法有以下五种：

- 在图层面板上双击图层名右侧的空白区域。
- 单击图层面板下方的添加图层样式按钮，然后从列表中选取效果。

- 执行"图层">"图层样式">"混合选项"菜单命令。
- 单击"图层"面板菜单中的"混合选项"命令。
- 双击"样式"面板中的一种样式图标即可。

在图层面板中每个图层效果项前都有一个眼睛标志，如图 4-59 所示，单击该标志可隐藏（关闭）或显示（开启）某一图层效果项。

（1）斜面和浮雕样式。

在众多的图层样式中，"斜面和浮雕"是使用率很高的一项，很适合创建立体感。斜面和浮雕效果的选项卡如图 4-60 所示，该对话框共分为结构和阴影两个部分。结构部分的"样式"控制"斜面和浮雕"所产生的立体效果的类型。可以从"样式"下拉菜单中选择外斜面、内斜面、浮雕效果、枕状浮雕和描边浮雕五种类型。其中内斜面是最常用到的类型，这种斜面类型从图层对象的边缘向内创建斜面，立体感最强；外斜面样式从边缘向外创建斜面；浮雕效果使图层对象相对于下层图层呈浮雕状；枕状浮雕创建嵌入效果；描边浮雕只针对图层对象的描边，没有描边，浮雕就不能显示。图 4-61 所示是"深度"为 1000%，其他选项值为默认情况下，五种"斜面和浮雕"的效果图。

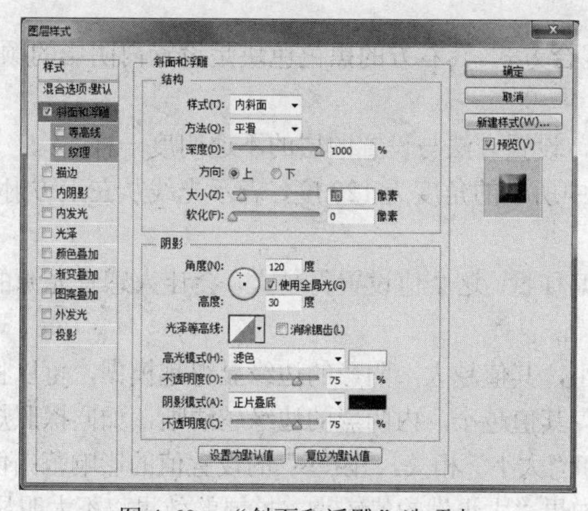

图 4-60　"斜面和浮雕"选项卡

图 4-61　五种"斜面和浮雕"效果

（2）描边样式。

描边效果是在物体的边上产生围绕效果。"描边"选项卡如图 4-62 所示。其中"位置"项有"内部"、"外部"和"居中"三个选项。描边的粗细由"大小"项来决定，单位为像素。可用单色描边，也可用渐变和图案描边。图 4-63 所示为描边效果图。

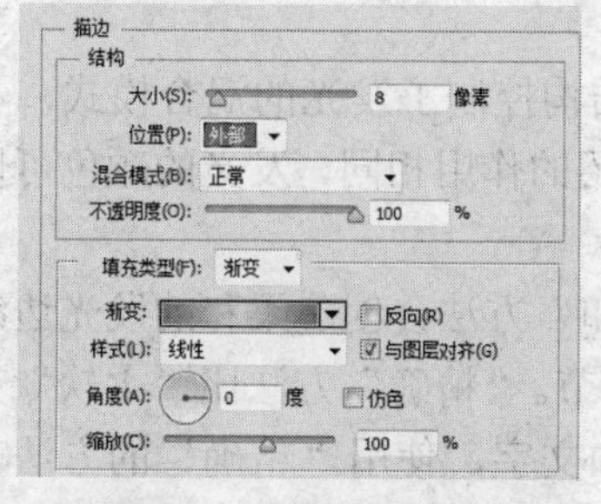

图 4-62　"描边"选项卡

图 4-63　描边效果图

（3）内阴影样式。

内阴影是在物体的内部沿物体轮廓产生阴影效果，产生使物体“下陷”的感觉，与投影选项设置非常相近。如图 4-64 所示进行设置，产生如图 4-65 所示的效果。

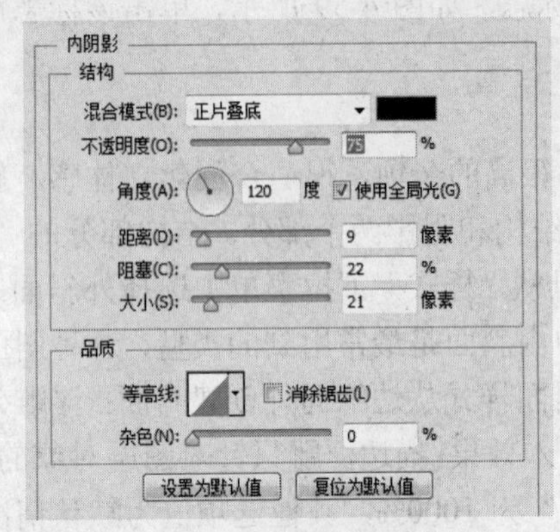

图 4-64　“内阴影”选项卡

图 4-65　内阴影效果图

“内阴影”选项卡中各项含义如下：

- 混合模式：是指阴影与下面图层的混合方式。其右方的黑色色块是设置内阴影的颜色，单击可打开拾色器。
- 不透明度：设置内阴影的不透明度，设置方法与设置图层的不透明度一样。
- 角度：指光线投射的方向。图 4-64 中所示的角度为 120 度，表示光线从左上方射下，内投影则产生在物体的右下方。
- 距离：指内阴影和物体边界之间的偏移量，这个值设置得越大，会让人感觉光源的角度越低，内阴影范围越大，反之越高。
- 阻塞：这个选项用来设置阴影的大小，其值越大，阴影的边缘显得越模糊，可以将其理解为光的散射程度比较高；反之，其值越小，内阴影的边缘越清晰，如同探照灯照射一样。注意，阻塞具体的效果会和“大小”相关。“阻塞”的设置值的影响范围仅仅在“大小”所限定的像素范围内，如果“大小”的值较小，扩展的效果将不太明显。
- 大小：反映光源距离物体的距离，其值越大，内阴影越大，内阴影的边缘羽化效果也越大，表明光源距离层的表面越近，反之阴影越小，表明光源距离层的表面越远。
- 等高线：等高线用来对内阴影部分进行进一步的设置。
- 杂色：对内阴影部分添加随机的透明点。

（4）内发光样式。

内发光是产生由物体边缘向内部发光的效果。

内发光的选项主要包括了结构、图素和品质三部分。结构控制了发光的混合模式，不透明度、杂色和颜色。结构选项中的各项与“内阴影”中所介绍的作用相同，发光的颜色可以使用渐变色。内发光的其他一些选项含义如下：

- 方法：此项有“柔和”和“精确”两个选项。“柔和”方法会创建柔和的发光边缘，但在发光值较大的时侯不能很好地保留对象边缘细节。“精确”方法比“柔软”方法更贴合对象边缘，在一些需要精巧边缘的对象，如文字，使用“精确”的方法就比较合适。

- “阻塞”与“大小”项与前面“内阴影”中所介绍的作用相同。
- 范围：是确定等高线作用范围的选项，范围越大，等高线处理的区域就越大。
- 抖动：相当于对渐变光添加杂色。

如图 4-66 所示设置内发光，产生的效果如图 4-67 所示。如将“图素”中的“源”选择为“居中”，则发光方向是从内向物体边缘。

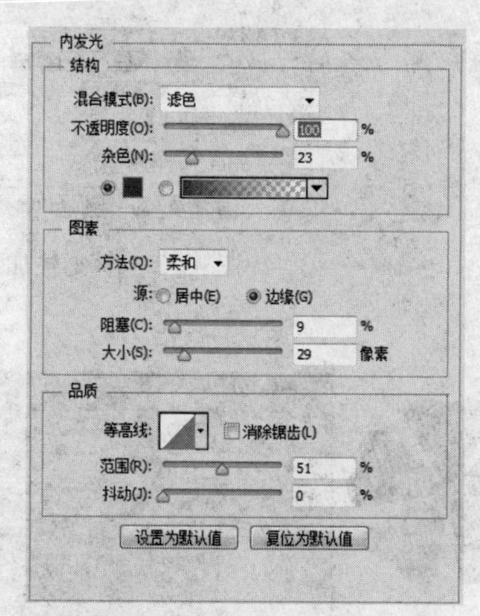

图 4-66　“内发光”选项卡

图 4-67　内发光效果

（5）光泽样式。

光泽效果是为图层内的对象加上凌乱的皱褶反光感。如图 4-68 所示进行设置，产生的效果如图 4-69 所示。

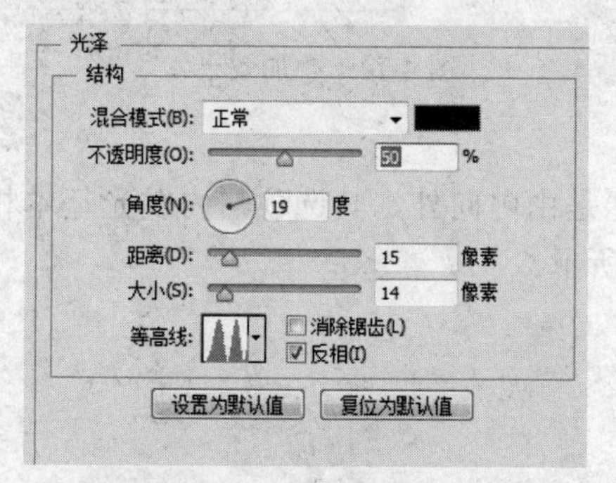

图 4-68　“光泽”选项卡

光泽
原文字
光泽
光泽效果

图 4-69　光泽效果图

（6）颜色叠加、渐变叠加和图案叠加样式。

这三种叠加效果与填充图层相同，三者之间存在覆盖关系，颜色叠加的层次最高，渐变叠加第二，图案叠加的层次最低。如同时使用了三种叠加效果，且“混合模式”均为正常，不透明度为 100%，则颜色叠加将覆盖其他两个叠加效果。可以通过改变层次高的叠加效果的“混合模式”，或不透明度可以产生叠加效果融合的效果。

图 4-70 所示为原图，图 4-71、图 4-72、图 4-73 所示为分别使用三种叠加效果图，图 4-74 所示为三种叠加，且颜色叠加和渐变叠加的“混合模式”设置为“变亮”，“不透明度”为 30%时的效果图。

图 4-70　原图

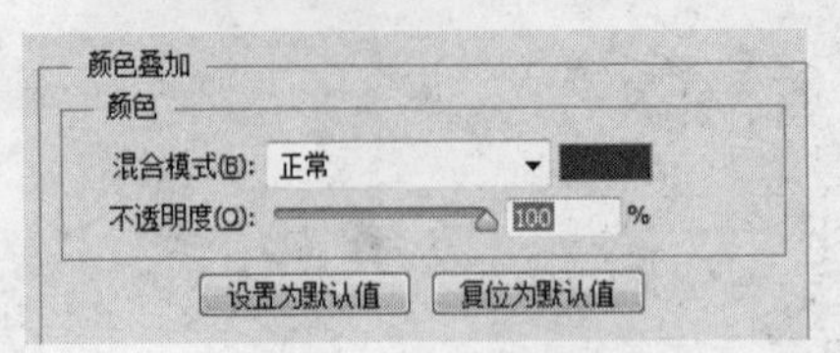

图 4-71　颜色叠加

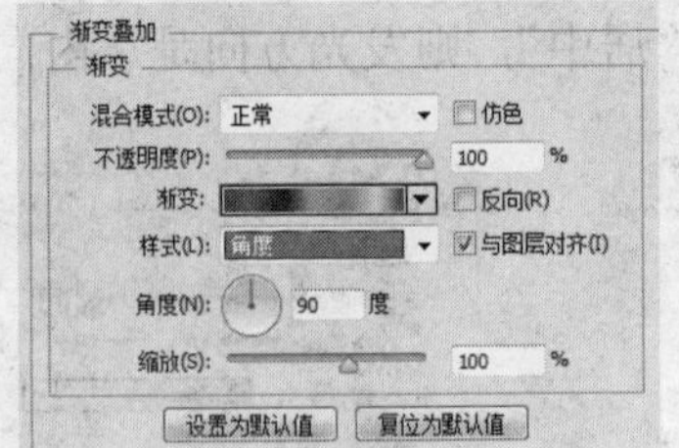

图 4-72　渐变叠加

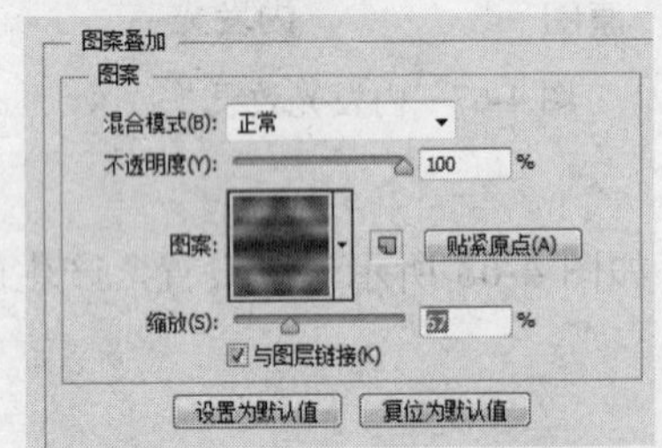

图 4-73　图案叠加

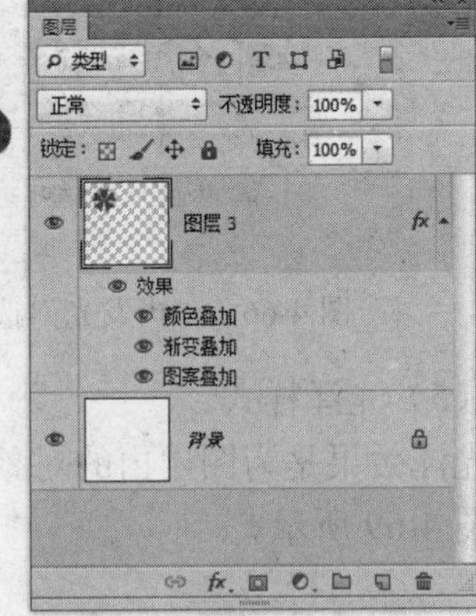

图 4-74　叠加效果

（7）外发光样式。

外发光是在物体的外边缘产生发光效果，发光是由内向外，其选项与内发光基本相同。如图 4-75 所示设置外发光，产生的效果如图 4-76 所示。

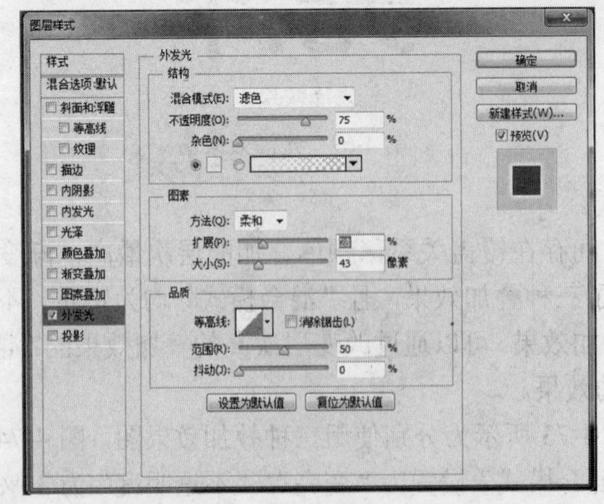

图 4-75　“外发光”选项卡

图 4-76　外发光效果图

（8）投影样式。

投影样式是很常用的一种样式，为物体（物体周围一定为透明区域）添加投影效果后，物体的下方会出现一个轮廓和其相同的“影子”。如图 4-77 所示设置投影样式，产生的效果如图 4-78 所示。在设置投影时，鼠标可以在画布上拖动阴影改变其位置。

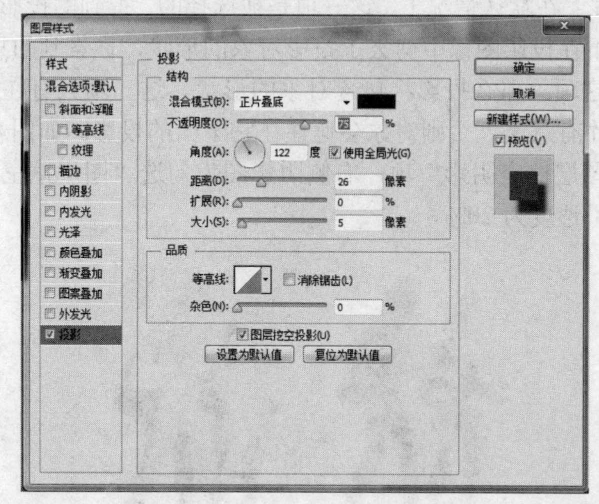

图 4-77　“投影”选项卡

“投影”选项卡中各项含义如下：

- 混合模式：是指阴影与下面图层的混合方式。其右方的黑色色块是设置阴影的颜色，单击可打开拾色器。
- 不透明度：设置阴影的不透明度，设置方法与设置图层的不透明度一样。
- 角度：指光线投射的方向。图 4-78 中所示的角度为 122 度，表示光线从左上方射下，投影则产生在物体的右下方。

图 4-78　投影效果

- 距离：指阴影和物体之间的偏移量，这个值设置得越大，会让人感觉光源的角度越低，阴影与物体越远，反之越高。
- 扩展：这个选项用来设置阴影的大小，其值越大，阴影的边缘显得越模糊，可以将其理解为光的散射程度比较高；反之，其值越小，阴影的边缘越清晰，如同探照灯照射一样。注意，扩展具体的效果会和“大小”相关。“扩展”的设置值的影响范围仅仅在“大小”所限定的像素范围内，如果“大小”的值较小，扩展的效果会不太明显。

- 大小：反映光源距离物体的距离，其值越大，阴影越大，阴影的边缘羽化效果也越大，表明光源距离层的表面越近，反之阴影越小，表明光源距离层的表面越远。
- 等高线：等高线用来对阴影部分进行进一步的设置。
- 杂色：对阴影部分添加随机的透明点。
- 图层挖空阴影：在默认情况下，这一项是被选择的，得到的投影图像实际上是不完整的，它相当于在投影图像中剪去了投影对象的形状，你看到的只是对象周围的阴影。如果不选择这项，那么投影将包含对象的形状。这一项只有在降低图层的“填充”不透明度时才有意义，否则对象会遮住在它下面的投影。如图 4-79 所示，左侧阴影没有勾选“图层挖空阴影”项，右侧阴影图为勾选“图层挖空阴影”项，图中所示的图层填充不透度为 20%。

图 4-79　投影对比

5. 移去图层效果

如对添加的图层样式不满意，可以将相应图层样式移去，也可以移去图层中所有样式。

从图层样式中移去个别效果的操作方法如下：

（1）在“图层”面板中展开图层样式，以便可以看到其效果。

（2）将鼠标指向要移去的效果名上，然后将其拖动到“删除”图标上（注意：拖动时，鼠标指针变为手形，拖动的效果显示为 fx）。

从图层中移去样式的操作方法如下：

（1）在图层面板中选择包含要删除的样式的图层。

（2）执行下列操作之一：

- 在“图层”面板中，将“效果”栏拖动到“删除”图标上。
- 选取“图层”>“图层样式”>“清除图层样式”菜单命令。
- 选择图层，然后单击“样式”面板底部的“清除样式”按钮 ⊘。

6. 将图层或图层蒙版的边界作为选区载入

用户可以选择图层中的所有非透明区域；如果存在图层蒙版，则可以选择所有未被蒙版遮盖的区域。关于图层蒙版在后面章节会详细介绍。

（1）将图层或图层蒙版的边界作为选区载入，可执行下列操作之一：

- 如果只选择未添加蒙版的图层中的非透明区域，按住 Ctrl 键并单击“图层”面板中的图层缩览图。
- 如果选择包含图层蒙版的图层中的未被蒙版遮盖的区域，按住 Ctrl 键并单击“图层”面板中的图层蒙版缩览图。

（2）如果已存在一个选区，则可以执行下列任一操作：

- 如向现有选区添加像素，按住组合键 Ctrl+Shift 并单击“图层”面板中的图层缩览图（或图层蒙版缩览图）。
- 如从现有选区中减去像素，按住组合键 Ctrl+Alt 并单击“图层”面板中的图层缩览图（或图层蒙版缩览图）。
- 如要载入像素和现有选区的交集，按住组合键 Ctrl+Alt+Shift 并单击“图层”面板中的图层缩览图或图层蒙版缩览图。

7. 将图层样式转换为图像图层

如需调整图层样式的外观，可以将图层样式转换为常规图像图层。将图层样式转换为图像图层后，用户可以通过使用命令和滤镜等来增强效果。操作方法如下：

（1）在“图层”面板中选择包含要转换的图层样式的图层。

（2）选取“图层”>“图层样式”>“创建图层”命令。

注意：上面操作产生的图层可能不能生成与使用图层样式完全匹配的图片。创建新图层时系统可能会弹出警告对话框，如图 4-80 所示。

将图层样式转换为图像图层后，不能再编辑原图层上的图层样式，且更改原图像图层时图层样式将不随之再更新。

8. 样式面板

“样式”面板用来管理、保存和应用图层样式，如图 4-81 所示。用户可以自己创建新样式，也可载入外部样式。

图 4-80　警告对话框

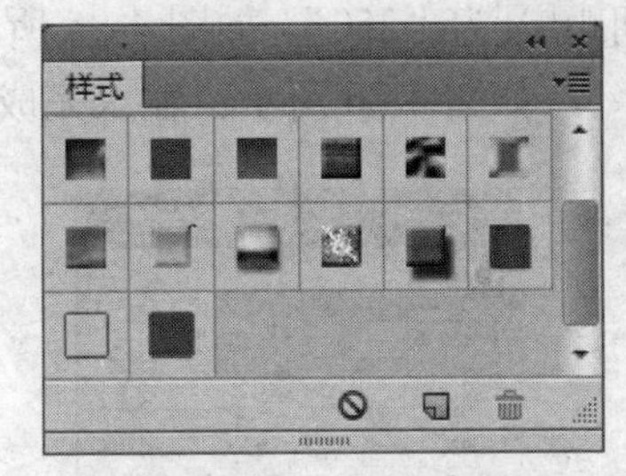

图 4-81　“样式”面板

在图层面板中选择一个图层，如图 4-82 所示。然后单击“样式”面板中任一样式，即为当前图层添加该图层样式，如图 4-83 所示。

图 4-82　选择图层 1

图 4-83　应用“扎染丝绸”样式

创建新样式：在图层面板选择已添加图层样式的图层，然后单击“样式”面板上的“创建新样式”按钮，打开“新建样式”对话框，如图 4-84 所示，设置完对话框中的各选项，然后单击“确定”按钮，即创建新样式。

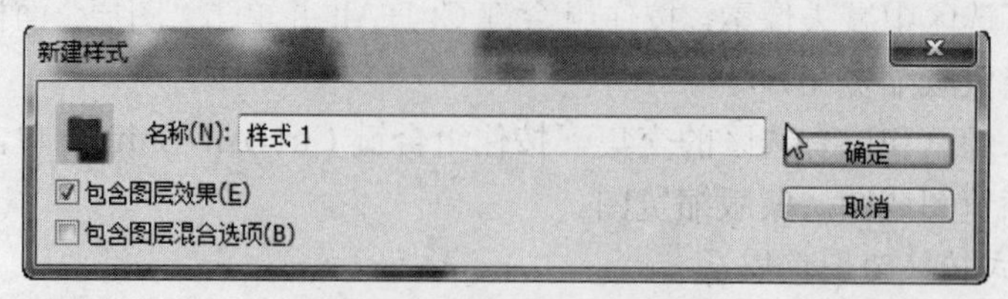

图 4-84 “新建样式”对话框

删除样式：将样式面板上的样式拖动到样式面板的删除样式按钮上，即删除样式。或按住 Alt 键并单击样式面板上的样式也可删除样式。

清除样式：单击“样式”面板上的“清除样式”按钮，可以清除当前图层上应用的图层样式。

三、制作步骤

（1）建立新文件。新建 800 像素×300 像素的文件，模式为 RGB 模式，背景颜色为白色。选择“横排文字工具”，在工具选项栏上设置字体为隶书，字颜色为黑色，字大小为 180 像素。单击选项栏上的“切换字符和段落面板”按钮，打开“字符和段落面板”，在字符面板上设置字符间距为“250”，如图 4-85 所示。在画布上单击鼠标，确定输入文字起点，输入文字“钻石字”，如图 4-86 所示。输入完成后，单击选项栏的按钮，确定输入。

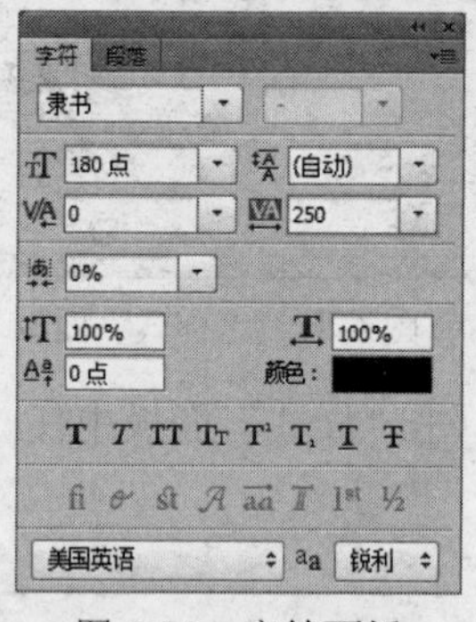

图 4-85 字符面板

钻石字

图 4-86 输入文字

（2）栅格化文字图层并载入选区。执行“图层”>“栅格化”>“图层”菜单命令，将文字图层栅格化为图层 1。然后按住 Ctrl 键并单击图层面板上的图层 1 缩览图，载入选区，如图 4-87 所示。

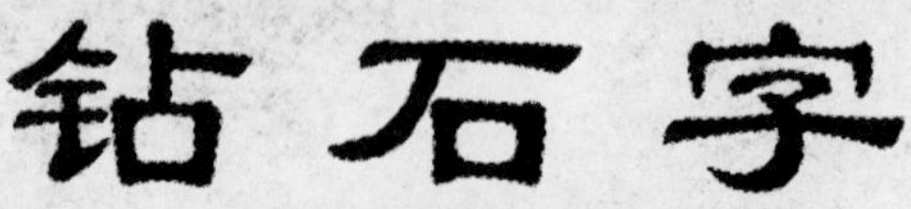

钻石字

图 4-87 创建文字选区

（3）拼合图层。执行“图层”>“向下拼合”命令，将图层 1 和背景层拼合为一个背景层（注：选区仍存在）。

（4）对选区进行玻璃滤镜处理。执行“滤镜”>“滤镜库”命令，在打开的对话框中选择“扭曲”>“玻璃”，设置扭曲度为 3，平滑度为 2，纹理为“小镜头”，缩放为 50%，如图 4-88 所示，单击“确定”按钮。效果如图 4-89 所示。

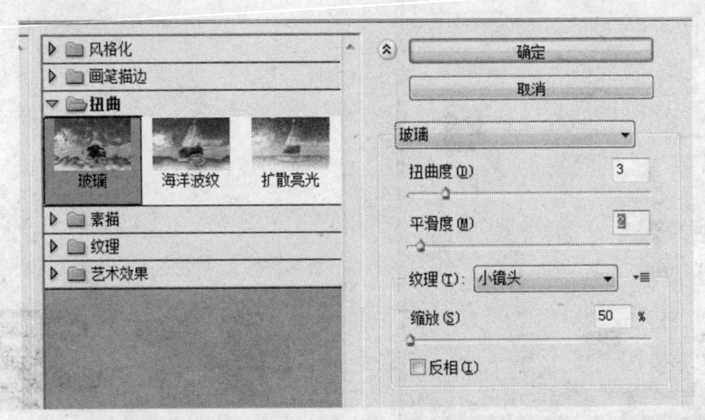

图 4-88　玻璃滤镜

图 4-89　执行玻璃滤镜后的效果

（5）将文字复制到新图层。按组合键 Ctrl+J，将文字复制并创建到新图层“图层 1”中。在图层面板上双击“图层 1”名，出现“命名框”，输入“钻石字”，然后按 Enter 键，即将新图层命名为“钻石字”。

（6）为“钻石字”图层描边。在图层面板上双击“钻石字”图层，打开“图层样式”对话框，选择描边效果选项，参数设置：大小为 10 像素，位置居中，填充类型为渐变，在渐变列表中选择铜色渐变，其余按照默认值设置，如图 4-90 所示，描边后效果如图 4-91 所示，该对话框不要关闭。

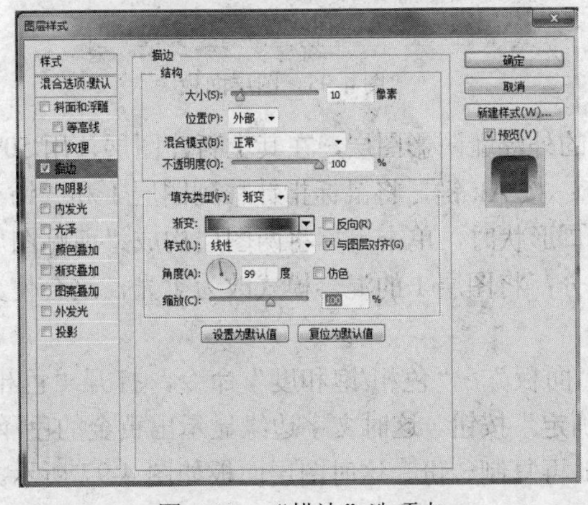

图 4-90　“描边”选项卡

图 4-91　描边效果

（7）添加“斜面和浮雕”效果。选择“斜面和浮雕”选项，进行参数设置：样式为“描边浮雕”，方法为“平滑”，深度为 1000%，方向为上，大小为 10 像素，软化为 0 像素；在阴影光泽等高线列表选择“环形”，消除锯齿，其余为默认值，如图 4-92 所示。单击“确定”按钮。这时文字效果如图 4-93 所示，已显示出金属质感效果。

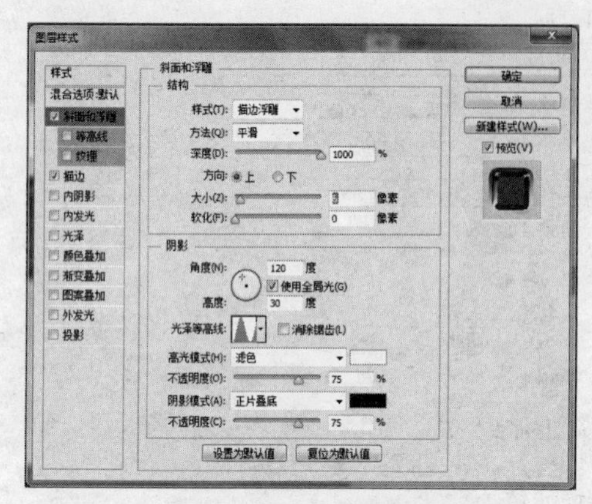

图 4-92 “斜面和浮雕”选项卡

图 4-93 “斜面和浮雕”效果

（8）增强文字边缘金属质感。须先将图层效果和图层分离，当图层效果成为单独一层的时候，才可以对它工作。在图层面板的效果上右击鼠标，在弹出的菜单中选择“创建图层”命令，系统会弹出如图 4-94 所示的提示对话框，单击“确定”按钮。图层面板上多了三个图层，如图 4-95 所示。

图 4-94 提示对话框

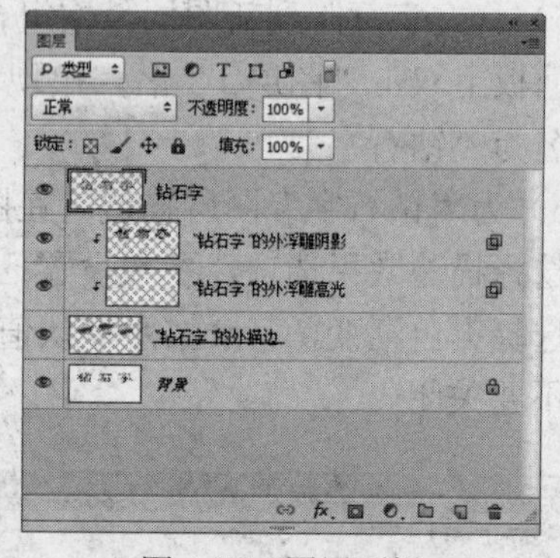

图 4-95 图层面板

（9）增加文字金属质感。选择“钻石字”的外浮雕阴影图层，在其上新建图层，用 50% 灰度（注：50%灰色可在色板面板上选择）填充；按 Alt 键，将鼠标指针移到图层 1 和“钻石字”的外浮雕阴影图层之间，当鼠标指针变为↓□形状时，单击鼠标将两图层构成“剪贴图层蒙版”，可以看到灰色部分覆盖了原来的金属部分；将图层 1 的混合模式改为柔光，这会使文字边金属质感更强。

（10）增加黄金的色泽。执行“图像”>“面板”>“色相/饱和度”命令，打开“色相/饱和度”对话框，如图 4-96 进行设置，单击“确定”按钮。这时文字边缘显示出黄金的色泽。如需选择金属质感和黄金色泽更强，可将图层 1 再复制一份。这时图层面板如图 4-97 所示。这时效果如图 4-98 所示。

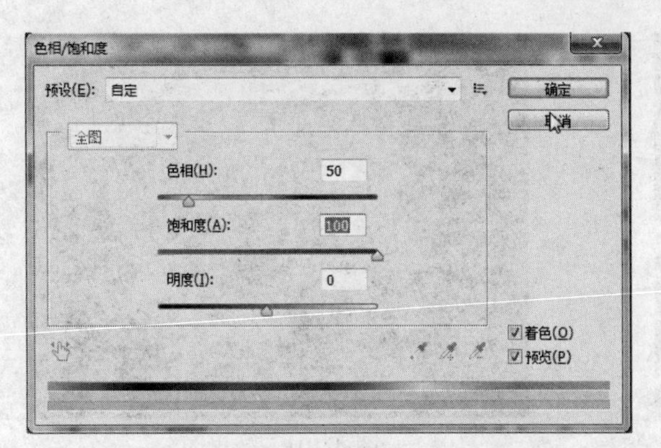

图 4-96 “色相/饱和度”对话框

图 4-97 图层面板

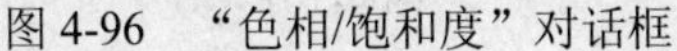

（11）将背景填充为黑色。设置前景色为黑色，选择背景图层，按组合键 Alt+Delete 键，将背景层填充为黑色。

（12）为文字添加闪光点。设置前景色为白色，在最上面的图层之上建立新图层。在工具箱选择“画笔工具”，选择“混合画笔”中的“交叉排线 4”画笔。在画笔工具选项上单击“切换画笔面板”按钮，打开“画笔”面板，设置“形状动态”，如图 4-99 所示。用画笔在文字上单击绘制闪光点，钻石字效果如图 4-57 所示。

图 4-98 增加质感和色泽

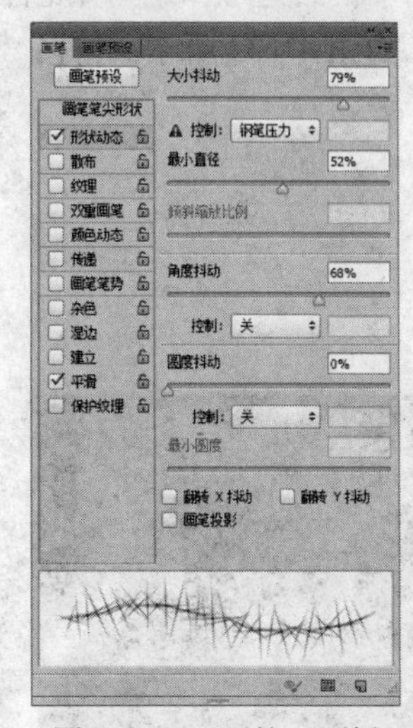

图 4-99 “画笔”面板

（13）保存文件。将文件以文件名“钻石字.psd”保存。

四、技能拓展

（一）带露珠的鲜花

制作目的

通过本例的制作进一步理解和掌握图层样式的应用以及剪贴蒙版，理解内阴影、内发光、斜面和浮雕等效果的应用。本例的制作素材如图 4-100 所示，效果图如图 4-101 所示。

图 4-100　素材图片

图 4-101　效果图

制作步骤

（1）打开素材。打开素材 hua.jpg 文件，新建图层并命名为水滴。

（2）建立水滴形状选区。选择水滴图层为当前图层，利用椭圆选框工具创建椭圆形选区，填充任意颜色，如图 4-102 所示。

（3）设置水滴透明效果。双击水滴图层，在弹出的“图层样式”对话框的“样式”列表中单击“混合选项”，在“混合选项”选项卡中设置“填充不透明度”为 0%，其他参数为默认值，如图 4-103 所示。（注：“图层样式”对话框不要关闭，待设置完所有效果再关闭）

图 4-102　水滴形状选区

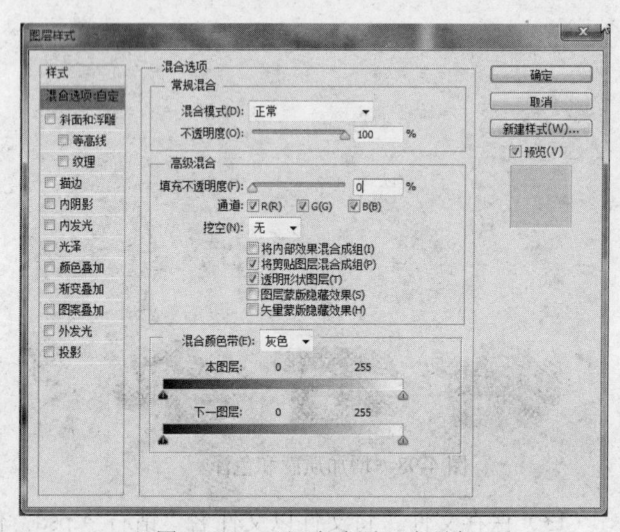

图 4-103　“混合选项”选项卡

（4）添加水滴投影效果。因光照影响，水滴边缘上会有些投影。选择“图层样式”对话框中的“投影”，在其对话框中设置“不透明度”为 100，距离和大小均为 0，投影颜色为白色，“等高线”为“环形”，其他参数为默认值，如图 4-104 所示。

（5）添加水滴内部边缘阴影。选择图层样式中的“内阴影”，设置其“混合模式”为“颜色加深”，“不透明度”为 40%，距离为 2，大小为 4，其他参数为默认值，如图 4-105 所示。

（6）为水滴添加内发光效果。选择图层样式中的“内发光”，设置其“混合模式”为“叠加”，“不透明度”为 25%，颜色为黑色，大小为 3，其他参数为默认值，如图 4-106 所示。

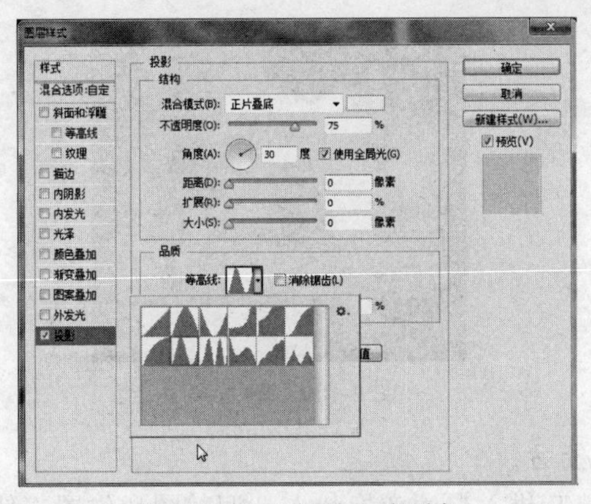

图 4-104 “投影”选项卡

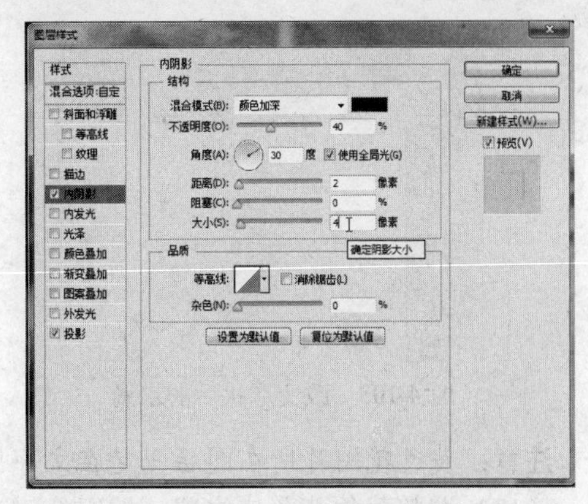

图 4-105 “内阴影”选项卡

（7）为水滴添加立体感和光泽感。选择“图层样式”对话框中的“斜面和浮雕”，设置“样式”为“内斜面”，“方法”为“雕刻清晰”，“深度”为 250，“大小”为 10，软化为 5，在“阴影”项中将“高光模式”和“阴影模式”的颜色均设置为“白色”，“阴影模式”设置为“颜色减淡”，其不透明度设置为 32%，其他参数使用默认值，如图 4-107 所示。然后单击“确定”按钮。

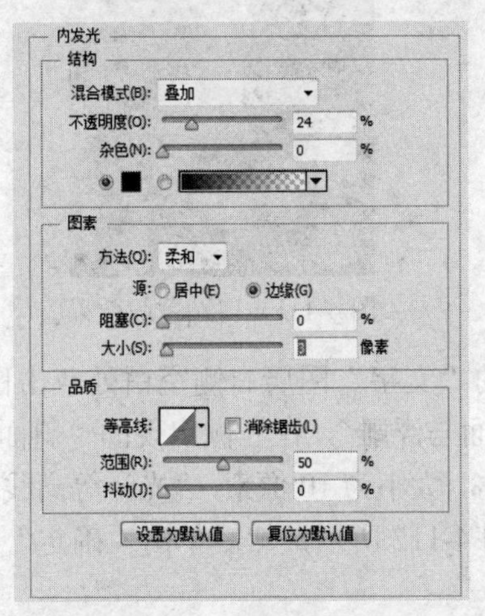

图 4-106 “内发光”选项卡

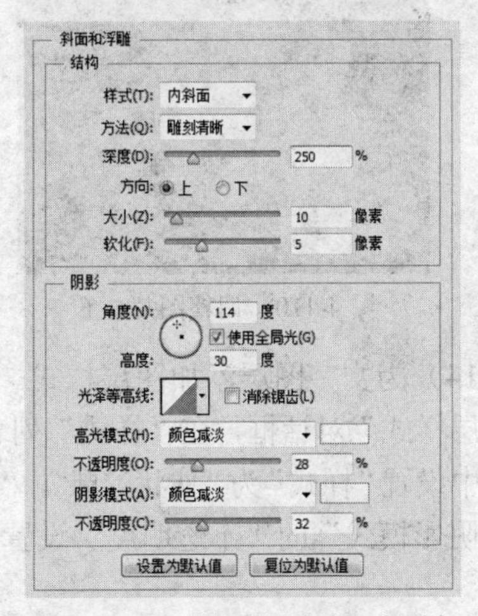

图 4-107 “斜面和浮雕”选项卡

注意：以上步骤的参数值，用户可根据实际情况进行调整。

（8）以上步骤完成了水滴效果，用户可根据实际情况，利用“液化”工具来修改水滴的形状。执行“滤镜”>“液化”菜单命令，在打开“液化”对话框中，使用“向前变形工具”来改变水滴的形状，如图 4-108 所示。

（9）制作多个水滴。复制水滴图层，利用液化工具制作出形态各异的水滴，如前面图 4-101 所示。

（10）添加文字。使用“直排文字工具”，在画布中输入“FLOWER”，自定义文字字体及大小。如图 4-109 所示。

（11）添加黄色花图片。找到素材“yflower.jpg”拖入到当前文档中，当鼠标指针变为 形状时，松开鼠标，即插入当前文档，按 Enter 键确认插入。

图 4-108　改变形状后的水滴

图 4-109　输入文字

注意：黄色花图片所在图层一定在文字图层上方。

（12）调整黄色花图片位置。按组合键 Ctrl+T 进入自由变换状态，调整图片位置，使其完全遮盖文字“FLOWER”，如图 4-110 所示。

（13）创建剪贴蒙版。按住 Alt 键，将指针放在指向“图层”面板上文字图层与黄色花所在图层中间，当鼠标指针变成↓□形状时，单击鼠标左键，即创建剪贴蒙版，这时效果如图 4-111 所示。

图 4-110　调整图片位置

图 4-111　剪贴蒙版效果

（14）为文字图层添加图层样式。在图层面板的“文字”图层右侧空白处双击鼠标，弹出“图层样式”对话框，在“样式”列表中单击“斜面与浮雕”，在右侧出现的“斜面与浮雕”选项卡中设置“样式”为“枕状浮雕”，“深度”为 174%，大小为 10 像素，“光泽等高线”为“环形”，“阴影模式”的“不透明度”设置为 51%，如图 4-112 所示，然后单击“确定”按钮。

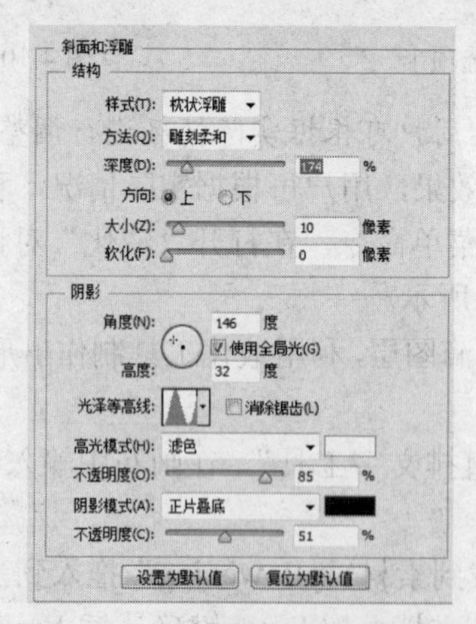

图 4-112　“斜面和浮雕”选项卡

（15）制作完成，保存文件。

4.3 『案例』艺术照

主要学习内容：

- 图层的混合模式
- 图层的栅格化
- 图层的链接
- 从混合中排除通道
- 创建图层挖空效果
- 图层的“混合颜色带”

一、制作目的

通过本例的制作，理解图层的混合模式，初步了掌握图层混合模式的应用，进一步掌握剪贴蒙版的应用，学会一种合成图片的方法。本例素材有 girl.jpg、flower3.jpg、flower4.jpg、bg.jpg 和 bear.jpg 所示，效果如图 4-113 所示。

图 4-113　效果图

二、相关技能

1．图层的混合模式

图层的混合模式就是指当前图层中像素与下面图层像素如何进行混合。使用混合模式可以创建各种特殊效果。设置当前图层的混合模式可在“图层”面板中的“混合模式”弹出式菜单中选取一个选项；也可选取“图层”>“图层样式”>“混合选项”菜单命令，打开“图层样式”对话框，该对话框右侧显示“混合选项”，如图 4-114 所示，在“图层混合模式”下拉菜单中选取一个选项。

“混合模式”下拉菜单如图 4-115 所示。图层的混合模式共分为 6 组，如图 4-115 所示，由间隔线分隔为 6 组，共 27 种混合模式，每一组模式产生相近的效果。

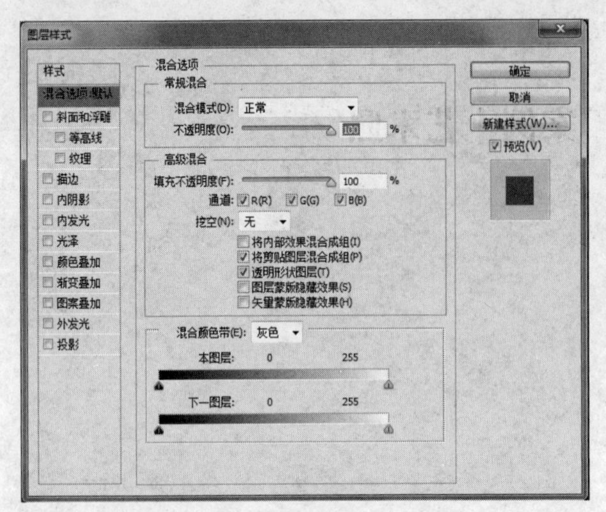

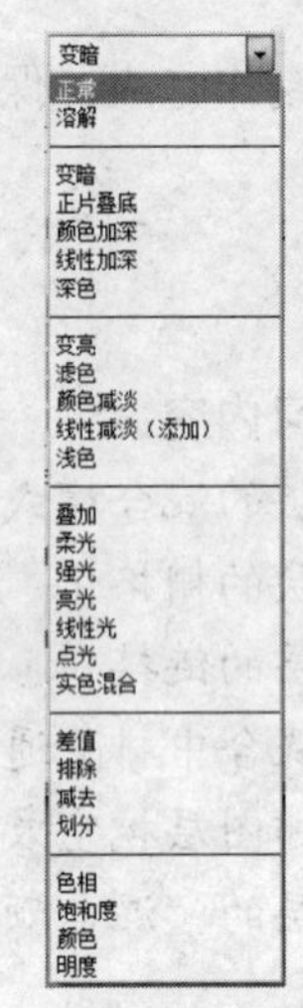

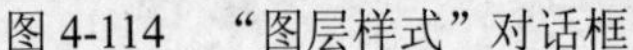
图 4-114 “图层样式”对话框　　图 4-115 “混合模式”下拉菜单

第 1 组称为组合模式组，包括正常和溶解。这一组混合模式只有在当前图层的不透明度小于 100%时才起作用。

第 2 组称为加深模式组，包括变暗至深色共 5 种。这些混合模式会使当前图层颜色变暗，当前图层中的白色会被底层中颜色较暗的像素取代。

第 3 组称为减淡模式组，包括变亮至浅色共 5 种。这组混合模式与加深模式组产生截然相反的效果。这些混合模式会使当前图层颜色变亮，当前图层中的黑色会被底层中颜色较亮的像素取代，比黑色亮的像素都可以加亮底层中的像素。

第 4 组称为对比模式组，包括叠加至实色混合共 7 种。这些混合模式会增强图层的反差，当前图层 50%的灰色完全消失，亮度高于 50%灰色的颜色会加亮底层的像素，亮度低于 50%灰色的颜色会变暗底层的像素。

第 5 组称为比较模式组，包括差值至划分共 4 种。这些模式比较当前图层与下层图像，相同的区域混合后显示为黑色，不同的区域显示为灰色或彩色。当前图层中的白色区域使下层图像反相，黑色对下层图像无影响。

第 6 组称为色彩模式组，包括色相、饱和度、颜色和明度 4 种，分别是将当前图层的色相、饱和度、颜色、明度作用到下层图像上。

各种图层的混合模式含义如下：

（1）正常模式：图层混合模式的默认方式。这种模式下当前图层不和其他图层发生任何混合，用当前图层像素的颜色覆盖下层颜色。当前图层的不透明度为 100%时，完全遮挡下面的图层。如当前图层的不透明度小于 100%时，当前图层的颜色与上图层产生混合效果。如当前图层填充 50%不透明度的红色，下面图层填充 100%不透明的蓝色，则两图层混合产生一种淡紫色。

如图 4-116 所示为两个图层在正常混合模式下的效果。以下模式中均以这两个图层为例。

（2）溶解模式：该模式混合产生的颜色为上下混合颜色的一个随机置换值，与像素的不透明度有关，是将目标层图像以散乱的点状形式叠加到下层图像上时，对图像的色彩不产生任何的影响。在该模式下当前图层不透明度越低，原始图像像素散布的频率就越低。设置蝴蝶图层的混合模式为溶解模式，不透明度为 50%，得到的效果如图 4-117 所示。

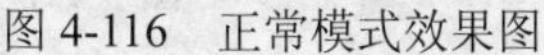
图 4-116　正常模式效果图

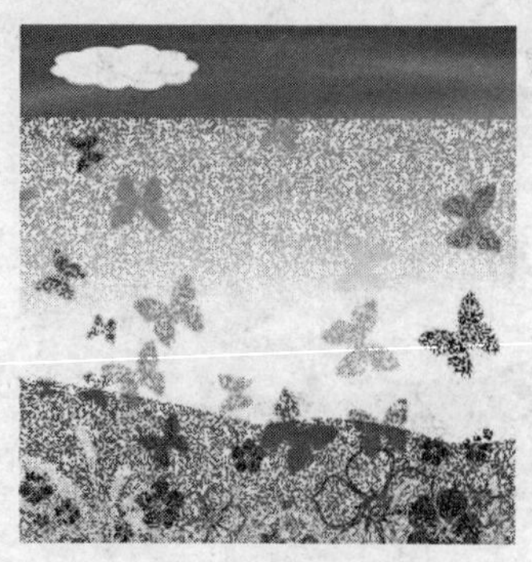
图 4-117　溶解效果

（3）变暗模式：该模式下，系统对这二者的 RGB 通道中的颜色亮度值分别进行比较，取二者中低的值再组合成为混合后的颜色，混合结果是图像变暗，当前图层中颜色比下层图层更浅的颜色从合成图像中去掉。图 4-118 所示为上图层（不透明为 100%）混合模式设置为“变暗”的效果，上图层中的白色被过滤掉。

（4）正片叠底模式：考察每个通道里的颜色信息，并对底层颜色进行正片叠加处理，这样混合产生的颜色比原来的要暗。该模式下可滤掉当前图层中的白色。这种模式可用来为灰度图着色，效果很不错。设置蝴蝶图层混合模式为“正片叠底”，效果如图 4-119 所示，效果比“变暗”模式效果更暗些。

（5）颜色加深模式：该模式会使当前图层的颜色值更暗，加上的颜色越亮，效果越细腻，图像上颜色较淡区域消失，底层白色区域不变，图像区域呈现尖锐的边缘特性。设置蝴蝶图层混合模式为“颜色加深”模式，效果如图 4-120 所示。

图 4-118　变暗模式

图 4-119　正片叠底

图 4-120　颜色加深

（6）线性加深模式：降低亮度让底色变暗以反映混合色彩，与白色混合没有效果，类似于正片叠底，但可以保留更多底层的颜色信息。图 4-121 所示为“线性加深”模式的效果。

（7）深色模式：该模式比较当前图层和底层的所有通道值的总和并显示值较小的颜色，不生成第三种颜色。图 4-122 所示为“深色”模式的效果。

（8）变亮模式：与变暗模式相反，变亮混合模式是将两像素的 RGB 值进行比较后，取高值成为混合后的颜色，造成变亮的效果。图 4-123 所示为“变亮”模式的效果。

（9）滤色（也叫屏幕）模式：它与正片叠底模式相反，合成图层显现两图层中较高的灰阶，而较低的灰阶则不显现（即浅色出现，深色不出现），产生出一种漂白的效果，使上层图像更加明亮。效果如图 4-124 所示。

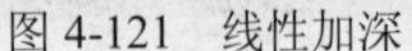

图 4-121　线性加深　　图 4-122　深色　　图 4-123　变亮

（10）颜色减淡模式：与颜色加深模式相反，减小对比度来加亮底层颜色。效果如图 4-125 所示。

（11）线性减淡（添加）模式：类似于颜色减淡模式。但是通过增加亮度来使得底层颜色变淡，以获得混合色彩，亮化效果比“滤色”和“颜色减淡”更强。效果如图 4-126 所示。

图 4-124　滤色　　图 4-125　颜色减淡　　图 4-126　线性减淡

（12）浅色模式：在该模式下比较当前图层和下面图层的所有通道值的总和并显示值较大的颜色，混合后颜色变淡。效果如图 4-127 所示。

（13）叠加模式：该模式主要对中间色调起作用，底层图像高色和暗色区域基本保持不变。从该模式起，使用如图 4-128 所示的图像，其中蝴蝶层图像上方四个颜色条分别为白色、15%灰色、50%灰色和黑色。叠加模式效果如图 4-129 所示。

图 4-127　浅色

图 4-128　原图

（14）柔光模式：该模式如同给图像上打上一层色调柔和的光，作用时将上层图像以柔光的方式施加到下层，上层图像的像素比 50%灰色亮则使图像变亮，上层图像的像素比 50%

灰色暗则图像变暗，结果使图像中的反差更大，如图 4-130 所示。

（15）强光模式：该模式产生一种强烈光照射图层的效果，如图 4-131 所示。

图 4-129　叠加模式

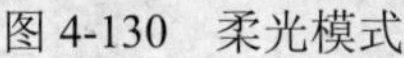

图 4-130　柔光模式

图 4-131　强光模式

（16）亮光模式：该模式通过调整对比度以加深或减淡颜色，取决于上层图像的颜色分布。如果上层颜色亮度高于 50%灰，图像将被降低对比度并且变亮；如果上层颜色亮度低于 50%灰，图像会被提高对比度并且变暗，如图 4-132 所示。

（17）线性光模式：该模式通过调整亮度以加深或减淡颜色，如果上层颜色亮度高于中性灰（50%灰），则用增加亮度的方法来使得画面变亮，反之用降低亮度的方法来使画面变暗，如图 4-133 所示。

（18）点光模式：按照上层颜色分布信息来替换颜色。如果上层颜色亮度高于50%灰，比上层颜色暗的像素将会被取代，而较亮的像素则不发生变化。如果上层颜色亮度低于 50%灰，比上层颜色亮的像素会被取代，而较暗的像素则不发生变化，如图 4-134 所示。

图 4-132　亮光模式

图 4-133　线性光模式

图 4-134　点光模式

（19）实色混合模式：此模式下，该图层图像的颜色会和下一层图像中的颜色进行混合，通常情况下，当混合两个图层以后亮色会更亮，暗色更暗，会使图像产生色调分离效果，如图 4-135 所示。

（20）差值模式：该模式将要混合图层双方的 RGB 值中的每个值分别进行比较，用高值减去低值作为合成后的颜色。如用白色图层以差值模式混合一图像时，可以得到负片效果的反相图像，效果如图 4-136 所示。

（21）排除模式：与差值模式作用类似，产生一种比差值模式更柔和、更明亮的效果。或以使人物或自然景色图像产生更真实或更吸引人的图像合成，效果如图 4-137 所示。

图 4-135　实色混合

图 4-136　差值模式

图 4-137　排除模式

（22）减去模式：系统查看各通道的颜色信息，并从基色中减去混合色。如果出现负数就看作零。与基色相同的颜色混合得到黑色；白色与基色混合得到黑色；黑色与基色混合得到基色，效果如图 4-138 所示。

（23）划分模式：系统分析每个颜色通道的数值，并用基色分割混合色，基色数值大于或等于混合色数值，混合出的颜色为白色。基色数值小于混合色，结果色比基色更暗。因此结果色对比非常强。白色与基色混合得到基色，黑色与基色混合得到白色，效果如图 4-139 所示。

（24）色相模式：该模式是用当前图层的色相值去替换下层图像的色相值，而饱和度与亮度不变，效果如图 4-140 所示。

图 4-138　减去模式

图 4-139　划分模式

图 4-140　色相模式

（25）饱和度模式：该模式是用当前图层的饱和度去替换下层图像的饱和度，而色相值与亮度不变，效果如图 4-141 所示。

（26）颜色模式：该模式是用当前图层的色相值与饱和度替换下层图像的色相值和饱和度，而亮度保持不变，效果如图 4-142 所示。

（27）明度模式：该模式是用当前图层的亮度值去替换下层图像的亮度值，而色相值与饱和度不变。效果如图 4-143 所示。

图 4-141　饱和度模式

图 4-142　颜色模式

图 4-143　明度模式

2. 图层的栅格化

利用图层的栅格化命令，可将 Photoshop 中创建的矢量图形（如文字，用路径工具创建的图形等）转换为点阵图像。如要用滤镜工具对矢量图形进行处理，须将矢量图形栅格化处理。

图层栅格化的方法如下：

（1）选中要栅格化的图层。

（2）单击“图层”>“栅格化”菜单命令，系统打开其子菜单，从子菜单中选择合适的项即可；也可在图层面板上相应图层的右侧空白处右击鼠标，在打开的快捷菜单中单击“栅格化图层”或“栅格化文字”命令。

3. 图层的链接

可以将两个或更多个图层或组链接起来，可以对链接图层一起移动或应用变换。链接的图层与同时选定的多个图层不同，它们一直保持关联，直到取消它们的链接为止。

（1）创建图层链接的操作步骤如下：

- 在“图层”面板中选择两个以上图层或组。
- 单击“图层”面板底部的链接图标 。

（2）要取消图层链接，请执行以下操作之一：

- 选择一个链接的图层，然后单击链接图标。
- 要临时停用链接的图层，请按住 Shift 键并单击链接图层的链接图标。将出现一个红色叉╳，如图 4-144 所示。按住 Shift 键单击链接图标可再次启用链接。

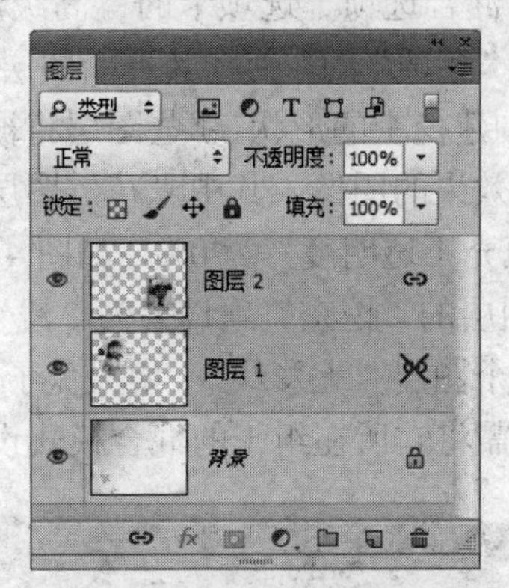

图 4-144 图层面板

- 选择链接的图层，然后单击链接图标。若要选择所有链接图层，请选择其中一个图层，然后选取“图层”>“选择链接图层”命令。

4. 从混合中排除通道

在混合图层或组时，默认情况下，将包括所有通道，用户可将混合效果限制在指定的通道内。例如，在使用 RGB 图像时，可选取从混合中排除绿色通道；在复合图像中，只有红色和蓝色通道中的像素才会受到影响。操作步骤如下：

（1）先打开“混合选项”对话框，可执行以下操作之一：

- 双击图层缩览图。
- 选取“图层”>“图层样式”>“混合选项”命令。
- 通过“图层”面板底部的“添加图层样式”按钮 fx 选取“混合选项”。

（2）在“图层样式”对话框的“混合选项”选项卡的“高级混合”区域中，取消选择在混合图层时不希望包括的任何通道，如图 4-145 所示。

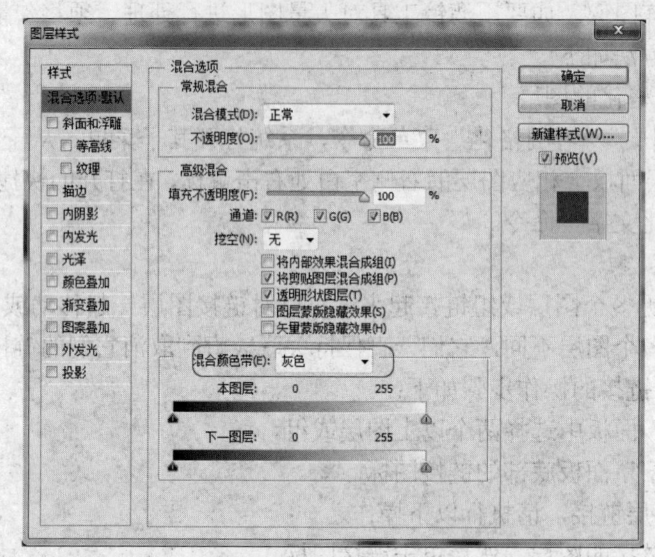

图 4-145 “图层样式”的“混合选项”选项卡

5. 创建图层挖空效果

在“图层样式”对话框中“混合选项”选项卡的“高级混合”项中有“挖空”选项，使用该项用户可以指定哪些图层是“穿透”的，使在其下面图层中的内容显示出来。在应用挖空效果时，用户需确定哪个图层将创建挖空的形状、哪些图层将被穿透以及哪个图层将显示出来。

图 4-146 所示是有图层挖空效果的图像。其中“花”图层的“挖空”项设置为“深”（设置为“浅”效果也一样），其“填充不透明度”为 0%，如图 4-147 所示。这时图层组 1 到图层“七彩线”均被“穿透”。兔子图层的“挖空”项设置为“浅”，则兔子图层“挖空”它所在图层的组 1，显示该组下方的第一个图层“七彩线”。如果兔子图层要一直穿透到背景，则兔子图层“挖空”项设置为“深”，且需将它所在组 1 的混合模式设置为“穿透”，如图 4-148 所示。

图 4-146 有“挖空”效果的图片

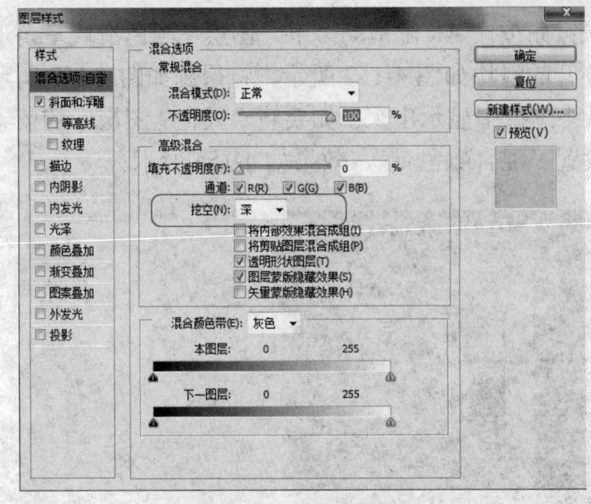

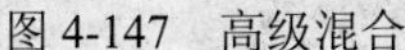
图 4-147　高级混合

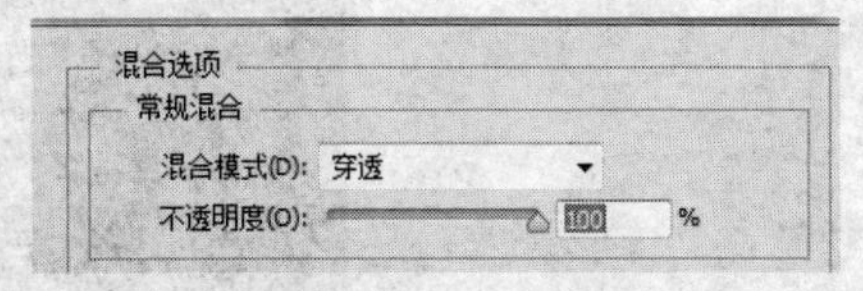

图 4-148　混合选项

注意：如果未使用图层组或剪贴蒙版，则“浅”或“深”都会“穿透”到背景图层（如果底部图层不是背景图层，则为透明）的挖空效果。要显示“挖空”效果，则设置有“挖空”项的图层“填充不透明度”应小于 100%。

6. 图层的“混合颜色带”

利用“混合选项”选项卡中的“混合颜色带”可以指定用于混合图层的色调范围。使用“混合颜色带”项中的滑块可控制最终图像中将显示当前图层中的哪些像素以及其下面的可见图层中的哪些像素。用户可控制当前图层中的亮像素变为透明，也可强制下层图层中的暗像素或亮像素显示出来。也可设置部分混合像素的范围，在混合区域和非混合区域之间产生一种平滑的过渡效果。

使用“混合颜色带”设置混合图层的色调范围操作步骤如下：

（1）在“混合选项”选项卡的“高级混合”区域中，从“混合颜色带”弹出式菜单中选取一个选项。

- 选取“灰色”则混合范围是所有通道。
- 选择单个颜色通道（如 RGB 图像中的红色、绿色或蓝色），则只在选定的通道内混合。

（2）使用“本图层”和“下一图层”滑块来设置混合像素的亮度范围，度量范围从 0（黑）～255（白）。拖动白色滑块设置范围的高值，拖动黑色滑块设置范围的低值。

注意：如定义部分混合像素的范围，则要按住 Alt 键并拖动滑块三角形的一半，在分开的滑块上方显示的两个值指示部分混合范围，滑块分离越大，过渡越柔和。

指定混合范围时，请记住下列原则：

- 使用“本图层”滑块指定当前图层上将变为透明像素的范围。例如，如果将白色滑块拖动到 200，则亮度值大于 200 的像素不参与混合，即不显示在混合后的图像中。
- 使用“下一图层”滑块指定下图层将在最终图像显示的像素范围。如将黑色滑块拖动到 19，则亮度值低于 19 的像素将显示在当前图层的图像中。

例：如图 4-149 所示，当前图层为“天空”图层，在图层面板上双击“天空”图层右侧的空白处，打开“图层样式”对话框，拖动“混合选项”中“混合颜色带”的“本图层”的白色滑块至 159，如图 4-150 所示，则两图层混合效果如图 4-151 所示，这时当前图层的白色几乎全部不显示，则其所对应下层图像显示出来；如按住 Alt 键拖动“下一图层”黑色滑块三角形的一半，将滑块分开，然后分别拖动两个分开的滑块如图 4-152 所示，将得到如图 4-153 所示效果图，即“下一图层”的暗像素大树在最终图像中显示出来；如要将“天空”图层中的蓝天不显示，只显示白云，可如图 4-154 所示设置“混合颜色带”，效果如 4-155 所示。

图 4-149　图像及对应的图层面板

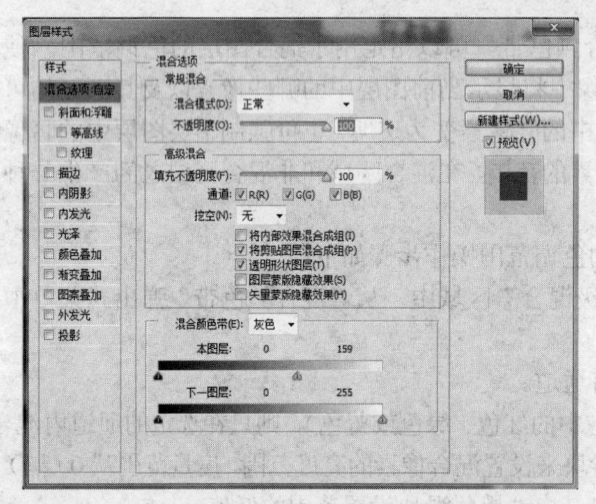

图 4-150　“混合选项”选项卡

图 4-151　本图层的白色像素变透明

图 4-152　“混合颜色带”项

图 4-153　“下图层”暗像素被显示出来

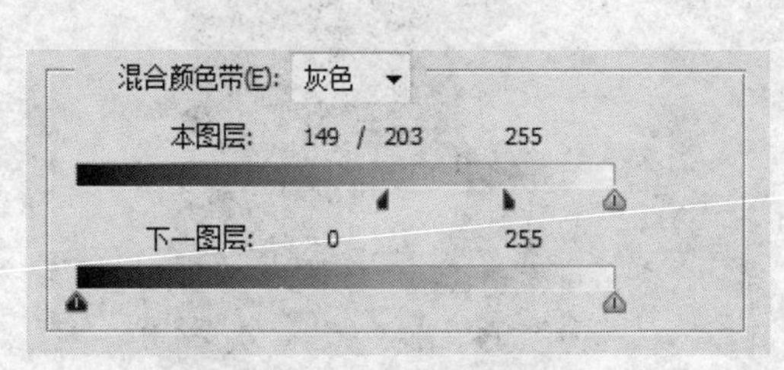

图 4-154　“混合颜色带”项

图 4-155　“本图层”蓝色像素变透明

三、制作步骤

（1）打开素材文件。打开“bg.jpg”、“girl.jpg”、“flower3.jpg”、“flower4.jpg”等四个素材文件。

（2）在背景图层上添加新图层。选择“bg.jpg”文档窗口，单击图层面板上的“创建新图层”按钮，添加新图层 1。选择“自定义形状工具”，在工具选项栏上设置“选择工具模式”为“像素”，使用形状“花 1”，在图层 1 上拖画出一朵花，花在画布的右部分，如图 4-156 所示。

（3）添加图层样式。执行“图层”>“图层样式”>“外发光”命令，打开“图层样式”对话框，如图 4-157 所示设置参数，然后单击“确定”按钮。

图 4-156　绘制花

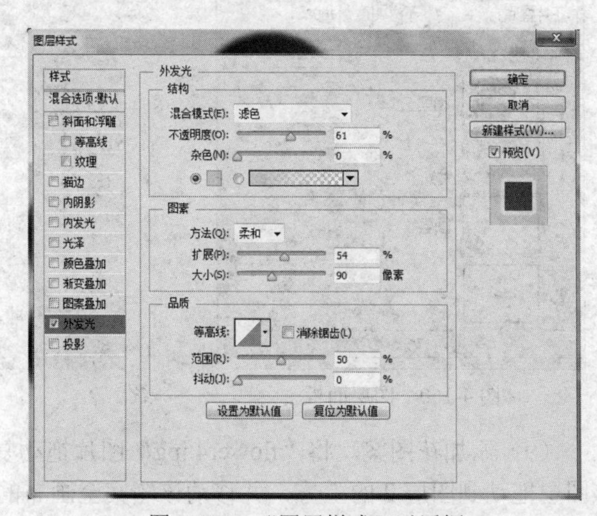

图 4-157　“图层样式”对话框

（4）复制女孩图片到“bg.jpg”文件窗口中。选择移动工具，将女孩图片拖到 bg.jpg 背景图片中，实现图片的复制，将新得到的图层命名为“girl”，这时图层面板如图 4-158 所示。然后关闭“girl.jpg”文件。

（5）创建剪贴蒙版。按住 Alt 键，将指针指向图层面板上“girl”图层与“图层 1”之间，当鼠标指针变成形状时，单击鼠标左键，即创建剪贴蒙版，这时效果如图 4-159 所示。

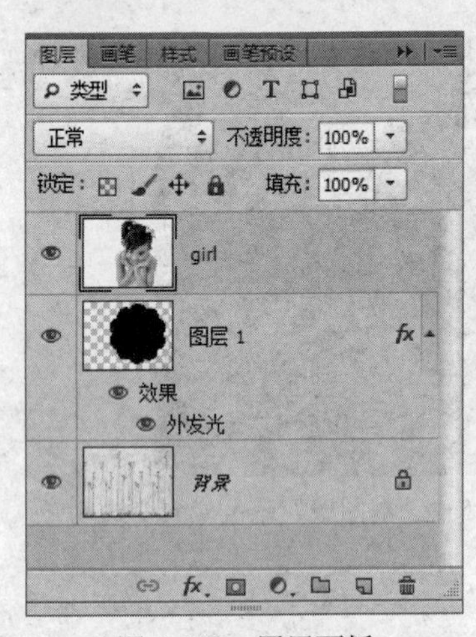

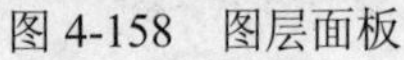
图 4-158 图层面板　　图 4-159 图层蒙版

（6）添加花图案。将“flower3.jpg”图片拖动复制到“bg.jpg”文件中，生成图层 2，将该图层拖动到图层 1 的下方。

（7）设置图层 2 的图层混合模式。为了只保留图层 2 的花，去掉图层 2 的白色背景，在图层面板上设置图层 2 的图层混合模式为“正片叠底”，如图 4-160 所示。

（8）调整花的大小及位置。选择图层 2，按组合键 Ctrl+T，设置花缩为原来的 80%，并移至画面的右下角，如图 4-161 所示。

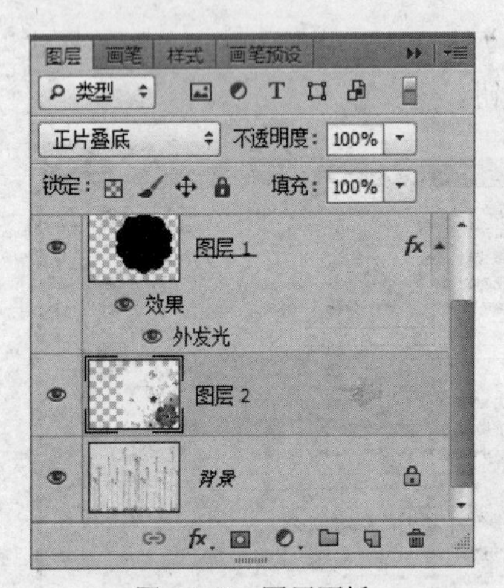

图 4-160 图层面板　　图 4-161 调整花的大小及位置

（9）添加花图案。将“flower4.jpg”图片拖动复制到“bg.jpg”文件中，生成图层 3，将该图层拖动到图层 2 的上方，并移动该图案至画布的左侧。

（10）设置图层 3 的图层混合模式。主要保留图层 3 的色相，在图层面板上设置图层 3 的图层混合模式为“色相”，如图 4-162 所示。

（11）添加小熊图案增加童趣。将“bear.jpg”图像使用移动工具复制到“bg.jpg”文件中，并移动到画布的左下角。使用磁性套索工具选择两只小熊，然后反选，删除白色背景，最终效果如图 4-113 所示。

（12）制作完成，保存文件，以文件名“艺术照.jpg”保存文件。

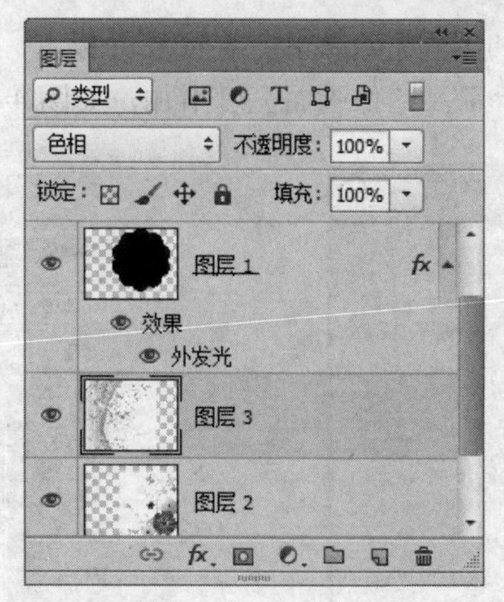

图 4-162　图层面板

四、技能拓展——修正曝光度不足的图像

制作目的

照像时可能因光线不足，使照片偏暗，可利用图层混合模式中的“滤光”来调整曝光度低的图像。素材 boy.jpg 如图 4-163 所示，效果图如图 4-164 所示。

图 4-163　素材

图 4-164　效果图

制作步骤

（1）打开素材。打开素材 boy.jpg。

（2）复制背景层。在图层面板上拖动背景图到“创建新图层”按钮上，当鼠标指针变为手形时，如图 4-165 所示，松开鼠标，即完成复制，得到新图层为“背景副本”。

（3）更改“背景副本”的图层混合模式。在图层面板上，更改“背景副本”的图层混合模式为“滤色”，如图 4-166 所示。图像画面亮度增加，如图 4-167 所示。

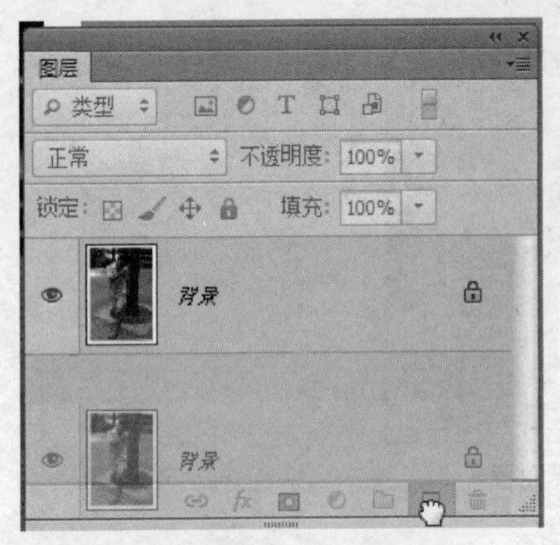

图 4-165　复制背景图层

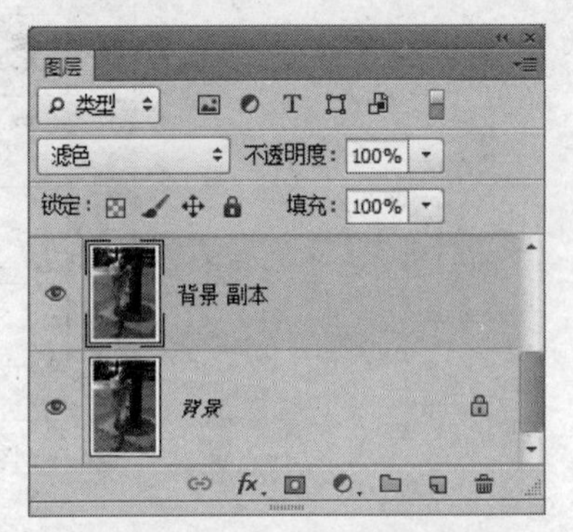

图 4-166　图层面板

（4）增加图像亮度。如图像的亮度还不够，可将“背景副本”图层再复制一份或多份，直到亮度合适。

（5）创建渐变填充图层。在图层面板上单击“创建新的填充或调整图层”按钮，在打开的菜单中选择“渐变”，打开“渐变填充”对话框，在“渐变”下拉列表中选择“橙、黄、橙渐变”，样式为“线性”，角度为“135”，如图 4-168 所示，然后单击“确定”按钮，图层面板上增加一“渐变填充 1”图层。

图 4-167　图像亮度增加

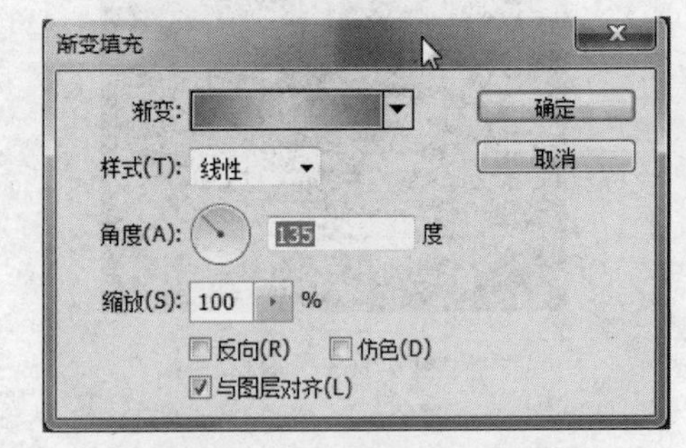

图 4-168　“渐变填充”对话框

（6）设置“渐变填充 1”图层的图层混合模式。在图层面板上，设置“渐变填充 1”图层的图层混合模式为“柔光”，这时图片上像加上一层太阳光。

（7）制作完成，保存图像。

4.4 『案例』旅游广告

主要学习内容：

- 文字与文字图层
- 创建文字
- 创建点文字
- 设置文字的格式
- 文字变形选项
- 显示/隐藏字符和段落面板
- 文字蒙版工具

一、制作目的

效果如图 4-169 所示。通过本例制作，应掌握“文字工具”的使用方法、“文字工具”选项栏的设置等。

本例素材为 summer.jpg，L1.jpg，L2.jpg，L3.jpg，L4.jpg。

图 4-169 效果图

二、相关技能

1. 文字与文字图层

Photoshop 中的文字由基于矢量的文字轮廓（即以数学方式定义的形状）组成，这些形状描述的是某种字样的字母、数字和符号。当创建文字时，“图层”面板中会添加一个新的文字图层。文字图层创建后，用户可以再编辑文字，对该图层应用图层命令。

注意：多通道、位图或索引颜色模式的图像，不能创建文字图层，因为这些模式不支持图层。在这些模式中，文字将以栅格化文本的形式出现在背景上。

2. 创建文字

利用文字工具可以创建文字，文字工具有时也叫文本工具，共有四个：横排文字T、直排文字T、横排文字蒙版T和直排文字蒙版T。如文字工具选项栏上可以看到“提交”按钮✓和“取消”按钮⊘则说明当前文字处于输入状态。

常用创建文字的方法有三种：创建点文字、创建段落文字和创建路径文字。

- 点文字：是一个水平或垂直文本行，它从用户在图像中单击的位置开始创建。点文字适合在图像中添加少量文字。
- 段落文字：使用以水平或垂直方式控制字符流的边界。当用户要创建一个或多个段落时，采用这种方式输入文本比较合适。
- 路径文字：是指沿着开放或封闭的路径的边缘流动的文字。当沿水平方向输入文本时，字符将沿着与基线垂直的路径出现。当沿垂直方向输入文本时，字符将沿着与基线平行的路径出现。在任何一种情况下，文本都会按起点添加到路径时所采用的方向流动。

如果输入的文字超出段落边界或沿路径范围所能容纳的大小，则边界的角上或路径端点处会出现一个内含加号（+）的小框或圆。

3. 创建点文字

创建点文字操作方法为：首先选择横排文字工具T或直排文字工具T，然后在图像中单击，为文字设置插入点，出现I型光标，其中间的小点是文字基线的位置（对于直排文字，基线标记的是文字字符的中心轴），按 Enter 键换行。要结束输入可单击选项栏中的“提交”按钮✓或按组合键 Ctrl+Enter，也可按数字键盘上的 Enter 键。

点文字的每行文字都是独立的，行的长度随着编辑增加或缩短，但不会换行。

注意：在输入模式下也可变换点文字，按住 Ctrl 键文字周围将出现一个外框，可以抓住手柄缩放、倾斜文字或旋转外框，如图 4-170 所示。

点文字输入练习

图 4-170 变换点文字

文本工具的公共选项栏如图 4-171 所示。

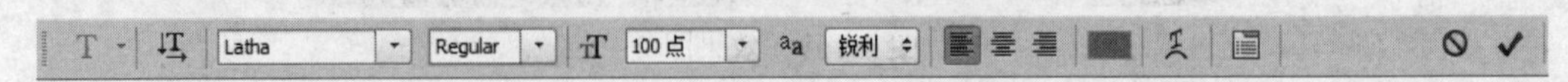

图 4-171 输入文字时文本工具的选项栏

4. 更改文字内容

如要修改已输入的文字，首先选择文字工具，然后将鼠标指向要修改的文字上方，光标变为I，单击即可进入文字编辑状态。编辑文字的方法与 Word 编辑文字方法一样。如要删除多个文字，可拖动选中，然后按 Del 键。如需输入新的内容，可将光标定位到相应位置，然后输入即可。

5. 更改文字的排列方向

在输入文字时或输入文字后，随时都可以通过单击选项栏的IT按钮来切换文字排列的方向。该项是对整个文字图层起作用，不针对文字图层中的个别字符。

6. 更改文字的字体

单击选项栏上的字体下拉列表框 宋体 ，可从列表中选择适合的字体。如仅对当前文本图层的个别文字设置字体，可选中这些文字后，再从列表框中选择字体。

7. 更改文字字形

文字字形不是对所有的字体都支持，许多中文字体不支持该项。当所选字体支持字形项时，单击选项栏上的字形下拉列表框Regular，可从弹出的列表中选择字形。Photoshop 中的文字字形常见的有四种：Regular（常规）、Italic（倾斜）、Bold（加粗）、BoldItalic（加粗并倾斜），可以同一文字图层的字符指定不同文字字形。

8. 改变文字的大小

默认的文字度量单位是点。单击选项栏上的文字大小下拉列表20点，可以从列表中选择字号，也可以在下拉列表的文本框中直接输入字号，也可以将鼠标指向选项栏的T按钮，当鼠标指针变成带左右箭头的手形，按住鼠标左键向右拖鼠标则增加字号，向左拖动鼠标则减少字号。

9. 设置文字消除锯齿选项

选项栏上的aa 犀利 用来设置是否消除文本缘锯齿，共有以下五个选项：

- "无"：不消除锯齿。当文本字号较小，不需消除锯齿，否则文字会模糊。
- "锐利"：文字以最锐利的形式出现。
- "犀利"：文字显示为较锐利。
- "浑厚"：文字显示为较粗。
- "平滑"：文字显示为较平滑。当文字字号较大时，可设置为"平滑"，这样文字看起来较柔和。

10. 文字的对齐选项

对于横排文本工具来讲选项栏有左对齐、居中对齐和右对齐三个选项；直排文本工具则有顶对齐、居中对齐和底对齐。要设置某种对齐方式，单击选项栏上相应的按钮即可。

11. 改变文字颜色

改变文字颜色时，可以对整个文字图层操作，也可针对个别文本。选择好文字后，单击选项栏上的颜色方块，系统会弹出拾色器供用户来选择颜色。用户选择文本后，单击"颜色"面板的色块来设置文本颜色，这样改变颜色的速度会比拾色器快些。

12. 文字变形选项

单击选项栏上的"创建变形文本"按钮，可弹出"变形文字"对话框，用户可以选择变形的样式及设置相应的参数。如果在一个画布上要设置多种文字变形效果，需将文本输入不同的图层，然后分别设置，因为变形是对整个文本图层起作用。图 4-172 所示为"扇形"变形文字；图 4-173 所示为"鱼形"变形文字。

"变形"对话框中的各选项作用如下：

- "样式"下拉列表框：设置文字弯曲变形的样式。
- "水平"和"垂直"单选按钮：确定文字弯曲变形的方向。
- "弯曲"选项：指定对图层变形的程度，可用鼠标拖曳滑块来调整，也可以直接在文本框中输入数值。
- "水平扭曲"或"垂直扭曲"选项：对文字变形在相应方向上应用透视效果。

图 4-172 “扇形”变形文字

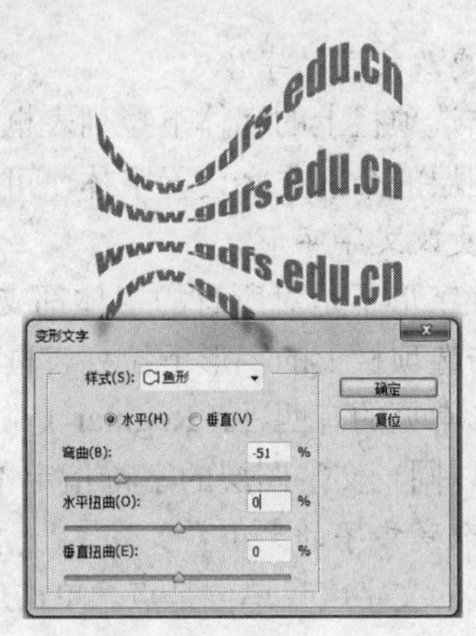

图 4-173 “鱼形”变形文字

取消文本变形的操作方法：选择文字工具，然后单击选项栏中的“变形”按钮，打开“变形文字”对话框，从“样式”下拉菜单中选取“无”，然后单击“确定”按钮即可。

13. 显示/隐藏字符和段落面板

单击文字工具选项栏上的“显示/隐藏字符和段落面板”按钮，可以调出“字符”和“段落”面板。字符面板和段落面板介绍在下一节。

14. 文字蒙版工具

文字蒙版工具可用来创建文字轮廓的选区。单击工具箱中的“横排文字蒙版”和“直排文字蒙版”工具，这时选项栏与前面图 4-171 所示基本一样。这时在画布上单击鼠标，当前图层上显示一个红色的蒙版，鼠标单击处显示输入点，这时可以输入文本。

例使用“横排文字蒙版”工具在画布输入“花开富贵”，输入时画布显示如图 4-174 所示，输入完成后单击选项栏上的“提交”按钮 ✔，则画布上显示为如图 4-175 所示。这时按组合键 Ctrl+Shift+I（即反选），再按 Del 键，得到如图 4-176 所示的图案字。

图 4-174 使用“横排文字蒙版”工具输入文字

图 4-175 利用文字蒙版输入文字后

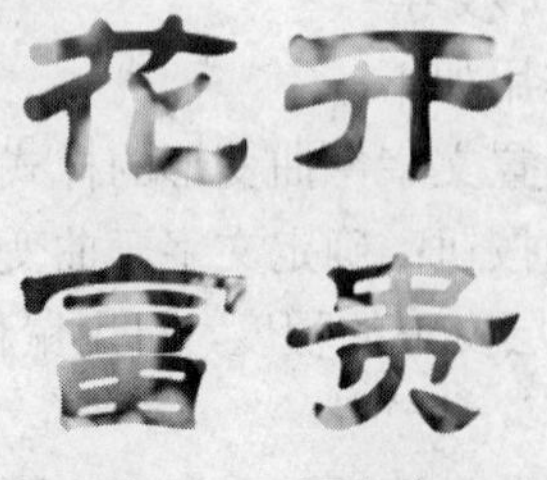

图 4-176 图案字

三、制作步骤

（1）打开背景素材。执行“文件”>“打开”菜单命令，打开背景素材 summer.jpg。再执行“文件”>“存储”菜单命令，以文件名“旅游广告.psd”保存。

（2）设置前景色为洋红，背景色为白色。在“色板”面板上单击洋红（#FF00FF）色块，即将前景色设置为洋红。按住 Ctrl 键并单击“色板”面板上的白色色块，即设置背景色为白色。

（3）输入文字。单击工具箱中的“横排文字工具”按钮 **T**，在“横排文字工具”选项栏设置文字大小为 36 点，颜色为红色，字体为华文琥珀。将鼠标指针移动到画布窗口合适的位置单击一下，然后输入文字“风”。图层面板上增加新文字图层“风”。

（4）创建文字底纹。在文字层下方添加新图层 1，并使图层 1 为当前图层。使用矩形选框工具创建矩形选区，如图 4-177 所示。按组合键 Ctrl+Delete，使用背景色白色填充选区，如图 4-178 所示。

（5）存储选区。为使后面文字的底纹大小与“风”字底纹大小一致，存储选区，后面备用。执行“选区”>“存储选区”菜单命令，系统打开“存储选区”对话框，设置名称为“底纹”，如图 4-179 所示，单击“确定”按钮。

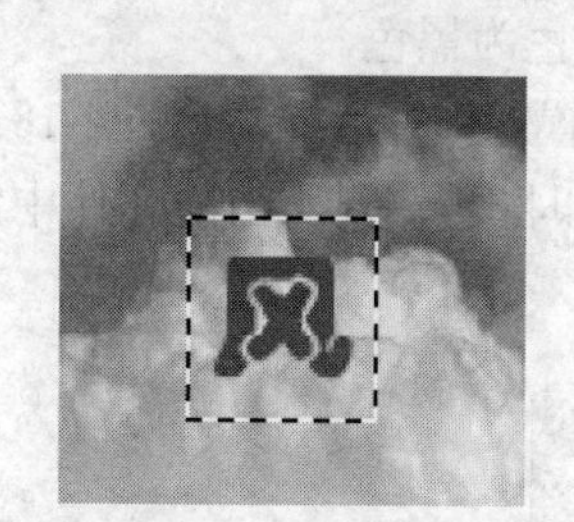
图 4-177　创建选区

图 4-178　填充底纹

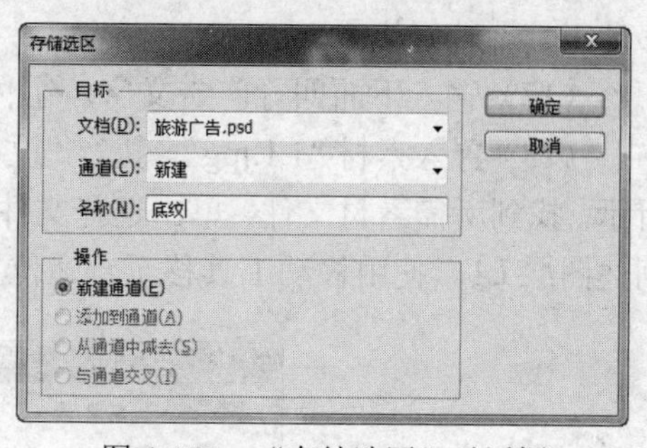

图 4-179　“存储选区”对话框

（6）合并图层。在图层面板上选择文字“风”图层，按组合键 Ctrl+E，将文字图层与图层 1 合并为图层 1，将图层 1 改名为“风”。

（7）自由变换。按组合键 Ctrl+T，自由变换“风”字和底纹，逆时针旋转约 15 度即可，如图 4-180 所示。

（8）切换前景与背景色。单击工具箱上的“切换前景色和背景色”按钮，切换前景与背景色。

（9）输入文字“追”。选择“横排文字工具”按钮 **T**，将鼠标指针移动到画布窗口合适的位置单击一下，然后输入文字“追”。图层面板上增加新文字图层“追”。

（10）创建文字底纹。在“风”图层上创建新图层 1。执行“选择”>“载入选区”菜单命令，系统打开“载入选区”对话框，如图 4-181 所示，选择“通道”为“底纹”，单击“确定”按钮。移动选区至“追”字正下方，然后按组合键 Ctrl+Delete，使用背景色洋红色填充选区，如图 4-182 所示。

（11）合并图层。在图层面板上选择文字“追”图层，按组合键 Ctrl+E，将文字图层与图层 1 合并为图层 1，将图层 1 改名为“追”。

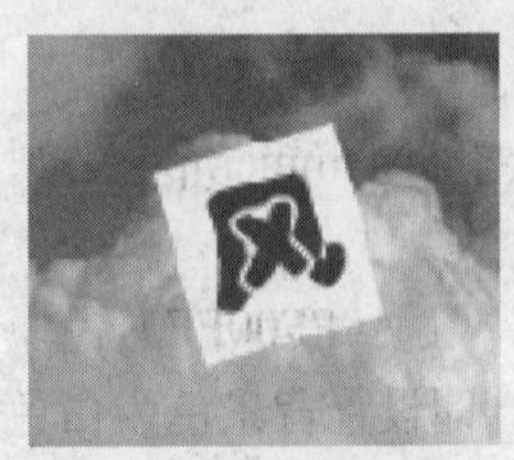

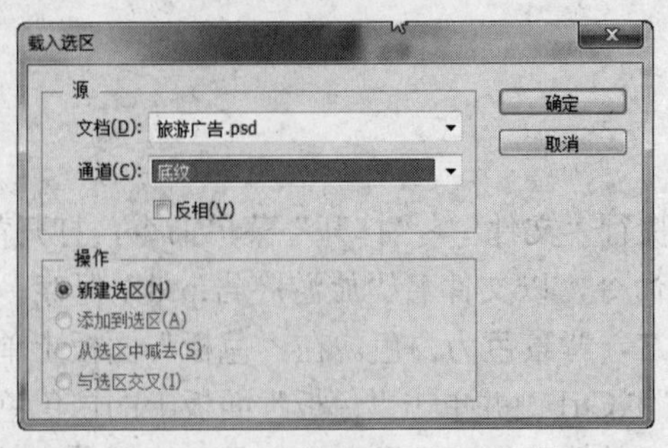

图 4-180 旋转后　　图 4-181 “载入选区”对话框　　图 4-182 加底纹

（12）旋转图层“追”中对象。执行“编辑”>“变换”>“旋转”菜单命令，将对象也旋转-15 度。然后将其移动到合适的位置，参照案例效果图。

（13）参照上面的方法，将其他六个带底纹的文字创建好。

（14）输入“提”字。选择“横排文字工具”按钮 T，字颜色为红色，字体为华文琥珀，字号为 100 点。

（15）再输入“供标准”。字号为 60 点，字颜色为蓝色，字体华文琥珀。输入完成后，使用移动工具调整好位置。

（16）输入英文“Standard”。字体 Arial，字号 42 点，字颜色为蓝色，输入完成后，使用移动工具调整好位置。

（17）输入下面四行广告文字。字体为隶书，字号 30 点，字颜色为黑色。

（18）置入素材“L1.jpg”。执行“文件”>“置入”命令，打开“置入”对话框，如图 4-183 所示，找到所需素材文件，单击选择文件，然后单击“置入”按钮，即将文件置入当前文件中，创建图层 L1。使用移动工具移至合适位置，参照效果图。

图 4-183 “置入”对话框

（19）添加图层样式。执行“图层”>“图层样式”>“描边”命令，设置描边宽度为 10 像素，颜色为白色，如图 4-184 所示。再添加投影，如图 4-185 所示进行设置，单击“确定”按钮。

（20）旋转对象。按组合键 Ctrl+T，进入自由变换，将图片旋转合适角度，然后单击“确定”按钮。

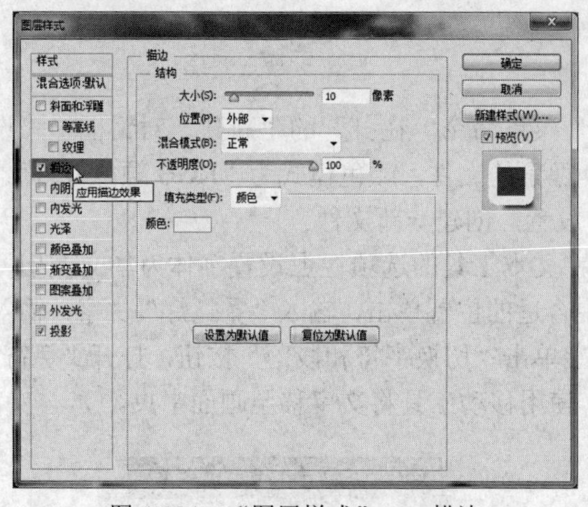

图 4-184　“图层样式”——描边

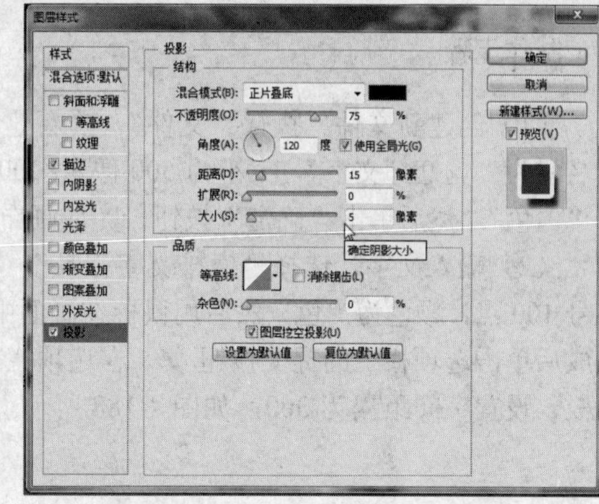

图 4-185　“图层样式”——投影

（21）置入素材 L2.jpg。用同样方法置放素材 L2.jpg，创建 L2 图层，这时图层面板如图 4-186 所示。

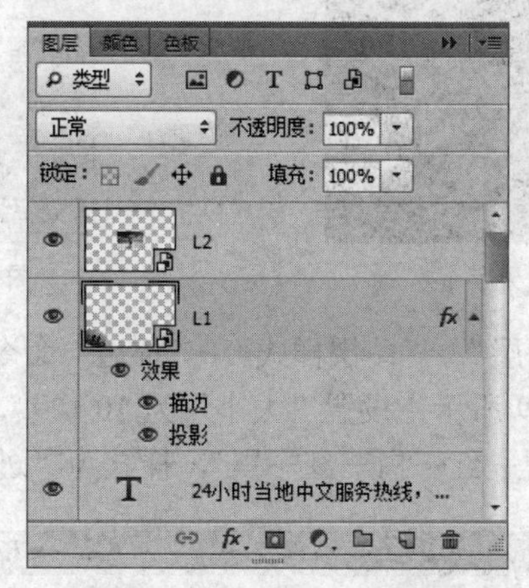

图 4-186　置入 L2.jpg

（22）添加图层样式并旋转。在图层面板上右击 L1 图层，打开快捷菜单，选择“拷贝图层样式”命令。然后在图层面板上右击图层 L2，在打开的快捷菜单上选择“粘贴图层样式”命令，即将图层 L2 设置成与图层 L1 一样的图层样式。将对象旋转合适位置。

（23）调整图层 L2 中对象的位置。用同样方法添加另两张素材，并设置图层样式，旋转合适的方向。

（24）制作完成，保存文件。

四、技能拓展——霓虹灯字

制作目的

制作如图 4-187 所示的文字效果，通过本例，进一步熟悉文本工具的使用，以及图层样式的应用。

制作步骤

（1）创建新文件。执行“文件”>“新建”菜单命令，在打开的“新建”对话框中，设置名称为“霓虹灯文字”，大小为 500 像素×200 像素的文件，颜色模式为“RGB 颜色”，背景为“白色”，然后单击“确定”按钮，完成画布设置，创建一新文件。

（2）输入文字。选择“横排文字工具”，在文本工具的选项栏上设置字体为华文琥珀，字号 100 点，颜色为黑色，然后用鼠标在画面中合适的位置单击，输入“霓虹灯”文字，输入完成后单击选项栏上的提交按钮。在选项栏上单击“切换字符和段落”按钮，打开“字符”面板，设置字间距为 300，如图 4-188 所示。使用移动工具将文字移至画面中央。

图 4-187　霓虹灯效果字

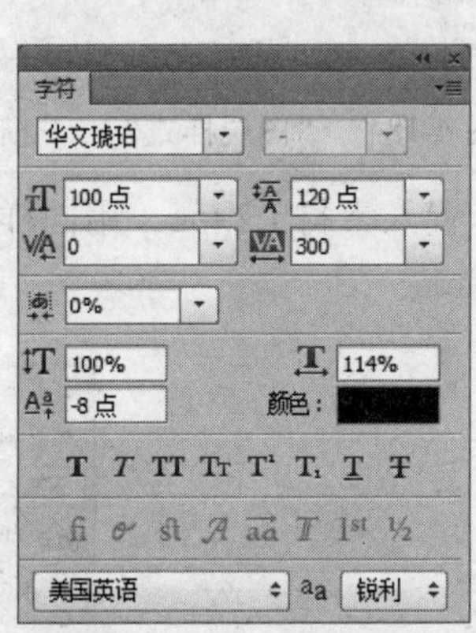

图 4-188　字符面板

（3）添加描边。执行“图层”>“图层样式”>“描边”命令，打开“图层样式”对话框，显示“描边”选项，如图 4-189 所示，设置“大小”为 10 像素，“填充类型”为“渐变”，位置为“外部”，渐变设置为“黑—红—白—红—黑”，样式为“迸发状”，角度为 90 度。

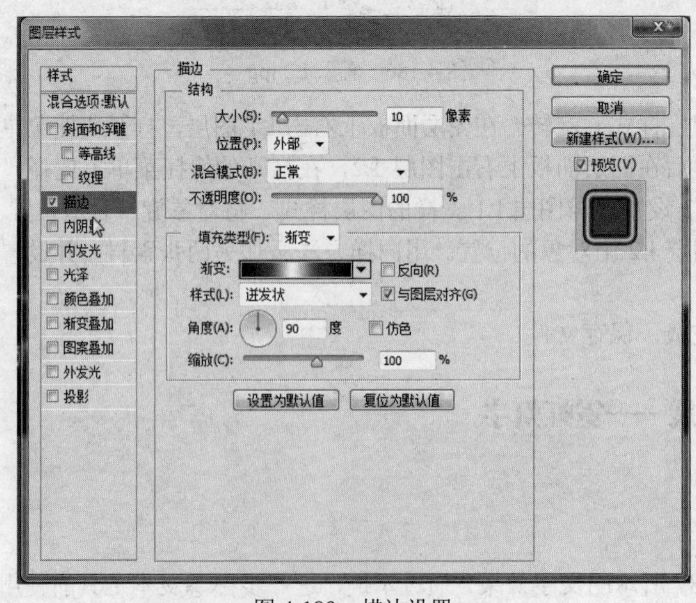

图 4-189　描边设置

（4）设置内发光。在“图层样式”对话框中单击“内发光”项，显示内发光选项，设置发光颜色为红色，大小为 10 像素，如图 4-190 所示。

（5）设置外发光。在“图层样式”对话框中单击“外发光”项，对话框中显示“外发光”选项，设置发光颜色为红色，扩展为 26%，大小为 43 像素，如图 4-191 所示，然后单击“确定”按钮。

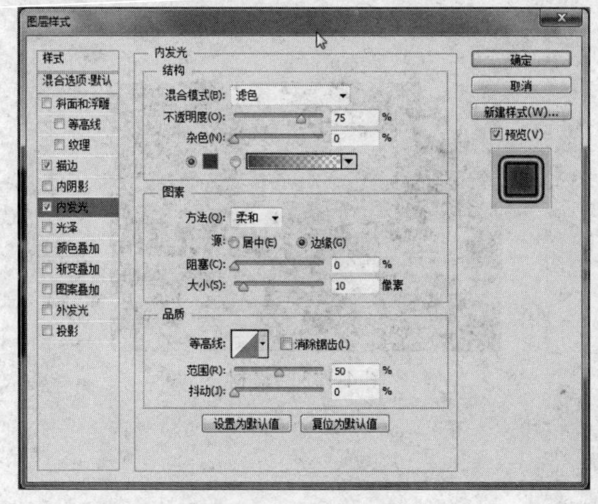

图 4-190　内发光

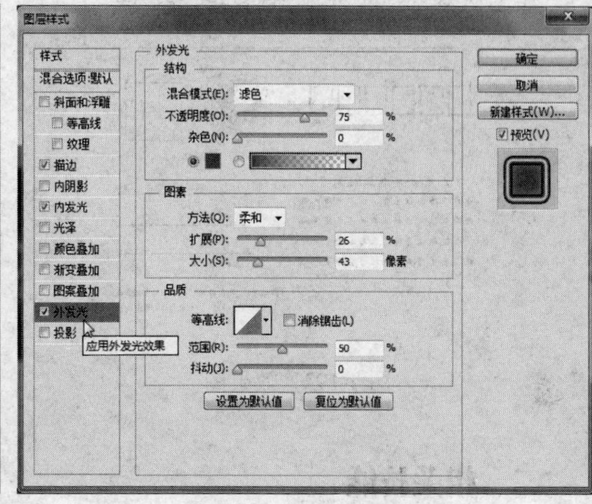

图 4-191　外发光

（6）将背景图层填充为黑色。

（7）保存文件。

4.5 『案例』校园明信片

主要学习内容：

- 段落文本
- 段落及字符面板
- 点文字与段落文字的相互转换
- 栅格化文字
- 智能对象

一、制作目的

制作校园明信片，明信片标准规则有标准尺寸规格：165mm×102mm 和 148mm×100mm，本例中制作 148mm×100mm 规格，效果如图 4-192 所示。

素材为“logo.jpg”以及“西门.jpg”，“西门.jpg”如图 4-193 所示。通过本例，理解“段落文本”，熟练文本工具的使用，学会对段落文本段落格式的设置，初步认识快速蒙版。

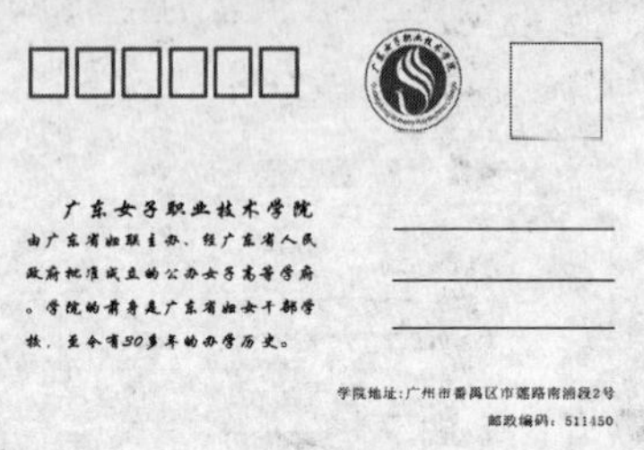

图 4-192　效果图

图 4-193　素材

二、相关技能

1. 段落文本

段落文字是在一个文本输入框中输入文本，文字输入到输入框的边缘将自动换行，输入框的大小也可以调整，如图 4-194 所示。输入完一个段落时，按 Enter 键，开始新的段落。可以输入多个段落并选择段落然后调整段落选项，也可以在输入文本前，先设置好段落选项。当输入的文字多，输入框中不能显示全部文本时，输入框的右下角出现溢出标志⊞，如图 4-195 所示。完成段落文本输入后，输入框将隐藏，只有在编辑文本时才会再出现。

广东女子职业技术学院由
广东省妇联主办、经广东省人
民政府批准成立的公办女子高
等学府。学院的前身是广东省
妇女干部学校，至今有30多年
的办学历史。

图 4-194　输入段落文本时

广东女子职业技术学院
由广东省妇联主办、经广
东省人民政府批准成立的
公办女子高等学府。学院
的前身是广东省妇女干部

图 4-195　文本溢出

创建段落文本的方法：使用“横排文字工具”或“直排文字工具”，在画布上单击并沿着输入文本框的对角线方向拖动鼠标，创建一个文本输入框；或在输入起点单击时按住 Alt 键，系统弹出“段落文字大小”对话框，如图 4-196 所示，输入“宽度”值和“高度”值，并单击“确定”按钮，画布上出现一输入框。然后即可在输入框中输入文字，输入完成时，单击文本工具选项栏的“确定”按钮✔，即完成段落文本的输入，输入的文字即出现在新的文字图层中，输入文本框消失。这时可以在工具选项栏上设置段落文本的字号、字体等格式，对整段落文字图层中文本起作用。

用户可以调整输入文本框的大小，调整后文字会在文本框内重新排列；也可以在输入文字时或创建文字图层后调整外框，将鼠标移至输入框四边上的控制柄处，当鼠标变为双箭头时，拖曳鼠标可调整输入框的大小，当将指针移到外框之外（指针变为弯曲的双向箭头）时，拖动可以旋转输入框，如同时按 Shift 键可将旋转限制为按 15 度增量进行，图 4-197 所示为旋转了输入框，这种调整不会改变文本的大小和形状。如调整输入框时按住 Ctrl 键，则类似做自由变换，可改变文本的大小和字形，可旋转、缩放和斜切文字，如图 4-198 和图 4-199 所示。

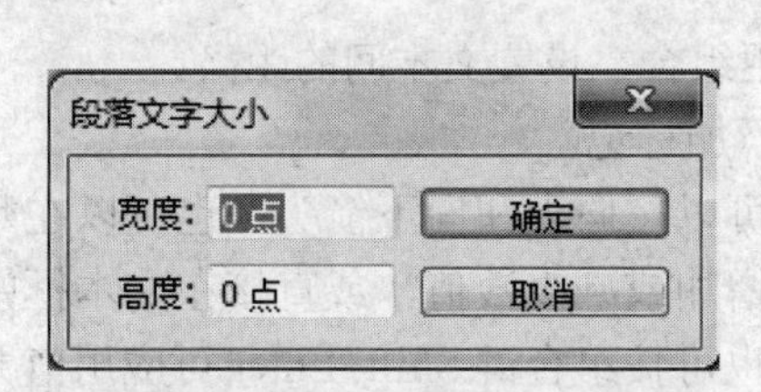

图 4-196 “段落文字大小”对话框

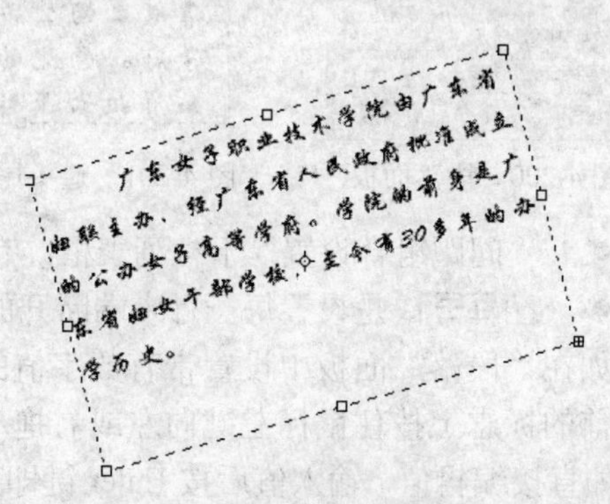

图 4-197 旋转输入框

注意：图 4-199 所示为斜切的文本，与图 4-197 所示不同，图 4-197 只是输入框旋转后，文本方向发生改变，但大小与字形并未改变，但图 4-199 的文本字形和字号都改变了。

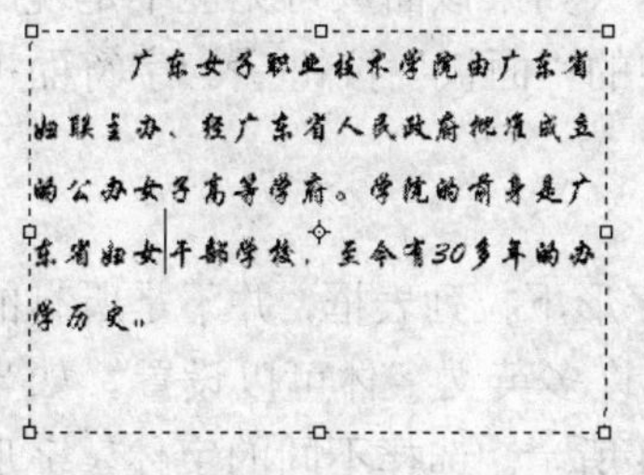

图 4-198 垂直方向上拉长输入框

图 4-199 斜切的文本

2. 段落面板

使用段落面板更改段落的格式设置。要显示该面板，可选择“窗口”>“段落”菜单命令；也可以选择一种文字工具，然后单击选项栏中的“面板”按钮。段落面板如图 4-200 所示。段落面板中各选项的作用如下（注：段落面板中的文本框单位均为点）。

- 对齐按钮组：设置文字在文本输入框中的对齐方法。
- 左缩进文本框 0点：设置段落文本的左缩进量。
- 右缩进文本框 0点：设置段落文本的右缩进量。
- 首行缩进文本框 0点：设置段落文本的首行缩进量。
- 段落前添加空格 0点：设置段落前的间距量，即与前面段落间的间距。
- 段落后添加空格 0点：设置段落后的间距量，设置段落与其后面段落间的间距。
- “避头尾法则设置”下拉列表框：指定亚洲文本的换行方式。不能出现在一行的开头或结尾的字符称为避头尾字符。Photoshop 提供了基于日本行业标准（JIS）X 4051-1995 的宽松和严格的避头尾集。宽松的避头尾设置忽略长元音字符和小平假名字符。图 4-201 的避头尾法设置为无，段落第三行前有顿号。图 4-202 是使用 JIS 宽松法则，段落第三行前没有了逗号。

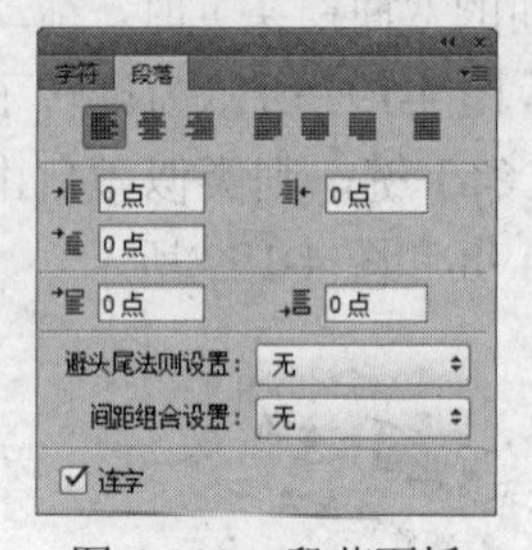

图 4-200 段落面板

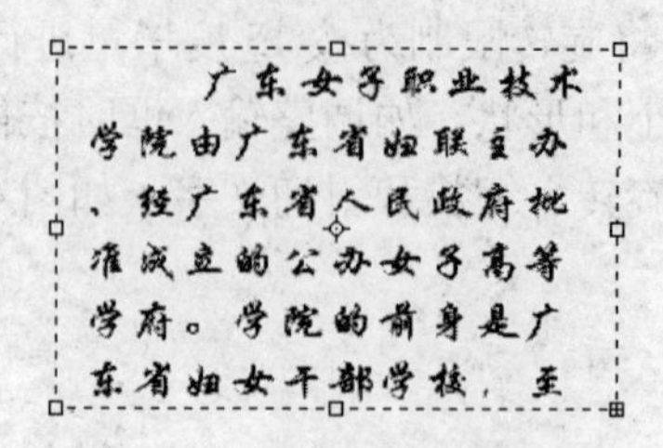

图 4-201 避头尾法则设置为无

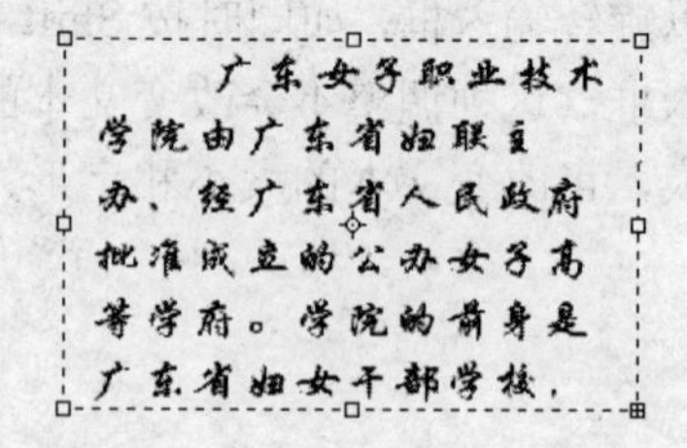

图 4-202 避头尾法则设置为 JIS 宽松

- “间距组合设置”下拉列表框：有四种间距组合，设置文本间的距离。
- ☑连字：是设置每一行末端断开的单词间添加标记。

如在“段落”面板中设置带有数字值的选项，可以按向上和向下箭头，也可以在数字文本框前的标志上按住鼠标左键向左或右拖动鼠标可增加或减少数值，或直接在文本框中编辑值。如直接编辑值，输入值后按 Enter 键即应用值；也可按组合键 Shift+Enter 可应用值并随后高光 20点 显示刚刚编辑的值；或者按 Tab 键可应用值并移到面板中的下一个文本框。

3. 字符面板

字符面板提供用于设置字符格式的选项，如图 4-203 所示。如要显示字符面板，则可选取“窗口”>“字符”菜单命令，或者单击“字符”面板选项卡（如果该面板可见但不是现用面板），也可在文字工具处于选定状态的情况下，单击选项栏中的“面板”按钮。字符面板中各选项的作用如下。

- “字体”下拉列表框 华文行楷 ：用来选择字体。
- “字形”下拉列表框：在字体下拉列表框的右边是字形下拉列表框，并不是所有的字体都可以更改字形，大部分的中文字体都不支持，许多英文字体可以设置。如当选择英文字体为“Arial”时，可选择的字形如图 4-204 所示。选择不同的字体，字形下拉框中的选项也可能不一样。
- “字号”下拉列表框 14点 ：设置文字的大小，可以选择下拉列表内的选项，也可以直接在文本框中输入数据。
- “设置行距”下拉列表框 20点 ：设置行与行之间的距离。
- “文字的字距微调”下拉框 0 ：用来调整两个字符之间的距离，只针对两个字符之间的距离，只有当文本输入光标在两字符之间时，该选项才可用。
- “字符间距”下拉框 60 ：设置字间距增加或减少一个相同的数量。
- “文字的比例间距” 0% ：设置根据文字本身的大小同比例地减少字符间的距离，值为 0%～100%，不能同比例增加字符间距离。
- “垂直缩放”文本框 100% ：设置文字垂直方向上的缩放比例。
- “水平缩放”文本框 114% ：设置文字水平方向上的缩放比例。
- “设置基线偏离”文本框 -8点 ：设置字符相对于基线在垂直方向上的上下调整，可制作上标或下标。当文本框中值为正数，则向上升，值为负数则下降，0 则正常。如图 4-205 所示。

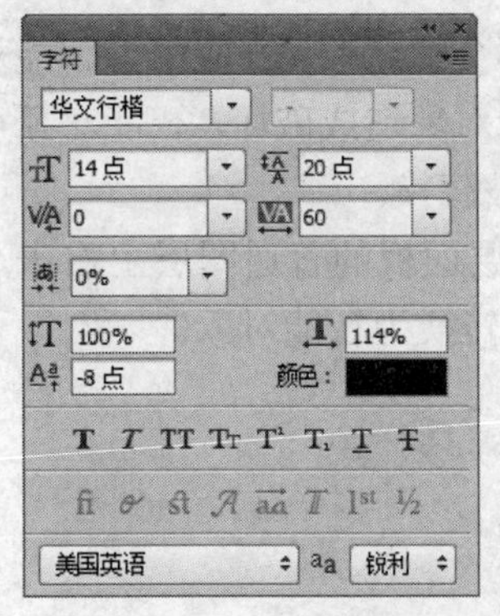

图 4-203　字符面板

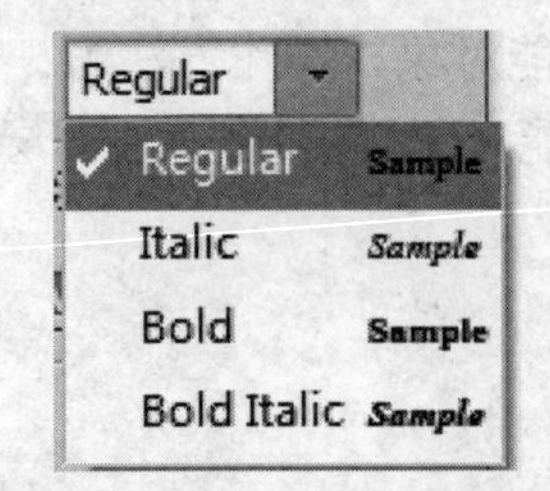

图 4-204　字形下拉列表

10^2 X_1

图 4-205　字符偏离基线

- 文本颜色 颜色： ：设置文本颜色。
- 文字的强迫形式 T T TT Tr T¹ T₁ T T ：可以强迫设置文字的变形，如加粗、倾斜等，与字形可以同时使用，效果加倍。TT将文本中字母所有小写转换为大写，Tr将文本中字母所有大写转换为小写。上标T¹与下标 T₁设置文本竖向向上或向下偏移，同时缩小文本字号。下划线T与删除线T分别在文字的下方、中部产生一条横线。
- 文字的拼写检查 美国英语 ：对不同的语言设置连字和拼写规则。
- 文字消除锯齿的选项 aa 锐利 ：设置文字的边缘是否有羽化效果。

字符面板中文本框的操作方法与段落面板中的操作方法一样，其他面板中的数值文本框操作方法也与段落面板中的操作方法一样。

4. 点文字与段落文字的相互转换

当文字图层中的文字是点文字时，选择该文字图层，然后选择"图层">"文字">"转换为段落文字"菜单命令，即可将点文字转换为段落文字。

当文字图层中的文字是段落文字，选择该文字图层，然后选择"图层">"文字">"转换为点文字"菜单命令，即可将段落文字转换为点文字。上面创建的段落文字转化为点文字后，在编辑时显示为如图 4-206 所示。

广东女子职业技术学院由
广东省妇联主办，经广东省人
民政府批准成立的公办女子高
等学府。学院的前身是广东省
妇女干部学校，至今有50多年
的办学历史。

图 4-206　点文字

5. 栅格化文字

在 Photoshop 中使用文字工具输入的文字是矢量图，优点是放大后不会失真，即不会出现马赛克。其缺点是无法使用 PS 中的滤镜和一些绘画工具，如需使用，需要将文字先栅格化。文字栅格化后，文字变为位图，文字图层变为普通图层，不能再使用文本工具编辑这些文字，但可以制作更加丰富的效果。

文字栅格化方法：选择"图层">"栅格化">"文字"菜单命令。或在图层面板上右击文字图层，在打开的快捷菜单中选择"栅格化文字"命令。

说明：一些画面上加上格子形状东西遮起来，这些东西半透明或模糊状，阻止别人观看到，叫马赛克图像。

6. 智能对象

智能对象是一个嵌入当前文档的文件，可以是位图或矢量图。智能对象与普通图层的区别是，它可保留源文件的源内容和所有原始特征。在 Photoshop 中编辑智能对象时，不会对源文件有影响，是一种非破坏性的编辑。在 Photoshop 中，可以创建智能对象的多个副本图层，当智能对象源文件内容修改时，所有与之链接的图层、副本图层都会随之改动。应用于智能对象的滤镜都是智能滤镜，可以随时修改参数值及删除，不会对智能对象造成破坏。智能对象可以用其他图像替换，则当前文档中与之链接的副本图层都会随之被替换。

也可以将普通图层内容转换为智能对象，操作方法为：在图层面板的普通图层上右击，在打开的快捷菜单中选择“转换为智能对象”，即将普通图层内容转换为智能对象。

三、制作步骤

1. 创建明信片正面

（1）建立新文件。建立一个新文件，154mm×106mm（注：此大小增加了明信片四边各留出 3mm 的出血线的宽度），分辨率为 150 像素/英寸，RGB 模式，白色背景，文件主名为“学院明信片”。

说明：出血线就是在用户预定的尺寸之外，再留点空白。裁切印刷物时会有误差，不会完全与印刷物的边界对齐。出血线的作用是标注出安全的范围，使裁纸刀不会裁切到不应该裁切的内容。一般来说，出血线与印刷物尺寸线之间设置为 3 毫米。

分辨率说明：图像如需印刷出来，分辨率最好大些，一般建议 300 像素/英寸以上，这样印刷会更清晰。如果只是电子文档形式显示，则分辨率设置为 72 像素/英寸即可。

（2）添加学院西门图片。执行“文件”>“置入”菜单命令，打开“置入”对话框，如图 4-207 所示，选择“西门.jpg”，然后单击“置入”按钮，系统将图片置入当前文档中。图片周围出现定界框，在没有按 Enter 键或单击工具选项栏上的“确定”按钮前，可以对图片进行自由变换。如果选错了要置入的文件，也可单击工具栏的“取消”按钮，取消文件的置入。按 Enter 键确认置入后，这时图层面板上可以看到，置入的素材文件被创建为智能对象，如图 4-208 所示。

图 4-207 “置入”对话框

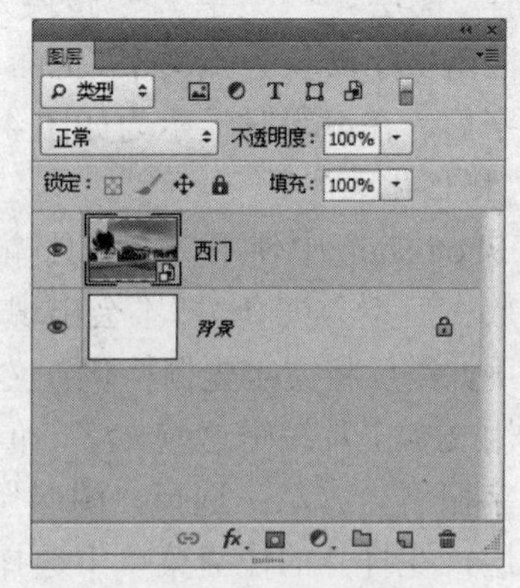

图 4-208 图层面板

（3）创建选区。按组合键 Ctrl+A 选择整个画布。再执行“选择”>“变换选区”命令，进入变换选区状态。在工具选项栏上设置宽度和高度均缩小为原来的 85% W: 85.00% H: 85.00%，然后单击选项栏上的“确定”按钮，完成选区的变换。

（4）选择图片的边缘。再按 Ctrl+Shift+I 组合键执行反选，选区框选图片边缘。如图 4-209 所示。

（5）制作图片边缘波浪效果。按 Q 键或单击工具栏上的“以快速蒙版模式编辑”按钮，进入快速蒙版编辑状态，这时画布上如图 4-210 所示。执行“滤镜”>“滤镜库”命令，在打开的对 4 框中选择“画笔描边”中的“喷溅”滤镜，设置“喷色半径”为 22，“平滑度”为 5，如图 4-211 所示，单击“确定”按钮。再按 Q 键退出快速蒙版编辑状态。这时画面如图 4-212 所示。

图 4-209　选择图片边缘

图 4-210　进入快速蒙版编辑状态

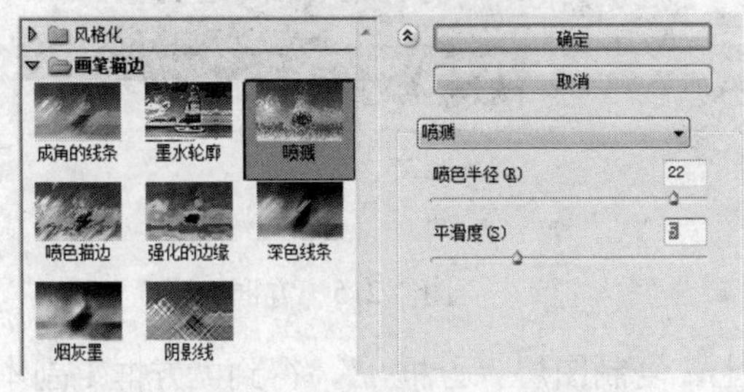

图 4-211　“喷溅”参数设置

图 4-212　退出快速蒙版编辑状态后

（6）将智能对象图层栅格化。在图层面板的“西门”图层上右击，在打开的快捷菜单中选择“栅格化图层”，即将智能对象图层栅格化。

说明：要删除智能对象中部分内容需将其栅格化后才可以操作。

（7）创建喷溅边效果。按 Del 键清除选区内容，按 Ctrl+D 取消选区。即可得到如图 4-213 所示的喷溅边效果。

图 4-213　喷溅边效果图

（8）创建新图层。在背景图层上方创建新图层，并填充为白色。按组合键 Ctrl+A 全选，执行“编辑”>“描边”命令，为该图层描 10 个像素的浅蓝色（#6c73f8）边框。

说明：浅蓝色边框主要是为了明信片正反面有个分界线，印刷时会裁切掉。

（9）合并图层。选择“西门”图层，再按组合键 Ctrl+E，即将该图层与上一步中所创建的新图层合并为一个图层，并命名为“明信片正面”。

2. 创建明信片背面

（1）扩大画布。设置背景色为白色。执行“图像”>“画布大小”命令，打开“画布大小”对话框，设置“定位”点在左上角，高度扩大一倍为 212mm，宽度不变，如图 4-214 所示，单击“确定”按钮。这时画布高度扩大一倍。

（2）添加上面的邮政编码框。创建一新图层 1，并命名为方框 1。选择“矩形选框工具”，在距“明信片正面”图案的下边框 13mm，距画布左边界 13mm 处创建宽 8mm、高为 10mm 的选区，如图 4-215 所示。执行“编辑”>“描边”命令，为方框选区描 5 个像素的红色边框，按组合键 Ctrl+D 取消选区。

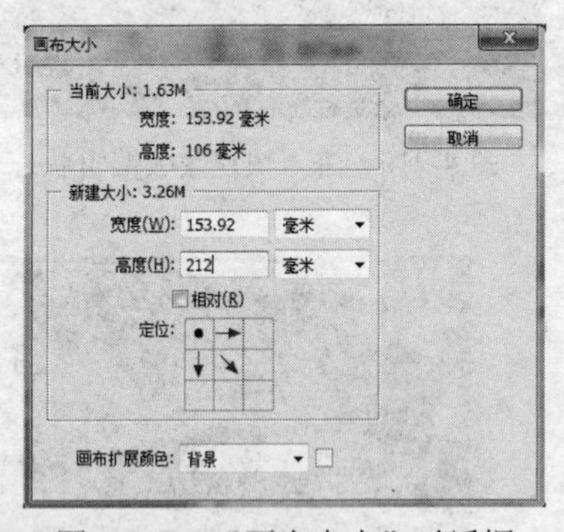

图 4-214 “画布大小”对话框

图 4-215 方框选区

（3）创建其他邮政编码框。在图层面板上，复制图层“方框 1”，得到“方框 1 副本”图层。选择工具箱中的移动工具，将“方框 1 副本”图层中的红色方框向右移动约 2mm。用同样方法，再复制四个方框图层，均向右移动，使相邻的方框均间隔 2mm。

（4）对齐六个方框。在图层面板上选择 6 个邮政编码框所在图层。选择移动工具，在工具选项栏上单击“垂直居中对齐”按钮以及“水平居中分布”按钮，使 6 个方框间隔均匀并对齐，如图 4-216 所示。

图 4-216 邮政编码框

（5）合并图层。将“背景”图层及“明信片正面”图层隐藏，然后执行“图层”>“合并可见图层”命令，将 6 个方框图层合并为一个图层，并命名为“邮政编码框”。

（6）添加学院介绍文本。使用“横排文字工具”，在画布的左下方拖出一矩形文本框，准备输入段落文本。在文本工具的公共选项栏上设置字体为“楷体_GB2312”，字号为 13 点，颜色为黑色。单击选项栏上的“切换字符和段落面板”按钮，在打开的字符面板中，设置字间距为 60，行间距为 20 点，如图 4-217 所示。然后输入学院介绍内容如效果中所示文本，并设置除校名之外的文本字号为 10 点，如图 4-218 所示。

（7）添加学院 LOGO 图片。打开“logo.jpg”图片，并将图片拖至“学院明信片.psd”文档中，移到合适位置，并调整至合适大小。

（8）绘制贴邮票框。在最上面添加一新图层，并命名为“贴邮票处”。在距明信片正面下边界及画布右边界约 13mm 处绘制宽和高均为 20mm 的方形选框，并描边，描边颜色为红色，宽度为 2 个像素。

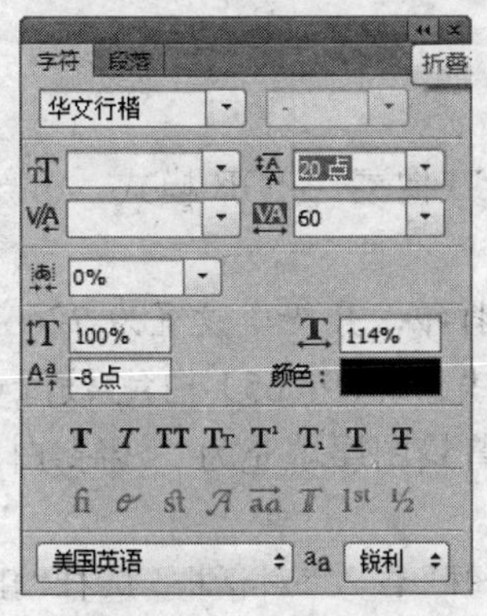

图 4-217　字符面板

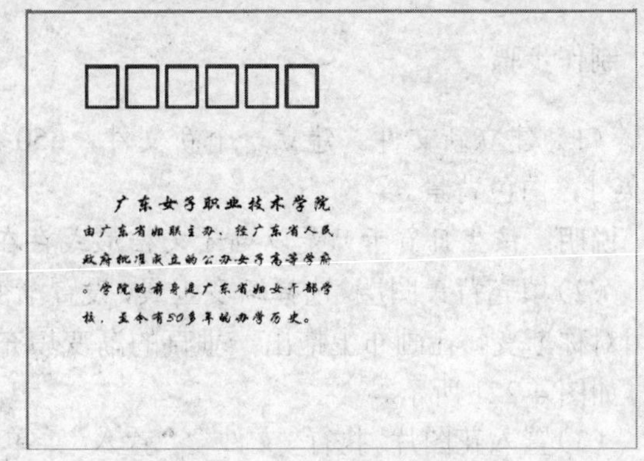

图 4-218　输入学院简介

（9）绘制三条横线。创建新图层，命名为横线。选择工具箱中的铅笔工具，在明信片背面的右下方绘制三条横线，铅笔笔头 2 像素，颜色为黑色。三条横线的间隔约 10mm，长度约 50mm，绘制时按住 Shift 键，可绘制水平线。

注意：绘制时可使用参考线，使绘制更精确。

（10）创建点文字。使用“横排文字工具”，字体为宋体，字号为 8。在画面右下角单击，确定输入初始位置。然后输入学院地址。用同样方法输入邮政编码。请注意字的位置不要超过出血线。

（11）合并图层。将“背景”图层及“明信片正面”图层隐藏，然后执行“图层”>“合并可见图层”命令，其他图层合并为一个图层，并命名为“明信片背面”。

（12）保存文件，制作完成。

四、技能拓展——生日贺卡

制作目的

进一步熟悉段落文本的编辑、段落面板和字符面板、智能对象的使用。效果如图 4-219 所示，素材如图 4-220 所示。

图 4-219　效果图

图 4-220　素材

制作步骤

（1）建立新文件。建立一个新文件，650 像素×450 像素，RGB 模式，分辨率为 72 像素/英寸，白色背景。

说明：该生日贺卡只是以电子文档形式存在，不需打印，分辨率设置为 72dpi 即可。

（2）填充背景图层。选择渐变工具，设置渐变色为“浅绿（#b9fcb5）-白色-浅绿（#b9fcb5）”，使用对称渐变，在画布上拖出一垂直的渐变填充线，将背景图层填充为“浅绿-白色-浅绿”渐变，如图 4-221 所示。

（3）置入花图片。执行“文件”>“置入”菜单命令，打开“置入”对话框，选择“flower.psd”，然后单击“置入”按钮，系统将图片置入当前文档中。图片周围出现定界框，单击工具选项栏上的“确定”按钮 置入文件。使用移动工具将花图案移动到画布的右侧，并设置该图层的不透明度为 48%左右，效果如图 4-222 所示。

（4）复制花图案。在图层面板上，将花所在图层 flower 拖到“新建新图层”按钮，得到新图层“flower 副本”图层。使用移动工具将图片调整至原来大小的 14%左右，图层的不透明度为 100%。然后将花图案向右下移动到合适位置。用同样方法，复制多个花图层，并移动至合适位置，效果如图 4-223 所示。

图 4-221　填充背景

图 4-222　插入花图片

图 4-223　复制多个花图案

（5）添加蜡烛图案。执行“文件”>“置入”菜单命令，打开“置入”对话框，选择“蜡烛.jpg”，然后单击“置入”按钮，系统将图片置入当前文档中。将蜡烛图案移动到右上角，然后按 Enter 键确定。

（6）将蜡烛所在图层栅格化。在图层面板上右击蜡烛图层，在打开的快捷菜单中单击“栅格化图层”，将智能对象图层转化为普通图层。

（7）处理蜡烛图案。在蜡烛图案上创建椭圆选区，按组合键 Shift+F6，执行羽化命令，设置羽化半径为 5 像素，如图 4-224 所示，单击“确定”按钮。再执行“选择”>“反向”命令，再按 Del 键删除椭圆选区外的蜡烛图案，效果如图 4-225 所示。

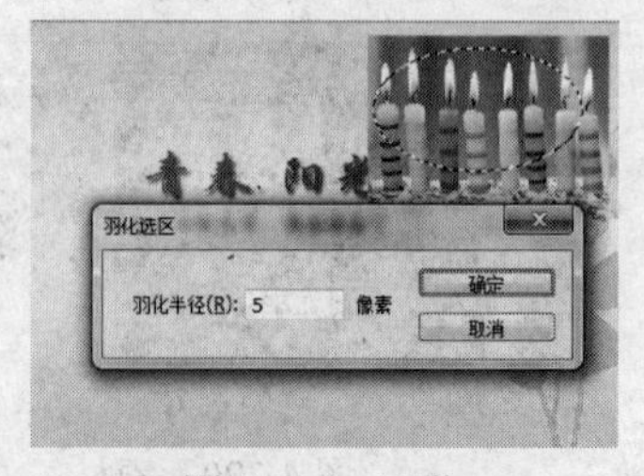

图 4-224　羽化

图 4-225　删除椭圆选区外的蜡烛图案

（8）添加点文字。切换至横排文字工具，在画布上方单击输入点文字“亲爱的朋友”文本，字体为“华文行楷”，前三个字字号为 24 点，颜色为蓝色，后两个字字号为 36，颜色为红色。

（9）添加段落文字。在画布的中间拖出一输入框，输入如效果图所示文字。前三个词大小为 50 点，颜色分别为洋红、红色和蓝色，后面的文字大小为 22 点，字间距为 30。选择首行的前三个词，设置行间距为 66 点，如图 4-226 所示。设置其第二三行间距为 40 点。

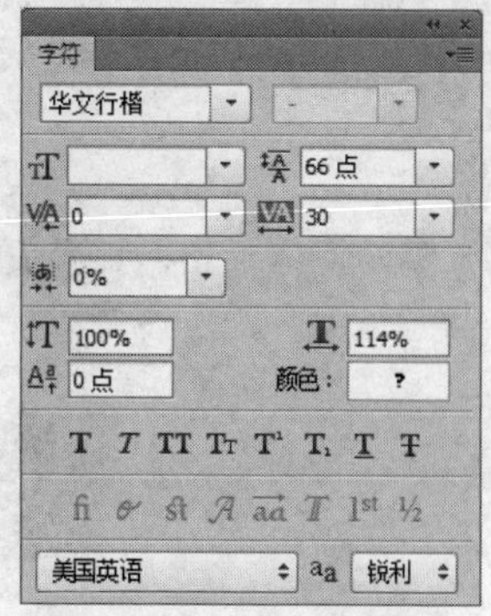

图 2-226　字符面板

（10）添加“生日快乐”文本。添加一新图层，并命名为“生日快乐”。选择“横排文字蒙版工具”，在画布下方再添加“祝你生日快乐！”文本，设置“你”字稍大些，编辑好后，单击工具选项栏的“确认”按钮，即创建文字选区。选择渐变工具，使用线性渐变，渐变色选择“色谱”，在文字选区中拖出渐变线，将文字选区填充。然后按住组合键 Ctrl+Alt，并交替按向上和向右方向键各三次，使文字有立体感。再执行“编辑” > “描边”命令，为文字描 1 像素的洋红色边，效果如图 2-227 所示。

（11）为中间段落文字添加投影。在图层面板上，选择段落文字所在图层，执行“图层” > “图层样式” > “投影”命令，打开“图层样式”对话框，单击“投影”项，如图 2-228 所示进行设置，然后单击“确定”按钮。

图 2-227　立体字

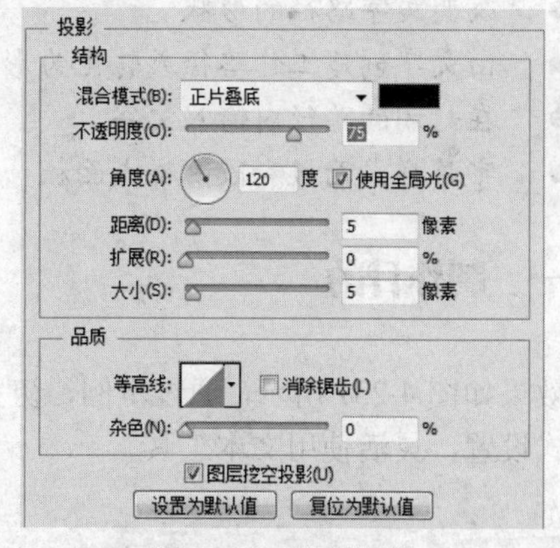

图 2-228　投影设置

（12）制作完成，分别以文件名“生日贺卡.PSD”和“生日贺卡.JPG”保存文件。

说明：智能对象可以用其他图像替换，则当前文档中与之链接的图层以及副本图层都会随之被替换。此处使用“多彩花.gif”（如图 2-229 所示）替换本例中的 flower 智能对象。在图层面板上选择 flower 所在的智能对象图层，然后执行“图层” > “智能对象” > “替换内容”命令，打开“置入”对话框，找到所需图像文件“多彩花.gif”，选择文件，然后单击“置入”按钮，当前文档中所有与 flower 相链接的智能对象均被“多彩花.gif”文件取代，效果如图 2-230 所示。

图 2-229　多彩花.gif

图 2-230　智能对象 flower 被替换后

4.6　『案例』心形文字

主要学习内容：

- 沿路径排版文字
- 在路径上移动或翻转文字
- 移动文字路径
- 改变文字路径的形状
- 由文字创建工作路径或转化为形状
- 在封闭的路径内输入文字
- 字符样式面板和段落样式面板

一、制作目的

效果如图 4-231 所示，通过本例，初步掌握路径文字的建立，路径文字的编辑，熟练文字的格式设置，灵活使用文本工具。

图 4-231　效果图

二、相关技能

1. 沿路径排版文字

沿路径排版文字，即可以使文字沿指定的路径走向来排列。

沿路径排版文字操作步骤如下：

（1）使用路径工具创建路径如钢笔工具、各种形状工具等，有关路径的创建请参看路径所在章节。

（2）选择一文字工具，即选择横排文字工具T或直排文字工具IT，或选择横排文字蒙版工具 T或直排文字蒙版工具IT。

（3）移动指针到路径上，当文字工具的基线指示符显示在路径上时单击鼠标。单击后，路径上会出现一个插入点。在点击的地方会多一条与路径垂直的细线，这就是文字的起点，此时路径的终点会变为一个小圆圈，这个圆圈代表了文字的终点。

（4）输入文字。横排文字沿着路径显示，与基线垂直。直排文字沿着路径显示，与基线平行。基线示意图如 4-232 所示。

（5）文字输入完成后可单击工具选项栏上的√按钮或按 Enter 键。

文字输入完成，打开路径面板，会看到有形状一样的两条路径并存，如图 4-233 所示，这是为什么呢？因为路径文字的原理就是：将目标路径复制一条出来，再将文字排列在其上，这时文字与原先绘制的路径已经没有关系了。

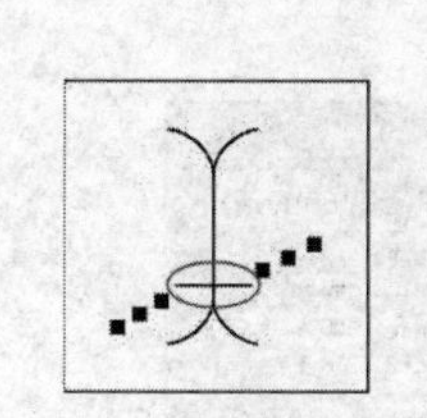

图 4-232 基线指示器

图 4-233 路径文字及路径面板

文字路径是不能在路径面板删除的，只能是在图层面板中删除这个文字层。如要修改文字排列的形态，须在路径面板先选择文字路径，此时文字的排列路径就会在画布中显示出来。

注意：为了更好地控制文字在路径上的垂直对齐方式，可使用“字符”面板中的“基线偏移”选项。

2. 在路径上移动或翻转文字

在工具箱上选择直接选择工具 或路径选择工具 ，并将其指向到文字上，根据指向的位置不同会出现和光标，分别表示文字的起点和终点。在路径上文字起点标志为×，终点标志为○，如图 4-234 所示。如果文字起点和终点间距离不足以显示全部文字时，终点标记将变为⊕，如图 4-235 所示。

当鼠标指针在文字路径上变为带箭头的 I 型指针（或）时，可以拖动鼠标移动文字的起点或终点，会改变文字的位置，拖动时也可改变文字起点与终点的位置。横跨路径拖动文字，则将文本翻转到路径的另一边，如图 4-235 所示。

图 4-234　路径文字

图 4-235　路径文字翻转了

3. 移动文字路径

选择路径选择工具 或移动工具 ，然后指向路径并将路径拖动到新的位置。如果使用路径选择工具，要确保指针未变为带箭头的 I 型光标 ，否则，将会沿着路径移动文字。

4. 改变文字路径的形状

选择直接选择工具 ，单击路径上的锚点，再使用手柄改变路径的形状。路径形状发生改变后，路径上的文字走向随之发生改变。改变路径的详细操作可参看路径所在章节。

5. 由文字创建工作路径或转化为形状

可以由文字创建矢量路径或转化为带矢量蒙版的色彩填充图层。操作方法为：选择相应的文字图层，然后选择“图层”>“文字”>“创建工作路径”命令，这时路径面板上多了个路径；或选择“图层”>“文字”>“转化为形状”命令，这时得到了与原来文字颜色相同的填充层。如在画布中输入 CS，分别执行这两个命令，当创建工作路径时，路径面板如图 4-236 所示；当转化为形状时，图层面板如图 4-237 所示。

图 4-236　文字创建工作路径

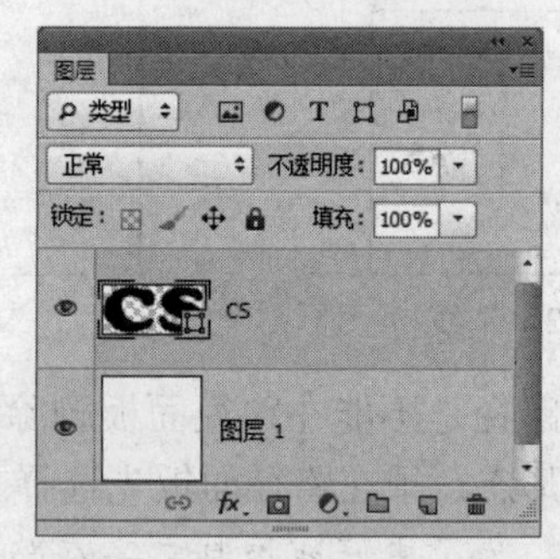

图 4-237　文字转化为形状

6. 在封闭的路径内输入文字

可先绘制出封闭路径，然后选择相应的文字工具，将鼠标指针移至路径内，当鼠标指针形状变为 时，单击鼠标，出现文字输入光标，即可在封闭路径内输入文字，如文字在路径中排列不太好看，则可以通过调整文字的行距、字体和大小，以及段落的左右缩进和对齐方式等，使路径内文字更美观。

如在上面 CS 创建的工作路径中输入数字，随机输入 0 和 1。可先将原来的文字图层删除，然后将鼠标指针指向 C 形路径中，当鼠标变为 ，在文字路径内单击，然后随机输入 0 和 1，这些数字只出现文字路径内。用同样的方法在 S 形路径中输入 0 和 1，最终效果如图 4-238 所示。

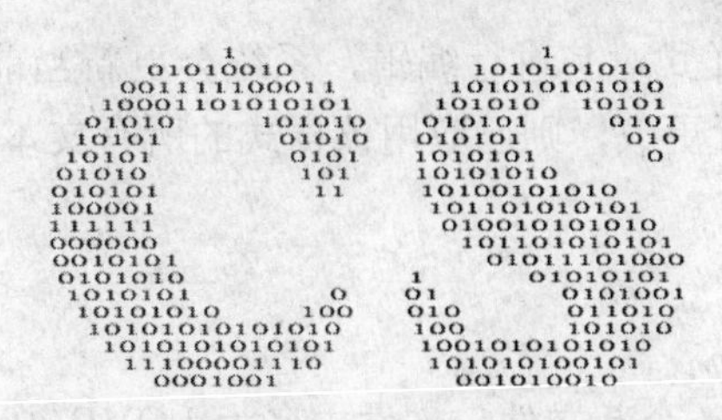

图 4-238　在文字路径中输入文字

7. 字符样式面板和段落样式面板

字符样式面板和段落样式面板是 Photoshop CS6 新增的两个面板。字符样式面板有创建、保存、删除、应用字符样式等功能，能方便快速地将已有的字符样式应用到文字上。段落样式面板有创建、保存、删除、应用段落样式等功能。

字符样式是字符格式的集合，如字号、颜色、字体、字间距等。单击字符样式面板下方的“创建新的字符样式”按钮，即创建一个空白的字符样式，如图 4-239 所示。双击新的字符样式，系统打开“字符样式选项”对话框，如图 4-240 所示，在对话框中设置字符格式。

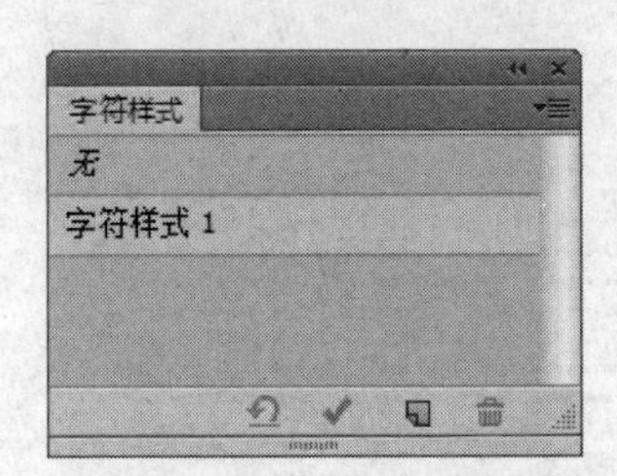

图 4-239　字符样式面板

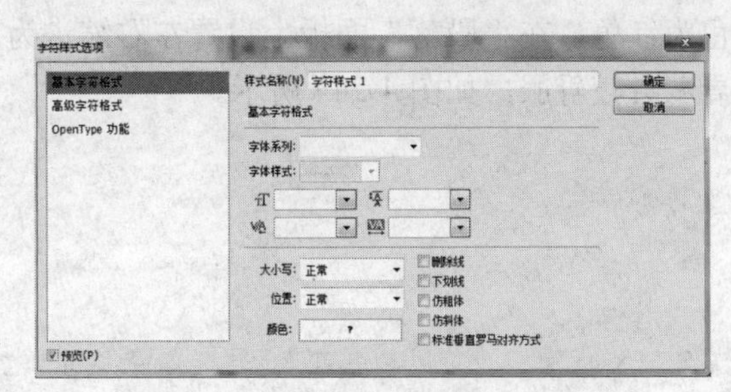

图 4-240　“字符样式选项”对话框

应用字符样式的操作方法：在图层面板上选择文字图层，然后单击字符样式面板上的样式，该字符样式作用于整个文字图层。也可以选择文字图层中的部分文字，然后单击字符样式面板上的样式，这样只是选中的文字应用字符样式。

段落样式是字符格式以及段落格式的集合，如字号、字颜色、段落对齐方法、左右缩进等，对整个段落起作用，段落样式面板如图 4-241 所示。默认情况下，每个新文档中都包含一种应用于文本的“基本段落”样式。用户可以编辑此样式，但不能重命名或删除它。

单击段落样式面板下方的“创建新的段落样式”按钮，创建一个空白的段落样式。双击段落样式，系统打开“段落样式选项”对话框，如图 4-242 所示，在对话框中设置段落格式。段落样式的应用方法与字符样式应用方法一样。

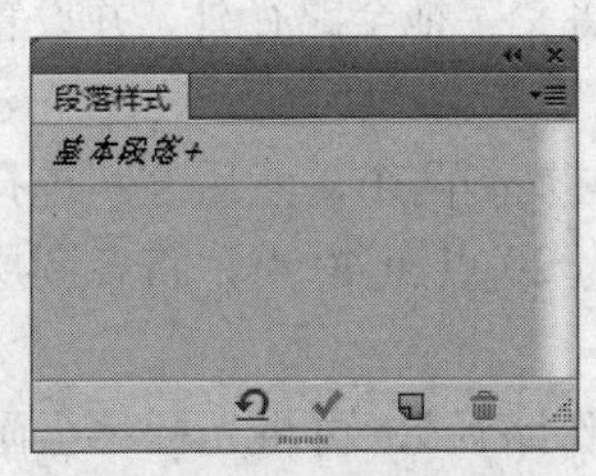

图 4-241　段落面板

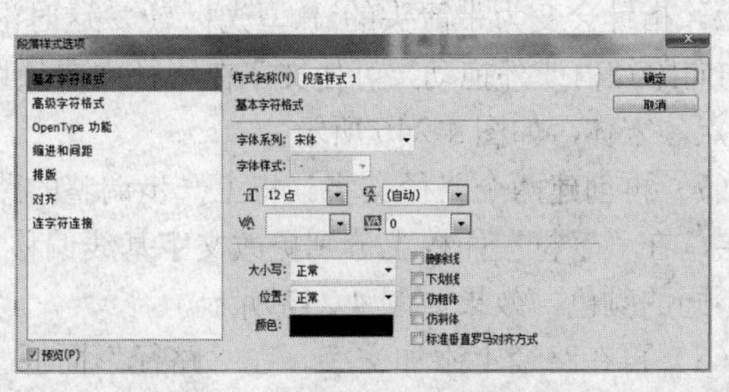

图 4-242　“段落样式选项”对话框

双击现有的字符或段落样式对其进行编辑，系统会更新当前文档中所有关联的文本。如果对一种样式的格式设置进行更改，则已应用该样式的所有文本都将会更新为新的格式。

三、制作步骤

（1）建立新文件。建立一个新文件，文件主名为 LOVE，800 像素×500 像素，RGB 模式，白色背景。

（2）创建路径。选择工具箱中的自定义形状工具，在工具选项栏上的“选择工具模式”下拉框中选择“路径”，形状选择❤，然后在画布上拖出一个心形路径，如图 4-243 所示。

（3）在路径内部输入文字。将鼠标指针移至路径内，当鼠标指针形状变为（表示在封闭区域内输入文字），单击鼠标，出现文字输入光标，输入“I love you”，并复制粘贴几次，使文字充满整个心形路径。然后单击选项栏的“确认”✔按钮。

（4）设置路径内文字的格式。打开“字符”面板，设置字号为 12 点，行距为 18 点，文字颜色为红色。在“段落”面板上设置左右缩进为 5 点，对齐方式为“居中对齐文本”，这样文字看着会较舒服，如图 4-244 所示。

图 4-243　心形路径

图 4-244　在路径内输入文字

（5）在路径上输入文字。将上面创建的文字图层暂时隐藏，这样的目的是便于创建沿路径走向的文字。然后在“路径”面板上单击“工作路径”，再将光标移至画布上路径上，当鼠标指针变为时，单击鼠标，显示输入光标，然后输入“有种思念叫--牵肠挂肚；有种爱情叫--至死不渝；有种约定叫--天荒地老；有种幸福叫--认识你真好。”形成沿路径走向排列的文字效果，如图 4-245 所示。

（6）调整路径上文字的位置。选择直接选择工具或路径选择工具，并将其定位到文字上。指针会变为带箭头的 I 型光标，这时沿路径方向拖动，可改变文字在路径上的位置，如向路径内或外拖动，可使文字在路径内或外切换，本例将文字拖至路径外，并设置字号为 12 点，宋体，如图 4-246 所示。

（7）再创建两个路径文字。将上一步调整的路径文字图层复制两个，然后分别选择这两个图层，在“字符”面板上分别更改文字基线偏移的数值为 20 点和 40 点，将各图层文字设置不同的颜色，效果如图 4-247 所示。

（8）再在路径上添加文字。在“路径”面板上单击“工作路径”，再将光标移至画布上路径的左上角，当鼠标指针变为时，单击鼠标，出现输入光标，然后输入“一生一世”，设置文字大小为 48 点，颜色为洋红，字体为隶书，基线偏移 的数值为 10 点，效果如图 4-248 所示。

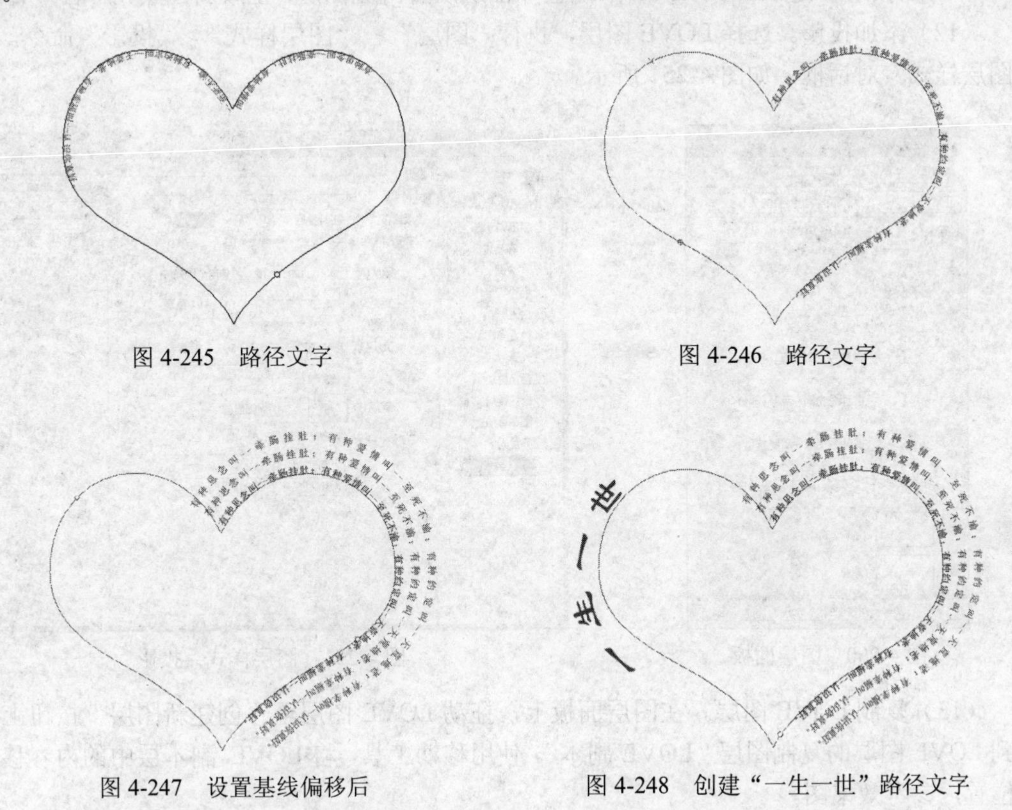

图 4-245　路径文字　　图 4-246　路径文字

图 4-247　设置基线偏移后　　图 4-248　创建“一生一世”路径文字

（9）输入其他文字。用上面的方法输入其他文字，然后显示所有文字图层。

（10）创建心形填充图案。在路径面板上，单击“工作路径”，按组合键 Ctrl+Enter 将路径转换为选区。在图层面板上，在背景图层上方创建新图层，并命名为心形。选择渐变工具，在工具选项栏上选择“径向渐变”，设置渐变颜色为红白渐变，在心形图层上将心形选区填充为红白径向渐变，如图 4-249 所示。按组合键 Ctrl+D 取消选区。

图 4-249　创建心形图案

（11）盖印图层。隐藏背景图层，其他图层均显示，选择图层面板上最上面的图层，如图4-250所示。按组合键Shift+Ctrl+Alt+E，盖印图层所有可见图层，生成新图层，命名为LOVE。

（12）添加投影。选择LOVE图层，执行“图层”>“图层样式”>“投影”命令，打开“图层样式”对话框，如图4-251所示。

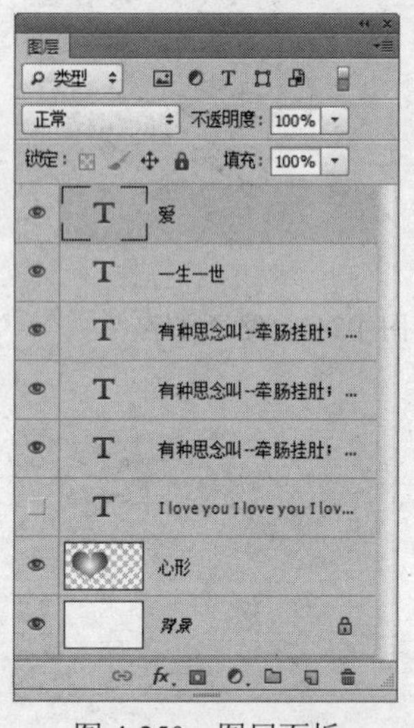

图4-250 图层面板

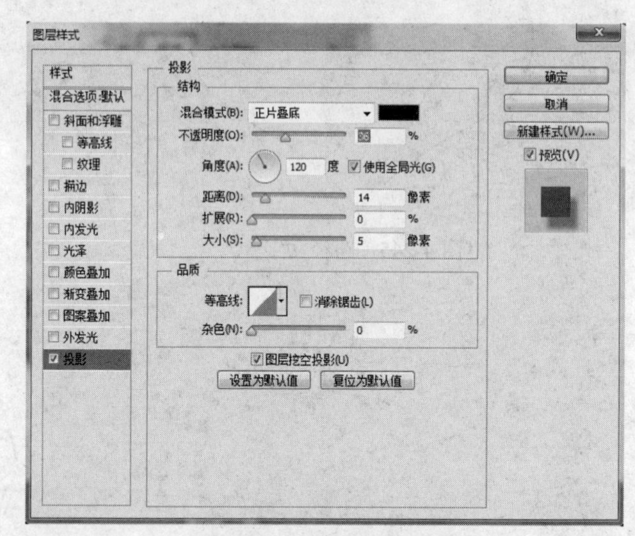

图4-251 图层样式—投影

（13）复制LOVE图层。在图层面板上，拖动LOVE图层至“创建新图层”按钮上，即得到LOVE图层的复制图层“LOVE副本”。使用移动工具，将LOVE 副本层中的内容移至合适位置，参考效果图。

（14）制作完成，保存文件。

练习题

1．制作照片的撕开效果，素材如图4-252所示，效果如图4-253所示。

图4-252 素材 photo.jpg

图4-253 撕裂照片效果

2．制作心形图像，素材如图4-254所示，效果如图4-255所示，要求心形图案有红色内阴影。

3．制作艺术照片效果，素材如图4-256所示，效果如图4-257所示。

4．制作拆分拼贴照片效果，使用图4-252所示素材，效果如图4-258所示。

图 4-254 素材 cat.jpg

图 4-255 效果图

图 4-256 素材 photo2.jpg

图 4-257 效果图

图 4-258 拆分拼贴照片效果图

5．利用图层样式为图像添加投影效果，素材如图 4-259 所示，效果如图 4-260，图中背景为渐变色（#FFFFFF、#CCCCFF）。

图 4-259 素材“轮胎.jpg”

图 4-260 效果图

第5章 处理图像和调整图像的色彩

5.1 『案例』美化肌肤

主要学习内容：

- 仿制源面板的使用
- 图章工具组工具的使用
- 修复工具组工具的使用
- 模糊、锐化和涂抹工具
- 减淡、加深和海绵工具

一、制作目的

素材如图 5-1 所示，效果如图 5-2 所示。素材中人物面部青春痘和痣较多，利用 Photoshop 中的工具美化面部，通过美化肌肤，掌握仿制图章工具、修复工具的使用方法。

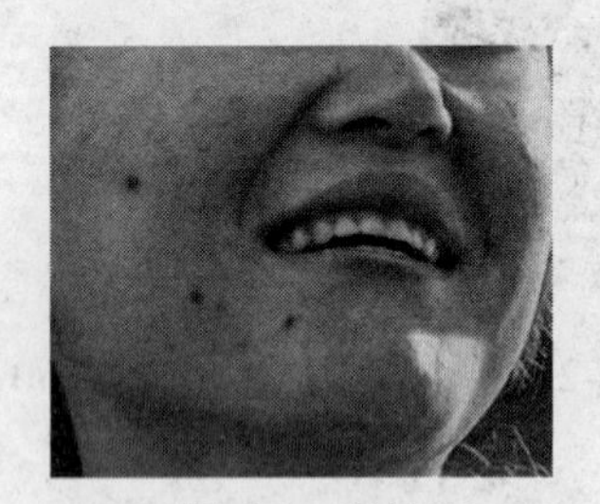

图 5-1 素材

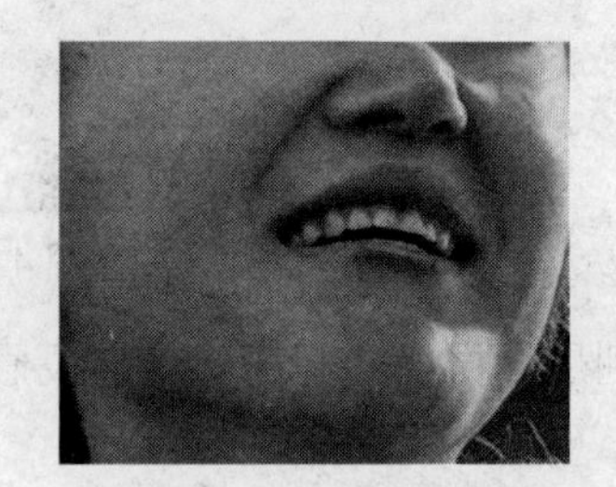

图 5-2 效果图

二、相关技能

1. 仿制源面板

使用仿制图章工具和修复画笔工具时，可使用“仿制源”面板设置不同的样本源。通过“仿制源”面板可以缩放或旋转样本源，也可设置一定的不透明度来显示样本源的叠加，方便用户在合适的位置使用适当的大小和方向将仿制源融入目标图像中。

执行“窗口”>“仿制源”命令，打开“仿制源”面板，如图 5-3 所示。

“仿制源”面板上各项含义如下：

- 仿制源：设置仿制源的方法为：选择仿制图章工具或修复画笔工具，再单击“仿制源”面板上的仿制源按钮，按住 Alt 键在图像中单击，可设置取样点，即确定仿制源。仿制源面板上最多可设置和存储 5 个取样源，直到文档关闭。
- 位移：X 和 Y 值指示或指定当前绘制点相对于取样点的位置。当仿制图章工具或修复画笔工具选项栏上未勾选“对齐”项时，仿制源面板上的 X 和 Y 值指示或指定仿制源起点的坐标，如图 5-4 所示。

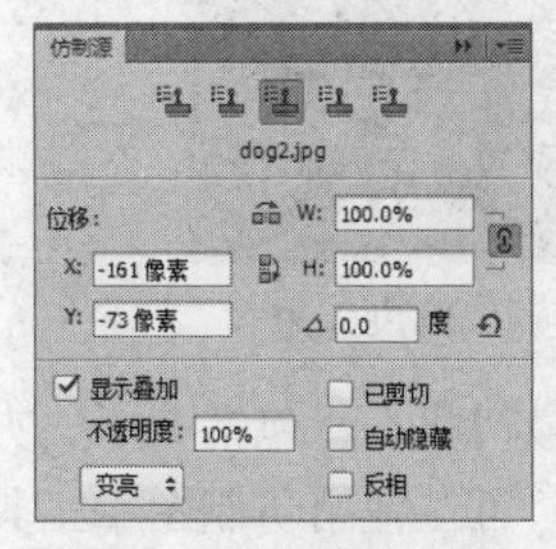

图 5-3　“仿制源”面板

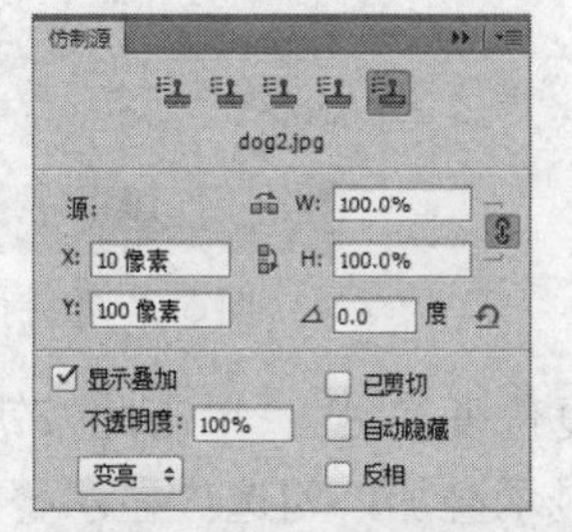

图 5-4　未勾选“对齐”项时的“仿制源”面板

- 水平翻转：按下按钮，可以水平翻转仿制源，即复制出的图像是水平翻转的仿制源。原图如图 5-5 所示，图 5-6 所示是水平翻转的仿制源，复制仿制图章工具复制部分图像效果。

图 5-5　原图像

图 5-6　水平翻转仿制源

- 垂直翻转：按下按钮，可以垂直翻转仿制源，即复制出的图像是垂直翻转的仿制源，如图 5-7 所示。
- 缩放：设置 W（宽度）和 H（高度）值，可以以指定的值缩放复制仿制源，如图 5-8 所示是仿制源缩放 50%的效果。默认设置是约束比例缩放。如果需单独调整宽度或高度，可单击保持长宽比按钮。

图 5-7　垂直翻转仿制源

图 5-8　仿制源缩放 50%

- 旋转仿制源：在旋转角度文本框中输入角度值，可以旋转仿制源。如图 5-9 所示是设置仿制源水平翻转且缩放 50%，旋转 30 度的效果。

图 5-9　仿制源水平翻转且缩放 50%，旋转 30 度效果

- 复位变换：单击此按钮可以将仿制源复位到最初状态，包括大小、方向。
- 显示叠加：勾选“显示叠加”，并设置叠加选项，可在使用仿制图章工具或修复画笔工具时方便地查看叠加以及下面的图像。“不透明度”用来设置叠加图像的不透明度；“自动隐藏”在绘画描边时隐藏叠加；“已剪切”将仿制源叠加剪切到当时画笔的大小；弹出式菜单 正常 中提供四种叠加的混合模式，默认情况下是正常。设置不透明度为 80%，混合模式为“变暗”，叠加效果显示如图 5-10 所示。

图 5-10　叠加效果

2. 图章工具组

图章工具组有仿制图章工具和图案图章工具两个。

（1）仿制图章工具。

仿制图章工具可将图像的一部分复制到同一图像的其他部分或绘制到具有相同颜色模式的任何打开的文档中。仿制图章工具对于复制对象或修正图像中的缺陷非常有用。

使用仿制图章工具的操作方法为：先按住 Alt 键在要复制的像素的区域上单击鼠标左键设置一个取样点，取样点即复制的起点，然后在目的区域拖动鼠标绘制即可。在目的区域拖动鼠标时，在采样点会产生一个十字光标并同时位移，移动的方向和距离与正在绘制处相对绘制起点是相同。如图 5-11 所示，在 A 处按住 Alt 键单击一下，然后在 B 处拖动绘制，A 处的像素就被复制出来，如图 5-12 所示。如设置选项栏上的模式为“颜色加深”，则得到图 5-13 所示的效果。

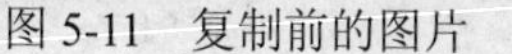

图 5-11 复制前的图片　　图 5-12 复制后的图片　　图 5-13 “颜色加深”模式复制

仿制图章工具的选项栏如图 5-14 所示，这些选项除对齐和样本外，各项作用均与画笔工具选项一致。主要选项介绍如下：

25 模式: 正常 不透明度: 100% 流量: 100% 对齐 样本: 当前图层

图 5-14 仿制图章工具的选项栏

- 画笔选项：通过调整画笔的大小，可设置每次仿制区域的大小。
- ：单击此按钮，切换至画笔面板。
- ：单击此按钮，切换至仿制源面板。
- 模式：设置仿制图章的绘图模式，其原理与图层混合模式一致，更改混合模式，复制出的图像就会发生改变。如图 5-13 所示，是将树以“颜色加深”混合模式复制得到的。
- 不透明度：设置仿制图章的绘图的不透明度，值越小，复制出图像的透明度越高。
- 流量：设置鼠标移到某个区域涂抹时颜色的流量，在某个区域重复涂抹，复制的图像会逐渐达到设置的不透明度。
- 对齐：选中该项，表示连续对像素进行取样，即使释放鼠标按钮，也不会丢失当前取样点。如果取消选择“对齐”，则会在每次停止并重新开始绘制时使用初始取样点中的样本像素。如当选中“对齐”项，取样点还是图 5-11 中的 A 处，然后再将其 3 次（A、B 和 C 三个点）复制图像到如图 5-15 所示的白云图中，绘制点移动，则取样点也发生相同的位移，如图 5-16 所示。如关闭对齐项，则 3 次绘制起点都是同一个取样点，如图 5-17 所示。

图 5-15 白云图

图 5-16 选择对齐项

图 5-17 未选择对齐项

- 样本：从指定的图层中进行数据取样。要从现用图层及其下方的可见图层中取样，请选择“当前和下方图层”。要仅从现用图层中取样，则选择“当前图层”。要从所有可见图层中取样，则选择“所有图层”。要从调整图层以外的所有可见图层中取样，则选择“所有图层”，然后单击“取样”弹出式菜单右侧的“忽略调整图层”图标。

在使用仿制图章工具时，如需设置多个不同的取样点，则可选择“窗口”>“仿制源”菜单命令，打开“仿制源”面板，如上图 5-3 所示。如要选择所需样本源，单击“仿制源”面板中的仿制源按钮。然后在目标区域拖动鼠标即可复制相应的样本源。

（2）图案图章工具。

该工具功能是复制图案，不需选择取样点，只需选择图案后，在图像中按下鼠标并拖动就可以将所选图案绘制到图像中。当所绘制的区域大小大于图案，在超过部分图案将重复出现。图案图章工具的选项栏如图 5-18 所示，选项栏上各项除了“图案”、“对齐”与“印象派效果”之外，其他与仿制图章工具选项功能基本一致。

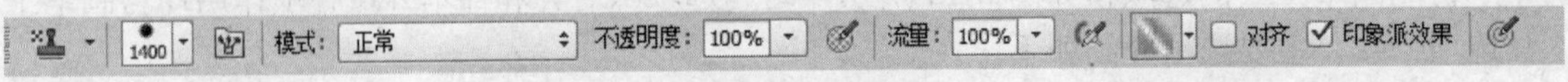

图 5-18　图案图章工具选项栏

- 图案：用于选择绘制时所使用的图案。
- 对齐：选中该项，表示多次绘制的图案将保持连续平铺，如图 5-19 所示，两次绘制的图案尽管是分离的，但把中间的补上，图案还是保持连续平铺。如不选择对齐项，多次绘制的图案是杂乱的，后绘制的图案会覆盖前面所绘制的图案。如图 5-20 所示。
- 印象派效果：选择该项，所绘制出的图案带有色彩过渡的印象派效果，色彩取自于图案，但一般看不出图案原来的轮廓和图形了。如设置画笔为软画笔，还选择与图 5-19 所示一样的图案，选择印象派效果，绘制出图案如图 5-21 所示。

图 5-19　对齐效果

图 5-20　无对齐效果

图 5-21　印象派效果

3. 修复工具组

修复工具组有五个工具：污点修复画笔工具、修复画笔工具、修补工具、内容感知移动工具和红眼工具。

（1）污点修复画笔工具。

污点修复画笔工具可以快速移去图像中的污点和其他不理想部分。它使用图像或图案中的样本像素进行绘画，并将样本像素的纹理、光照、透明度和阴影与所修复的像素相匹配。与修复画笔不同，污点修复画笔不需要指定取样点，污点修复画笔将自动从所修饰区域的周围取样。

污点修复画笔工具的使用方法：直接单击要修复的区域，或单击并拖动以修复较大区域中的不理想部分。图 5-22 所示为人物额头带污点的照片，图 5-23 是使用污点修复画笔工具修复后的图像。

污点修复画笔工具选项栏如图 5-24 所示，各项含义如下：

- 画笔：设置污点修复画笔的大小。设置比要修复的区域稍大一点的画笔最为适合，这样只需单击一次即可修复整个区域。

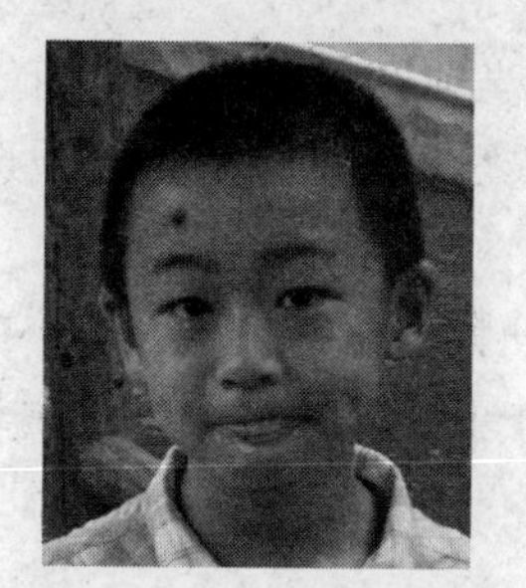

图 5-22　有污点的照片

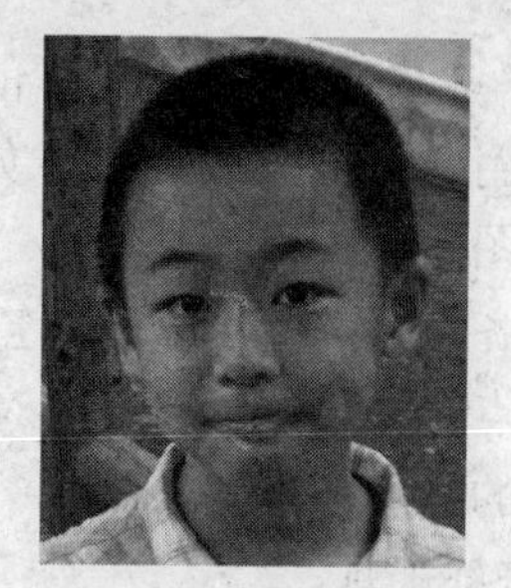

图 5-23　修复后图像

图 5-24　污点修复画笔工具选项栏

- 模式：同仿制图章工具。
- 类型："近似匹配"是使用选区边缘周围的像素来查找要用作选定区域修补的图像区域。如果此选项的修复效果不满意，可还原修复后再试着用"创建纹理"选项。"创建纹理"是使用选区中的所有像素创建一个用于修复该区域的纹理。如果纹理效果不明显，可试着修复区域。"内容识别"是使用选区周围的像素进行修复。
- 对所有图层取样：在选项栏中选择"对所有图层取样"，则从所有可见图层中对数据进行取样。如取消选择"对所有图层取样"，则只从当前图层中取样。

注意：如果需要修饰大片区域或用户确定取样点，则须使用修复画笔。

（2）修复画笔工具。

修复画笔工具可用于去除图像中的瑕疵。与仿制工具一样，使用修复画笔工具可以利用图像或图案中的样本像素来绘画。与仿制工具不同的是，修复画笔工具还可将样本像素的纹理、光照、透明度和阴影与所修复的像素进行匹配，从而使修复后的像素不留痕迹地融入图像的其余部分。

修复画笔工具的使用方法：设置好选项栏后，按住 Alt 键并单击鼠标左键设置一个取样点，取样点即复制的起点，然后在目的区域拖动鼠标绘制即可。修复图像时，为了便于选取校点好操作，可将图像显示比例放大来操作。图 5-25 所示为要修复的图像，图 5-26 是使用修复画笔工具修复后的图像。取样时，可选择离要修复像素较近的好的图像，可多次选择取样点。

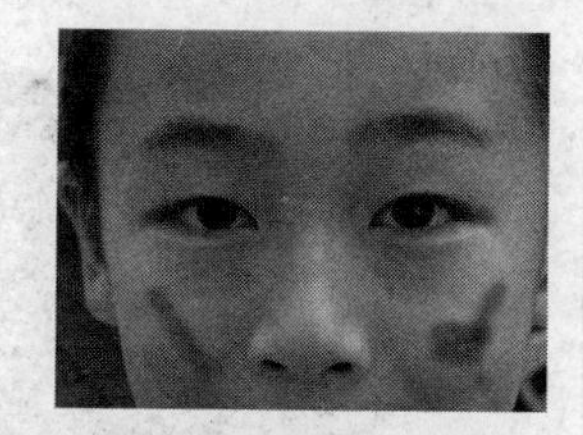

图 5-25　修复前图像

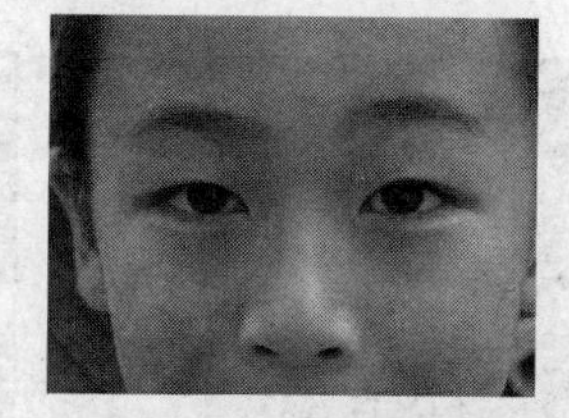

图 5-26　修复后图像

修复画笔工具选项栏如图 5-27 所示，部分选项含义如下：

图 5-27　修复画笔工具选项栏

- 源：指定用于修复像素的源。“取样”可以使用当前图像的像素，而“图案”可以使用某个图案的像素。如选择用“图案”，则从“图案”下拉菜单中选择一个合适的图案。
- 对齐：选择“对齐”则连续对像素进行取样，即使释放鼠标按钮，也不会丢失当前取样点。如果取消选择“对齐”，则会在每次停止并重新开始绘制时使用最初始取样点中的样本像素。

（3）修补工具。

使用修补工具，可以用其他区域或图案中的像素来修复选中的区域，它可将图像中的一部分复制到同一幅图（或另一幅打开的图像）中的其他位置。像修复画笔工具一样，修补工具会将样本像素的纹理、光照和阴影与源像素进行匹配。

修补工具的选项栏如图 5-28 所示，各项含义如下：

图 5-28　修补工具的选项栏

- ：设置修补工具创建选区的运算方式，同选框工具的运算作用一样。
- 修补：“源”，表示在图像选择的是想要修复的区域；选择“目标”，在图像选择的是取样区域。
- 透明：修补后的区域会出现图案重叠。
- 使用图案：如要使用图案，应从图案下拉列表中选择合适的图案，然后单击选项栏上的使用图案按扭，则可将图案填充到当前的选区中。

修补工具的使用方法是基于区域的，要先用该工具创建一区域 A（与选区类似），然后拖动区域到另一区域 B，然后松开鼠标。当修补工具选项栏上选择的“修补”项选择为“源”时，则选区 A 的像素被区域 B 像素取代；当“修补”项选择为“目标”时，则区域 B 的像素被选区 A 像素取代；如图 5-29 所示为利用修补工具创建一选区。当选项栏上选择的“修补”项选择为“源”时，拖动选区到 B 处，则产生如图 5-30 所示效果。如选项栏上选择的“修补”项选择为“目标”，拖动选区到 B 处，则产生如图 5-31 所示效果。如果勾选选项栏上的“透明”选项，会出现新旧图像重叠的效果，如图 5-32 所示。图 5-33 所示是使用了“绸光”图案填充选区。

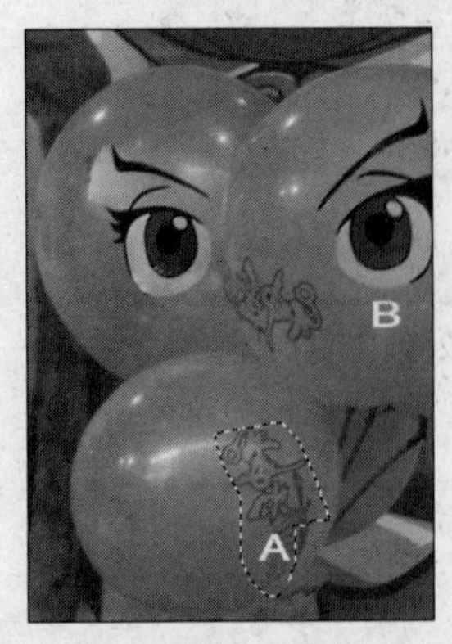

图 5-29　用修补工具创建选区

图 5-30　修补项为“源”

图 5-31　修补项为“目标”

图 5-32　选择“透明”项

图 5-33　使用图案填充

（4）内容感知移动工具。

内容感知移动工具是 Photoshop CS6 新增的工具，是一个智能修复工具。该工具有两个功能。

感知移动功能：这个功能主要是用来移动图片中的对象。移动后的空隙位置，PS 会智能修复。对象移动到新位置后，其边缘会自动柔化处理，跟周围环境融合。

感知扩展功能：选取想要复制的部分，移到其他需要的位置就可以实现复制，复制后的对象边缘会自动柔化处理，跟周围环境融合。

内容感知移动工具选项栏如图 5-34 所示，各选项作用如下：

模式：移动　适应：中　对所有图层取样

图 5-34　内容感知移动工具选项栏

- 选区运算模式：与矩形选框工具中选项作用一样。
- 模式：有移动和扩展两种模式。移动模式即实现感知移动功能。扩展模式即实现感知扩展功能。
- 适应：设置图像修复精度。
- 对所有图层取样：当文档中包含多个图层时，选择该项，创建选区时是对所有图层中的图像进行取样。

该工具操作方法：在工具箱的修复画笔工具栏选择“内容感知移动工具”，鼠标指针形状变为，按住鼠标左键并拖动把需要移动或复制的部分选取出来，与套索工具操作方法一样。然后在选区中再按住鼠标左键拖动，移到想要放置的位置后松开鼠标后系统就会智能修复。

打开素材“瀑布.JPG”，在工具箱选择“内容感知移动工具”，在设置工具选项栏设置模式为“移动”，在图像中选择左侧的窄瀑布，如图 5-35 所示，然后将鼠标指向选区中并拖动向移右移动至合适位置，松开鼠标，效果如图 5-36 所示。如果将工具选项栏模式设置为“扩展”，则拖动移动选区后效果如图 5-37 所示。

（5）红眼工具。

红眼工具可去除用闪光灯拍摄的人像或动物照片中的红眼或动物照片中的白色或绿色反光。

使用红眼工具的方法：选择红眼工具，在红眼中单击。如果对结果不满意，还原修正，在选项栏中设置一个或两个以下选项，然后再次单击红眼，也可以框选红眼区来消除红眼。红眼工具选项栏如图 5-38 所示。

图 5-35　创建选区

图 5-36　感知移动

图 5-37　感知扩展

瞳孔大小：50%　变暗量：50%

图 5-38　红眼工具选项栏

“瞳孔大小”项设置增大或减小红眼工具影响的区域。

“变暗量”设置校正的暗度，值为 1%～100%，值越大，较正后的眼球亮度越小。

图 5-39 所示为红眼图，图 5-40 为利用红眼工具去除红眼后的效果，这时红眼工具的“变暗量”设置为 100%，“瞳孔大小”项设置为 50%。

图 5-39　红眼图

图 5-40　去除红眼后的效果

如需将眼球变为其他颜色，如蓝色或绿色等，可使用颜色替换工具。

4. 模糊、锐化和涂抹工具

这组工具的功能是修饰图像。

（1）模糊工具。

模糊工具是通过柔化硬边缘或减少图像中的细节，使图像变模糊。模糊工具的选项栏如图 5-41 所示。

图 5-41　模糊工具的选项栏

- 画笔：设置画笔的大小和形状。
- 模式：与图层的混合模式一样。
- 强度：设置模糊工具的强度，值越大，模糊的效果越强。
- 对所有图层取样：勾选此项，则对所有可见图层中的数据进行模糊处理。如取消此选择选项，则模糊工具只对当前图层起作用。

该工具的使用方法：按住鼠标左键，然后直接在对象上涂抹。在某些像素上使用此工具次数越多，这些像素就越模糊。素材如图 5-42 所示，要突出花，使周围杂草变模糊，可使用模糊工具在杂草上多次涂抹，效果如图 5-43 所示。

（2）锐化工具。

锐化工具是通过增加图像边缘的对比度来增强外观上的锐化程度，图像会更清晰。

该工具的使用方法：在选项栏上设置好参数后，按住鼠标左键在要锐化的图像部分拖动即可。图 5-44 是在花图像上使用锐化工具的效果。如果对图像锐化强度过大，图像会出现色斑。

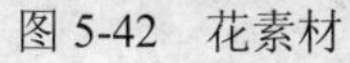
图 5-42　花素材

图 5-43　模糊处理后

图 5-44　锐化处理后

锐化工具选项栏与模糊工具几乎一样，只是多了一项“保护细节”，如图 5-45 所示。

图 5-45　锐化工具的选项栏

（3）涂抹工具。

涂抹工具的效果像是手指在未干的油画上拖过时所看到的效果。该工具可获取描边开始位置的颜色，并沿拖动的方向展开这种颜色。

使用方法：选择涂抹工具，在选项栏设置参数，然后在图像中拖动以涂抹图像。涂抹工具的选项栏如图 5-46 所示。

图 5-46　涂抹工具的选项栏

在选项栏中选择“手指绘画”可使每个涂抹起点以当前的前景色进行涂抹。如果取消选择该选项，涂抹工具则使用图像中每个涂抹起点处的颜色进行涂抹。

图 5-47 所示为原图，图 5-48 所示为涂抹后的效果图，图 5-49 所示为勾选“手指绘画”项的效果图，当前前景色为蓝色。

图 5-47　原图

图 5-48　涂抹后效果

图 5-49　勾选“手指绘画”

提示：当用涂抹工具拖动时，按住 Alt 键可使用“手指绘画”选项。

5. 减淡、加深和海绵工具

（1）减淡工具和加深工具。

减淡工具和加深工具可使图像区域变亮或变暗，可选择为暗调、中间调或高光区域加亮或变暗。这两个工具的曝光度越大则效果越明显，如选择选项栏上的“喷枪”，则在某处停留时工具的作用具有持续性。

两个工具的使用方法：选择工具后，按住鼠标左键在图像上拖动。

两个工具的选项栏是一样的。减淡工具的选项栏如图 5-50 所示。

图 5-50　减淡工具的选项栏

范围可选择阴影、中间调或高光，选“阴影”则更改暗区，“中间调”则更改灰色的中间范围，“高光”则更改亮区。

（2）海绵工具。

海绵工具可精确地更改区域的色彩饱和度。当图像处于灰度模式时，该工具通过使灰阶远离或靠近中间灰色来增加或降低对比度。

海绵工具的选项栏如图 5-51 所示。

图 5-51　海绵工具的选项栏

在选项栏中，“模式”为设置海绵工具更改颜色的方式。“降低饱和度”减弱颜色的饱和度；“饱和”则增加颜色的饱和度。

流量：其值越大，海绵工具作用强度越大。

自然饱和度：选择此项，可避免在使用海绵工具时色彩的饱和度溢出。

海绵工具的使用方法：先在选项栏中设置各选项，然后在要修改的图像部分拖动。图 5-52 为原图，图 5-53 为使用海绵工具对图像增加饱和度处理后的效果图，图 5-54 为对图像降低饱和度后的效果图。

图 5-52　原图

图 5-53　增加饱和度

图 5-54　降低饱和度

三、制作步骤

（1）打开素材。单击“文件”>“打开”菜单命令，系统打开“打开”对话框，找到素材并打开。

（2）清除面部的黑痣。选择工具箱中的“污点修复画笔工具”，在选项栏上设置模式为“正常”，类型为“内容识别”，笔头大小调至与黑痣大小差不多。在黑痣上单击鼠标即可，去除黑痣。用同样的方法清除其他黑痣。去除黑痣后图像如图5-55所示。

（3）清除脸上的青春痘。选择工具箱中的“仿制图章工具”，在其选项栏上设置画笔大小为10像素，硬度为92%，不透明度和流量均为100%，不勾选“对齐”复选框。按住Alt键，单击青春痘旁边无痘、光滑的皮肤，获取修复皮肤的样本。然后，在要清除的青春痘上拖动鼠标，清除青春痘。可根据需要随时调整画笔的大小。清除青春痘后图像如图5-56所示。

（4）清除脸上较明显的雀斑。选择工具箱中的“修复画笔工具”，在其选项栏上设置画笔大小为10像素，硬度为92%左右，源设置为“取样”，不勾选“对齐”复选框。按住Alt键，单击雀斑皮肤旁无痘、光滑的皮肤，获取修复皮肤的样本。然后，在要清除的雀斑上拖动鼠标，清除雀斑。可以多次取样，多次拖动。也可根据需要随时调整画笔的大小。清除部分雀斑后图像如图5-57所示。

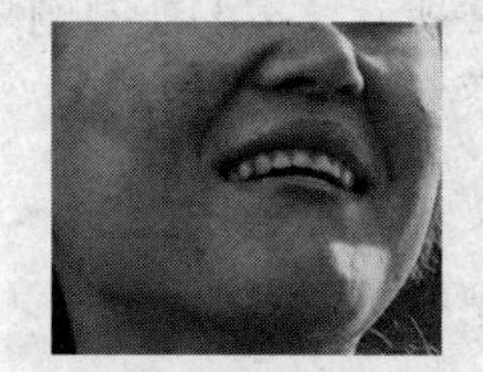

图5-55　清除黑痣后

图5-56　清除痘痘

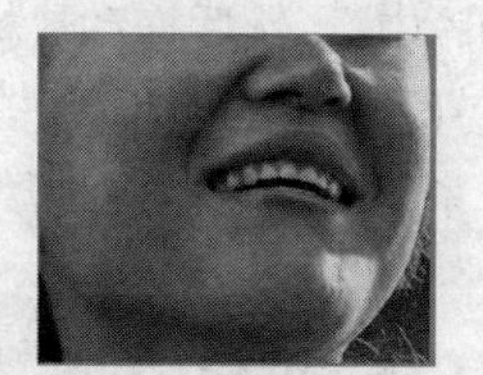

图5-57　清除部分雀斑

注意：注意取样时要选取离修复区相近的区域。

（5）减淡皮肤较黑部分颜色。选择工具箱中的减淡工具，在选项栏上设置“范围”为“阴影”，曝光度为10%，然后用鼠标在面部较暗的皮肤上拖动，使皮肤变亮些，效果如图5-58所示。

（6）将皮肤变光滑些。创建选区，选择面部和颈部皮肤，去除嘴部和鼻子，如图5-59所示。按Ctrl+J组合键，将选区复制得到新图层1。执行“滤镜”>“模糊”>“高斯模糊”命令，在打开的对话框中设置半径为1.6，单击“确定”按钮。再设置该图层的不透明度为36%左右。这时效果如图5-2所示，保存文件。

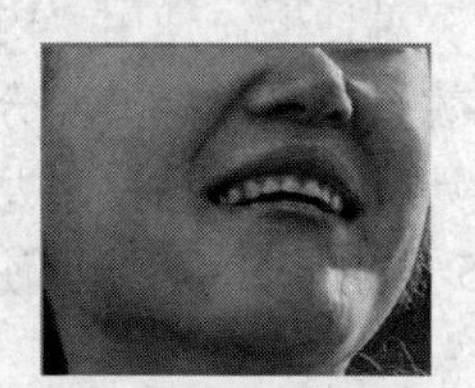

图5-58　减淡皮肤

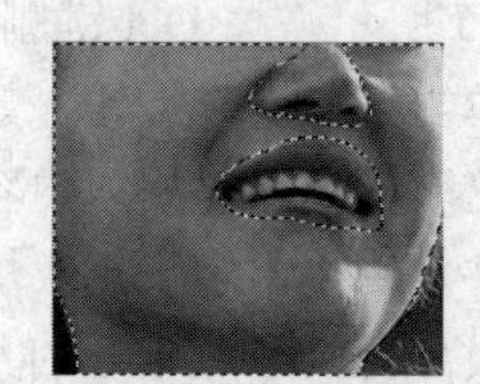

图5-59　创建选区

四、技能拓展——去除照片中多余的人物

制作目的

原图如图5-60所示，效果如图5-61所示。通过将照片中的工作人员去除，熟练掌握仿制图章工具、内容感知移动工具、修补工具的使用方法。

图 5-60　原图

图 5-61　效果图

制作步骤

（1）打开素材。打开素材“女孩.jpg”。

（2）去除图中右侧的工作人员胳膊。选择“内容感知移动工具”，模式为“扩展”，适应为“中”，然后拖动鼠标选取图右侧的工作人员胳膊，如图 5-62 所示。按 Del 键删除选中区域，打开“填充”对话框，使用“内容识别”填充删除内容，如图 5-63 所示，单击“确定”按钮。系统自动以水泥地填充区域，如图 5-64 所示。按组合键 Ctrl+D 取消选区。

图 5-62　选中右侧胳膊

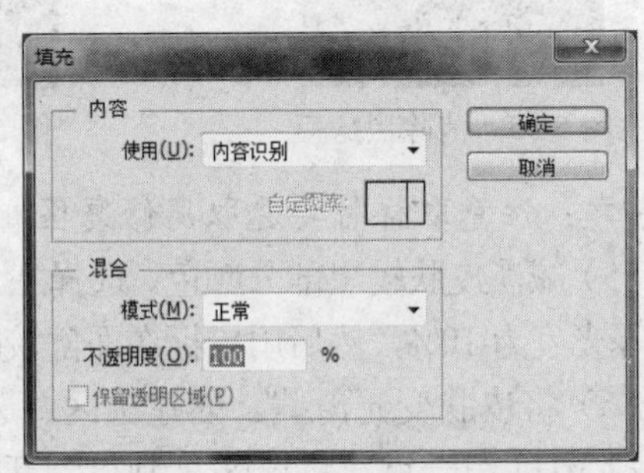

图 5-63　“填充”对话框

（3）选择工作人员的部分身体。仍使用“内容感知移动工具”，选择工作人员的部分身体，如图 5-65 所示。按 Del 键删除选中区域，打开“填充”对话框，使用“内容识别”填充删除内容，单击“确定”按钮。效果如图 5-66 所示，识别效果不是很好，部分区域用玩具恐龙填充了。这时可多次使用“内容感知移动工具”，将离玩具恐龙较远的“恐龙填充”部分选取，再删除并使用“内容识别”填充删除内容，效果如图 5-67 所示。下一步使用仿制图章工具将工作人员离玩具恐龙较近的身体去掉。

图 5-64　“内容识别”填充选区

图 5-65　选择工作人员的部分身体

图 5-66　填充选区

图 5-67　多次“内容识别”填充

（4）去除与玩具恐龙较近的身体及恐龙嘴中工作人员的身体。选择“仿制图章工具”，在选项栏上设置画笔为 50 像素，模式为正常，不透明度和流量均为 100%，勾选“对齐”，然后按住 Alt 键在图右侧水泥地上单击设置取样点。然后在与玩具恐龙较近的工作人员身体的身体上拖动鼠标，将其变成水泥地。用同样方法去除恐龙嘴中工作人员的身体。在操作中可多次取样，也可根据需要按左中括号键（[）减小画笔笔头或按右中括号键（]）调大画笔笔头。去除身体后效果如图 5-68 所示。

图 5-68　去除部分身体

图 5-69　选择头部分

图 5-70　删除头部分

（5）再使用“内容感知移动工具”去除工作人员上半身。选择工具箱中“内容感知移动工具”。先选择头部分，按 Del 键删除，系统弹出如图 5-63 所示对话框，单击“确定”按钮，删除后如图 5-70 所示。用同样方法去除上半身其他部分。效果如图 5-71 所示。

提示：根据作者经验，最好每次选取小部分进行删除，这样系统会使用较近的相近区域识别填充删除的区域，如一次删除区域较大，会使用较远的区域填充，效果会较差。可分别选取头、部分身体、左胳膊分别删除，效果会较好。

（6）使用修补工具修复图中不满意部分。上步操作去除工作人员身体后，得到的部分墙体不太自然，可用修补工具进行修复。在选项栏上选择修补为“源”，然后拖动鼠标选择不太自然的墙体，如图 5-72 所示。然后用鼠标拖动选区到要复制的墙体上（可移动到其上方的墙体，这样修补较自然），多拖几次，将墙体修复自然，完成后如图 5-73 所示。按组合键 Ctrl+D 取消选区。

（7）将图像左上侧颜色减淡。图像左上侧像素较暗，可使用减淡工具在上面拖动，使这部分图像变亮些，最终效果如上图 5-61 所示。

图 5-71　去除上半身

图 5-72　选择墙

图 5-73　修复墙

5.2　『案例』给黑白照片上色

主要学习内容：

- 色阶及色阶直方图
- “曲线”命令
- “色相/饱和度”命令
- “亮度/对比度”命令
- “色彩平衡”命令

一、制作目的

素材如图 5-74 所示，效果如图 5-75 所示。素材为生活中所讲的黑白照片，在 Photoshop 中准确地说应是灰度图。本例是利用 Photoshop 中的“色相/饱和度”、画笔工具、图层的混合模式以及曲线等知识，给照片上色，掌握相应知识以及给黑白照片上色的两种方法。

图 5-74　素材

图 5-75　效果图

二、相关技能

1. 色阶的概念

色阶是指图像像素的亮度值，它有 2^8=256 个等级，范围是 0～255。色阶值越大，像素越亮；色阶值越小，像素越暗。

“色阶”工具通过调整图像的阴影、中间调和高光的强度级别，可以校正图像的色调范围和颜色平衡。一幅图像中的色阶等级越多，图像的亮度层次越丰富，图像色调看起就舒服。“色阶”直方图用作调整图像基本色调的直观参考。

2. 色阶直方图

图像的色阶直方图用图形表示图像的每个亮度级别的像素数量，显示像素在图像中的分布情况。“直方图”面板提供许多选项，供用户查看有关图像的色调和颜色信息。默认情况下，直方图显示整个图像的色调范围。若仅显示图像某一部分的直方图数据，应先选择该部分。

单击“窗口”>“直方图”菜单命令，即可调出“直方图”面板。图5-76所示图像的直方图如图5-77所示。

图5-76　大象图

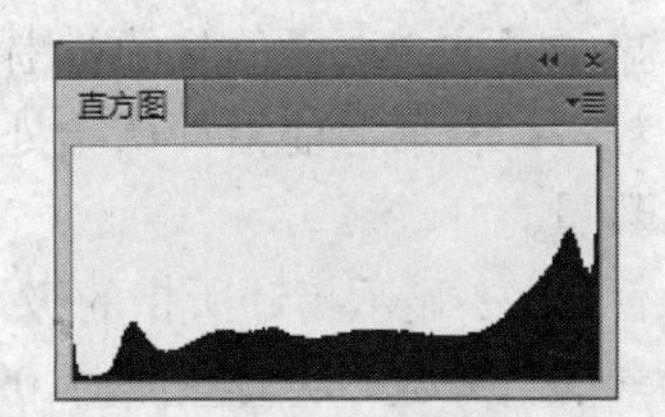

图5-77　大象图的“直方图”面板

（1）改变直方图面板视图。

默认情况下，“直方图”面板将以“紧凑视图”形式打开，没有控件或统计数据。用户可调整视图。如要改变直方图的视图，可单击直方图面板右上方的面板菜单按钮，打开的“面板菜单”如图5-78所示，可选择“紧凑视图”、“扩展视图”和“全部通道视图”等，图5-79是以“扩展视图”显示大象图的直方图。

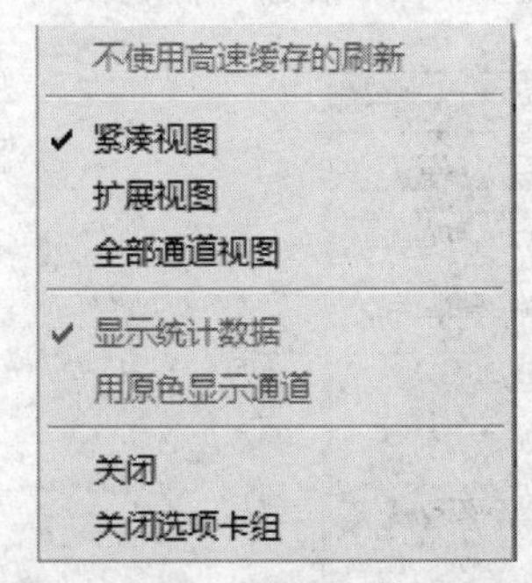

图5-78　直方图面板的面板菜单

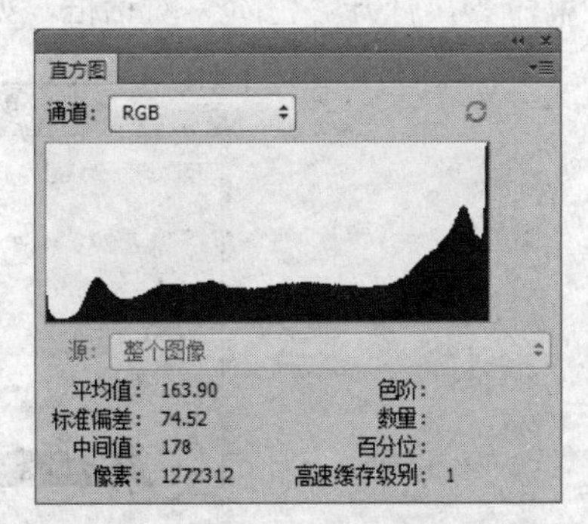

图5-79　“直方图”面板的扩展视图

- 扩展视图：显示带有统计数据和控件的直方图，以便选取由直方图表示的通道、查看“直方图”面板中的选项、刷新直方图以显示未高速缓存的数据，以及在多图层文档中选取特定图层。
- 紧凑视图：显示不带控件或统计数据的直方图。
- 全部通道视图：除了“扩展视图”的所有选项外，还显示各个通道的单个直方图。单个直方图不包括Alpha通道、专色通道或蒙版。

（2）“直方图”面板中各选项及数据项的含义。

- 通道：该下拉列表框用来选择亮度和颜色通道，图 5-79 显示的是 RGB 通道直方图。
- 直方图图形：直方图图形是一个二维坐标图形。横轴表示色阶，表示范围为 0~255，最左边是 0，最右边为 255。纵轴表示像素数量。当鼠标在直方图图形上移动时，直方图面板上扩展视图的“色阶”、“数量”和“百分位”数据会显示出相应位置的相应值。也可以拖动选择一个范围，统计数据会显示出所选范围的色阶值以及包含像素数等。
- 平均值：表示整个图像或选区内像素的平均亮度值。
- 标准偏差：表示亮度值的变化范围。
- 中间值：表示亮度值范围内的中间值。
- 像素：表示整个图像内或选区内像素总数。
- 色阶：显示指针所指处的区域的亮度级别，如在直方图形上拖出一选区，则“色阶”显示是这个选区色阶的范围。
- 数量：表示当前指针所指处的像素总数，若有色阶选区，则显示的是选区内像素的数量。
- 百分位：显示指针所指的级别或该级别以下的像素累计数。该值表示为图像中所有像素的百分数，从最左侧的 0% 到最右侧的 100%。如有色阶选区，则表示该选区内像素总数占百分数。
- 高速缓存级别：显示当前用于创建直方图的图像高速缓存。当高速缓存级别大于 1 时，直方图将显示得更快，因为它是通过对图像中的像素进行典型性取样（取决于放大率）而衍生出的。原始图像的高速缓存级别为 1。

3. 用色阶调整图像

单击“图像”>“调整”>“色阶”菜单命令，也可以选择“图层”>“新建调整图层”>“色阶”菜单命令，打开“色阶”对话框，如图 5-80 所示。“色阶”对话框中各选项的作用如下：

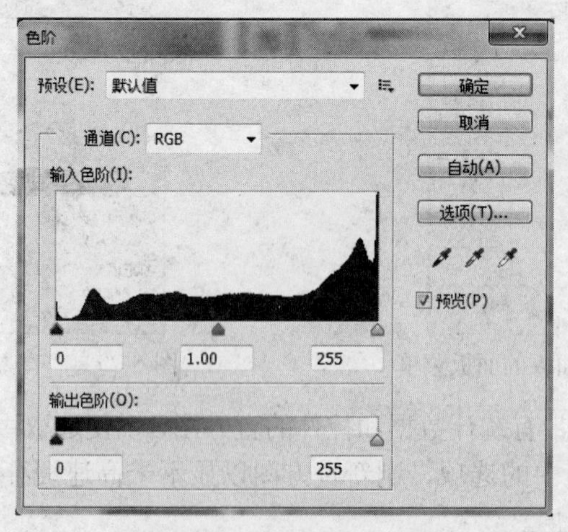

图 5-80 “色阶”对话框

- “通道”下拉列表框：如需调整特定颜色通道的色调，则在“通道”下拉列表框中选择。

- “输入色阶”：用来调整阴影（左侧滑块）、中间调（中间滑块）和高光区域（右侧滑块），分别对应三个文本框从左至右分别设置图像的最小、中间和最大色阶值。滑块向右移动，则图像亮度降低；滑块向左移动，则图像亮度增加。图像的最小和最大色阶值范围为 0～255，中间色阶值的取值范围是 0.10～9.99。最小色阶值和中间色阶值越大，图像越暗；最大色阶值越小，图像越亮。当输入的色阶值超过系统规定的范围时，系统会弹出提示对话框。
- 色阶直方图：这时的色阶直方图与直方图中的图形是一样的，横轴上表示色阶的绝对范围，纵轴上表示像素的数量。横轴上的黑色三角形表示图像中的最低亮度，即纯黑，也就是黑场。白色三角形表示图像中的最高亮度，即是纯白，即白场。灰色三角形表示图像中的中间调，即灰场。可以拖动这三个三角形来调整图像的亮度。白色三角形向左拖动，图像变亮；将灰色三角形向左拖动，图像也变亮，向右拖动，图像变黑；将黑色三角形向右拖动，图像变暗。
- 输出色阶：是控制图像中最高和最低的亮度值。如将输出色阶上的白色三角形拖到 220，则代表图像中最亮的像素色阶值为 220；若将黑色三角形拖至 50，图像中最暗的像素色阶值为 50。这两个三角形与下面两个输出文本框是相对应的。
- “载入”按钮：用来载入磁盘中扩展名为“ALV”的设置文件。
- “存储”按钮：将当前的色阶设置存到磁盘上，以“ALV”文件存储。
- “自动”按钮：相当于自动色阶命令功能，是将图像中最亮的 0.5%像素调整为白色，把图像中最暗的 0.5%像素调整为黑色。
- 吸管按钮：从左至右三个吸管按钮的名字分别为“设置黑场”、“设置灰场”和“设置白场”。单击某个吸管后，当鼠标移到图像或“颜色”面板上时，单击鼠标，即可获取单击处像素的亮度值。它们的作用是将点击处的像素作为纯黑、纯灰、纯白，常用它们来修正图像中的偏色，也可能因用户设置不合适使图像色偏。

打开图 5-76 所示的大象图，按组合键 Ctrl+L 打开“色阶”对话框，如图 5-81 所示，调整灰色三角形向右拖动，则图像变暗，如图 5-82 所示。如将输出色阶中的白色三角形拖至 220 处，如图 5-83 所示，相当于将图中亮度为 220～255 的像素亮度合并为 220，图像原高光区域变暗，如图 5-84 所示。若仅调整输入色阶的白色三角形至 220 处，其他不调整，如图 5-85 所示，相当于将图中亮度值 220～255 的像素亮度合并为 250，图像变亮，如图 5-86 所示。

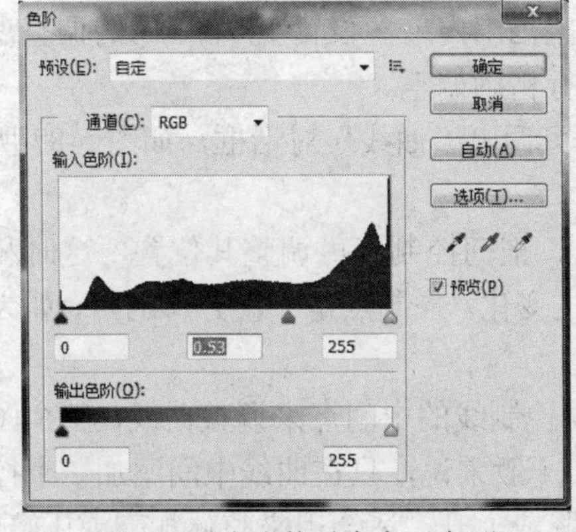

图 5-81　向右拖动灰色三角形

图 5-82　图像变暗

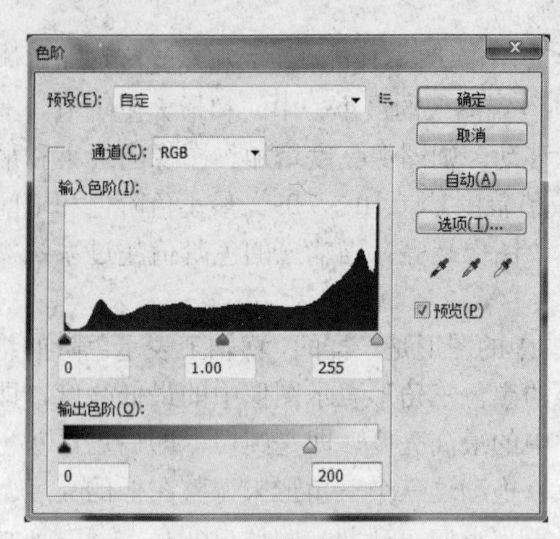

图 5-83 调整输出色阶

图 5-84 图像高光区域变暗

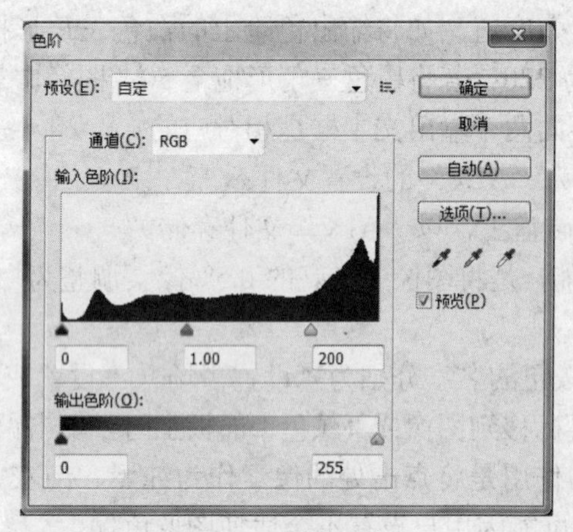

图 5-85 调整输入色阶

图 5-86 图像变亮

4. 自动色阶

执行“图像”>“调整”>“自动色阶”菜单命令，可自动调整图像各像素的色阶，同“色阶”对话框中的“自动”按钮功能一样。

5. “曲线”命令

曲线是 Photoshop 中最重要的调整工具。使用“曲线”对话框可调整图像的整个色调范围。在“曲线”对话框中可以在从阴影到高光的色调调整范围内最多设置 14 个不同的调整点，使用“曲线”对话框也可对图像中的个别颜色通道进行精确调整。

单击“图像”>“调整”>“曲线”菜单命令，可调出“曲线”对话框，如图 5-87 所示，没调整曲线前，曲线显示为一条斜直线。

调整曲线的方法：在曲线上单击可添加控制点，拖动控制点可调整其位置，这时和该点相邻控制点间的曲线段形状会发生变化，图像也随之变化。控制点是一正方形的点，如为黑色实心，则表示处于被选状态；空心则表示未选。

素材如图 5-88 所示，按照图 5-89 所示向上拖动控制线的中间点来调整曲线，整个图像加亮了，图像清晰了，调整后的图像如图 5-90 所示。一般来说，只在曲线中间添加一个控制点进行调整的效果与原图最接近，各区域亮度同时下降或上升，适合用来整体加亮或压暗图像。

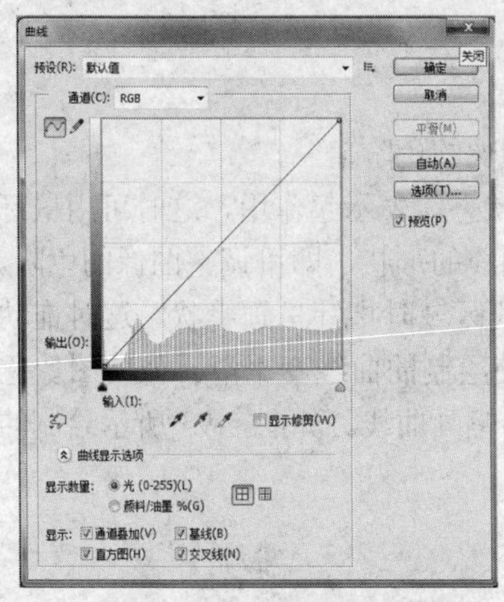

图 5-87　曲线对话框

图 5-88　素材

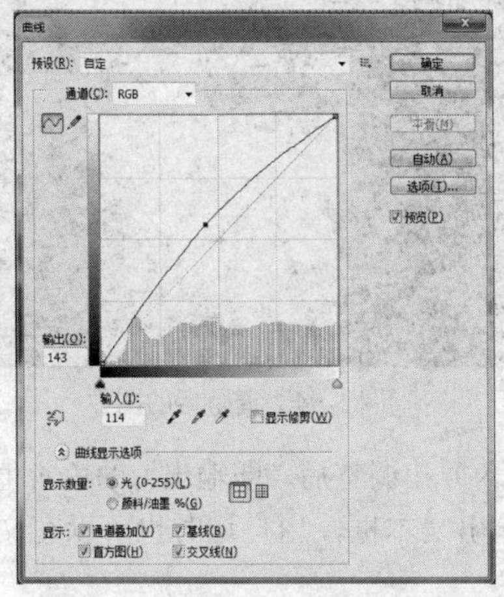

图 5-89　调整了中间控制点的曲线

图 5-90　图像变亮

在曲线上下各添加两个控制点，然后将曲线调整为 S 形，如图 5-91 所示，适合用来增加图像的明暗对比，是常见的 S 形调整。按图 5-91 调整后，图像变为图 5-92 所示效果，亮处更亮些，暗处更暗些，图像层次更清晰。

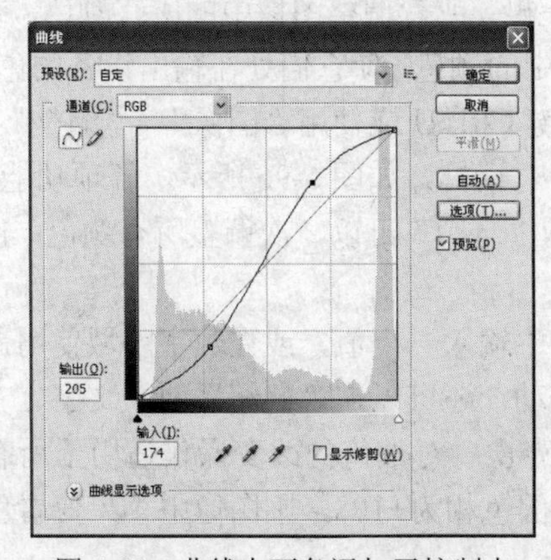

图 5-91　曲线上下各添加了控制点

图 5-92　调整后的图像

“曲线”对话框中的各选项作用如下：

- 色阶水平轴：图形的水平轴表示输入色阶。
- 色阶垂直轴：表示输出色阶，即调整后的图像的色阶值。
- S 形按钮：默认状态，此按钮处于凹下状态，表示起作用，这时可用鼠标在曲线单击添加控制点，也可拖动控制点，调整曲线的形状，即可调整图像的色阶。
- 铅笔按钮：单击该按钮后，鼠标移至曲线区域时指针呈画笔状，这时拖动鼠标可绘制曲线。此时平滑按钮生效，单击它可使绘制的曲线变平滑。如使图像色调调整得比较夸张，发生剧烈变化的效果，可用铅笔画曲线。如图 5-93 所示绘制的曲线，原图变化为如图 5-94 所示。

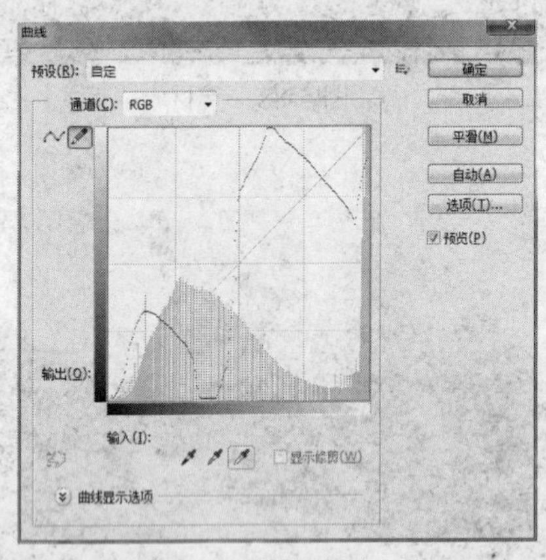

图 5-93　铅笔绘制曲线

图 5-94　调整后的图像

- 输入和输出项：显示某个点的调整前（即输入）和调整后（即输出）的色阶值，如当某个控制处于被选状态时，会出现输入和输出文本框，用户这时也可以在文本框中输入数值，改变控制点的输入和输出色阶。
- 三个吸管：即“设置黑场”、“设置灰场”和“设置白场”按钮，作用同直方图中的三个吸管作用相同。

6. “色相/饱和度”命令

“色相/饱和度”命令主要用来改变图像的色相，如将红色改变绿色、黄色改变为红色等，它可以调整图像中特定颜色分量的色相、饱和度和亮度，或者调整图像中的所有颜色，或选区内图像的颜色。此命令特别适用于微调 CMYK 图像中的颜色，使它们处在输出设备的色域内。

打开素材 flower3.jpg，如图 5-95 所示，按快捷键 Ctrl+U 或使用“图像”>“调整”>“色相/饱和度”菜单命令，都可以打开“色相/饱和度”对话框，如图 5-96 所示，各项功能如下：

- “全图”下拉菜单选择要调整的颜色。选取“全图”可以一次调整所有颜色；也可选择调整某一颜色，如红色、洋红等。
- “色相”：可以拖移滑块，也可以在数字框中输入一个值，或在数字区域使用鼠标滚轮或使用上下箭头键或按住 Ctrl 键左右拖动，还可以在“色相”两个文字上左右拖动鼠标，以改变数值，直至变为满意颜色为止。对数值的改变操作适用于所有类似数值出现的地方。如图 5-97 所示调整全图的色相为+108，则图像中苹果变青色，背景就变为蓝色，图 5-98 所示。

图 5-95　素材 apple.jpg

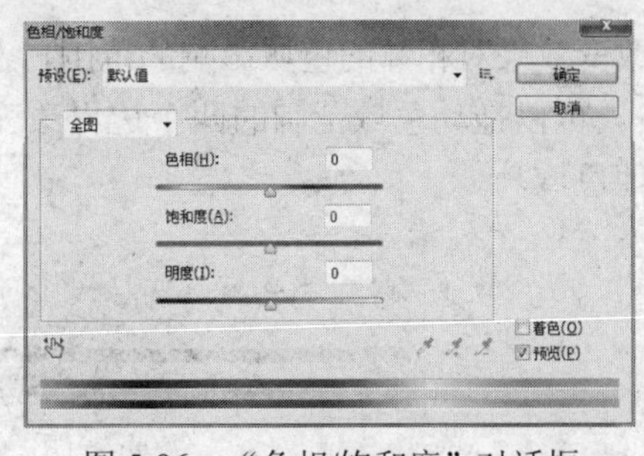

图 5-96　“色相/饱和度”对话框

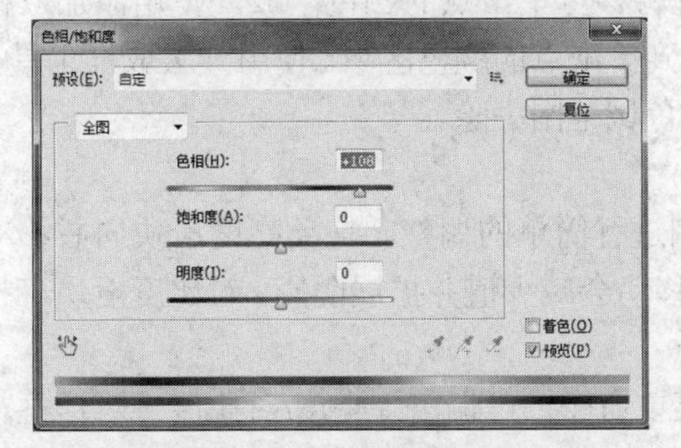

图 5-97　调整了全图色相的对话框

图 5-98 变色后的图像

- “饱和度”：是控制色彩的浓淡程度，当其改变时对话框中下方的第二条色谱条也会随之改变。当全图的饱和度为 0 时，图像变为灰度图。
- “明度”：是控制像素的亮度，向左拖动滑块或减少数值，亮度降低，当数值为-100 时，为黑色，当数值为 100 时，为白色。
- “着色”：其作用将画面改为同一种颜色的效果，用一种单色替代彩色，保留原来像素的明暗度。选择此项后，如果 Photoshop 的前景色是黑色或白色，图像会转换成红色调。如果前景色是其他，则图像转换为当前前景色的色相。一些艺术照片可使用这种方法来实现，即选择单色，然后改变色相即可。给灰度图上色时，常用该项。
- 色谱条：当在编辑选项中选择某单色时，色谱条上会出现一个区域指示，这时吸管工具也变为可用。如图 5-99 所示，在编辑项选择“洋红”，将色相改为+44，则图像中的红花变得更红，其他颜色不变。图 5-100 所示为改变后的图像。

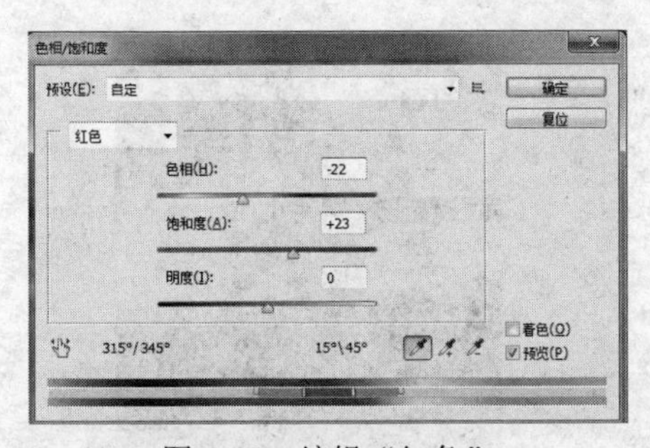

图 5-99　编辑“红色”

图 5-100　苹果更红了

图 5-101 所示的色谱条出现的区域指示为图 5-99 所示的色谱区放大后的，分为中心色域和辐射色域。中心色域指的是图像中要改变的色谱范围，即 315°～345°，辐射色域指的是中心

色域改变效果对相邻的色域影响的范围，左辐射范围为 285°～315°，右辐射范围为 345°～375°。可以拖动色域范围的四个边界改变相应色域范围的大小，在中心色域上拖动鼠标可移到其他色域。

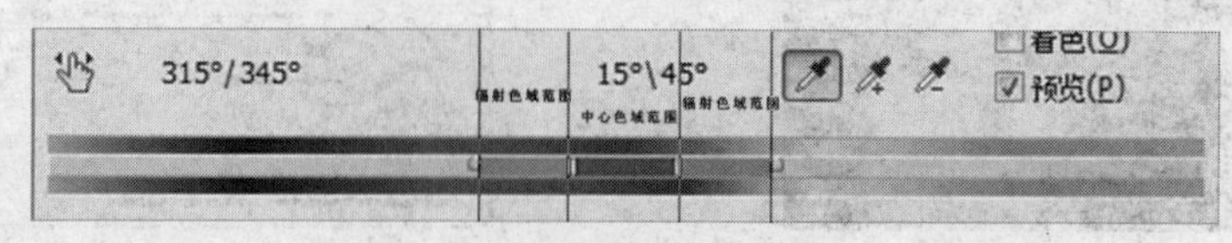

图 5-101　色谱条中的区域指示

- 吸管工具：在图像中单击则色域位置将移至单击点的颜色区域。使用添加取样工具，可以将当前的中心色域范围扩大到单击点的颜色区域。使用减去取样工具，可以将单击点的颜色区域从当前的中心色域范围去除。

7. “亮度/对比度”命令

“亮度/对比度”命令可以对图像的色调范围进行简单的调整。拖动亮度滑块向右移动会增加色调值并扩展图像高光，而将亮度滑块向左移动会减少值并扩展阴影。对比度滑块可扩展或收缩图像中色调值的总体范围。

选择“图像”>“调整”>“亮度/对比度”菜单命令，可调出“亮度/对比度”对话框，如图 5-102 所示。当选定“使用旧版”时，“亮度/对比度”在调整亮度时只是简单地增大或减小所有像素值，不建议使用。如图 5-103 所示素材照片较暗，按照图 5-104 所示调整，照片更清晰，效果如图 5-105 所示。

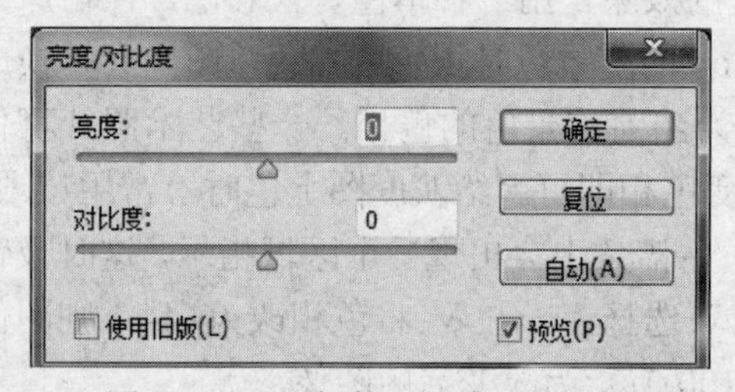

图 5-102　“亮度/对比度”对话框

图 5-103　素材

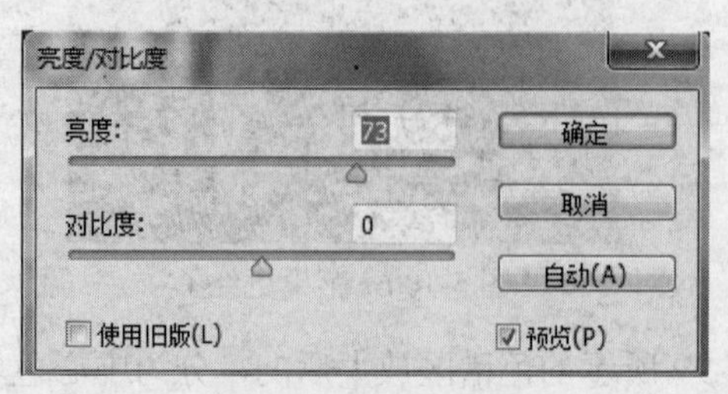

图 5-104　调高亮度

图 5-105　亮度增加

8. “色彩平衡”命令

“色彩平衡”命令可以对图像的色彩进行校正，可更改图像的总体颜色混合。此命令只在查看图像的复合通道时才可用。选择“图像”>“调整”>“色彩平衡”菜单命令或按 Ctrl+B 组合键，可调出“色彩平衡”对话框，如图 5-106 所示。

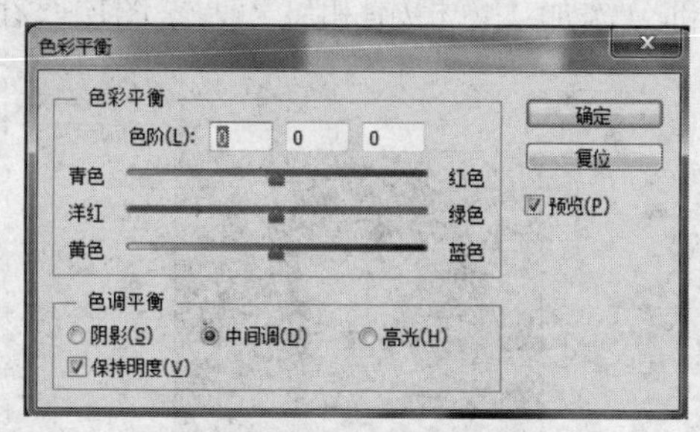

图 5-106　“色彩平衡”对话框

上图中的“色阶”右边的 3 个文本框分别对应下面的三个滑块。拖动滑块或在文本框中输入数值，可调整 RGB 三原色与对应的 CMY 的颜色平衡。根据需要，可将滑块拖向要在图像中增加的颜色，或将滑块拖离要在图像中减少的颜色。在“色调平衡”项，可选择“阴影”、“中间调”或“高光”，来确定图像中更改的色调范围。选择“保持亮度”可防止图像的亮度值随颜色的更改而改变。该项可以保持图像的色调平衡。

三、制作步骤

（1）打开素材。先确认照片的颜色模式是否为 RGB，选择“图像”>“模式”菜单命令，在打开的下级菜单中看“RGB”前是否勾选，如果不是请选择“RGB”，将图像转换成 RGB 格式。

（2）给皮肤上色。用选择工具选取皮肤部分，不选择眼睛，如图 5-107 所示，按组合键 Shift+F6，在打开的对话框中设置羽化值为 3 像素，单击“确定”按钮。单击图层面板上的创建调整图层按钮，在弹出的菜单中选择“色相/饱和度”命令，在打开的对话框中按图 5-108 所示进行设置（注：一定要勾选“着色”复选框），调整皮肤颜色，然后单击“确定”按钮，创建调整图层，将该图层命名为“皮肤上色”。

注意：将选区羽化的目的是上色后使边缘颜色更自然。

图 5-107　选择皮肤

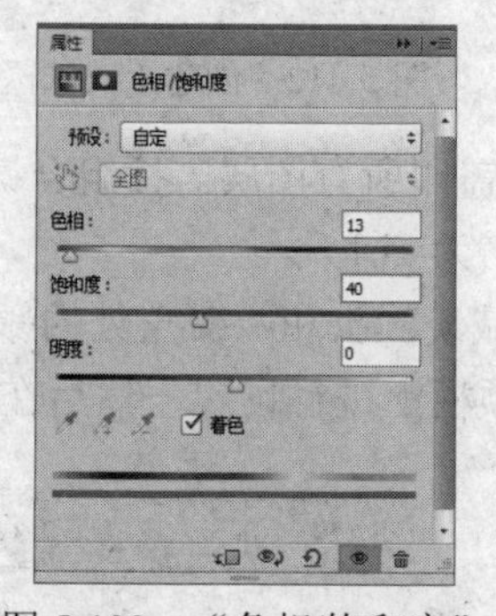

图 5-108　“色相/饱和度”

（3）给嘴唇上色。选嘴唇区域，如图 5-109 所示，将选区羽化 1 像素。添加新图层，在新图层中将选区填充为红色，在图层面板上设置该图层的混合模式为“柔光”，如颜色还较浓，可降低图层的不透明度，调至颜色自然即可，小女孩的唇部颜色要淡些。

（4）给头部上色。选择背景层的头部区域，如图 5-110 所示，将选区羽化 2 像素。用与步骤（2）同样的方法为该部分添加“色相/饱和度”调整图层，在“色相/饱和度”对话框中进行设置，如图 5-111 所示。

图 5-109　选择嘴唇

图 5-110　创建头部选区

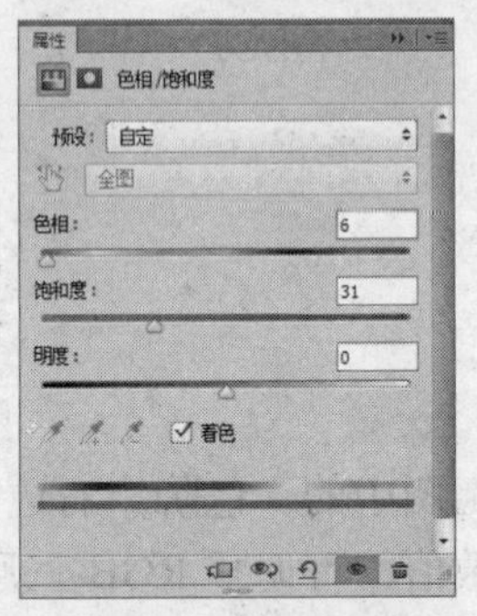

图 5-111　“色相/饱和度”

（5）给上衣上色。本步为利用图层的混合模式着色。在背景图层选择上衣区域，如图 5-112 所示，将选区羽化值设为 2 像素。单击图层面板上的新建图层按钮，创建新图层，并将该图层命名为“上衣”，设置新图层的混合模式为“叠加”，设置前景色为玫瑰红（#d0438e），按 Alt+Del 快捷键将选区填色，上衣着色为浅玫瑰红。

（6）采用上面步骤中所讲的方法给下身衣服、头花、背景及背景中的鲜花（可用魔棒工具来选择）着色，效果如图 5-113 所示。

图 5-112　创建上衣选区

图 5-113　全部上色后

（7）盖印所有图层。按组合键 Ctrl+Alt+Shift+E 将所有图层合并后复制得到一个新图层，将图层命名为 girl。

（8）减淡额头和两鬓角处的颜色。额头和两鬓角处的颜色偏黄，使用减淡工具，如图 5-114 所示在选项栏上进行设置，然后在额头和两鬓角处拖动，使黄色减淡，颜色自然即停止拖动。

图 5-114　“减淡工具”选项栏

（9）调整眼睛的对比度。在背景层上选择眼睛，单击图层面板上的创建调整图层按钮，在弹出的菜单中选择“曲线”命令，如图 5-115 所示，在打开的对话框中进行调整，上面的 A 点处向上拖动，B 点处向下拖动，图像中眼睛明亮了许多，然后单击“确定”按钮，创建曲线调整图层。再按组合键 Ctrl+E 将曲线调整图层与 girl 图层合并。

（10）调整整个图像的色阶。单击“图像”>“调整”>“色阶”菜单命令，打开“色阶”对话框，拖动输入色阶右侧滑块（高亮区域）至 235 处，左侧滑块（阴影区域）至 3，如图 5-116 所示，单击“确定”按钮。图像亮度增加，如效果图所示，保存文件。

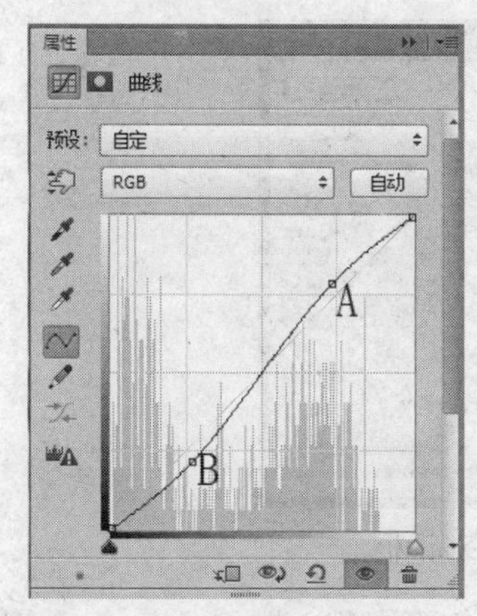

图 5-115　“曲线”对话框

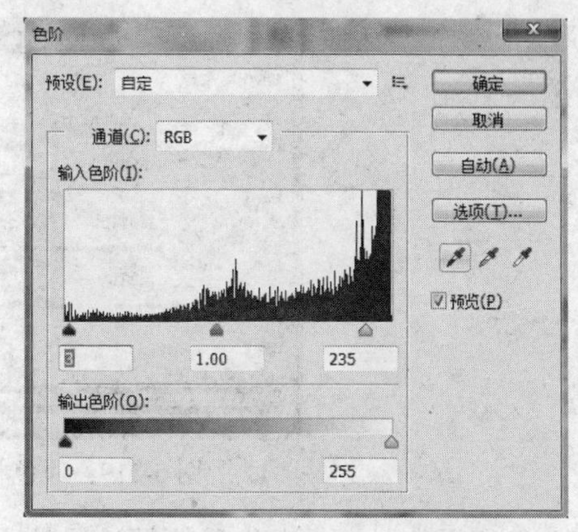

图 5-116　“色阶”对话框

（11）利用自动色阶处理整个图像。执行“图像”>“调整”>“自动色阶”菜单命令，整个图像色彩会更自然，更舒服，最终效果如图 5-75 所示。保存文件。

四、技能拓展

（一）图像的通用调色方法

制作目的

原图如图 5-117 所示，效果如图 5-118 所示。通过将照片进行自动色阶、色相/饱和度、色彩平衡和高反差保留等处理后，图像的色彩会更鲜艳、细节会更清晰。通过本例制作进一步理解色阶、色相/饱和度和色彩平衡等命令的作用及使用方法。

图 5-117　素材-flower4

图 5-118　效果图

制作步骤

（1）自动色阶处理。先打开素材文件，按 Ctrl+Shift+L 组合键，对图片进行自动色阶处理，这时会觉得眼前一亮的感觉，整个图像色调明快不少。

（2）增加颜色的饱和度。按 Ctrl+U 组合键，系统弹出“色相/饱和度”对话框，“饱和度”增加 18（注意：增加量要适当，过量时图像色彩就会很假），如图 5-119 所示，图片上叶子会更绿了，花心部分颜色也更艳丽，单击“确定”按钮。

图 5-119 “色相/饱和度”对话框

（3）色彩平衡处理。本步目的是让绿叶更绿，花颜色更自然。按 Ctrl+B 组合键，调出“色彩平衡”对话框，主要调整“阴影”和“高光”。选择“阴影”，因在图像中处于阴影区域的主要是绿叶，所以增加一些青色和绿色，如图 5-120 所示设置。再选择“高光”，图像中高光有花和绿叶，所以增加些红色和绿色，如图 5-121 所示设置，然后单击“确定”按钮。注意：一定要选择“保持亮度”。

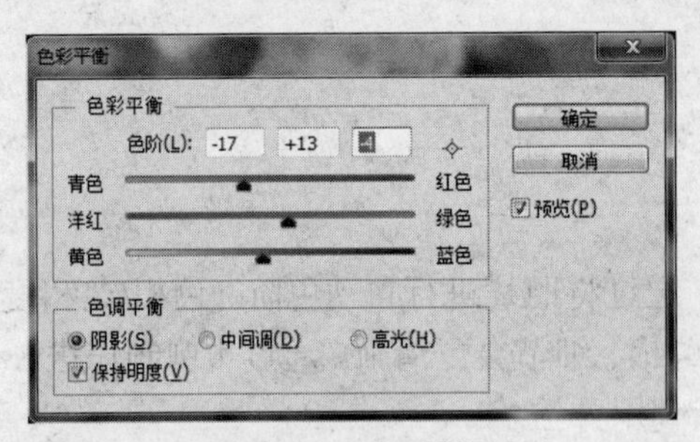

图 5-120 调整“阴影”

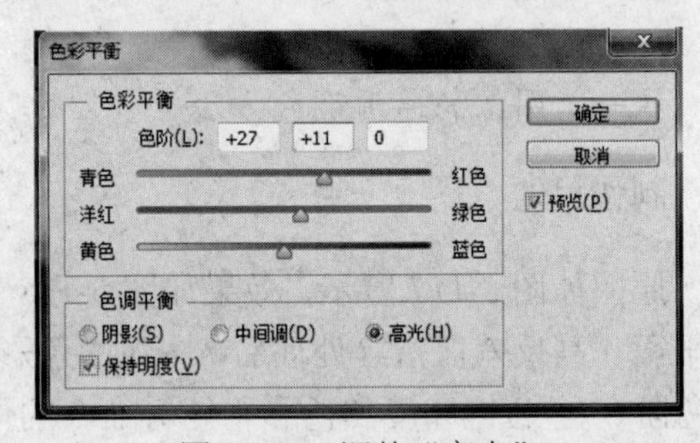

图 5-121 调整“高光”

（4）锐化处理。本步制作目的是使图像中的细节更清晰，如轮廓线。先在图层面板上将背景图复制一份，得新图层，命名为图层 1。然后对图层 1 执行“滤镜”>“其他”>“高反差保留”菜单命令，调出“高反差保留”对话框，设置半径为 1 像素，如图 5-122 所示，单击“确定”按钮。这时图层 1 变为灰度图，图像轮廓线高光显示出来，其他为灰色。

（5）设置图层混合模式。在图层面板上设置图层 1 的混合模式为“柔光”，可滤去当前图层的灰色，保留高光部分，即轮廓线。这时画布上的图像细节就更清晰了。如需再加强细节，可将图层 1 先复制一份，本例将图层 1 复制了两次，图层面板如图 5-123 所示。制作完成，保存文件。

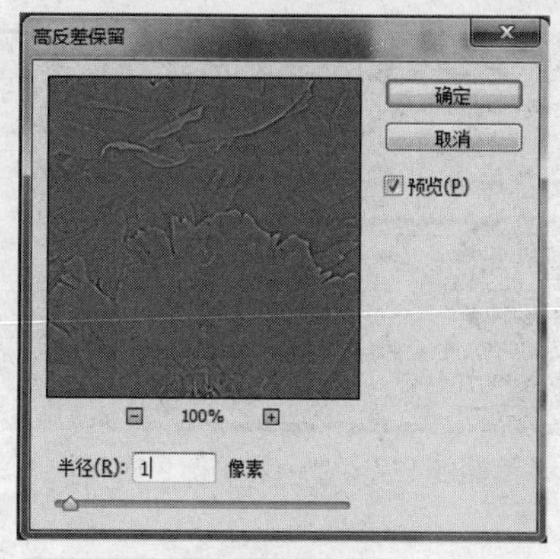

图 5-122　“高反差保留”对话框

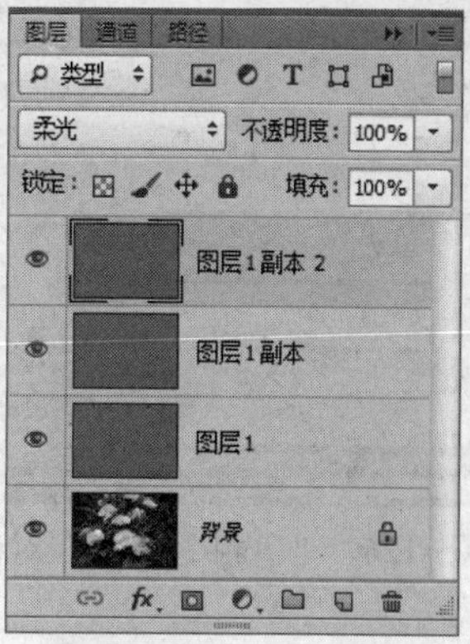

图 5-123　图层面板

（二）图像老旧化处理

制作目的

通过将彩色照片老旧化处理，加深对色相/饱和度、色彩平衡和亮度/对比度等命令功能的理解。本例原图如图 5-124 所示，效果图如图 5-125 所示。

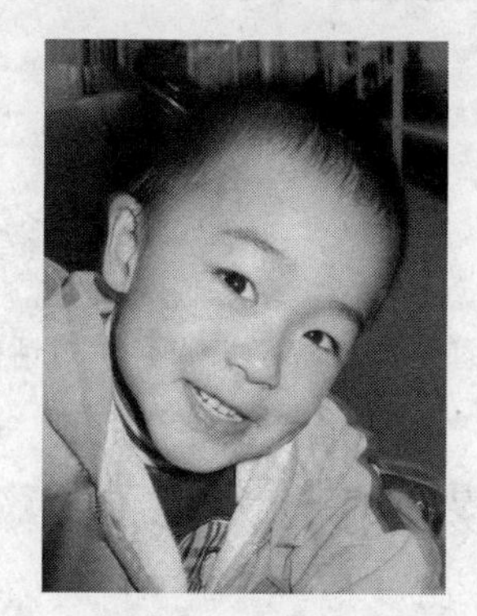

图 5-124　原图

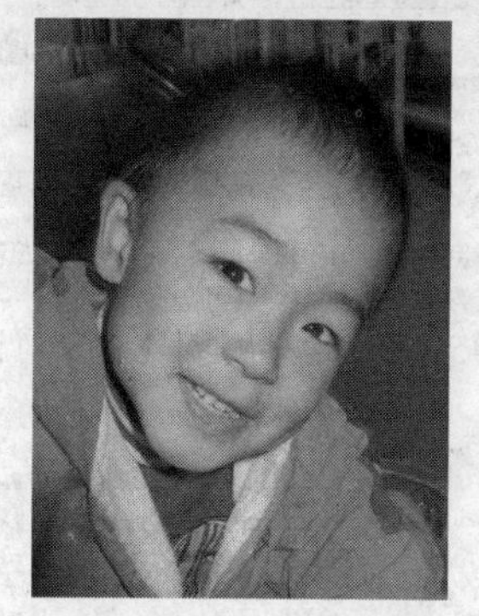

图 5-125　效果图

制作步骤

（1）打开素材，如图 5-124 所示，为一张彩色图片。

（2）去除彩色图像的颜色。按 Ctrl+U 组合键，系统弹出“色相/饱和度”对话框，调整“饱和度”值为-100，图像的彩色消失，其他值不改动，如图 5-126 所示，单击“确定”按钮。

（3）给图片添加黄色，产生旧照片色调。按 Ctrl+B 组合键，系统弹出“色彩平衡”对话框，给图片添加黄色和红色，如图 5-127 所示进行设置，然后单击“确定”按钮。

（4）降低图片的亮度和对比度。选择“图像”>“调整”>“亮度/对比度”菜单命令，调出“亮度/对比度”对话框，将亮度和对比度都调低，如图 5-128 进行设置，然后单击“确定”按钮。

（5）添加杂色。选择“滤镜”>“杂色”>“添加杂色”菜单命令，调出“添加杂色”对话框，设置数量为 2.5%，分布为高斯分布，并勾选单色复选框，如图 5-129 所示，然后单击“确定”按钮。制作完成，效果如图 5-125 所示，保存文件。

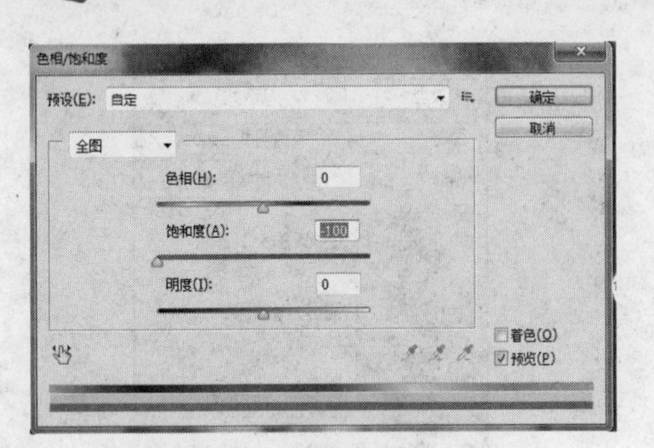

图 5-126 “色相/饱和度”对话框

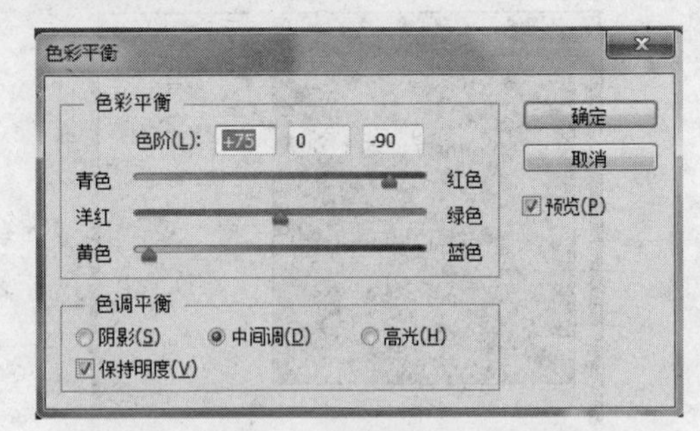

图 5-127 “色彩平衡”对话框

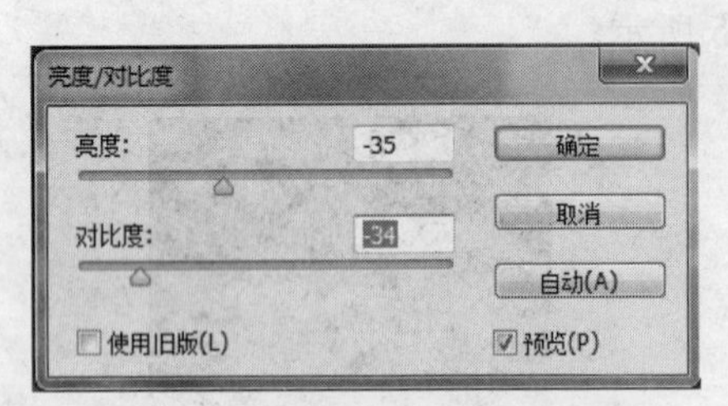

图 5-128 “亮度/对比度”对话框

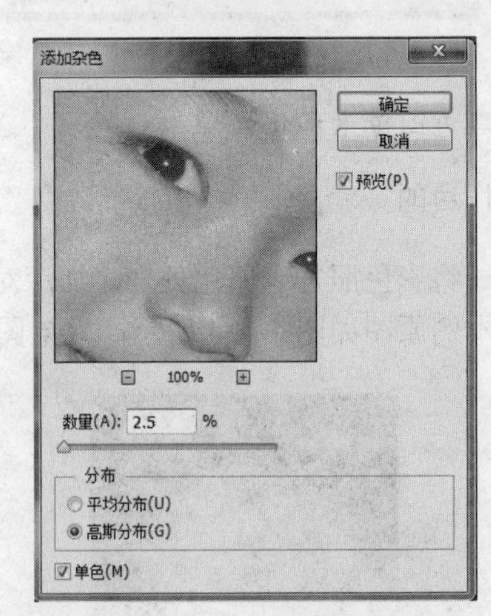

图 5-129 “添加杂色”对话框

5.3 『案例』彩色照片变为黑白照片

主要学习内容：

- 自动色调及自动对比度命令
- 自动颜色、自然饱和度及去色
- 替换颜色、匹配颜色及可选颜色
- 通道混合器、渐变映射及照片滤镜
- 阴影/高光命令、黑白及反相
- 色调均化、阈值及色调分离
- 变化

一、制作目的

素材为图片 psu.jpg，本例主要介绍了五种将彩色照片变为黑白照片的方法，主要利用“通道混合器”、“黑白”、“色相\饱和度”、“去色”等命令，通过制作掌握相应知识。这里所提的黑白照片在 Photoshop 中准确地说应是灰度图。

二、相关技能

1. 自动色调

自动色调命令可以自动调整图像中的黑场和白场，将每个颜色通道中最亮的像素映射到纯白（色阶为 255），最暗的像素映射到纯黑（色阶为 0），中间像素值按比例重新分布，增强图像的对比度，对一些发灰或过亮的图像可改善其清晰度。

打开素材 yellow.jpg，如图 5-130 所示，执行“图像”>“自动色调”命令，Photoshop 自动调整图像的色调，图像变清晰了，整体也明快了不少，如图 5-131 所示。

图 5-130 素材 yellow.jpg

图 5-131 使用“自动色调”后

2. 自动对比度

执行自动对比度命令，系统可自动调整图像中像素的对比度，使图像的对比度更合理，改变图像中对比度不合适的区域。

打开素材 dog.jpg，如图 5-132 所示，图像整体偏暗，执行“图像”> “自动对比度”菜单命令，图像对比度增强，图像变清晰了，如图 5-133 所示。

图 5-132 素材 dog.jpg

图 5-133 使用“自动对比度”后

3. 自动颜色

“自动颜色”命令是通过搜索图像来标识图像的高光、中间调和阴影，从而调整图像的颜色和对比度。默认情况下，“自动颜色”使用 RGB 128 灰色这一目标颜色来中和中间调，并将阴影和高光像素剪切 0.5%，可以在“自动颜色校正选项”对话框中更改这些默认值。用此命令可校正偏色的图像。

打开素材 boy4.jpg，如图 5-134 所示，这是室内照，颜色稍偏黄，执行“图像”>“自动颜色”命令，图像颜色更自然，如图 5-135 所示。

图 5-134　素材 boy4.jpg

图 5-135　调整后

4. 自然饱和度

“自然饱和度”的作用是调整图像色彩饱和度，该命令增加色彩饱和度的同时会防止颜色过于饱和而出现溢色，很适合处理人物图像。

如图 5-136 所示素材，由于光线过亮，人物肤色过白，执行“图像”>“调整”>“自然饱和度”命令，打开“自然饱和度”对话框，该对话框中有“自然饱和度”和“饱和度”两个调整滑块，向左拖动减少值，反之则增加值。将“自然饱和度”调整为 37，“饱和度”调整为+20，如图 5-137 所示，效果如图 5-138 所示。

图 5-136　素材

图 5-137　“自然饱和度”对话框

图 5-138　效果图

5. 去色

单击“图像”>“调整”>“去色”菜单命令，可将彩色图像的颜色去除，图像变为灰色图像。

6. 替换颜色

替换颜色命令可以选中图像中的特定颜色，更改该颜色的色相、饱和度和明度。单击“图像”>“调整”>“替换颜色”菜单命令，可弹出“替换颜色”对话框，如图 5-139 所示。对话框中各项含义如下：

- “本地化颜色簇”：勾选此项，可以在图像中选择颜色相近且连续的颜色。
- 吸管工具：用吸管工具 在图像上单击，可选择单击处的颜色。 工具在图像上单击，可以加选颜色， 工具单击已选的颜色，则从选区中减去单击的颜色。当对话框中选择“选区”项时，选择的颜色选区以白色显示，未选的区域以黑色显示，灰色表示未完全选区域。
- 颜色块：直接单击颜色块，打开“拾色器”对话框，选择合适的颜色，表示要在图像中选择的颜色。
- 颜色容差：用于设置颜色选择的精度。值越大，选择的颜色范围越大。

- 选区、图像：选择选区，则对话框中的预览区以蒙版显示图像，即黑白图像；选择图像，在对话框中的预览区显示原图像，不显示选区。
- 替换：拖动各滑块可以更改选择颜色的色相、饱和度和明度。
- 结果颜色块：用户也可以直接单击结果颜色块，系统打开“拾色器”对话框，用户选择替换选区颜色的颜色。

例：素材如图 5-140 所示，执行“替换颜色”命令，然后将鼠标移至画布中红色上单击，在“替换颜色”对话框中拖动“颜色容差”滑块至值为 120 处，选择红色区域，如图 5-139 所示，将色相拖至-63，然后单击“确定”按钮，图中红色被紫色替代，如图 5-141 所示。

图 5-139 “替换颜色”对话框

图 5-140 原图

图 5-141 替换颜色后

7. 匹配颜色

“匹配颜色”命令将一个图像（源图像）的颜色与另一个图像（目标图像）中的颜色相匹配，也可匹配同一个图像中不同图层之间的颜色。此命令非常适用于使不同照片中的颜色保持一致，或者一个图像中的某些颜色必须与另一个图像中的颜色匹配。该命令仅对 RGB 模式的图像起作用。

选择“图像”>“调整”>“匹配颜色”菜单命令，可打开“匹配颜色”对话框。特别注意在执行该命令时，源图像和目标图像均需已打开。

打开两个素材文件 pp1-1.jpg 和 pp1-2.jpg，如图 5-142 和图 5-143 所示。先选图 pp1-1.jpg 为当前编辑文件，执行“图像”>“调整”>“匹配颜色”菜单命令，在打开的对话框中设置源为 pp1-2.jpg，如图 5-144 所示设置，然后单击“确定”按钮，效果如图 5-145 所示。

图 5-142 素材 pp1-1.jpg

图 5-143 素材 pp1-2.jpg

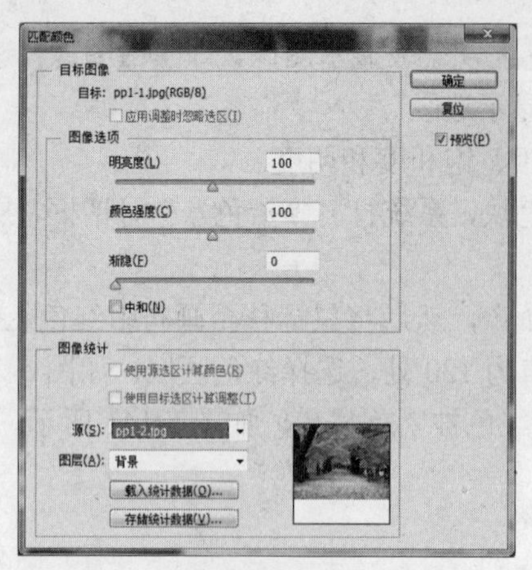

图 5-144 “匹配颜色” 对话框

图 5-145 匹配颜色后

图 5-144 中的“中和”选项作用是将使用颜色匹配的效果减半，保留原图像的部分色调，效果图如图 5-146 所示。

如果目标图像中有选区存在，在“匹配颜色”对话框中的“应用调整时忽略选区”项有效，此时，如不勾选“应用调整时忽略选区”项，则颜色匹配只对选区有效，选择则对全图有效。图 5-147 所示是只对目标图像中创建的选区进行颜色匹配的效果图。

图 5-146 “中和”效果

图 5-147 只对选区进行颜色匹配

图像选项中的“明亮度”可以增加或减小图像的亮度。“颜色强度”可以调整色彩的饱和度。

“匹配颜色”对话框的“渐隐”项是控制匹配颜色应用于图像的强度，如“渐隐”滑块向右移动，则渐隐值越大，匹配颜色应用于图像的强度就越小，即匹配颜色效果越不明显；向左拖动滑块，则匹配颜色效果会越明显。

如将上面素材文件 pp1-2.jpg 作为目标文件，素材 pp1-2.jpg 作为源文件进行颜色匹配，亮度为 122，颜色强度为 165，渐隐为 25，未选择中和，如图 5-148 所示，效果如图 5-149 所示。

8. 可选颜色

“可选颜色”调整是高端扫描仪和分色程序使用的一种技术，通过调整印刷颜色的油墨含量来控制颜色。印刷颜色由青色、洋红、黄色和黑色四种油墨混合而成。

选择“图像”>“调整”>“可选颜色”菜单命令，可打开“可选颜色”对话框，如图 5-150 所示。用户在“颜色”下拉列表选择修改的颜色，然后在对话框中拖动各颜色滑块即调整相应印刷颜色的油墨含量。调整任何主要颜色中的印刷色数量，不会影响其他主要颜色。例如，利用“可选颜色”减少图像绿色像素中的黑色，而不会影响图像中蓝色像素中的黑色。

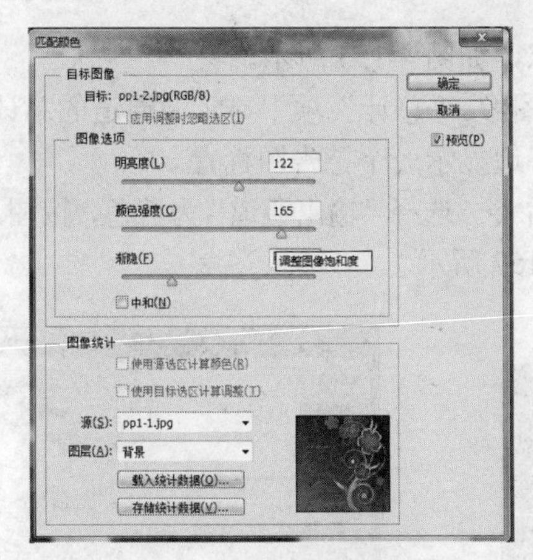

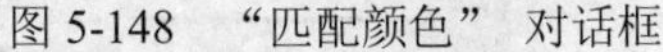

图 5-148　“匹配颜色”对话框

图 5-149　匹配颜色后

对话框中的“方法”栏有“相对”和“绝对”两项。“相对”是指按照总量的百分比更改现有的青色、洋红、黄色或黑色的量。“绝对”则是采用绝对值调整颜色。

9. 通道混合器

利用“通道混合器”命令，通过改变颜色通道所含颜色的百分比，可以创建高品质的灰度图像、棕褐色调图像或其他色调图像。

执行“图像”>“调整”>“通道混合器”菜单命令，可打开“通道混合器”对话框，如图 5-151 所示。对话框中各选项含义如下：

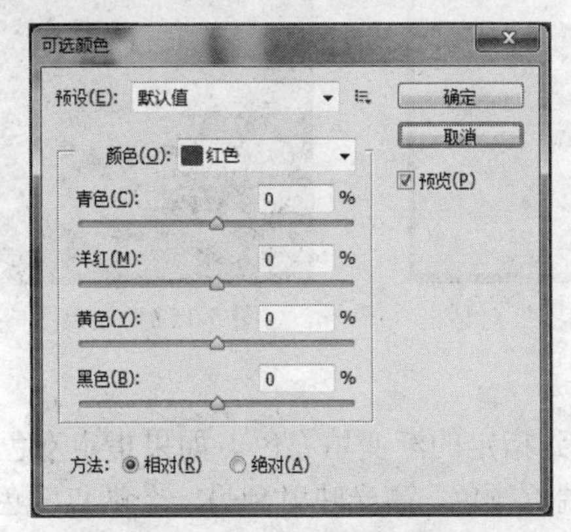

图 5-150　“可选颜色”对话框

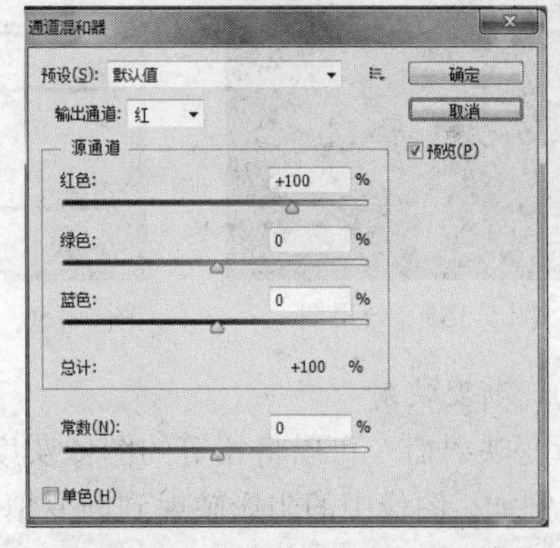

图 5-151　“通道混和器”对话框

“预设”：该选项的下拉列表中包括了 Photoshop 提供的预设调整设置文件，可用于创建各种黑白效果。该下拉列表如图 5-152 所示。

“输出通道”：选择要调整的通道。图像 RGB 颜色模式下，有红、绿和蓝三个通道保存图像的色彩信息，RGB 通道是三个通道混合后的效果。

“源通道”：用来调整输出通道中源通道所占的百分比。将滑块向左拖动，则减小该通道在输出通道中所占的百分比，向右拖动则增加所占的百分比。

“常数”用于调整输出通道的灰度值，负值增加更多的黑色，正值增加更多的白色。-200%值将使输出通道成为全黑，而+200%值将使输出通道成为全白；素材如图 5-153 所示，执行“通道混合器”命令后，选择“输出通道”为红色通道，只将常数调至-200，红通道全黑，如图

5-154 所示。图像中的花变为蓝色，草也变得特别绿，如图 4-155 所示。

“单色”项，选中此项可将彩色图像变为灰色图像。“总计”项中显示源通道的总计值。如果合并的通道值高于 100%，系统会在总计数值旁边显示一个警告图标⚠。

仍使用图 5-153 所示素材，执行“通道混合器”命令，选择“输出通道”为蓝色，按图 5-156 所示进行设置，则图片变成另外一种色调，如图 5-157 所示。

图 5-152 预设

图 5-153 素材

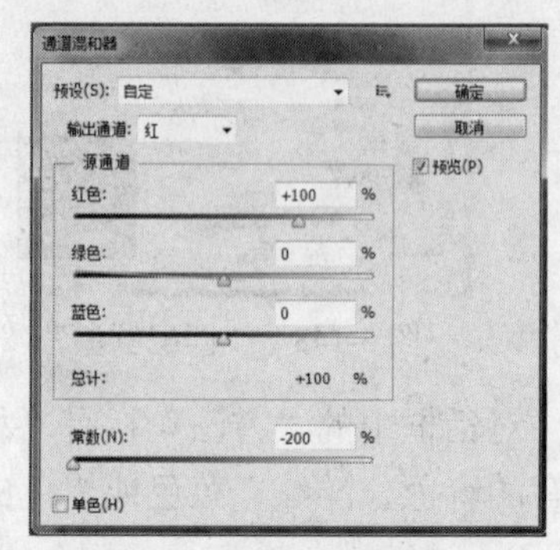

图 5-154 通道混和器对话框

图 5-155 效果图

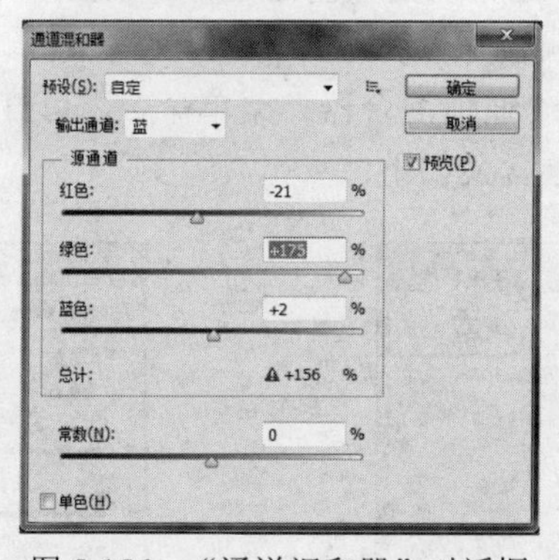

图 5-156 “通道混和器”对话框

图 5-157 效果图

10. 渐变映射

渐变映射命令可以将相等的图像灰度范围映射到指定的渐变填充色。如果指定双色渐变填充，例如，图像中的阴影映射到渐变填充的一个端点颜色，高光映射到另一个端点颜色，则中间调映射到两个端点颜色之间的渐变。选择“图像”>“调整”>“渐变映射”菜单命令，可打开“渐变映射”对话框。

仍使用图 5-153 所示素材，执行渐变映射命令，选择色谱渐变，如图 5-158 所示设置，效果如图 5-159 所示。

图 5-158 “渐变映射”对话框

图 5-159 渐变映射后的效果图

在“渐变映射”对话框的“渐变选项”中有“仿色”和“反向”复选框。“仿色”表示添加随机杂色以平滑渐变填充的外观并减少带宽效应。“反向”切换渐变填充的方向，以反向渐变映射。

11. 照片滤镜

“照片滤镜”命令是模仿在相机镜头前面添加彩色滤镜，从而调整通过镜头传输的光的色彩平衡和色温，使胶片曝光的效果。选择“图像”>“调整”>“照片滤镜”菜单命令，或单击图层面板上“新建调整图层”按钮，在打开的菜单中选择“照片滤镜”命令，都可以打开“照片滤镜”对话框，如图5-160所示。用户利用“照片滤镜”命令可选择系统预设的颜色，对图像进行色相调整，也可单击对话框中颜色块自定颜色来调整图像。“浓度”值越大，滤镜或颜色对图像作用越强。

打开图5-161所示素材，执行“照片滤镜”命令，使用滤镜为“洋红”，浓度为70%，图像由黄色调变为红色调，如图5-162所示。

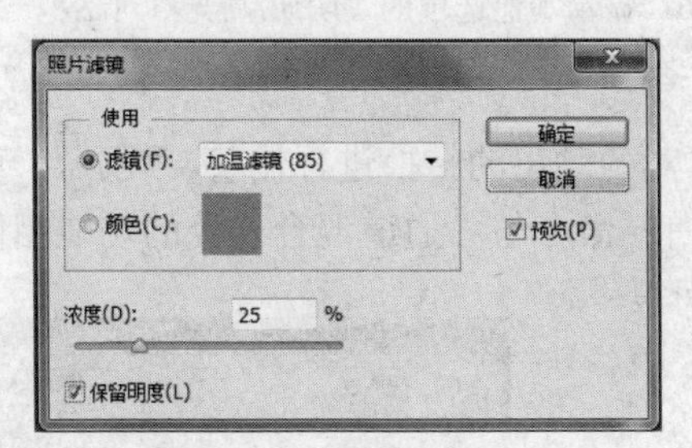

图5-160 “照片滤镜”对话框

图5-161 素材

图5-162 效果图

12. 阴影/高光

“阴影/高光”命令适用于校正因强逆光而形成剪影的照片，或者校正由于太接近相机闪光灯而有些发白的焦点。“阴影/高光”命令也可用于使阴影区域变亮。

选择“图像”>“调整”>“阴影/高光”菜单命令，可打开其对话框。打开图5-163所示素材，执行“阴影/高光”命令，如图5-164进行设置，效果如图5-165所示。

图5-163 素材 boy4.jpg

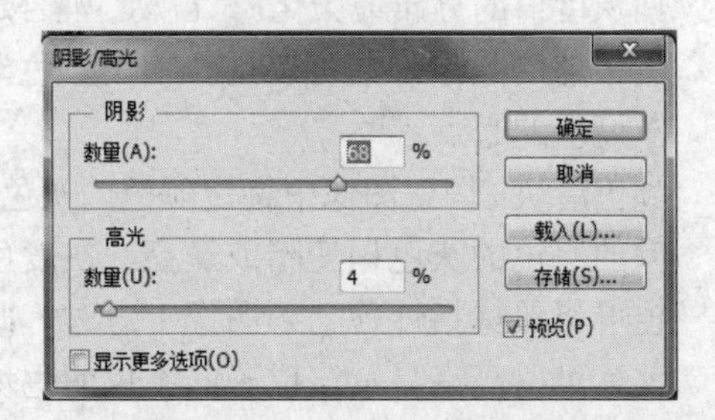

图5-164 “阴影/高光”对话框

在“阴影/高光”对话框可以拖动“阴影”和“高光”数量滑块调整图像，值越大，为阴影提供的亮度或者为高光提供的变暗程度越大。对话框中的默认值设置为修复具有逆光问题的图像。如果选择对话框中“显示其他选项”复选框，则对话框变为如图5-166所示。“阴影/高光”命令还有“中间调对比度”滑块、“修剪黑色”选项和“修剪白色”选项，用于调整图像的整体对比度。

图 5-165　“阴影/高光”处理后

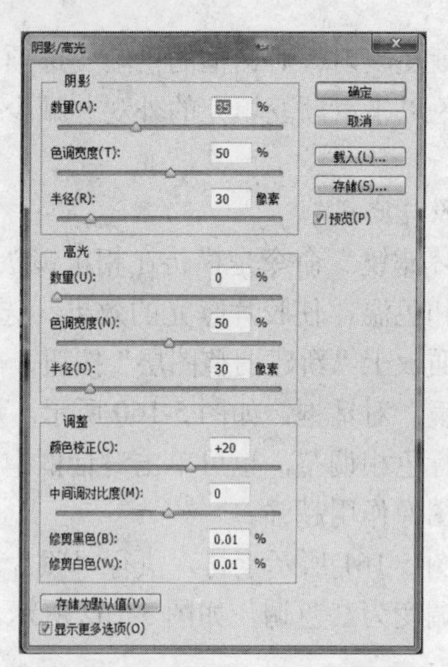

图 5-166　显示其他选项的“阴影/高光”对话框

13. 黑白

黑白命令可将彩色图像转换为灰度图像，同时可对各颜色的转换进行调整，“色调”项通过对灰度图像添加色调，如添加洋红色效果等。“黑白”命令与“通道混合器”的功能相似。“黑白”命令的好处在于用户对调整黑白图像的空间很大，既包括了 RGB 的三原色调整，也包括了 CMYK 中的三种基本颜色调整。

选择“图像”>“调整”>“黑白”菜单命令，可打开“黑白”对话框，如图 5-167 所示。对话框中各项含义如下：

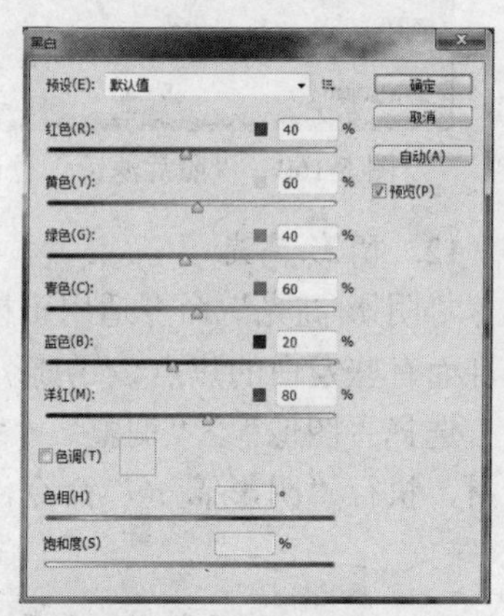

图 5-167　“黑白”对话框

- 预设：可以在下拉列表中选择预定义的灰度混合或以前存储的混合，应用到当前图像上。
- 自动：设置基于图像的颜色值的灰度混合，并使灰度值的分布最大化。“自动”混合通常会产生极佳的效果，并可以用作使用颜色滑块调整灰度值的起点。
- 颜色滑块：调整图像中特定颜色的灰色调。可将滑块向左拖动或向右拖动分别可使图像的原色的灰色调变暗或变亮。灰度色谱显示颜色成分将如何在灰度转换中变暗。也可将鼠标指针移动到图像上方时，此指针将变为吸管。单击某个图像区域并按住鼠标可以高亮显示该位置的主色的色块。单击并拖动可移动该颜色的颜色滑块，从而使该颜色在图像中变暗或变亮。单击并释放可高亮显示选定滑块的文本框。按住 Alt 键并单击某个色块可将单个滑块复位到其初始设置。
- 色调：选择该项，可对灰度应用色调，然后根据需要调整“色相”滑块和“饱和度”滑块。“色相”滑块可更改色调颜色，而“饱和度”滑块可提高或降低颜色的集中度。单击色块可打开拾色器并进一步微调色调颜色。

如图 5-168 所示素材 mei.jpg，执行“黑白”命令，在打开的对话框中各颜色设置采用默认值，勾选“色调”项，调整“色相”值为 13，饱和度值为 39%，图像呈现粉红色调，如图 5-169 所示。

图 5-168　素材

图 5-169　“黑白”命令处理后

14. 反相

“反相”命令可将图像中的颜色反转。对图像反相时，通道中每个像素的亮度值都会转换为 256 级颜色值标度上相反的值。例如，正片图像中值为 0 的像素会被转换为 255，值为 245 的像素会被转换为 10。

选择“图像”>“调整”>“反相”菜单命令，即可将图像反相。图 5-170 为图 5-153 所示素材反相后的效果。

15. 色调均化

使用“色调分离”命令，系统指定图像中每个通道的色调级（或亮度值）的数目，然后将像素映射为最接近的匹配级别。选择“图像”>“调整”>“色调均化”菜单命令，即对图像进行色调处理。打开图 5-153 所示素材，执行“色调均化”命令后，效果如图 5-171 所示。

图 5-170　反相后

图 5-171　“色调均化”后

16. 阈值

“阈值”命令将灰度或彩色图像转换为高对比度的黑白图像，仅有黑白两色，可以模拟手绘效果。用户可以指定某个色阶作为阈值，则图像中所有比阈值亮的像素转换为白色；而所有比阈值暗的像素转换为黑色。选择“图像”>“调整”>“阈值”菜单命令，即可打开“阈值”对话框，如图 5-172 所示。对图 5-153 所示的素材执行“阈值”命令，阈值分别设置为 85、136，效果如图 5-173、图 5-174 所示。

17. 色调分离

利用色调分离可得到老照片效果，或电影中回忆场景效果。

选取“图像”>“调整”>“色调分离”菜单命令，可打开“色调分离”对话框，如图 5-175 所示。色阶值越小，色调分离效果越强；色阶值越大，色调分离效果越弱，效果图就越接近原图。对图 5-153 所示素材，以色阶值为 2 色调分离后的效果如图 5-176 所示。

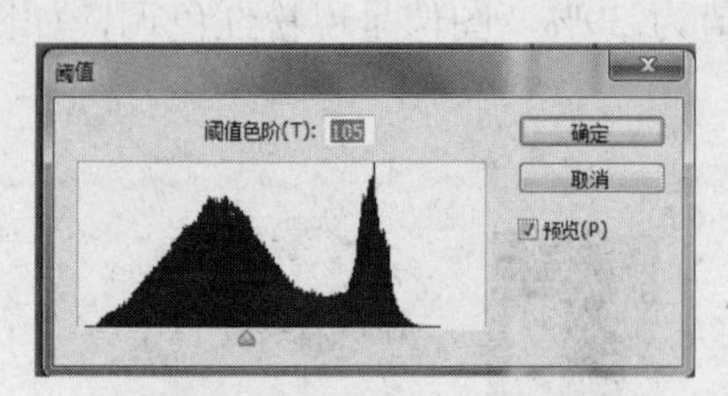

图 5-172 “阈值”对话框

图 5-173 效果图 1

图 5-174 效果图 2

图 5-175 “色调分离”对话框

图 5-176 色调分离后效果图

18. 变化

选取“图像”>“调整”>“变化”菜单命令，可打开“变化”对话框。“变化”命令显示效果的缩览图，使用户可以方便、直观地调整图像的色彩平衡、对比度和饱和度。该命令适合初学者，它对于不需要精确颜色调整的平均色调图像很有用。该命令不适用于索引颜色图像或 16 位/通道的图像。

该命令对话框如图 5-177 所示。对话框上部的两个缩览图显示原始选区（原图）和包含当前选定的调整内容的选区（当前挑选）。第一次打开该对话框时，这两个图像是一样的。用户对参数的调整，“当前挑选”图像将随之更改显示调整的效果。

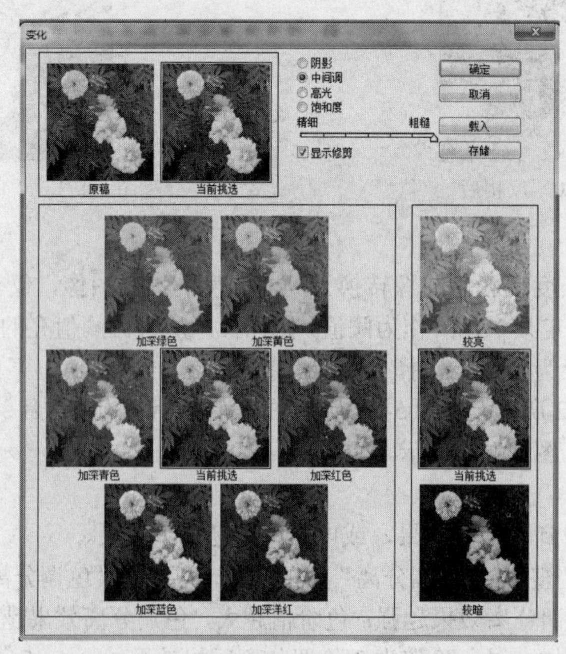

图 5-177 “变化”对话框

“加深绿色”、“加深黄色”等缩览图：对话框下侧的 7 个缩览图的中间，显示“当前挑选”缩览图，用来显示调整结果，其他 6 个缩览图用来调整颜色，单击任一个即将相应的颜色添加到图像调整结果中，连续单击可以累加添加该颜色；如果减少一种颜色，可单击其对角的颜色（即互补色）缩览图。如要减少绿色，则单击“加深洋红”缩览图。

“显示修剪”：选择此项，当设置颜色饱和度超出最高限值时（即溢色），颜色会被修剪，对话框的缩览图中会标识出溢色区域。

“精细/粗糙”：用于控制每次的调整量，每移动一格滑块，可以使调整量双倍增加。

三、制作步骤

方法一：改为灰度模式。

打开素材，执行“图像”>“模式”> “灰度”菜单命令，打开“信息”对话框，如图 5-178 所示，单击“扔掉”按钮，彩色照片变为黑白照片，将结果另存储为“黑白图像 1.jpg”和“黑白图像 1.PSD”。这样得到的图像显得平淡，立体感不强。如图 5-179 所示。

方法二：利用去色命令。

（1）在历史记录面板中，将状态退回到素材刚打开状态。

（2）执行“去色”命令。执行“图像”>“调整”>“去色”菜单命令，或按快捷键 Ctrl+Shift+U，效果如图 5-180 所示，这种操作得到的黑白图像与方法一效果差不多。

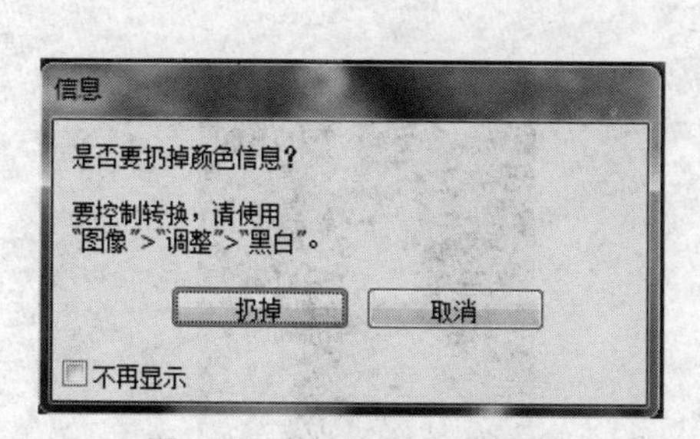

图 5-178　“信息”对话框

图 5-179　灰度模式效果

图 5-180　去色效果

（3）将结果另存储为“黑白图像 2.jpg”。

方法三：使用“色相/饱和度”命令。

（1）还是使用上面的素材。

（2）建立“色相/饱和度”调整图层。选择“图层”>“新的调整图层”>“色相/饱和度”菜单命令，在打开的“新建图层”对话框的“模式”下拉列表中选择“颜色”，如图 5-181 所示，单击“确定”按钮。系统创建“色相/饱和度 1”图层，并在“属性”面板上显示出“色相/饱和度”设置项。

（3）再建立“色相/饱和度”调整图层。再新增一个“色相/饱和度调整图层”，这次将饱和度调整为-100。单击“确定”按钮。这时画布上已显示黑白照片。

（4）复制第一次创建的“色相/饱和度”调整图层。将第一个“色相/饱和度调整图层”拖到图层面板下方的“创建新的图层”按钮上，复制一个调整图层。将复制的调整图层模式由

“颜色”改为“叠加”，或改为其他图层混合模式，模式不同效果也不同，将图层不透明度调低些，本例不透明度为66%。如效果不满意，还可接着按步骤（5）进行调整。这时图层面板如图5-182所示。

图5-181 “新建图层”对话框

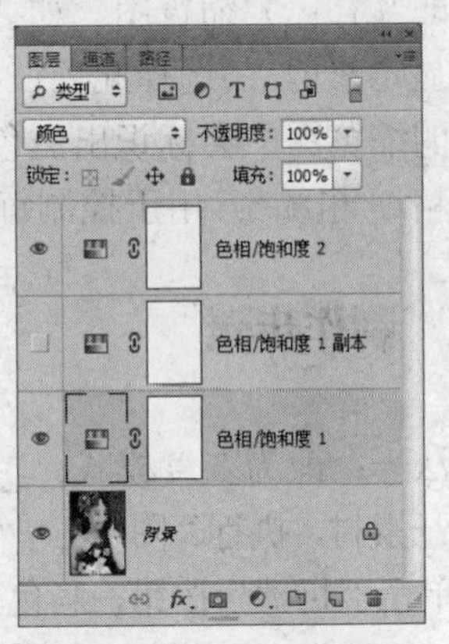

图5-182 图层面板

（5）调整图像的对比度（关键操作）。在图层面板上，单击图层名“色相/饱和度 1”或单击图层缩览图，在属性面板上显示“色相/饱和度”各调整项，调节色相的值即可改变图像的对比度，本例调整参数如图5-183所示，效果如图5-184所示。如果效果不够满意还可以同时再调节其他选项。

（6）将结果另存储为“黑白图像 3.jpg”和“黑白图像 3.PSD”。这种黑白图像对比度好很多，细节会更细腻。

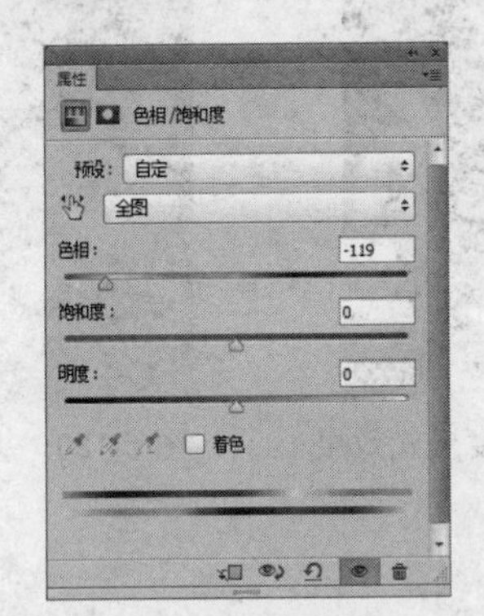

图5-183 “色相/饱和度”对话框

图5-184 黑白照片

注意：此方法不是直接对原图像进行调节改变，而是使用Photoshop的调整图层功能，其好处在于用户可以对图像进行任意的调整并可以随时返回到初始状态。

方法四：利用通道混合器。

（1）新建一个通道混合器调整层。选择“图层”>“新调整图层”>“通道混合器”菜单命令，在属性面板上显示“通道混合器”各选项，选择“单色”模式，调整源通道红绿蓝三色和常数的值，并预览效果到自己满意为止，本例调整参数如图5-185所示。

注意：调节过程中，尽量保持各通道的值（红、绿、蓝、常数）之总和为100，使图片不产生失真。

（2）复制上步所创建的图层。在图层面板上将“通道混合器调整图层”复制一个新的调整图层。将图层混合模式由正常更改为“叠加”，同时将图层不透明度降低一些，本例不透明度为30%，效果如图5-186所示。

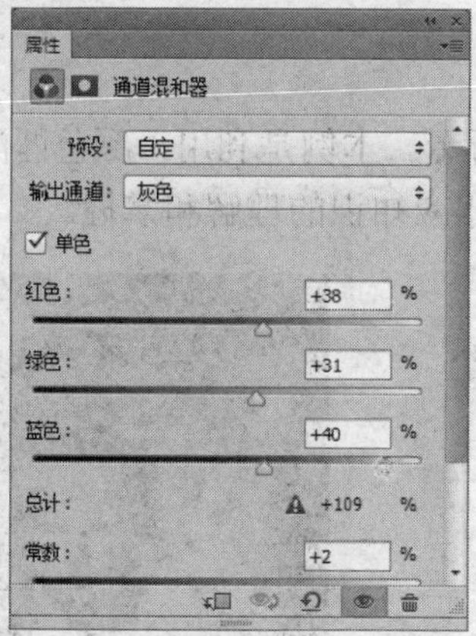

图5-185 “通道混合器”各选项

图5-186 效果图

（3）将结果另存储为“黑白图像4.jpg”和“黑白图像4.PSD”。

注意：同上一种方法（色相/饱和度调整图层）一样，不对原图像进行调节，也是使用Photoshop的调整图层功能。且可以掌握转换质量，可以自由调节转换参数，效果可以即时预览。结果更易于修改，如不满意，只需要调出调整层的参数，在原参数的基础上做微调即可。

方法五：利用“黑白”命令。

（1）新建一个“黑白”调整层。仍采用最初素材，选择“图层”>“新调整图层”>“黑白”菜单命令，属性面板上显示“黑白”选项，调整各颜色通道（红、绿、蓝、青、洋红和黄色）的值，并预览效果到自己满意为止，本例调整参数如图5-187所示。

（2）复制上步所创建的图层。在图层面板上将“黑白”调整图层复制一个新的调整图层。将图层混合模式由正常更改为“叠加”，同时将图层不透明度降低，本例不透明度为38%，效果如图5-188所示。

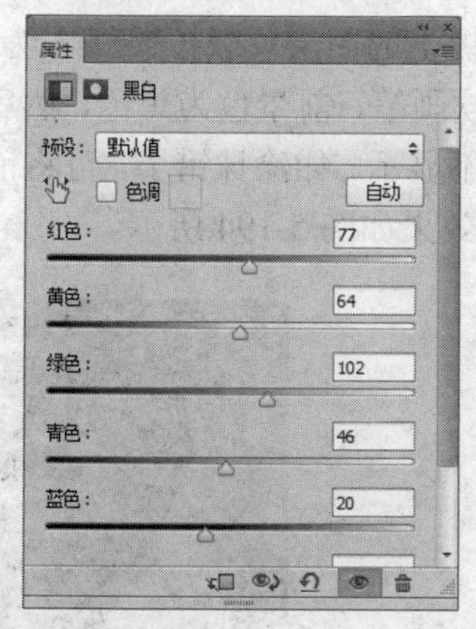

图5-187 “黑白”选项

图5-188 “黑白”效果图

（3）将结果另存储为“黑白图像5.jpg”和“黑白图像5.PSD”。

四、技能拓展

（一）移花接木

制作目的

素材如图 5-189 和图 5-190 所示，效果如图 5-193 所示。本例是利用“颜色匹配”、“亮度/对比度”、蒙版等知识，变换人物头部，通过制作加强相应知识的理解和掌握。

图 5-189　素材 1

图 5-190　素材 2

图 5-191　效果图

制作步骤

（1）选择人物图像的头部。打开素材文件 man.jpg，选择合适的工具创建选区，选中图像的头部，如图 5-192 所示。

（2）将人物图像的头部复制到自由女神像图片中。打开自由女神像图片，切换至移动工具，将步骤（1）中选中的人物头部拖动到自由女神像图片中，产生图层 1，将图层重命名为“man”，将当前文件以“置换头部.psd”保存。

（3）调整“man”图层中头像的大小。按组合键 Ctrl+T，对 man 图层中头像进行自由变换操作，将图像大小调整为与自由女神像头部一致（注意长宽等比例变换，以防变形），位置也吻合，使其刚好能遮住自由女神像头部，如图 5-193 所示，然后单击选项栏上的“确定”√按钮。

（4）为 man 图层添加图层蒙版。单击“图层”面板上的图层蒙版按钮，为 man 图层添加图层蒙版。在工具箱中选择画笔工具，设置画笔为软画笔，前景色为黑色，然后在蒙版上用画笔涂抹人物头像边缘和额头，使这些部分在画面上不显示。如涂抹错了，可将前景色切换为白色，再在错的地方涂抹，可使其显示出来，最后使效果如图 5-194 所示。

图 5-192　选择头部

图 5-193　对头像自由变换

图 5-194　用画笔涂抹后

（5）将人物头像颜色与自由女神像颜色相匹配。当前图层还是 man 图层，执行“图像”>“编辑”>“匹配颜色”菜单命令，在打开的对话框中选择“源”为当前文件“置换头部.psd”，图层为“背景”即为自由女神像所在层，调整明亮度为 108，颜色为 1，如图 5-195 所示，然后单击“确定”按钮，这时效果如图 5-196 所示。

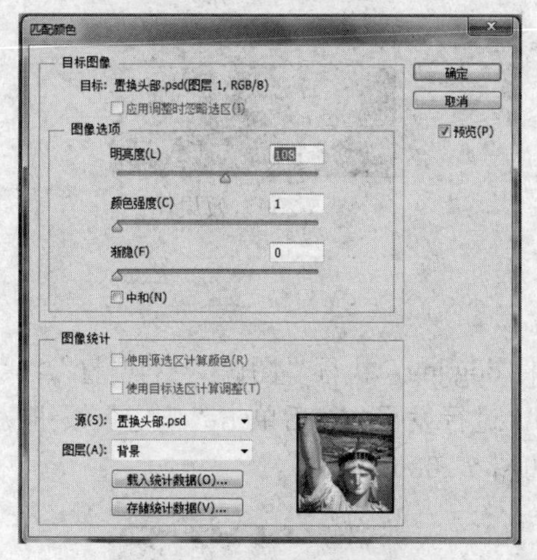

图 5-195　“匹配颜色”对话框来

图 5-196　“匹配颜色”后

（6）为头像添加“砂石”纹理。为使人物头像纹理与自由女神像接近，执行“滤镜”>“纹理”>“纹理化”菜单命令，在打开的对话框中设置纹理为“砂岩”，缩放为 67%，凸现为 4，如图 5-197 所示，单击“确定”按钮。

（7）调整颜色。将背景图层复制得背景副本层，并将其移至 man 图层的上方，然后在图层面板上将背景副本的“混合模式”设置为“色相”，如图 5-198 所示。制作完成，保存文件。

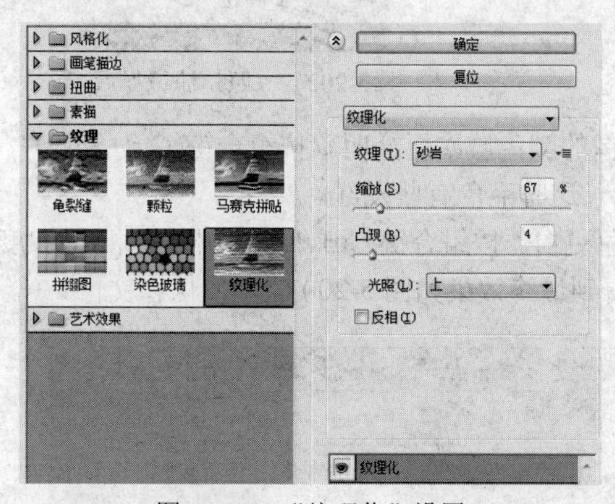

图 5-197　“纹理化”设置

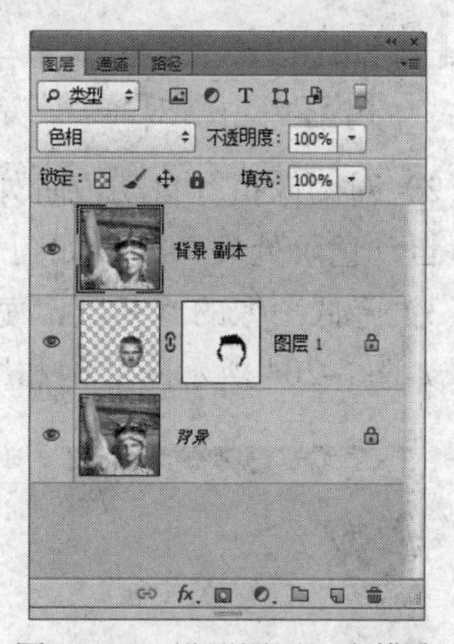

图 5-198　设置图层混合模式

（二）校正偏色照片

制作目的

本例素材如图 5-199 所示，效果如图 5-200 所示。素材颜色偏黄，通过处理，使小狗毛色更白，更有光泽。通过处理进一步掌握照片滤镜、自动色阶和色相/饱和度命令的应用。

图 5-199　素材 dog.jpg

图 5-200　效果图

制作步骤

（1）对素材执行照片滤镜操作。打开素材文件 dog.jpg，执行“图像”>“调整”>“照片滤镜”命令，打开“照片滤镜”对话框，如图 5-201 进行设置，然后单击“确定”按钮。这时照片色调已经不偏黄，但画面还显得有些模糊，如图 5-202 所示。

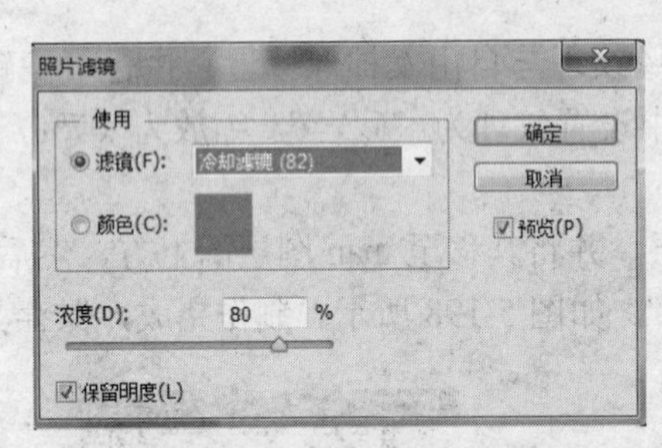

图 5-201　“照片滤镜”对话框

图 5-202　“照片滤镜”后

（2）对图像执行自动色阶处理，使图像的颜色层次更分明。按组合键 Ctrl+Shift+L 对图像执行自动色阶处理，效果如图 5-203 所示，这时毛色有些发红。

（3）降低图像的饱和度，使小狗的毛色更白。按组合键 Ctrl+U，打开“色相/饱和度”对话框，如图 5-204 所示降低饱和度为-31，得到最终效果如图 5-200 所示，保存文件。

图 5-203　自动色阶后

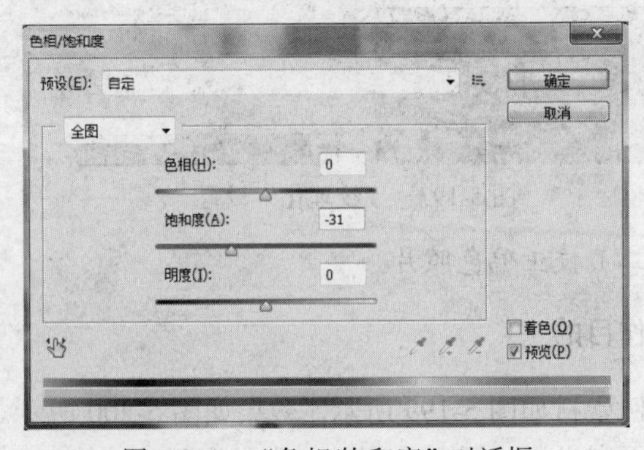

图 5-204　“色相/饱和度”对话框

练习题

1．将图 5-205 所示老照片上的划痕去掉，修复成如图 5-206 所示图像。

图 5-205　带划痕的照片

图 5-206　修复划痕后

2．试将上题中修复后的老照片加工成彩色照片。

3．试将素材 flower8.jpg（如图 5-207 所示）中黄色的花变成红色，将图中红色的花变成黄色，并调整图片花叶的颜色，使其更绿。

4．利用通用调色方法将素材 flower9.jpg（如图 5-208 所示）中的花调整得更鲜艳、荷叶调整得更绿，将整幅图调整更清晰。

图 5-207　素材 flower8.jpg

图 5-208　素材 flower9.jpg

5．将素材 flower8.jpg 调整成一幅高质量的黑白照片。

6．试将素材 lefou.jpg（如图 5-209 所示）中人物的头部替换成自由女神像的头部，并调整色彩、色调使其协调自然。

图 5-209　素材 lefou.jpg

第6章 画笔工具的应用

6.1 『案例』制作邮票

主要学习内容：

- 画笔的设置和使用
- 橡皮擦工具

一、制作目的

本例素材如图 6-1 所示，效果图如图 6-2 所示。通过学习本例，掌握画笔的设置和使用，熟悉橡皮擦工具、文字工具的使用，巩固选区、图层的概念，了解路径的使用。

图 6-1 素材

图 6-2 最终效果

二、相关技能

1．画笔工具的设置

Photoshop 最基本的绘图工具是画笔工具和铅笔工具，分别用于绘制边缘较柔和的笔画和硬边笔画。铅笔的设置与画笔类似，所以下面着重介绍画笔工具。在开始绘图之前，应选择所需的画笔笔尖的形状和大小，设置不透明度、流量等画笔属性。画笔工具选项栏如图 6-3 所示。

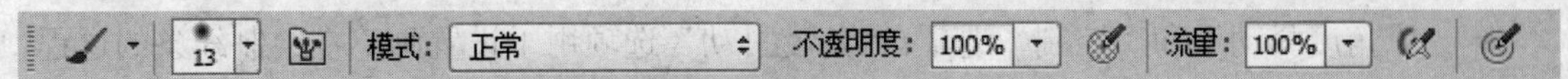

图6-3 画笔工具选项栏

如果要进一步设置画笔工具，则可以选择“窗口”>“画笔”命令，打开画笔控制面板进行详细设置，如图6-4所示（注意，只要选项栏中有“画笔”选项的工具，如橡皮擦工具、仿制图章工具等，都可以按照如下方法设置笔尖形状），也可以点击画笔工具选项栏的图标或右侧面板中的图标，完成同样的任务。

（1）画笔笔尖形状选项。

在画笔控制面板中，默认在“画笔笔尖形状”选项中选择不同的笔尖形状，可以绘制不同的图形，如图6-5所示。

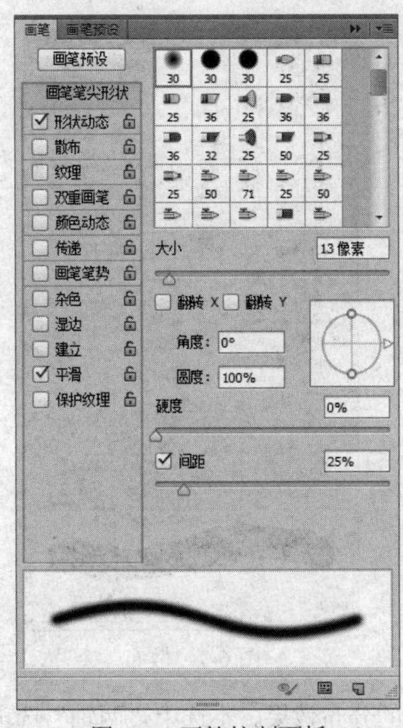

图6-4 画笔控制面板

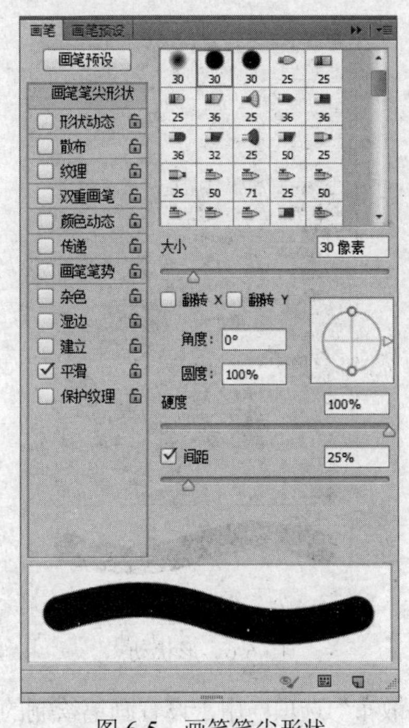

图6-5 画笔笔尖形状

- “大小”选项：用于设置画笔的大小。
- “角度”选项：用于设置画笔的倾斜角度。
- “圆度”选项：用于设置画笔的圆滑度。
- “硬度”选项：用于设置画笔所画图像的边缘的柔化程度。硬度的数值用百分比表示。
- “间距”选项：用于设置画笔画出的标记点之间的距离。

（2）形状动态选项。

在“画笔”控制面板中单击“形状动态”选项，弹出相应的控制面板，如图6-6所示。“形状动态”选项可以增加画笔的动态效果。

- “大小抖动”选项：用于设置动态元素的自由随机度。数值设置为100%时，画笔绘制的元素会出现最大的自由随机度。
- “最小直径”选项：用来设置画笔标记点的最小尺寸。

- “角度抖动”和“控制”选项：“角度抖动”选项用于设置画笔在绘制线条的过程中标记点角度的动态变化效果；在“控制”选项的弹出菜单中，有多种角度抖动的方式供选择。
- “圆度抖动”和“控制”选项：“圆度抖动”选项用于设置画笔在绘制线条的过程中标记点圆度的动态变化效果；在“控制”选项的弹出菜单中，可以选择各项来控制圆度抖动的变化。
- “最小圆度”选项：用于设置画笔标记点最小圆度。

（3）散布选项。

在“画笔”控制面板中单击“散布”选项，弹出相应的控制面板，如图 6-7 所示。“散布”选项可以设置画笔绘制线条中标记点的散布效果。

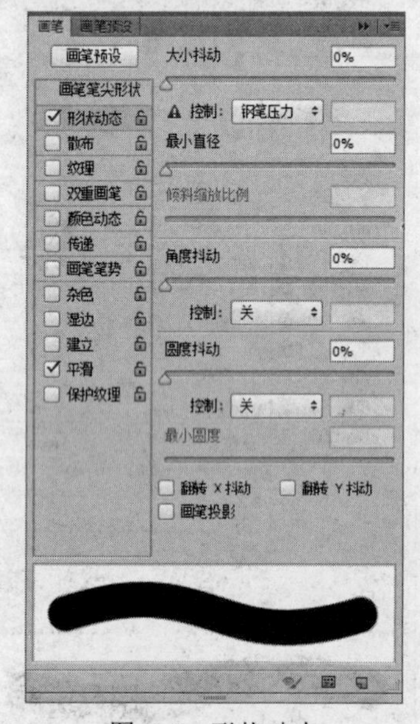

图 6-6　形状动态

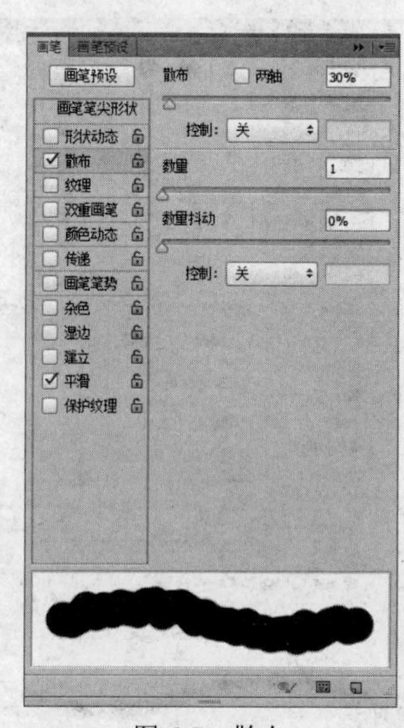

图 6-7　散布

“散布”选项：用于设置画笔绘制的线条中标记点的分布效果。不选中“两轴”选项，画笔的标记点的分布与画笔绘制的线条方向垂直；选中“两轴”选项，画笔标记点将以放射状分布。

“数量”选项：用于设置每个空间间隔中标记点的数量。

“数量抖动”选项：用于设置每个空间间隔中画笔标记点的数量变化。在“控制”选项的弹出菜单中可以选择不同的变化方式。

（4）纹理选项。

在“画笔”控制面板中单击“纹理”选项，弹出相应的控制面板，如图 6-8 所示。“纹理”选项可以使画笔纹理化。在控制面板上有纹理的预设，单击右侧按钮，在弹出面板中选择不同的图案，选择“反相”选项，可以设定纹理的反相效果。

- “缩放”选项：用于设置图案的缩放比例。
- “为每个笔尖设置纹理”选项：用于设置是否分别对每个标记点进行渲染。选择此项，下面的“最小深度”和“深度抖动”选项变为可用。
- “模式”选项：用于设置画笔和图案之间的混合模式。

- “深度”选项：用于设置画笔混合图案的深度。
- “最小深度”选项：用于设置画笔混合图案的最小深度。
- “深度抖动”选项：用于设置画笔混合图案的深度变化。

（5）双重画笔选项。

在“画笔”控制面板中单击“双重画笔”选项，弹出相应的控制面板，如图 6-9 所示。双重画笔就是两种画笔效果的混合，即在选项栏中的笔尖形状与面板中所选择笔尖形状的混合。

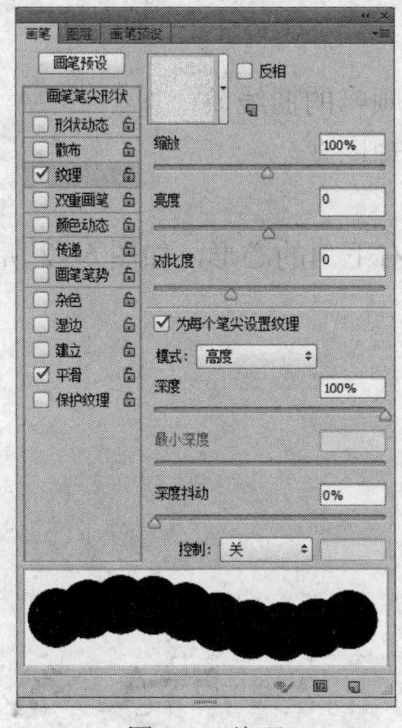

图 6-8　纹理

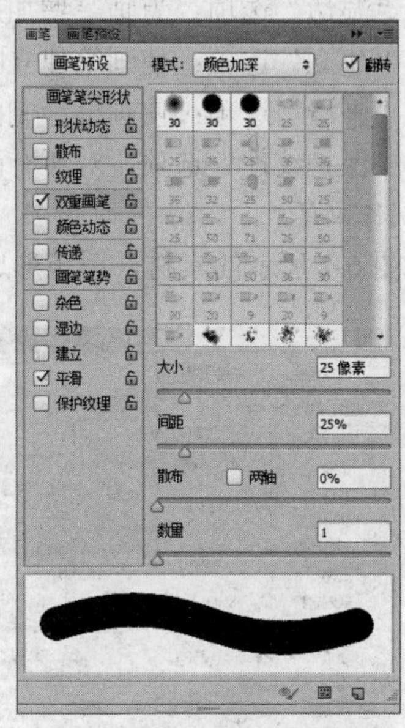

图 6-9　双重画笔

（6）颜色动态选项。

在“画笔”控制面板中单击“颜色动态”选项，弹出相应的控制面板，如图 6-10 所示。“颜色动态”选项用于设置画笔绘制过程中颜色的动态变化。

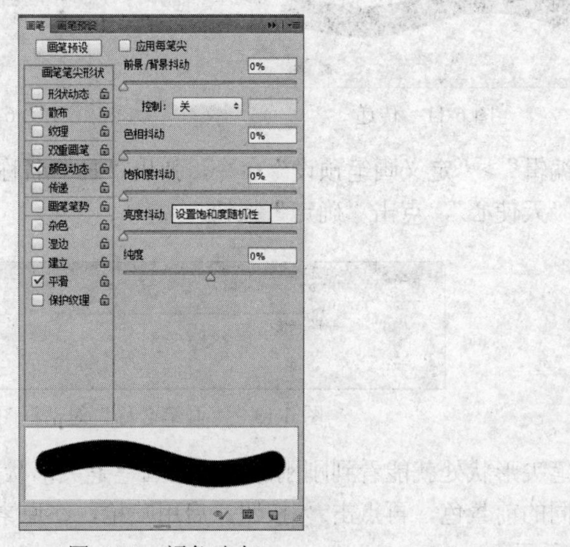

图 6-10　颜色动态

（7）传递选项。

在“画笔”控制面板中单击“传递”选项，弹出相应的控制面板，如图 6-11 所示。

- “不透明度抖动”选项：用于设置画笔绘制线条的不透明度的动态变化情况。
- “流量抖动”选项：用于设置画笔绘制线条的流畅度的动态变化情况。

（8）画笔的其他选项。

- “杂色”选项：为画笔增加杂色效果。
- “湿边”选项：为画笔增加水笔效果。
- “建立”选项：使画笔建立喷枪似的效果。
- “平滑”选项：使画笔绘制的线条产生更平滑顺畅的曲线。
- “保护纹理”选项：对所有画笔应用相同的纹理图案。

2. 制作画笔

打开图 6-1 所示的素材，用矩形选框工具选择图片右下角的心形，如图 6-12 所示。

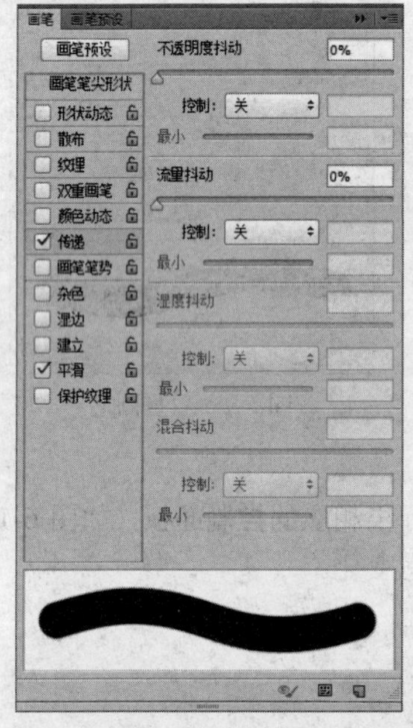

图 6-11　传递

图 6-12　选择图片右下角的心形

选择“编辑”>“定义画笔预设”命令，弹出“画笔名称”对话框，如图 6-13 所示，在名称栏中输入“天使心”，点击“确定”按钮。

图 6-13　“画笔名称”对话框图

在画笔笔尖形状处就能看到刚刚制作好的画笔笔尖形状，如图 6-14 所示。

调整不同的前景色，再点击按钮，启用喷枪，在原素材图上点击或拖动，得到最终效果如图 6-15 所示。

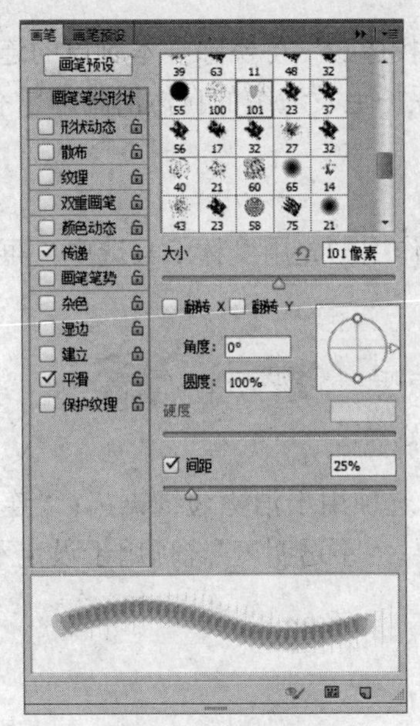

图 6-14　笔尖形状

图 6-15　最终效果

3. 橡皮擦工具组

橡皮擦工具组有橡皮擦工具、背景橡皮擦工具和魔术橡皮擦工具。

橡皮擦工具可以用背景色擦除背景图像或用透明色擦除图层中的像素，橡皮擦擦头的形状，同样可以按照前面介绍的设置画笔的方法设置。

点击橡皮擦工具，选项栏将会显示如图 6-16 的状态。

图 6-16　橡皮擦工具选项栏

在橡皮擦工具选项栏中，“画笔”选项用于选择橡皮擦的形状和大小。“模式”用于选择擦除的笔触方式。在“不透明度”选项中，可以通过拖动滑块来设置不透明度。“流量”选项用于设定扩散的速度。“抹到历史记录”选项用于确定以“历史记录”控制面板中确定的图像状态来擦除图像。

背景橡皮擦工具可以用来擦除指定的颜色，指定的颜色显示为背景色。背景橡皮擦的选项栏如图 6-17 所示。

图 6-17　背景橡皮擦工具选项栏

“画笔选项”：用于选择橡皮擦的形状和大小。

“取样”选项：是指选取要删除样本颜色的方式，单击可以选择其中一种方式。“连续”随着拖鼠标移连续采取色样；“一次”只擦除包含鼠标第一次点按的颜色的区域；“背景色板”只擦除包含当前背景色的区域。

“限制”选项定义擦除时的限制模式，其下拉菜单中有“连续”、“不连续”和“查找边缘”三项。“连续”将擦除包含样本颜色（即背景色）并且相互连接的区域；“不连续”将擦除当前整个选区内任何位置的包含样本颜色的区域；“查找边缘”可擦除样本颜色的连接区域，且能自动保持图像边界的锐度，该功能对擦除背景时保护毛发边缘的自然清晰非常有用。

“容差”选项用于设定容差值。

“保护前景色”选项用于保护前景色不被擦除。

魔术橡皮擦可以自动擦除颜色相近的区域。其作用与先用魔棒工具选中，再按 Delete 键删除相当。魔术橡皮擦工具的选项栏如图 6-18 所示。

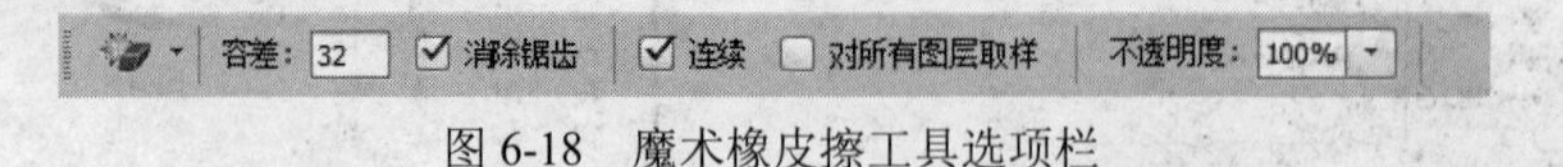

图 6-18　魔术橡皮擦工具选项栏

“容差”的大小决定着擦除的范围；“消除锯齿”选项用于消除边缘锯齿；“连续”选项作用于当前层；“对所有图层取样”选项作用于所有图层；“不透明度”选项用于设定不透明度。

三、制作步骤

（1）打开素材 6-1.tif，如图 6-19 所示。

（2）建立一个新的文件，16cm×12cm，72 像素，RGB 模式，背景填充为黑色，如图 6-20 所示。

图 6-19　素材

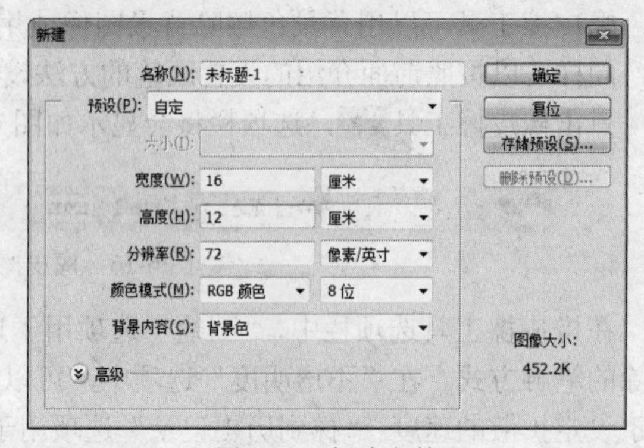

图 6-20　新建文件

（3）选择矩形选框工具在图 6-19 所示素材中建立一个合适大小的矩形区域，如图 6-21 所示。

图 6-21　建立矩形选框

（4）使用移动工具将选区内图像移动到前面新建的文件里，自动生成图层 1，如图 6-22 所示。

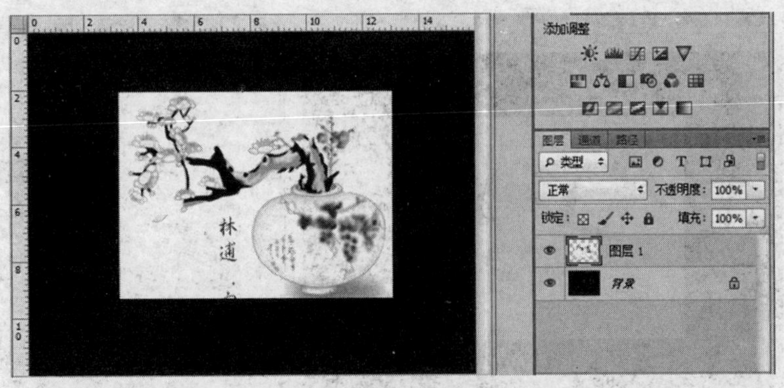

图 6-22 移动选区内图像

（5）在工具箱里选择仿制图章工具，修改图像，按住 Alt 键单击白色区域，然后松开 Alt 键，在残字处单击鼠标，重复此操作，直到把残字修饰干净，如图 6-23 所示。

图 6-23 使用仿制图章工具修改图像

（6）按住 Ctrl 键点击图层面板中的图层 1 缩略图，将图层 1 载入选区，如图 6-24 所示。

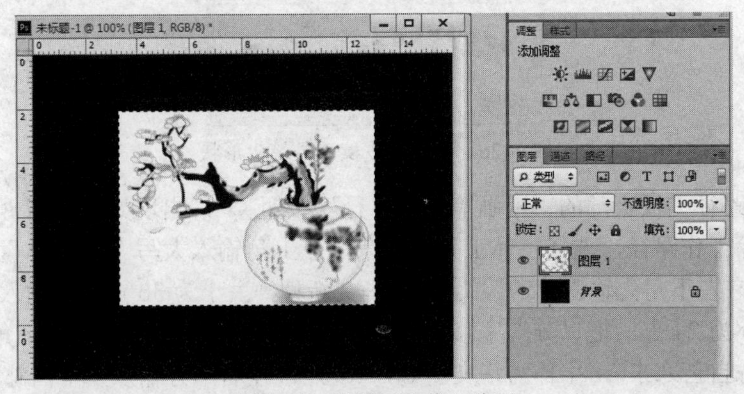

图 6-24 将图层 1 载入选区

（7）切换到“路径”调板，单击“从选区生成工作路径”按钮，将选区转换为路径，如图 6-25 所示。

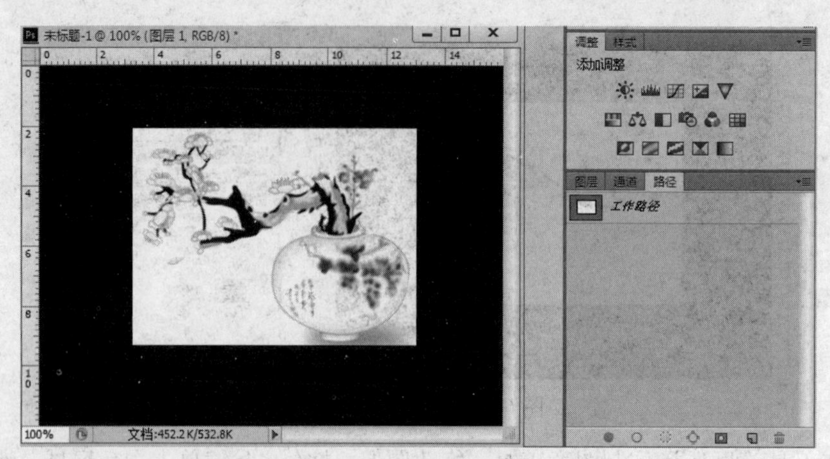

图 6-25　将选区转换为路径

（8）选择橡皮擦工具，在画笔调板中选择圆形笔尖，设置直径为 14，间距为 130%，如图 6-26 所示。

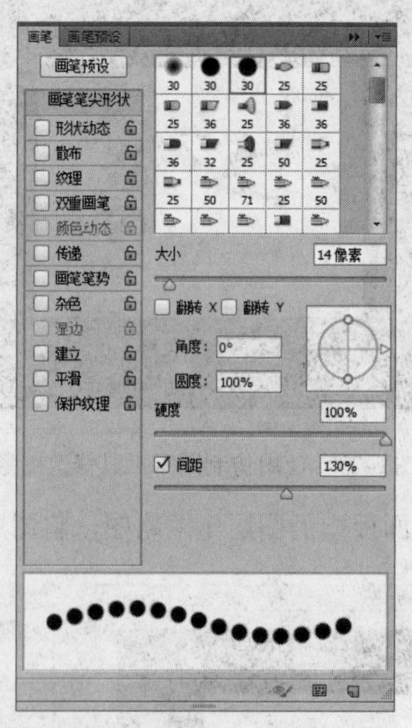

图 6-26　设置橡皮擦工具笔尖形状

（9）点击路径调板底部的“用画笔描边路径”按钮，出现如图 6-27 所示的效果。

（10）删除工作路径，选择字体工具在邮票的左上角输入大写“CHINA”，字体为 Arial，大小为 12 点；在左下角先输入“50”，字体为华文新魏，大小为 36 点，再输入“分”，字体为华文新魏，大小为 24 点，把“分”字移动到“50”的右上角；在邮票的右上角用竖排文字工具输入“梅花香自苦寒来”，字体为华文新魏，18 点；在右下方输入“中国邮政”，宋体，浑厚，大小为 12 点。适当修整边缘，最终效果如图 6-28 所示。

图 6-27　用画笔描边路径

图 6-28　邮票最终效果

四、技能拓展

（一）蝴蝶丛中飞

制作目的

通过本例的制作进一步理解和掌握画笔工具的设置和使用，复习渐变工具，了解自定义形状工具。

制作步骤

（1）新建一个 3cm×2cm 的文件，颜色模式为 RGB，背景色为透明，如图 6-29 所示。

（2）在工具箱中单击画笔工具，打开“画笔”面板，设画笔笔尖形状为“草”，大小为 52px。如图 6-30 所示。

（3）调整前景色为绿色，在图层 1 上单击，绘制一棵小草，如图 6-31 所示，并复制图层 1，命名为图层 2。

（4）对图层 2 进行旋转，执行“编辑”>“自由变换”命令，把中心点移到中下部，并设置旋转角度为-30 度，如图 6-32 所示。

（5）复制图层 1 命名为图层 3，接下来和步骤（4）相同，只是旋转角度设置为-60 度，合并图层，结果如图 6-33 所示。

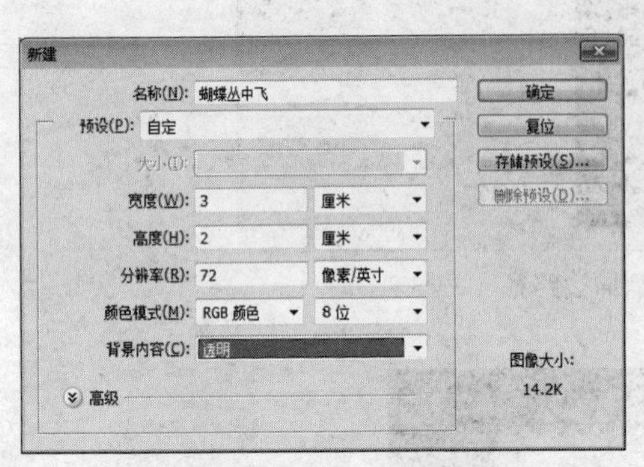

图 6-29 “新建”对话框

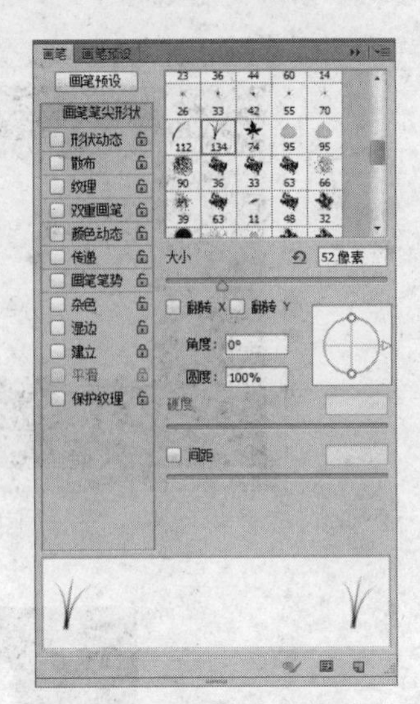

图 6-30 设置画笔形状动态

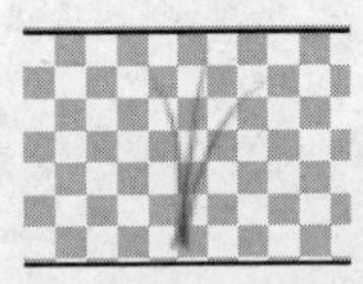

图 6-31 绘制一棵小草

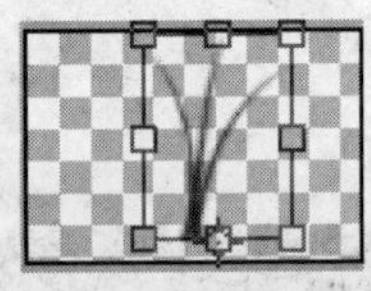

图 6-32 自由变换

图 6-33 旋转、合并图层

（6）执行“编辑”>“定义画笔预设”命令，如图 6-34 所示将画笔命名为“小草丛”。

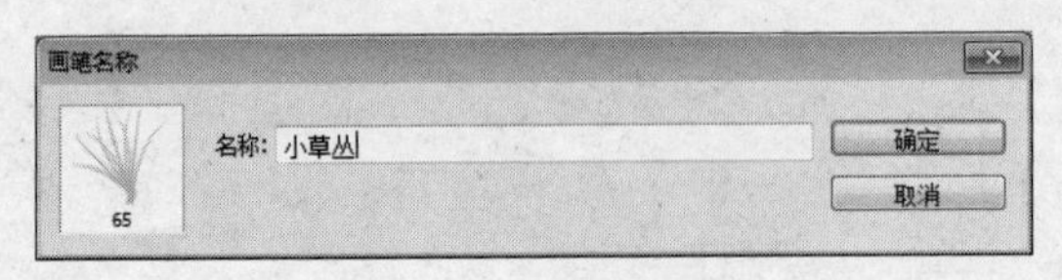

图 6-34 定义新画笔

（7）新建一个 16cm*12cm 的文件，模式为 RGB，背景色为透明。

（8）单击渐变工具，设置渐变编辑器如图 6-35 所示。

（9）在图层上从左往右拖动鼠标，得到一个渐变颜色，如图 6-36 所示。

图 6-35 设置渐变编辑器

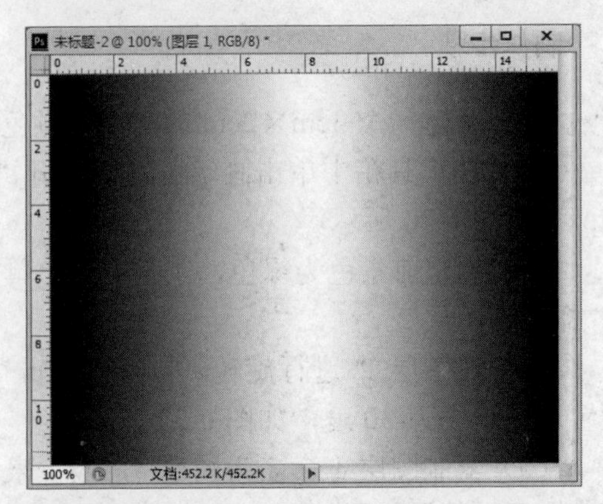

图 6-36 渐变效果

（10）使用前面设置好的画笔，在图 6-36 中点击，效果如图 6-37 所示。

（11）单击工具条中的“矩形工具”选择“自定形状工具”，如图 6-38 所示。

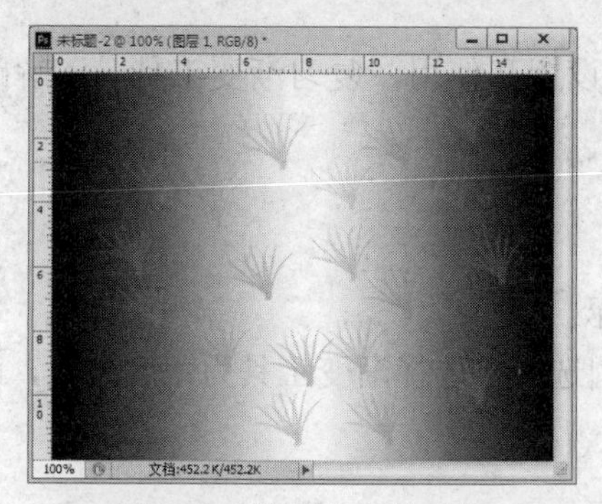

图 6-37　使用自定义画笔

图 6-38　自定义形状工具

（12）点击上面的形状下拉框，将“自然”追加进来，如图 6-39 所示，选择蝴蝶，并在图层上拖动出一个蝴蝶，然后在路径面板上选择“将路径作为选区载入”如图 6-40 所示。

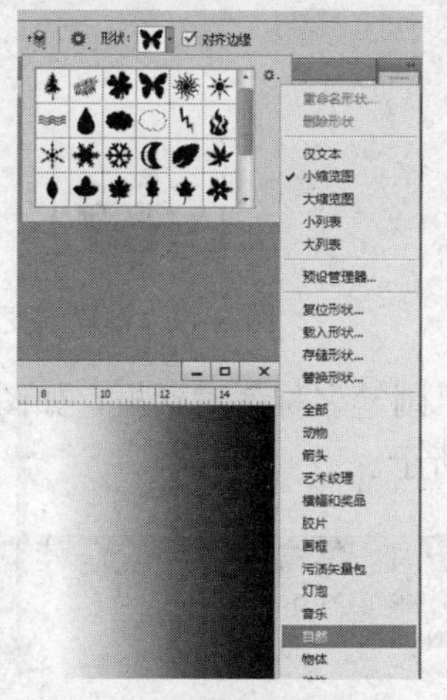

图 6-39　添加“自然”

图 6-40　将路径作为选区载入

（13）将矢量蒙版形状 1 删除，回到图层 1，选择渐变色“橙－黄－橙”渐变，在图层 1 上由左往右拖动，再按组合键 Ctrl+D 取消选择，得到效果如图 6-41 所示。

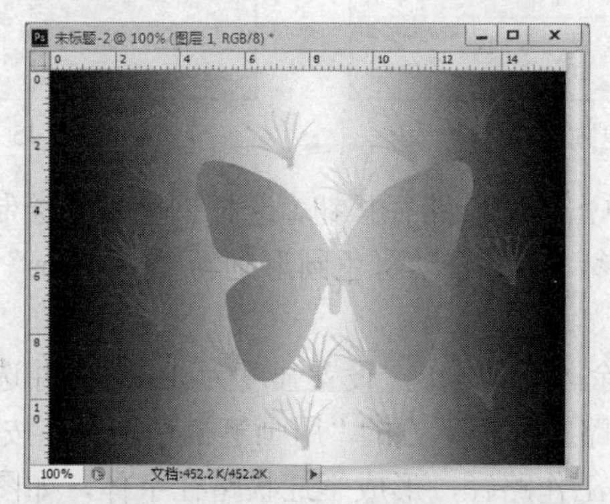

图 6-41　最终效果

（二）制作牙膏字

制作目的

通过本例的制作进一步理解和掌握画笔工具的设置和使用，复习渐变工具，了解路径的应用。

制作步骤

（1）新建一个新文件，具体参数如图 6-42 所示。

（2）选择椭圆选框工具，并按 Shift 键画出正圆选区，选择渐变工具为角度渐变，设置为彩虹变色，对正圆选区拉出渐变，如图 6-43 所示

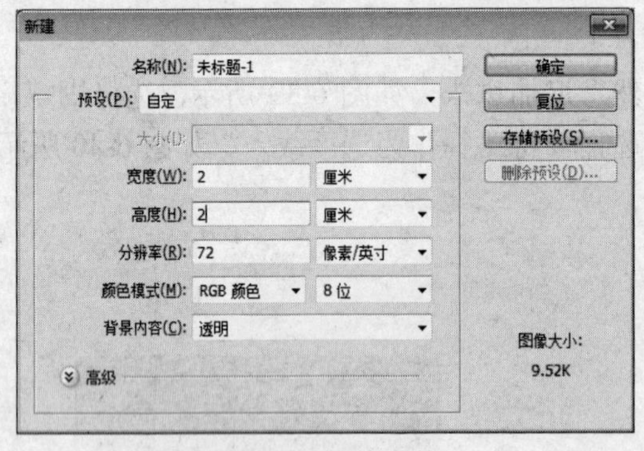

图 6-42　新建文件

图 6-43　设置渐变

（3）执行“编辑”>“定义画笔预设”命令，打开“画笔名称”对话框，如图 6-44 所示。

（4）再建立一个新文件，具体参数设置如图 6-45 所示。

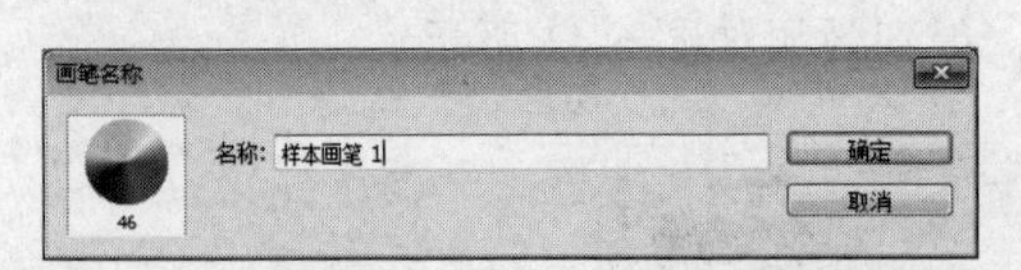

图 6-44　创建画笔

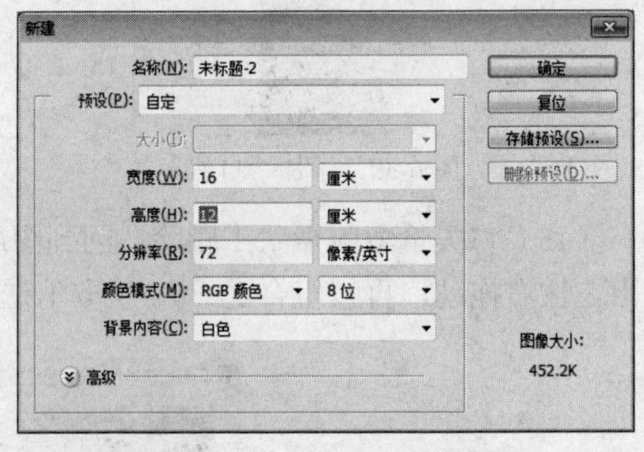

图 6-45　“新建”对话框

（5）打开路径面板，单击创建新路径按钮，选择钢笔工具绘制出“yes”，如图 6-46 所示。

（6）在工具箱中选择移动工具移动彩色圆形到新文件“yes”单词“y”字母的首部，如图 6-47 所示。

（7）在工具箱中选择涂抹工具 ，设置强度为 100%，并选择“对所有图层取样”，使用新建的画笔刷，然后按下路径面板下方的“用画笔描边路径”按钮，使用新定义的画笔刷对自由路径进行描边，删除原工作路径，形成彩虹状路径字体，如图 6-48 所示。

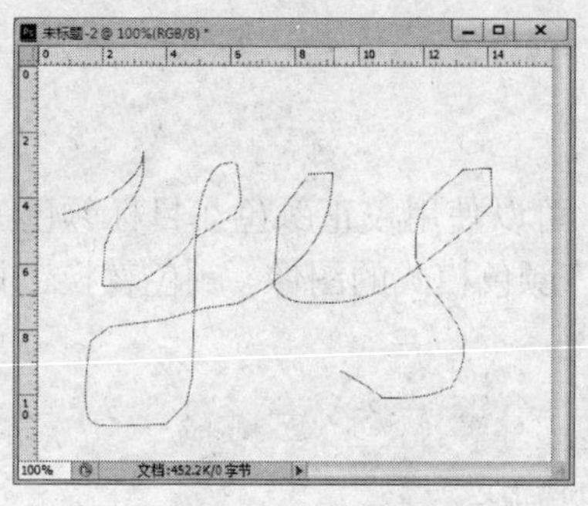

图 6-46　绘制路径

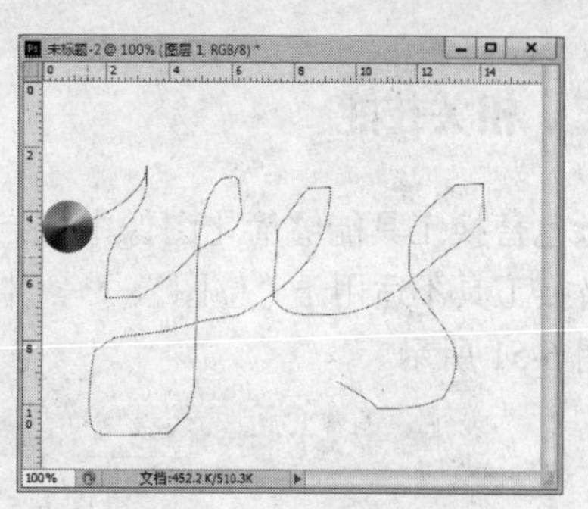

图 6-47　移动彩色圆形

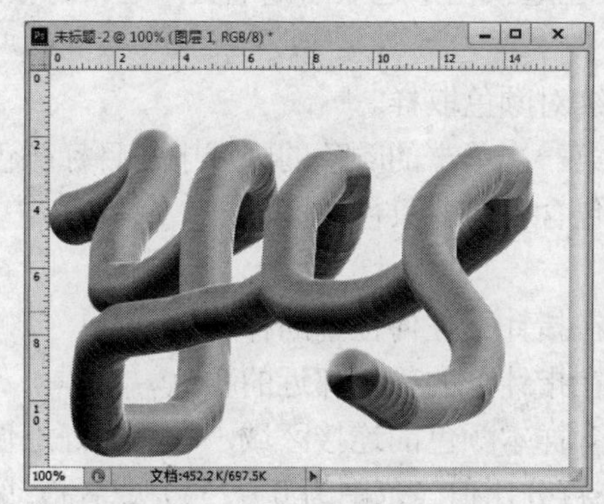

图 6-48　最终效果

6.2　『案例』换衣领

主要学习内容：

- 颜色替换工具的使用

一、制作目的

本例素材如图 6-49 所示，模特的衣领是黑色，处理后的效果如图 6-50 所示，模特的衣领变为桃红色。通过学习本例，掌握颜色替换工具的设置和使用。

图 6-49　素材

图 6-50　最终效果

二、相关技能

颜色替换工具能够简化图像中特定颜色的替换。可以使用校正颜色在目标颜色上绘画。颜色替换工具不适用于“位图”、“索引”或“多通道”颜色模式的图像。颜色替换工具的选项栏如图 6-51 所示。

图 6-51　颜色替换工具选项栏

选择颜色替换工具，在选项栏中选取画笔笔尖，通常将模式设置为“颜色”。

“取样”的选项如下：

- 连续：在拖动时连续对颜色取样。
- 一次：只替换包含第一次单击的颜色的区域中的目标颜色。
- 背景色板：只替换包含当前背景色的区域。

“限制”的选项如下：

- 不连续：替换出现在指针下任何位置的样本颜色。
- 连续：替换与紧挨在指针下的颜色邻近的颜色。
- 查找边缘：替换包含样本颜色的连接区域，同时更好地保留形状边缘的锐化程度。

对于“容差”，输入一个百分比值（范围为 0～255）或者拖动滑块。选取较低的百分比可以替换与所单击像素非常相似的颜色，而增加该百分比可替换范围更广的颜色。

消除锯齿：为所校正的区域定义平滑的边缘。

三、制作步骤

（1）打开素材 6-2.jpg，如图 6-49 所示。

（2）在工具箱中选择颜色替换工具，设置颜色替换工具的选项栏如图 6-52 所示。

图 6-52　设置颜色替换工具

（3）设置前景色。单击工具箱上的前景色按钮，系统打开“拾色器”对话框，如图 6-53 所示，在拾色器中选择颜色。

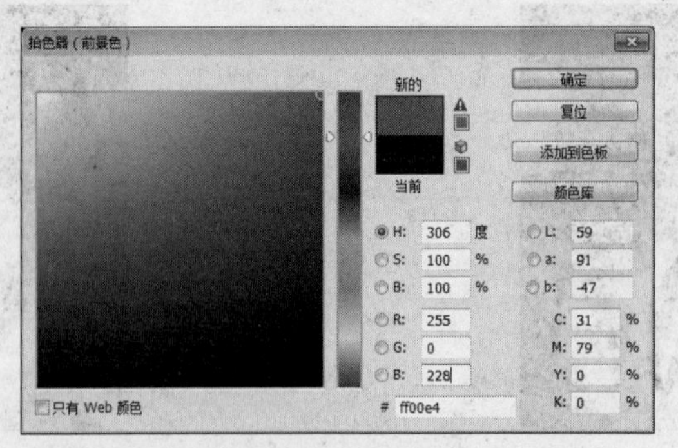

图 6-53　设置前景色

（4）使用颜色替换工具的笔刷，不断点击涂抹模特的衣领部分，点击涂抹过程中可适当放大图像，调整笔刷大小，得到最终效果如图 6-50 所示。

6.3　『案例』艺术之花

一、制作目的

本例素材如图 6-54 所示，处理后的效果图如图 6-55 所示，通过学习本例，掌握历史记录画笔和历史记录艺术画笔工具的使用。

图 6-54　素材

图 6-55　最终效果

二、相关技能

1. 历史记录画笔

历史记录画笔通常都是和历史记录面板结合使用的。选择历史记录画笔，打开历史记录面板，将历史记录画笔指到历史记录面板的某一个状态下，再在图像上进行涂抹，图像就可以局部恢复到指定的历史记录状态或快照。

2. 历史记录艺术画笔

历史记录艺术画笔工具使用指定历史记录状态或快照中的源数据，以风格化描边进行绘画。通过尝试使用不同的绘画样式、大小和容差选项，可以用不同的色彩和艺术风格模拟绘画的纹理。像历史记录画笔工具一样，历史记录艺术画笔工具也将指定的历史记录状态或快照用作源数据。但是，历史记录画笔通过重新创建指定的源数据来绘画，而历史记录艺术画笔在使用这些数据的同时，还使用了创建不同的颜色和艺术风格设置的选项。

三、制作步骤

（1）打开素材 6-3.jpg，新建立一个图层 1，填为灰色。选择历史记录艺术画笔，设置如图 6-56 所示，并随意涂画，效果如图 6-57 所示。

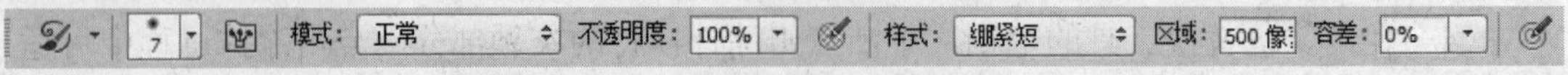

模式：
正常
不透明度：
100%
样式：
绷紧短
区域：
500 像
容差：
0%

图 6-56　历史记录艺术画笔选项栏

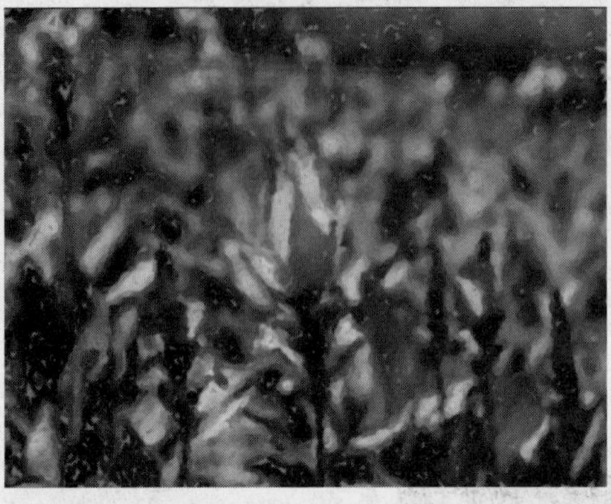

图 6-57　使用历史记录艺术画笔处理图层 1

（2）复制图层 1，得图层 1 副本，将图层的混合模式改为“强光”。

（3）选择历史记录画笔，打开历史记录面板，将历史记录画笔指到“打开”状态下，如图 6-58 所示。再在最大的花朵处反复涂抹，可以看到，涂抹处恢复到打开时的状态，如图 6-59 所示。

历史记录
素材 6-3.jpg
打开
历史记录艺术画笔
历史记录艺术画笔

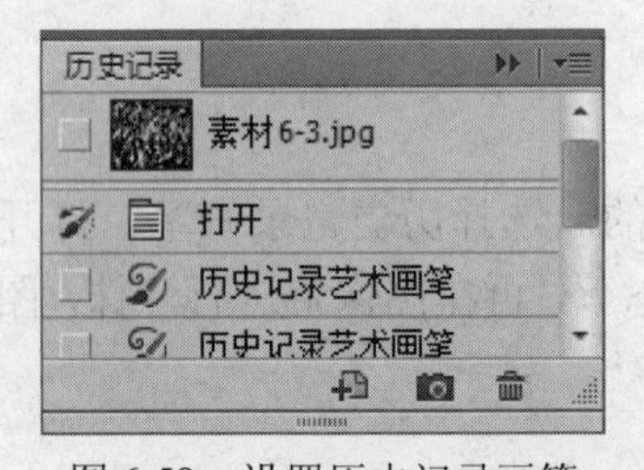

图 6-58　设置历史记录画笔

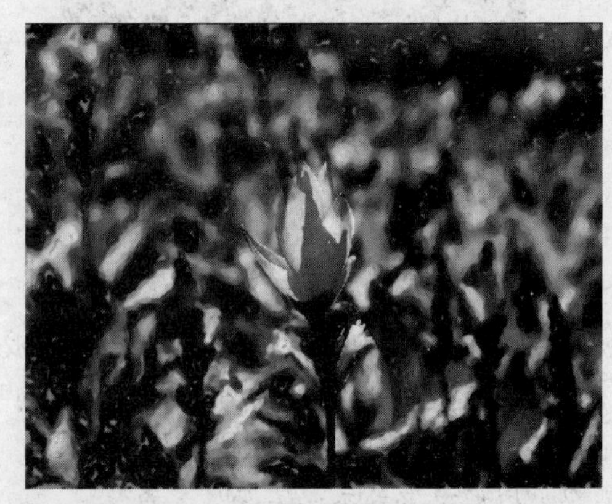

图 6-59　历史记录画笔的使用效果

（4）执行“滤镜”>“风格化”>“查找边缘”命令，图像的最终效果如图 6-55 所示。

思考与练习

1. 请结合本章所讲内容，自己用 Photoshop CS6 设计一个明信片，明信片含正反两面，并且贴有邮票。

2. 请找到素材 6-2.jpg 中的红灯，将它分别变成绿灯和黄灯。

第7章 通道和蒙版

7.1 『案例』刻字的苹果

主要学习内容：

- 通道的基本概念
- 通道的创建、复制、删除、分离和合并
- 由通道创建选区

一、制作目的

素材如图 7-1 所示，效果如图 7-2 所示。利用 Photoshop 中的通道实现在苹果上写出立体字，通过本例初步掌握通道面板的使用及通道的应用。

图 7-1　素材 1

图 7-2　效果图

二、相关技能

1. 初识通道

通道是 Photoshop 中很重要的概念，是图像处理的一个主要工具。通道用于存储图像的颜色信息、选区和蒙版。在 Photoshop CS6 中一个图像最多可有 56 个通道，通道越多，文件越大。

通道主要有三种：颜色通道、专色通道和 Alpha 通道。

颜色通道是在打开新图像时自动创建的。图像的颜色模式决定了所创建的颜色通道的数目。例如，RGB 图像的每种颜色（红色、绿色和蓝色）都有一个原色通道，并且还有一个用于编辑图像的复合通道。

Alpha 通道是将选区存储为灰度图像。可以添加 Alpha 通道创建和存储蒙版。当将图像中的选区存储时，系统会自动创建相应的 Alpha 通道。

专色通道指定用于专色油墨印刷的附加印版。

通道面板如图 7-3 所示，在通道面板中单击某个原色通道后，系统会隐藏其他的通道，如单击复合通道，将显示所有的原色通道。图中 RGB 为复合通道，红、绿和蓝通道为原色通道，Alpha1 为 Alpha 通道，专色 1 通道为专色通道。

通道面板下方从左向右四个按钮作用如下：

- “将通道作为选区载入”按钮：单击此按钮将所选通道的选区载入。
- “将选区存储为通道”按钮：单击此按钮将当前图像中的选区存储到新 Alpha 通道。
- “创建新通道”按钮：单击此按钮创建新通道。
- “删除当前通道”按钮：单击此按钮，删除当前的通道。

2. 创建新通道

创建 Alpha 通道：单击“通道”面板上方的图标，在弹出的菜单中选择“新建通道”命令，弹出“新建通道”对话框，如图 7-4 所示，单击“确定”按钮，通道面板中将创建一新 Alpha 通道；直接单击通道面板下方的“创建新通道”按钮，也可创建一新通道。

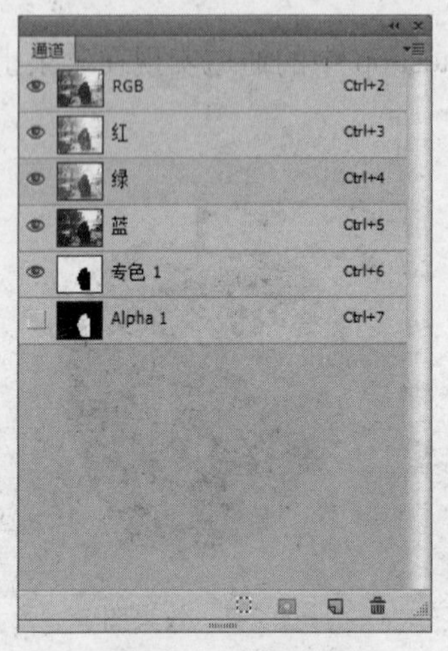

图 7-3　通道面板

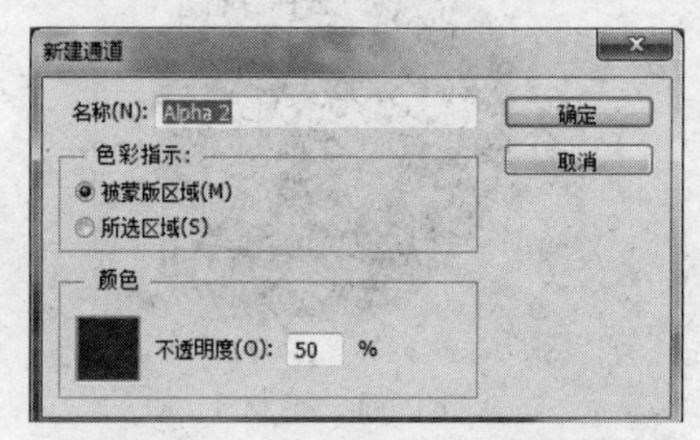

图 7-4　“新建通道”对话框

创建专色通道：要先创建用于专色填充的选区，单击“通道”面板上方的图标，在弹出的菜单中选择“新建专色通道”命令，系统弹出如图 7-5 所示的对话框。单击颜色框，然后在拾色器中单击“颜色库”，从自定颜色系统（如 PANTONE 或 TOYO）中选取一种颜色。设置通道名称，单击“确定”按钮，即创建专色通道。

专色通道用来存储印刷专用的颜色。如蜡笔色、黑色阴影、金属色等。

注意：对话框中“密度”值范围为 0%～100%，可以使用此选项在屏幕上模拟印刷的专色的密度。取值 100%模拟完全覆盖下层油墨的油墨（如金属质感油墨）。

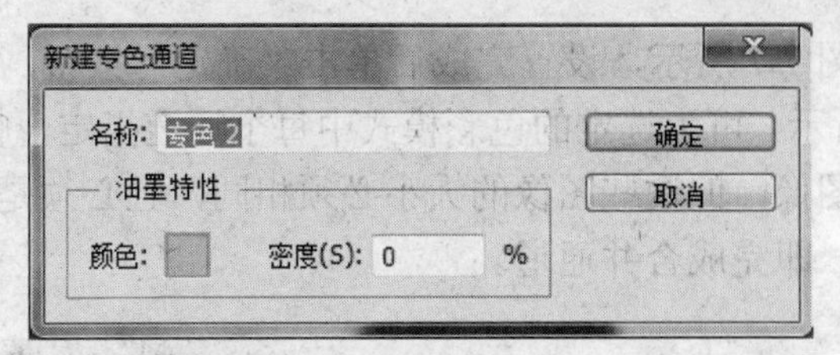

图 7-5 “新建专色通道”对话框

3. 复制通道

通过复制通道，可以将通道复制到当前文档，也可复制到其他的文档中。

可使用面板菜单命令，单击“通道”面板上方的▾≡图标，在弹出的菜单中选择“复制通道”命令，弹出“复制通道”对话框，如图 7-6 所示。

图 7-6 “复制通道”对话框

对话框中的“为”项用于设置复制出的新通道的名称。“文档”项用于设置新通道所在的目标文件。“名称”项是当“文档”项设置为“新建”时，为新建文件命名。当勾选“反相”时，创建的新通道中的灰度图像将与源通道颜色反相，即黑区域复制后变白色，白色则变黑色。

也可在通道面板上，将需复制的通道拖曳到通道面板下方的“创建新通道”按钮上，松开鼠标即在当前图像中复制当前通道得到新通道。

4. 删除通道

没用的通道应删除，可减少文档的大小。在通道面板上先单击选择要删除的通道，然后单击“通道”面板上方的▾≡图标，在弹出的菜单中选择“删除通道”命令，即可删除通道。也可右击要删除的通道，在弹出的快捷菜单中选择“删除通道”命令，即可删除通道；或将要删除的通道拖到通道面板下方的“删除当前通道”按钮，以删除通道。

5. 分离通道

分离通道是将图像中的所有通道分离成多个独立的图像，一个通道对应一个图像，图像的名称是系统自动命名的，分别由原文件名加“_”再加通道名称缩写组成，如 Apple_G。分离通道后原文件被关闭，单个通道出现在单独的灰度图像窗口，可以分别存储和编辑新图像。

注意：只能对只有一个图层的图像进行通道分离，如有多个图层，需将图层拼合后，再执行分离通道。

分离通道的方法：单击“通道”面板上方的▾≡图标，在弹出的菜单中选择“分离通道”命令。

6. 合并通道

单击“通道”面板上方的▾≡图标，在弹出的菜单中选择“合并通道”命令，弹出“合并通道”命令对话框，如图 7-7 所示，设置完成后单击“确定”按钮，系统弹出“合并 RGB 通道”对话框，如图 7-8 所示，可为选定的色彩模式中每个通道指定一幅灰度图像，可以是同一幅图像，也可是不同的图像，但这些图像的大小必须相同，且必须是打开的，且为灰度图像，然后单击“确定”按钮，即完成合并通道。

图 7-7 “合并通道”对话框

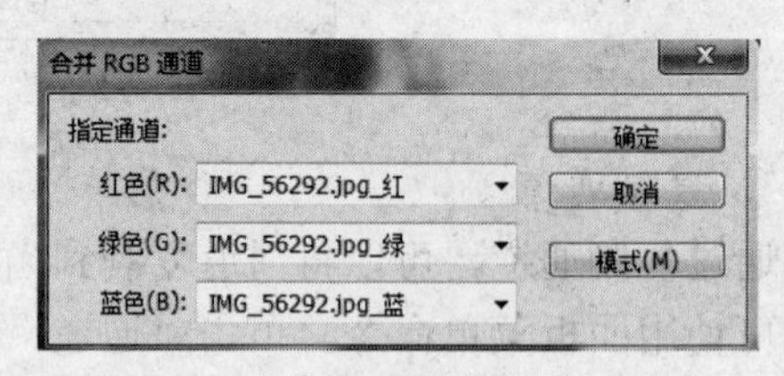

图 7-8 “合并 RGB 通道”对话框

7. 将选区存储到新的或现有的通道

可以将当前的选区存储起来，供以后再用，系统会在通道中建立相应的 Alpha 通道。可直接单击通道面板上的“将选区存储为通道”按钮，即将当前选区存储到新通道中。也可执行选取“选择”>“存储选区”菜单命令将选区存储到新通道或已有通道中，执行该命令系统打开“存储选区”对话框，如图 7-9 所示。

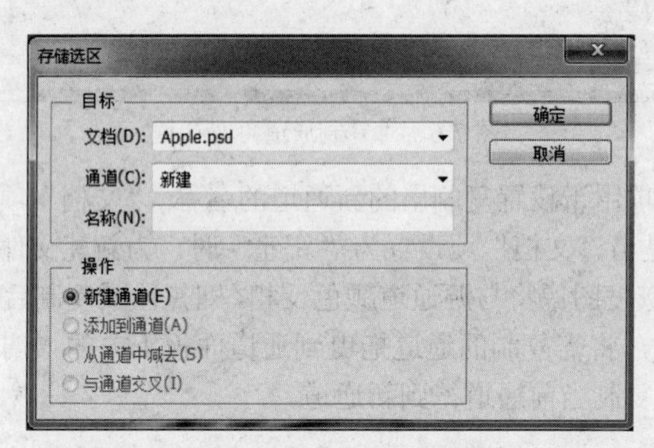

图 7-9 “存储选区”对话框

对话框各项含义如下：

- 文档：设置存储选区的目标图像。默认情况下，选区放在现用图像中的通道内。可以选取将选区存储到其他打开的且具有相同像素尺寸的图像的通道中，或存储到新图像中。
- 通道：设置选区存储的目标通道。默认情况下，选区存储在新通道中。可以选取将选区存储到选中图像的任意现有通道中，或存储到图层蒙版中（如果图像包含图层）。如果要将选区存储为新通道，可在“名称”文本框中为该通道键入一个名称，如不命名，系统也会自动命名。

当选择了存储选区到已有的通道中，可选择组合选区的方式。

- 替换通道：替换通道中的当前选区。
- 添加到通道：将选区添加到当前通道内容。
- 从通道中减去：从通道内容中删除选区。
- 与通道交叉：保留与通道内容交叉的新选区的区域。

8. 从通道面板载入存储的选区

可通过将选区载入图像重新使用以前存储的选区。在完成修改 Alpha 通道后，也可以将选区载入到图像中。

可在“通道”面板中执行下列任一操作，将选区载入。

- 选择 Alpha 通道，单击面板底部的“载入选区”按钮 ，然后单击面板顶部旁边的复合颜色通道。
- 将包含要载入的选区的通道拖动到“载入选区”按钮上方。
- 按住 Ctrl 键并单击包含要载入的选区的通道。
- 按住 Ctrl+Alt 键，同时按通道编号数字键。通道编号从上到下依次为（不含第一个复合通道）1、2、3……

三、制作步骤

（1）创建文字选区。先打开素材 apple.jpg，选择“横排文字蒙板工具” ，在选项栏中设置字体为“华文行楷”，字号 250 点。在画布中合适位置输入“福”字，然后单击选项栏中的✔按钮，在画布中显示“福”字选区。如果字选区不够大或位置没有在苹果中间，可选择“选择”>“变换选区”菜单命令，把它调整到合适的大小，如图 7-10 所示。

（2）存储选区。打开通道面板，单击“通道”面板上的“将选区存储为通道”按钮 ，系统创建新通道 Alpha1，将这个选区保存起来。

（3）调整选区的亮度。执行“图像”>“调整”>“亮度/对比度”菜单命令，在打开的“高度/对比度”对话框中将亮度适当调大一些，调整为 90 左右，如图 7-11 所示，这样，福字选区内的苹果颜色就浅些，按组合键 Ctrl+D 取消选区。

图 7-10　创建“福”字选区

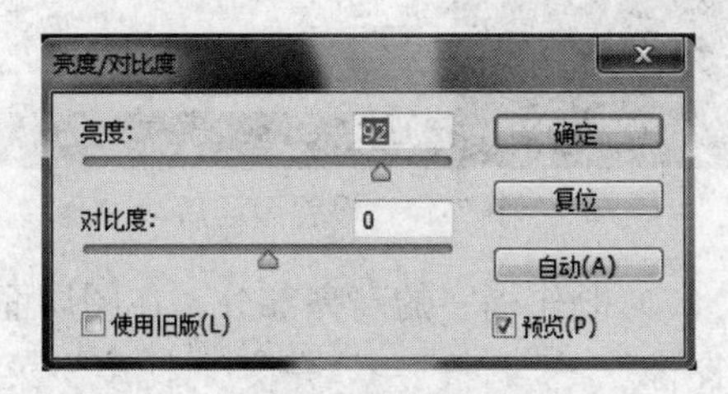

图 7-11　调整亮度

（4）添加滤镜效果。在通道面板上单击白色“福”字所在通道 Alpha1，选择该通道，如图 7-12 所示。执行“滤镜”>“风格化”>“浮雕效果”菜单命令，打开“浮雕效果”对话框，设置角度为 135 度，高度为 6 像素，数量为 100%，如图 7-13 所示，单击“确定”按钮。对话框中“角度”是指光线的射入角度，“高度”是指字的凹凸的高度，“数量”是指颜色数量的百分比，可以突出图像的细节。

（5）复制通道。拖动浮雕字所在通道 Alpha1 到通道面板下方的“创建新通道”按钮 上，复制该通道，在通道面板双击新通道的名字，名字处出现文本框，在文本框中输入新名字“亮”。用同样方法，再复制一个同样的通道，将通道名改为“暗”。

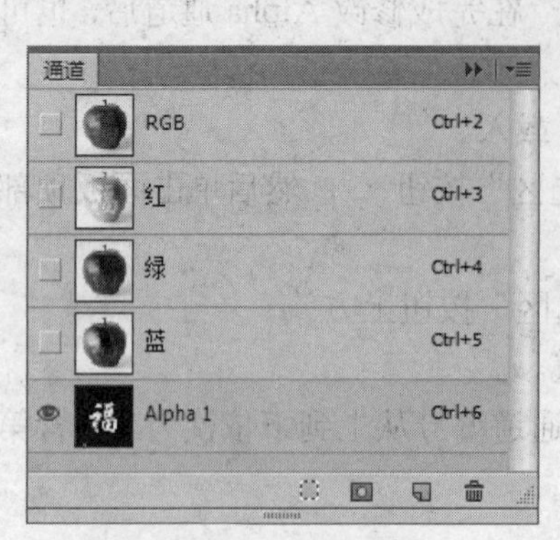

图 7-12 通道面板

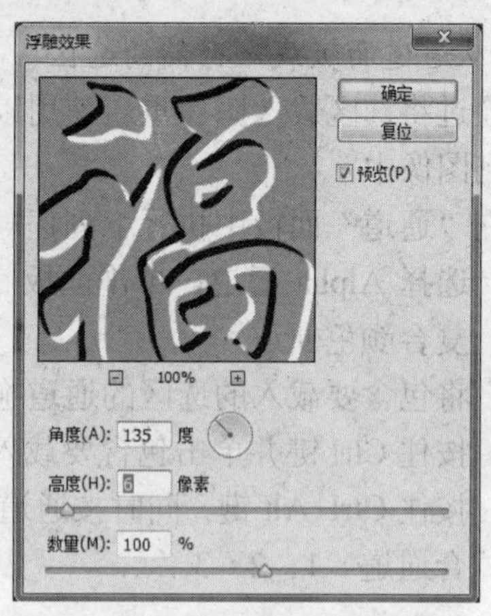

图 7-13 “浮雕效果”对话框

注意：制作一个浮雕字，需要三个部分：一个是中间平面部分，另外是特别亮的部分和特别暗的部分。后面将在“亮”通道中制作高亮的部分，在“暗”通道中制作暗的部分。

（6）制作高亮选区。选择“亮”通道，执行“图像”>“调整”>“色阶”菜单命令，打开“色阶”对话框，选择“设置黑场”吸管工具，在画布上灰色区域单击，这时效果如图 7-14 所示，单击对话框中的“确定”按钮。单击通道面板上的“将通道作为选区载入”按钮，载入白色范围选区，如图 7-15 所示。

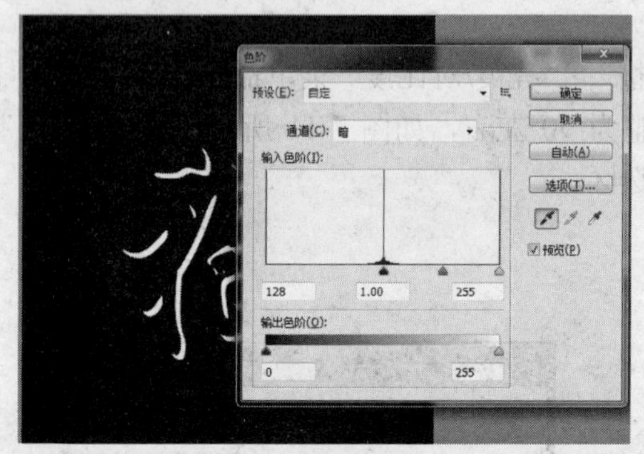

图 7-14 设置黑场后

图 7-15 将通道作为选区载入

（7）制作福字的高亮部分。在图层面板上，单击选择背景层，对当前选区增加亮度，执行“图像”>“调整”>“亮度/对比度”菜单命令，在打开的“高度/对比度”对话框中将亮度调整到 90 左右，如图 7-16 所示设置，单击“确定”按钮。再按组合键 Ctrl+D 取消选区。

（8）制作暗选区。再回到通道面板，单击选择“暗”通道。按组合键 Ctrl+L，在打开的“色阶”对话框中单击选择“设置白场”吸管工具，在当前画布灰色区域单击，效果如图 7-17 所示。图中黑色部分是要选的暗选区，这时单击通道面板上的“将通道作为选区载入”按钮，载入白色范围选区。再按组合键 Ctrl+Shift+I 执行反选，则选择了暗区域，如图 7-18 所示。

（9）制作福字的暗部分。回到图层面板，单击选择背景层，对当前选区降低亮度，执行“图像”>“调整”>“亮度/对比度”菜单命令，在打开的“高度/对比度”对话框中将亮度适当调至-30 左右，如图 7-19 所示设置，单击“确定”按钮。再按组合键 Ctrl+D 取消选区。

图 7-16　增加亮度

图 7-17　设置白场后

图 7-18　选择了暗区域

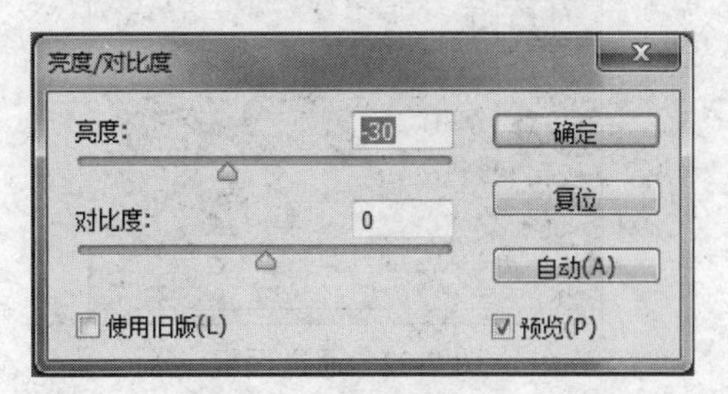

图 7-19　降低亮度

（10）保存文件。最终效果完成，如图 7-2 所示，按组合键 Ctrl+S 保存文件。

四、技能拓展——利用通道抠图

制作目的

通过本例制作，学习利用通道抠取毛发和边缘有些模糊的对象，进一步理解通道。本例素材如图 7-20 所示，效果如图 7-21 所示。

图 7-20　素材

图 7-21　效果图

制作步骤

（1）复制通道。打开素材，进入通道面板，在通道中选择要抠取的人物对象与图像中其他区域明暗对比高的通道，本例选择绿通道，将该通道拖到通道面板下方的“创建新通道”按钮上，复制该通道，这时通道面板如图 7-22 所示。

（2）使用“色阶”工具增大“绿 副本”通道人物与背景的反差。按组合键 Ctrl +L，打开“色阶”对话框，向右拖动中间调滑块至 0.41 左右，使人物主体更黑，向左拖动高光滑块至 221 左右，可使背景更白，拉大“绿 副本”通道人物与背景的反差。调整时尽量使背景像干净的白纸，人物头发细节与背景能够更明显地分开。如图 7-23 所示。

图 7-22　通道面板

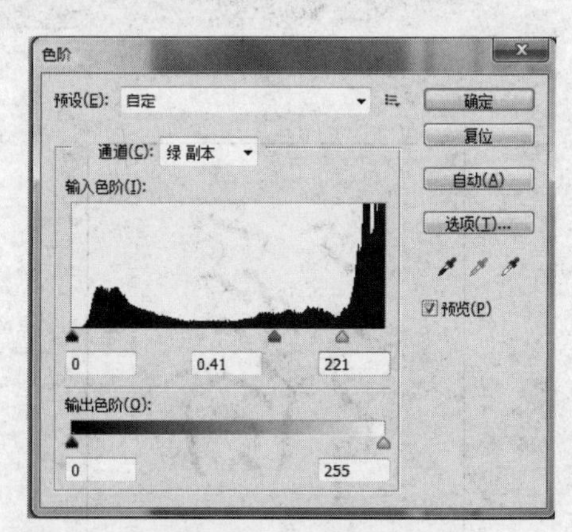

图 7-23　“色阶”对话框

注意：要选择复制得到的“绿 副本”通道操作，如果直接在绿通道上操作会破坏原图片。

（3）设置前景色为黑色，使用画笔工具，将人物的面部和身体部分涂黑。设置稍带羽化效果的画笔，将帽子上的头花涂黑，人物以外的地方涂白，如图 7-24 所示。

（4）按组合键 Ctrl+I 执行反相命令，使“绿 副本”通道中的黑白反相，效果如图 7-25 所示。

图 7-24　涂抹后

图 7-25　黑白反相

（5）单击通道面板上的“将通道作为选区载入”按钮，或按住 Ctrl 单击“绿副本”通道，可把“绿 副本”通道中的人物包括她的头发载入选区，如图 7-26 所示。回到图层面板，选择原背景层，按组合键 Ctrl+J，即可将人物单独复制出来，得到一新图层 1，关闭背景层显示状态，即显示出所抠取图像，如图 7-27 所示。

图 7-26 载入选区

图 7-27 抠取的人物

（6）调整颜色。在新复制的人物图层的下方增加一新图层，并将其填充为绿色，将图像另存为“女孩.JPG”。抠图完成，保存文件。

7.2 『案例』可爱妹妹

主要学习内容：

- 应用图像命令
- 计算命令

一、制作目的

素材为如图 7-28 所示的 meimei.jpg 和图 7-29 所示的 love.jpg，效果如图 7-30 所示。利用 Photoshop 中的“应用图像”命令实现图像合成的特殊效果，进一步掌握通道的应用和理解通道。

图 7-28 素材 meimei.jpg

图 7-29 素材 love.jpg

图 7-30 效果图

二、相关技能

1. 应用图像命令

“图像”>“应用图像”菜单命令，是一个通道运算命令，将一个图像的图层和通道（源）与现用图像（目标）的图层和通道混合，得到一些特殊图像混合效果。应用图像命令中源图像和目标图像必须均处于打开状态，图像的像素尺寸必须一样，“应用图像”对话框如图 7-31 所示。

对话框中的源部分的“反相”表示在计算中使用通道内容的负片。如果勾选蒙版，则表示使用蒙版应用混合，应设置包含蒙版的图像和图层。对于“通道”，可以选择任何颜色通道或 Alpha 通道以用作蒙版。如选择“反相”反转通道的蒙版区域和非蒙版区域。

2. 计算命令

“图像”>“计算”命令，也是一个通道运算命令，它混合两个来自一个或多个源图像的单个通道，主要用于合成单个通道的内容。可利用得到的新通道来调整图像的色调。

例如：对如图 7-32 所示素材利用计算调整图像。

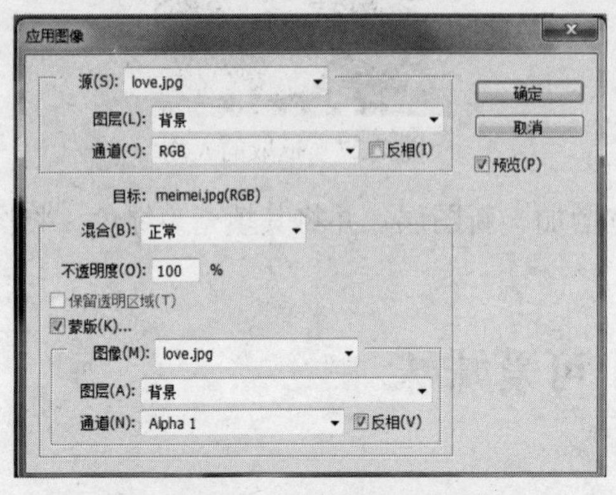

图 7-31 “应用图像”对话框

图 7-32 素材“狗和猫.jpg”

（1）执行“图像”>“计算”菜单命令，弹出“计算”对话框，如图 7-33 所示进行设置，然后单击“确定”按钮。生成如图 7-34 所示的新通道。

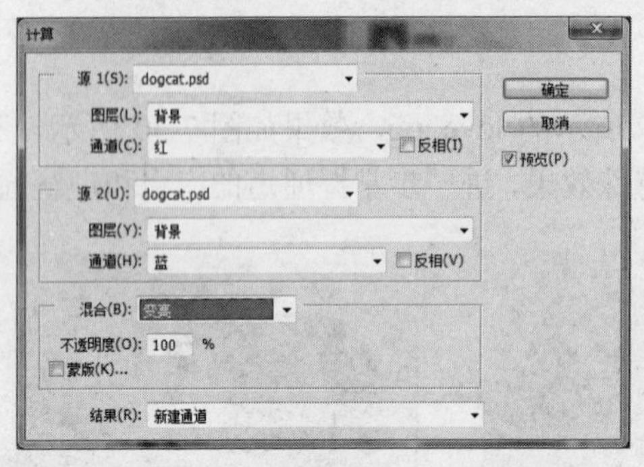

图 7-33 “计算”对话框

图 7-34 生成新通道

（2）单击通道中的 RGB 通道，然后执行“图像”>“应用图像”菜单命令，打开“应用图像”对话框，如图 7-35 所示进行设置，单击“确定”按钮，效果如图 7-36 所示，图像对比度增加了，小狗的毛色变深了。

图 7-35 “应用图像”对话框

图 7-36 执行“应用图像”后

在图 7-33 所示的“计算”对话框中，两个“源”是设置用于计算的两个通道所在的文件，“图层”是设置用于计算的图层，“通道”设置用于计算的通道，选项“蒙版”与“应用图像”对话框中含义一样。

三、制作步骤

（1）面板图像的大小。打开素材 meimei.jpg 和 love.jpg。

注意：应用“应用图像”命令时，所需的目标和源文件图像大小和分辨率应一样大小。

（2）创建通道蒙版。首先选择 love.jpg 素材文件，使用磁性套索工具在图像中创建心形选区，如图 7-37 所示。

（3）利用选区建立 Alpha1 通道。在通道面板上，单击“将选区存储为通道”按钮，系统会在通道中创建一新的 Alpha1 通道，如图 7-38 所示。

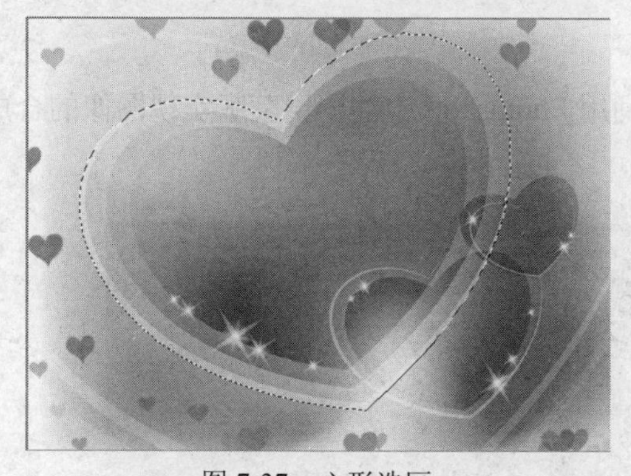

图 7-37　心形选区

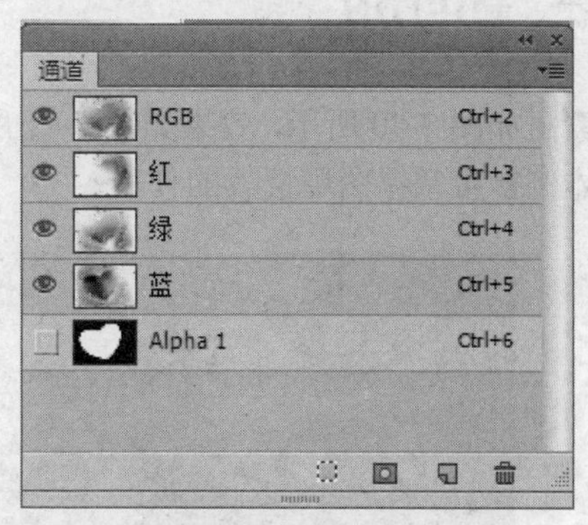

图 7-38　通道面板

（4）应用“应用图像”命令。选择 meimei.jpg 文档，选择“图像”>“应用图像”菜单命令，弹出相应对话框，设置源为“love.jpg”，勾选“蒙版”项，通道选择“Alpha1”，勾选“反相”，其他设置为如图 7-39 所示设置，单击“确定”按钮，两幅图的混合效果如图 7-30 所示。

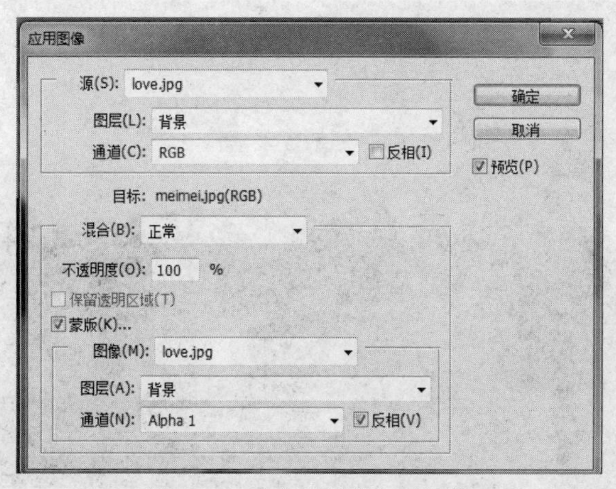

图 7-39　“应用图像”对话框

7.3 『案例』奇异的风景

主要学习内容：

- 蒙版的基础知识
- 建立、编辑、删除图层蒙版
- 显示和隐藏图层蒙版
- 应用、启用和停用图层蒙版
- 取消图层与蒙版的链接
- 根据图层蒙版创建选区
- 属性面板

一、制作目的

素材如图 7-40 所示，效果如图 7-41 所示。利用 Photoshop 中的图层蒙版实现图像的合成，通过本例初步掌握图层蒙版的使用。

图 7-40 素材 1city.jpg 和素材 2 desert.jpg

图 7-41 效果图

二、相关技能

1. 初识蒙版

蒙版用于隐藏图层内容，当图层中某些区域不需要在画布中显示时，可用蒙版来实现。蒙版是非破坏的，可以是任何形状的，且可为后期的修改提供更大的空间。蒙版作用于单个图层，一个图层只能有一个图层蒙版和一个矢量蒙版，不同的图层可用不同的蒙版。

Photoshop 中可以创建三种类型的蒙版。

- 图层蒙版：是与分辨率相关的位图图像，可使用绘画或选择工具进行编辑。图层蒙版是一种灰度图像，黑色区域对应图层的内容将被隐藏，白色区域对应图层的内容是可见的，而用灰度梯度制的区域则显示不同层次的透明区域。图层蒙版常用于图像的合成。
- 矢量蒙版：与分辨率无关，可使用钢笔或形状工具创建。通过路径或矢量形状控制图层的显示区域。
- 剪贴蒙版：通过一个对象的形状来控制其他图层的显示区域。

在图层面板中，图层蒙版和矢量蒙版都显示为图层缩览图右边的附加缩览图。对于图层蒙版，此缩览图代表添加图层蒙版时创建的灰度通道；矢量蒙版缩览图代表从图层内容中剪下来的路径。如图 7-42 所示。

图 7-42 矢量蒙版和图层蒙版

在图 7-42 中，标志图层与蒙版相链接。单击图层面板上的添加图层蒙版按钮可为当前图层添加图层蒙版。

用户根据需要可编辑图层蒙版，可在蒙版区域中添加内容或删除内容。

矢量蒙版可在图层上创建锐边形状，当在图像中需添加边缘清晰分明的元素时，使用矢量蒙版是非常方便的。使用矢量蒙版创建图层之后，可给该图层添加图层样式来修饰图像。

注意：要在背景图层中创建图层或矢量蒙版，请首先将此图层转换为普通图层。

2. 建立图层蒙版

在 Photoshop 中创建图层蒙版时，一般是先创建选区，然后通过选区创蒙版；也可以先创建图层蒙版，然后在蒙版上绘制来决定隐藏或显示图层的哪些部分。

（1）添加显示或隐藏整个图层的蒙版。

当前图像中无任何选区时，选择要创建蒙版的图层或组，然后执行以下操作之一：

- 如创建显示整个图层的蒙版，可在“图层”面板中单击“新建图层蒙版”按钮，或选取“图层”>“图层蒙版”>“显示全部”菜单命令，即创建显示全部图层的蒙版。
- 如创建隐藏整个图层的蒙版，可按住 Alt 键并单击“新建图层蒙版”按钮，或选取“图层”>“图层蒙版”>“隐藏全部”菜单命令，即创建隐藏全部图层的蒙版。

（2）添加显示或隐藏图层部分内容的图层蒙版。

在“图层”面板中，选择要创建蒙版的图层或组，创建合适的选区，然后执行下列操作之一：

- 在“图层”面板中单击“新建图层蒙版”按钮，或选择“图层”>“图层蒙版”>“显示选区”菜单命令，创建显示选区的蒙版。
- 按住 Alt 键，并单击“新建图层蒙版”按钮，或选择“图层”>“图层蒙版”>“显示选区”菜单命令，创建隐藏选区的蒙版。

例如图 7-43 所示，选中图中的女孩，再单击图层面板下方的按钮，创建显示选区的蒙版，这时画面和图层面板显示为如图 7-44 所示，在蒙版中选区对应的部分为白色。如果按住 Alt 键，单击图层面板下方的按钮，创建隐藏选区的蒙版，这时画面和图层面板显示为如图 7-45 所示，在蒙版中选区对应的部分为黑色。

图 7-43　选中女孩

图 7-44　创建显示选区的蒙版

图 7-45　创建隐藏选区的蒙版

注意：图层创建蒙版后，该图层上就有两个缩览图，一个是图层，另一个是蒙版。那么以后对该图层操作时有两种选择，即选择图层或选择蒙版。如要编辑蒙版，一定要先选择蒙版，然后再在画布上操作。选择图层或蒙版的方法是在其缩览图上单击即可，选中后缩览图周围会出现细线框。

（3）应用另一个图层中的图层蒙版。

可将某个图层的图层蒙版拖动到其他图层，实现图层蒙版的移动；也可复制蒙版，按住 Alt 键并将蒙版拖动到另一个图层。

3. 修改图层蒙版

要修改蒙版，一定要先选择蒙版，即可在图层面板中单击相应蒙版缩览图。当蒙版处于被选状态时，前景色和背景色均采用默认灰度值。这是因为在蒙版中只存在黑色白色以及其间的过渡色，称为“灰度”，蒙版与色相无关。

修改蒙版常使用绘制类工具，最常用是画笔工具、渐变工具等。如需将显示的内容隐藏，则用黑色在蒙版上对应位置进行涂抹；如需将已被隐藏的内容重新显示，就用白色在蒙版对应位置进行涂抹；如需将内容以半透明效果显示，则用灰色在蒙版进行涂抹。分别用黑色、灰色画笔，在如图 7-46 所示的图层蒙版上涂抹。效果如图 7-46 右侧图像。

图 7-46　画笔在蒙版上涂抹

4. 显示和隐藏图层蒙版

按住 Alt 键并单击图层蒙版缩览图，图像窗口中的图像将隐藏，只显示蒙版缩览图中的效果，如图 7-47 所示。按住 Alt 键并再次单击图层蒙版缩览图，图像窗口中的图像恢复正常显示。按住组合键 Alt+Shift 的同时，单击图层蒙版缩览图，画布中将同时显示图像和图层蒙版。按住组合键 Alt+Shift 的同时，再次单击蒙版缩览图，恢复正常显示。

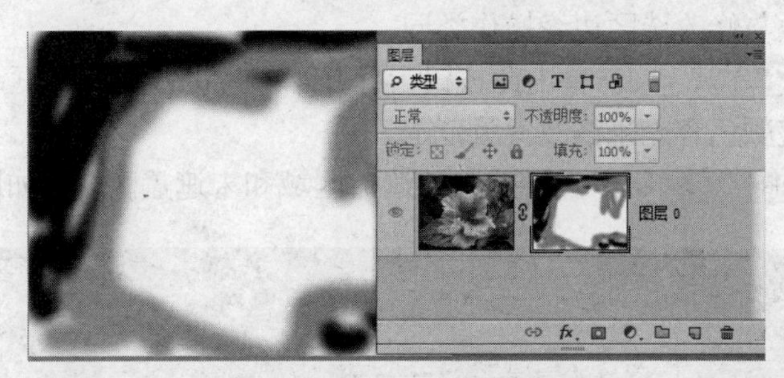

图 7-47　显示蒙版缩览图效果

5. 属性面板

在如图 7-48 所示的蒙版效果中，在图层面板中双击图层蒙版缩览图，系统显示“属性”面板，如图 7-49 所示，用于调整所选图层蒙版和矢量蒙版的浓度（不透明）、羽化效果、蒙版边缘等。面板中各项含义如下：

- 图层蒙版：指示当前所选择的蒙版及其类型。
- ：指示当前蒙版为图层蒙版。

图 7-48　图层蒙版

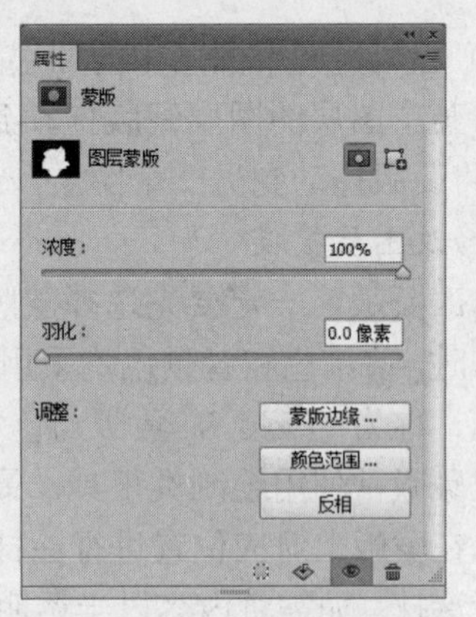

图 7-49　图层蒙版的属性面板

- ：添加矢量蒙版按钮。单击此按钮可为当前图层再添加一矢量蒙版。
- 浓度：拖动滑块可以调整蒙版的不透明度。
- 羽化：拖动滑块可以调整蒙版边缘的羽化效果，如图 7-50 所示。

图 7-50　调整蒙版边缘的羽化效果

- 蒙版边缘 蒙版边缘... ：单击此按钮，可打开“调整蒙版”对话框修改蒙版边缘。蒙版边缘修改与修改选区边缘操作类同。
- 颜色范围 颜色范围... ：单击此按钮，打开“颜色范围”对话框，这时可以在图像中取样并调整颜色容差来修改蒙版范围。
- 反相 反相 ：可以反转蒙版的遮盖区域和未遮盖区域，如图 7-51 所示。

图 7-51　反相效果

- 从蒙版载入选区 ：单击此按钮，可以载入蒙版选区。

- 应用蒙版 ：单击此按钮，应用蒙版，系统删除被蒙版遮盖的区域，如图 7-52 所示。

图 7-52　应用蒙版

- 停用/启用蒙版 ：单击此按钮，可以停用或启用蒙版。蒙版停用时，蒙版上显示一个红色的“╳”，如图 7-53 所示。

图 7-53　停用蒙版

- 删除蒙版 ：单击此按钮，在图层面板上删除当前蒙版，将蒙版缩览图拖至图层面板的删除按钮 上，也可以删除蒙版。

6. 停用和启用图层蒙版

选择“图层”>“图层蒙版”>“停用”菜单命令，或按 Shift 键的同时单击图层面板中的图层蒙版缩览图，图层蒙版停用，图像全部显示，如图 7-53 所示。按 Shift 键的同时再单击图层面板中的图层蒙版缩览图，图层蒙版将重新启用。

7. 应用和删除图层蒙版

应用图层蒙版将永久删除图层的隐藏部分。图层蒙版是作为 Alpha 通道存储的，因此应用和删除图层蒙版可减小文件大小。

要应用图层蒙版时，先在图层面板中选择图层蒙版所在层，或图层蒙版，再选择“图层”>“图层蒙版”>“应用”菜单命令，图层蒙版消失，并删除图层的隐藏部分；也可将图层蒙版拖到“图层”面板底部的“删除”按钮 上，松开鼠标后系统弹出如图 7-54 所示对话框，单击“应用”按钮，系统会删除图层蒙版，并将蒙版效果应用到图像上，如图 7-52 所示。

要移去图层蒙版，而不将其应用于图层，将图层蒙版拖到图层面板底部的“删除”图标上，松开鼠标后，在系统弹出的如图 7-54 所示的对话框中单击“删除”按钮即可；也可使用“图层”>“图层蒙版”>“删除”菜单命令。

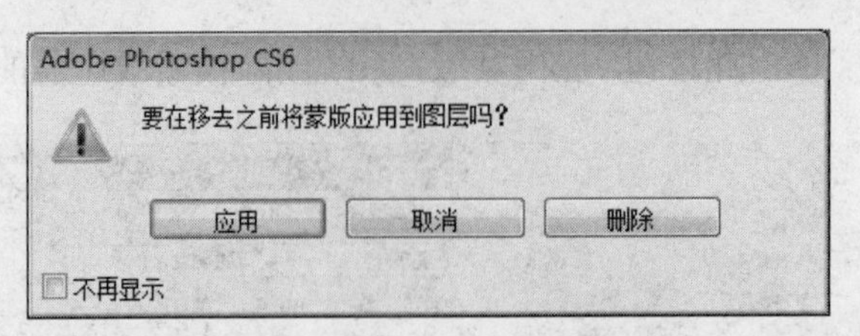

图 7-54 移去图层蒙版时的对话框

8. 取消图层与蒙版的链接

系统默认情况下，图层或组与其图层蒙版或矢量蒙版是链接的，在图层面板中图层缩览图与图层蒙版间存在链接图标。当图层与蒙版链接时，使用移动工具移动图层或其蒙版时，它们将在图像中一起移动。若取消图层和蒙版的链接，则要单独移动它们。

要取消图层与其蒙版的链接，在图层面板上，单击图层与其蒙版缩览图之间的链接图标，链接图标消失，如图 7-55 所示。如要重建图层及其蒙版间链接，在图层面板上，在图层和蒙版缩览图之间再次单击，链接图标重新显示出来。

如图 7-56 所示，是在取消图层与其蒙版的链接后，单独移动图层蒙版后的效果图。图 7-57 所示是单独移动图层后的效果图。

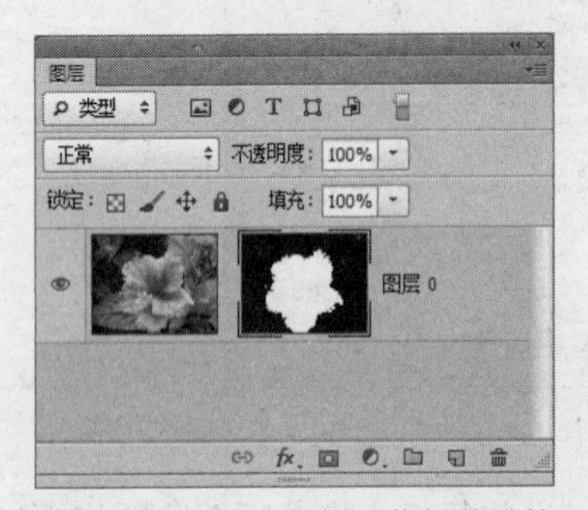

图 7-55 取消图层与其蒙版的链接

图 7-56 单独移动图层蒙版

图 7-57 单独移动图层

9. 根据图层蒙版创建选区

可将图层蒙版转换为选区，按住 Ctrl 键的同时单击图层蒙版缩览图，即可创建以图层中未被图层蒙版隐藏的区域，如图 7-58 所示。

也可将图层蒙版选区与已创建的选区进行运算，右击图层面板上图层蒙版缩览图，系统弹出一个快捷菜单，如图 7-59 所示，可根据操作需要选择“添加蒙版到选区”、“从选区中减去蒙版”或“蒙版与选区交叉”。

图 7-58　将图层蒙版转换为选区

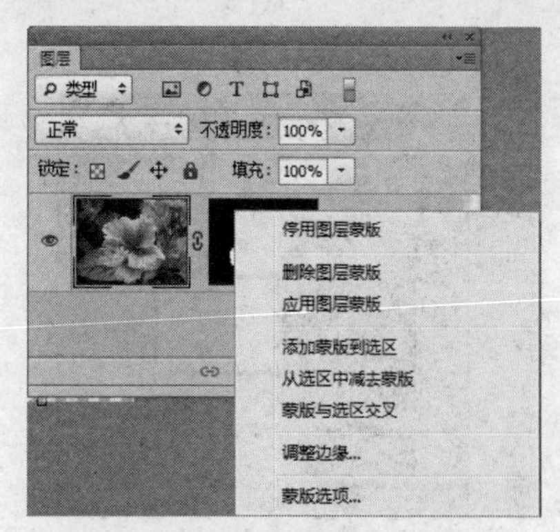

图 7-59　图层蒙版快捷菜单

三、制作步骤

（1）打开素材 1。

（2）将素材 2 置入素材 1 文档中。执行"文件">"置入"菜单命令，系统打开"置入"对话框，如图 7-60 所示。在对话框中找到要置入的文件，单击选择文件 desert.jpg，然后单击"置入"按钮。文件置入当前文件，并进入自由变换状态，直接单击工具选项栏上的"提交变换"按钮✓，即完成置入文件，并建立 desert 图层，如图 7-61 所示。

图 7-60　"置入"对话框

图 7-61　图层面板

（3）为图层 desert 添加图层蒙版。在图层面板上单击图层 desert，选择该图层。单击图层面板下方的"添加图层蒙版"按钮，即为图层 desert 添加一个纯白色的图层蒙版，如图 7-62 所示。

（4）编辑图层蒙版。设置前景色为黑色，使用没有柔边的画笔在对应天空部分涂抹，遮盖当前图层的天空，使背景层的天空显示出来。再使用有柔边的画笔在沙丘与天空边缘处涂抹，使天空与沙丘融合自然。使用有柔边的画笔在对应背景图层中两个行走的人处涂抹，使人物与画面合成自然，特别注意人物边缘的处理，为涂抹效果好，可将画面显示比例放大，将图层 desert 的不透度降低，以便于操作，如图 7-63 所示。

注意：如在涂抹中不小心将该显示的内容遮盖了，可将画笔再换成白色，然后在出错的地方再涂抹，即重新显示出来。

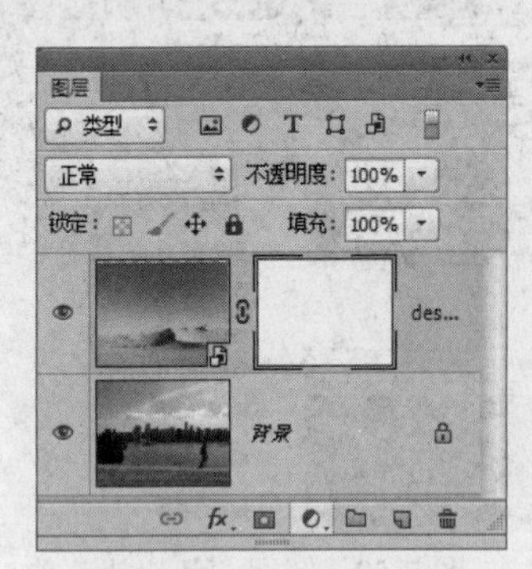

图 7-62 添加图层蒙版

图 7-63 显示比例放大

（5）编辑完图层蒙版后，图层蒙版效果如图 7-64 所示。

（6）保存文件。以文件名"奇异的风景.psd"保存最终效果。

图 7-64 图层蒙版效果

四、技能拓展——童趣

制作目的

素材如图 7-65、图 7-66、图 7-67 和图 7-68 所示，效果如图 7-69 所示。通过本例制作加深对图层蒙版的理解，灵活使用图层蒙版，学会用图层蒙版进行图像的合成。

图 7-65 素材 1

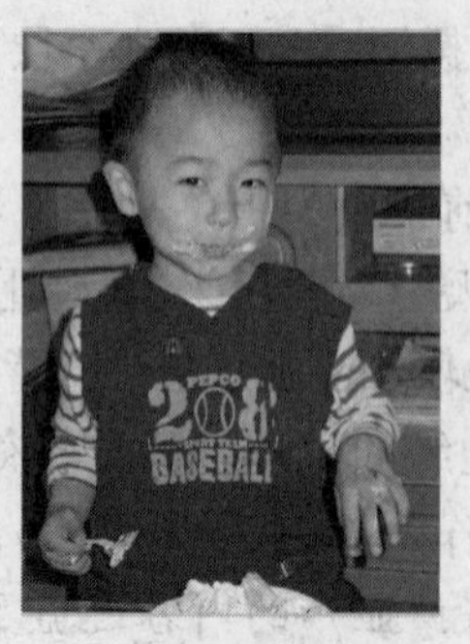

图 7-66 素材 2

图 7-67 素材 3

图 7-68　素材 4

图 7-69　效果图

制作步骤

（1）打开素材。将四张素材文件均在 Photoshop 中打开，先素材 2 图片拖曳到素材 1，创建新图层 1，将该图层命名为“照片 1”，并将照片移动到合适位置，并利用自由变换命令将其调整为合适大小，如图 7-70 所示，并将文件保存为“童趣.PSD”。

（2）创建图层蒙版。选择“照片 1”图层，然后单击图层面板下方的“创建图层蒙版”按钮，这时图层面板显示为图 7-71 所示。

图 7-70　插入照片

图 7-71　创建图层蒙版后

（3）用画笔涂抹图层蒙版。设置前景色为黑色，在工具箱中选择画笔工具，设置画笔直径为 100 像素，硬度为 10%，然后用画笔在图层蒙版涂抹，将照片周围的杂物去除，只保留人物，在涂抹过程中根据需要可随时按左中括号“[”或右中括号“]”键调整画笔直径大小。如涂抹出错，可将前景色换为白色，在出错的地方涂抹，则重新恢复原来显示。完成后，画面和图层面板如图 7-72 所示。

（4）将素材 3 图片拖曳到素材 1 中。利用移动工具将素材 3 也拖至素材 1 中，调整合适大小（使其大小与照片 1 协调），移动到图像的右上角，将其所在图层命名为“照片 2”。

（5）创建图层蒙版。在工具箱上选择“矩形选框”工具，在画布上创建选区，选框框选住照片 2 的主要部分，执行“选择”>“修改”>“羽化”菜单命令，将选区羽化 10 个像素，然后单击图层面板下方的“创建图层蒙版”按钮，这时画面如图 7-73 所示。

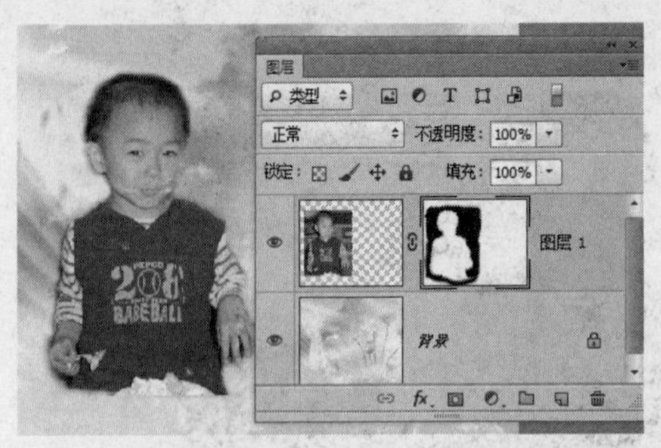

图 7-72　涂抹图层蒙版后

图 7-73　照片 2 图层创建图层蒙版后

（6）添加素材 4。将素材 4 图片也拖至素材 1 中，按组合键 Ctrl+T，调至合适大小，并将其放置在画布的右下角。用“矩形选框”工具在画布上创建选区，选框框选素材 4 的主要部分，执行“选择”>“修改”>“羽化”菜单命令，将选区羽化 10 个像素，然后单击图层面板下方的“创建图层蒙版”按钮，这时画面如图 7-74 所示，图层面板如图 7-75 所示。

图 7-74　添加素材 4 后

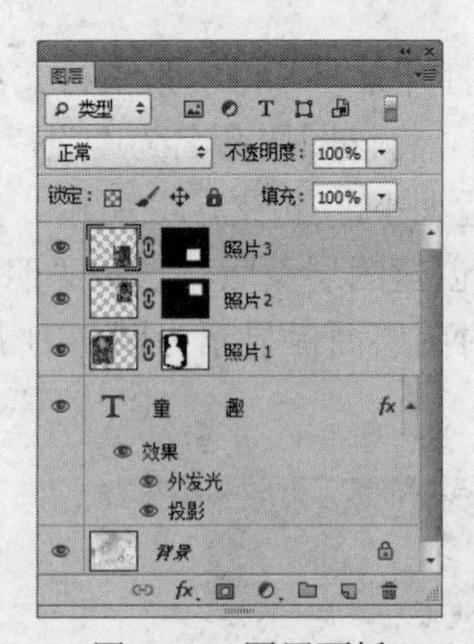

图 7-75　图层面板

（7）添加修饰文字。利用文字给图片添加合适的文字，效果如图 7-69 所示，保存文件。

7.4　『案例』添加艺术相框

主要学习内容：

- 快速蒙版基础知识
- 编辑快速蒙版
- 更改快速蒙版选项
- 创建、编辑、删除、移去矢量蒙版
- 启用和停用矢量蒙版

一、制作目的

素材如图 7-76 所示，效果如图 7-77 所示。本例利用快速蒙版和滤镜给图像添加相框，通过本例初步掌握快速蒙版的使用。

图 7-76　素材

图 7-77　效果图

二、相关技能

1. 快速蒙版

默认情况下，图像中有选区时，单击工具栏下方的“以快速蒙版模式编辑”按钮◎，可以将选区转换为一个临时蒙版，系统会在“通道”面板中创建一个临时的 Alpha 通道，按钮◎图案变为◎。进入快速蒙版模式后，几乎所有的工具和滤镜都可以编辑蒙版。编辑好临时蒙版后，单击工具箱下方的“以标准模式编辑”◎按钮，恢复到标准编辑状态，蒙版区转换为选区。

没有选区时，也可以完全在“快速蒙版”模式下创建蒙版。受保护区域和未受保护区域以不同颜色进行区分。默认状态下，快速蒙版呈半透明红色，遮盖非选区图像的上方。如图 7-78 所示创建了矩形选区，进入“快速蒙版”模式下，画布显示为如图 7-79 所示。

图 7-78　创建矩形选区

图 7-79　进入快速蒙版模式后的图像

创建快速蒙版步骤如下：

（1）使用任一选区工具，选择要更改的图像部分，即创建选区。

（2）单击工具箱中的“快速蒙版”模式按钮◎或直接按 Q 键，半透明红颜色覆盖并保护选区外的区域。选中的区域不受该蒙版的保护。默认情况下，“快速蒙版”模式会用红色、50%不透明的为遮盖受保护区域。

2. 更改快速蒙版选项

用鼠标双击工具箱内的“以快速蒙版模式编辑”按钮，弹出“快速蒙版选项”对话框，如图 7-80 所示，用户可根据需要进行设置。

对话框中各项含义如下：

- “被蒙版区域”：选择“被蒙版区域”，则蒙版区域（也即非选区）有颜色遮盖，非蒙版区域（也即选区）没有颜色遮盖。选定此选项后，工具箱中的“以快速蒙版模式编辑”按钮将显示为一个带有深灰色背景的白圆圈。
- “所选区域”：选择“所选区域”，则蒙版区域（也即非选区）没有颜色遮盖，非蒙版区域（也即选区）有颜色遮盖。选定此选项后，工具箱中的“以快速蒙版模式编辑”按钮将显示为一个带有浅灰色背景的黑圆圈。选择此项，上图 7-79 就会显示为如图 7-81 所示。

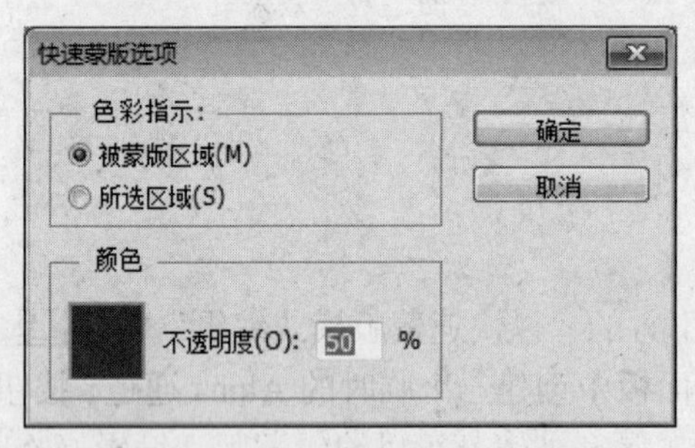

图 7-80 “快速蒙版选项”对话框

图 7-81 色彩指示选择“所选区域”

注意：要在快速蒙版的“被蒙版区域”和“所选区域”选项之间切换，可按住 Alt 键，并单击“快速蒙版模式”按钮。

- “颜色”栏：设置新的蒙版颜色，可单击颜色框并选取新颜色。要更改不透明度，则在输入框中输入介于 0%～100%之间的值。颜色和不透明度设置都只是影响蒙版的外观，对蒙版下面保护的区域没有影响。

3. 编辑快速蒙版

进入快速蒙版模式后，可以使用各种工具和滤镜在画布上编辑修改蒙版，也可以进入“通道”面板对“快速蒙版”通道进行修改。

编辑快速蒙版时，先在工具箱中选择绘画工具。工具箱中的色板自动变成黑白色或灰色。

用白色在图像中绘制，可扩大选区，减少颜色遮盖区域（默认情况下）；如要减少选择区域，则用黑色在选区上面绘制，颜色会遮盖区域黑色绘制的区域；用灰色或其他颜色绘画可创建半透明选区。灰色越浅，透明度越高。

4. 将快速蒙版转换为选区

当在快速蒙版模式下时，单击工具箱下方的“以标准模式编辑”按钮，恢复到标准编辑状态，非保护区（即未被颜色遮盖的区域）转换为选区。当退出快速蒙版后，“通道”面板中的“快速蒙版”通道也会自动取消。

5. 添加矢量蒙版

使用钢笔或形状工具创建矢量蒙版。矢量蒙版是以灰色和白色来显示的，是不能设置羽化效果的，不能给背景层添加矢量蒙版。

（1）添加显示或隐藏整个图层的矢量蒙版。

在“图层”面板中，选择要添加矢量蒙版的图层。要创建显示整个图层的矢量蒙版，则执行“图层”>“矢量蒙版”>“显示全部”菜单命令；要创建隐藏整个图层的矢量蒙版，则执行“图层”>“矢量蒙版”>“隐藏全部”菜单命令。

（2）添加显示形状内容的矢量蒙版。

在“图层”面板中，选择要添加矢量蒙版的图层。选择一条路径或使用某一种形状或钢笔工具绘制工作路径。然后执行“图层”>“矢量蒙版”>“当前路径”菜单命令，即创建矢量蒙版。

注意：要使用形状工具创建路径，应选择形状工具选项栏中的模式列表中的路径选项 路径 。

例如原图像如上图 7-78 所示，选择“自定义形状”工具，在选项栏中选择“路径”模式，形状选择“红心形卡”图形，在图像窗口中绘制路径，如图 7-82 所示。选择图层 1，执行“图层”>“矢量蒙版”>“当前路径”菜单命令，即为图层 1 添加矢量蒙版，图像效果如图 7-83 所示。

图 7-82　绘制了路径

图 7-83　建立矢量蒙版

6. 编辑矢量蒙版

单击图层面板中的矢量蒙版缩览图或路径面板中的相应的缩览图，然后使用自由变换、形状、钢笔或直接选择工具更改形状即可。

选择“直接选择”工具可以修改路径，从而修改矢量蒙版的遮盖区域。如图 7-84 所示，使用“直接选择”工具在路径上单击，拖动锚点可改变路径，具体操作可参看第 8 章路径内容。

7. 移去矢量蒙版

在“图层”面板中执行下列操作之一：

- 将矢量蒙版缩览图拖动到“删除”图标。
- 选择包含要删除的矢量蒙版的图层，执行“图层”>“矢量蒙版”>“删除”命令。

8. 停用或启用矢量蒙版

执行下列操作之一：

- 按住 Shift 键并单击图层面板中的矢量蒙版缩览图。
- 选择包含要停用或启用的矢量蒙版的图层，并选取“图层”>“矢量蒙版”>“停用”或“图层”>“矢量蒙版”>“启用”命令。

当蒙版处于停用状态时，“图层”面板中的蒙版缩览图上会出现一个红色的╳，并且会显示出不带蒙版效果的图层内容。如图 7-85 所示。

图 7-84　更改路径

图 7-85　停用矢量蒙版

9. 将矢量蒙版转换为图层蒙版

选择包含要转换的矢量蒙版的图层，然后执行“图层”>“栅格化”>“矢量蒙版”菜单命令。当栅格化上例中的矢量蒙版后，图层面板如图 7-86 所示，矢量蒙版变为以黑白灰显示的图层蒙版。

图 7-86　矢量蒙版栅格化后

三、制作步骤

（1）打开素材 1。

（2）创建矩形选区。使用矩形选框工具，在图像窗口中绘制选区，使选区距图像的上下左右边界距离均为 30 像素，为了使创建的选区准确，可在画布中添加两条水平参考线和两条垂直参考线，距边界为 30 像素。使用矩形选框工具沿四条参考线创建一个矩形选区，再按组合键 Ctrl+Shift+I 执行反选命令，选择图像四周，选区如图 7-87 所示。再执行“视图”>“清除参考线”命令即清除四条参考线。

（3）进入快速蒙版模式编辑状态。单击工具箱下方的“以快速蒙版模式编辑”按钮，进入快速蒙版模式编辑状态。效果如图 7-88 所示。

（4）执行晶格化滤镜命令。选择“滤镜”> “像素化”>“晶格化”命令，弹出的对话框如图 7-89 所示，设置单元格大小为 13，单击“确定”按钮，效果如图 7-90 所示。

（5）执行碎片滤镜命令。选择“滤镜”> “像素化”>“碎片”命令。再按两次组合键 Ctrl+F，即再执行两次最后一次执行的滤镜，即再执行两次碎片滤镜。效果如图 7-91 所示。

图 7-87　创建选区

图 7-88　快速蒙版编辑状态

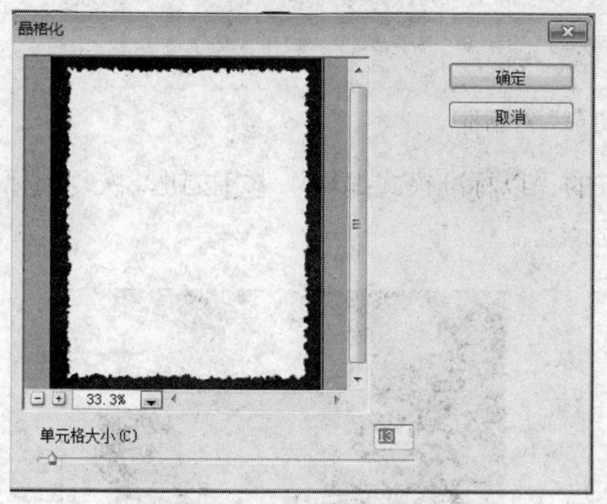

图 7-89　“晶格化”对话框

图 7-90　晶格化后效果图

图 7-91　三次碎片后效果图

（6）执行图章滤镜命令。选择“滤镜”＞“滤镜库”＞“素描”＞“图章”命令，对话框如图 7-92 所示，设置“明/暗平衡”值为 22，平滑度为 1，单击“确定”按钮，效果如图 7-93 所示。

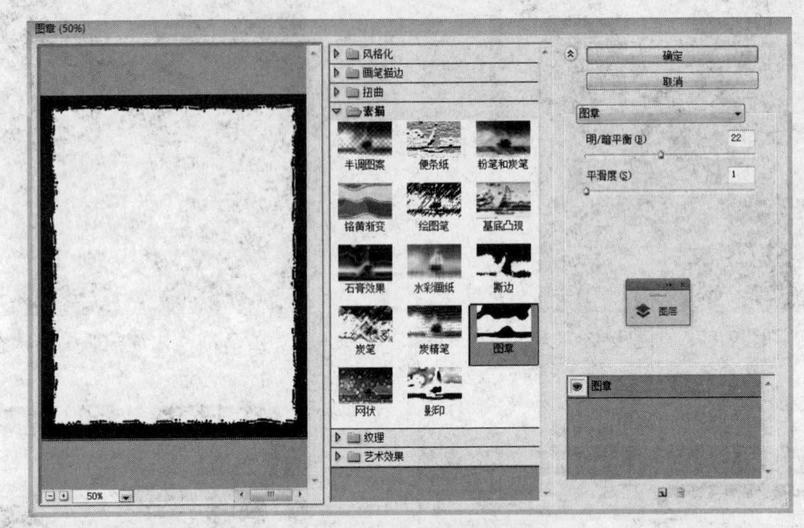

图 7-92 “图章”对话框

（7）恢复正常编辑状态。单击工具箱下方的“以标准模式编辑” 按钮，恢复到标准编辑状态，蒙版转换为选区，效果如图 7-94 所示。

图 7-93 “图章”后效果

图 7-94 蒙版区转换为选区

（8）填充渐变色边框。在当前图层上方添加新图层，选择工具箱中的渐变工具，在选项栏上选择“径向渐变”模式，再选择“简单”组的“洋红”渐变色，从图像的中心向边框拖渐变线，给边框填充渐变色，效果如图 7-95 所示。按组合键 Ctrl+D 取消选区。

（9）创建浮雕效果边框。在图层面板上，在新建的图层 1 处双击鼠标，在弹出的图层样式中选择“斜面和浮雕”命令，并添加纹理，纹理图案为“灰色花岗岩花纹纸”，其他设置如图 7-96 所示。“斜面和浮雕”设置如图 7-97 所示，然后单击“确定”按钮。

图 7-95 选区填充渐变色线

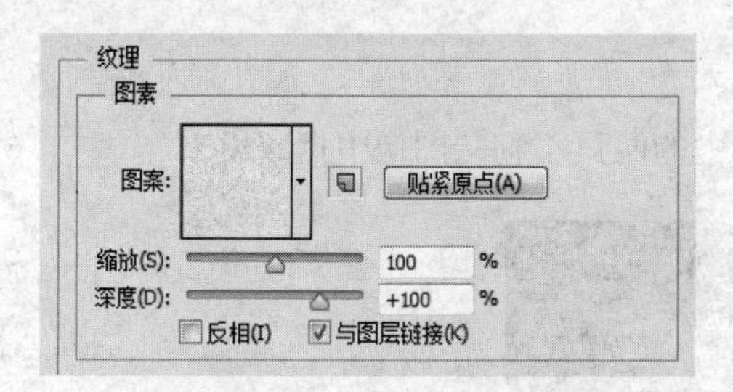

图 7-96 纹理设置

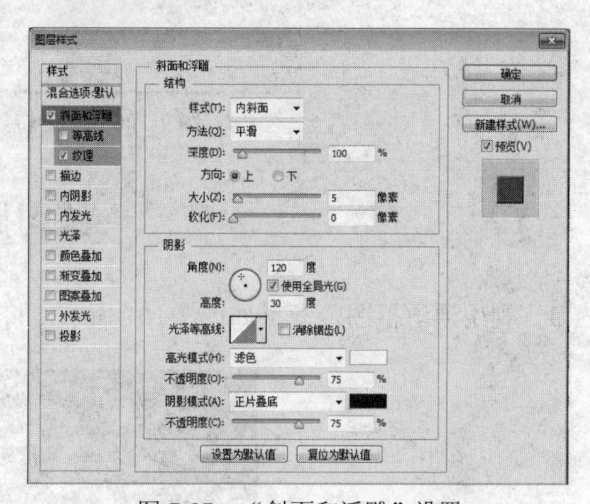

图 7-97 “斜面和浮雕”设置

（10）执行挤压滤镜命令。选择“滤镜”> “扭曲”>“挤压”命令，弹出的对话框如图7-98所示，设置数量为100%，单击“确定”按钮，效果如图7-99所示。

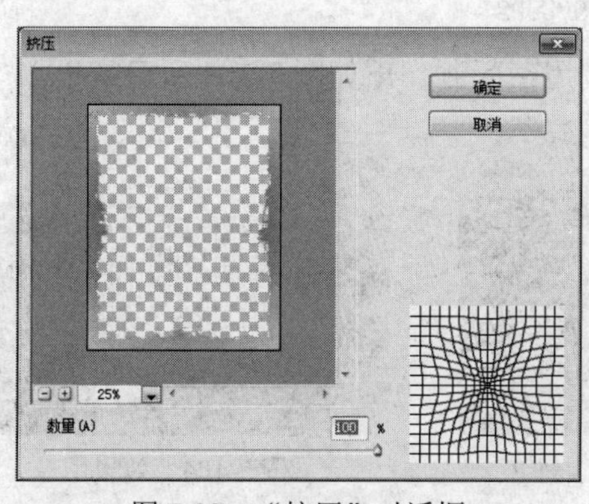

图 7-98 “挤压”对话框

图 7-99 挤压后效果图

（11）执行旋转扭曲滤镜命令。选择“滤镜”>“扭曲”>“旋转扭曲”命令，在弹出的对话框中如图 7-100 所示进行设置，单击“确定”按钮。再按组合键 Ctrl+F，再执行一次“旋转扭曲”命令。效果如图 7-77 所示，保存文件。

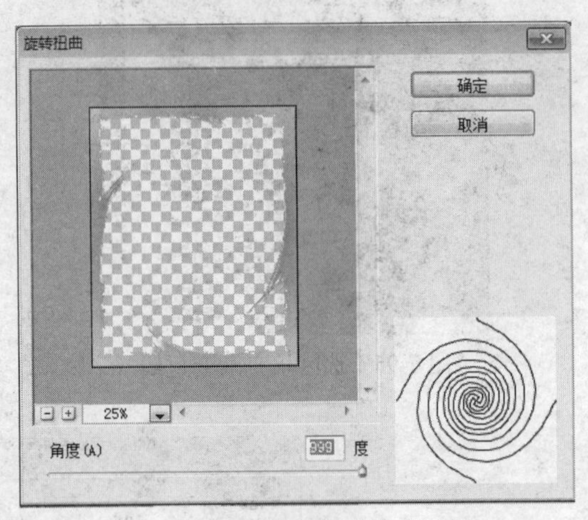

图 7-100 “旋转扭曲”对话框

练习题

1．利用通道抠图。素材如图 7-101 所示，将图中的两只小狗从图像中抠取出来。

图 7-101 素材 dog.jpg

2．将图 7-102 和图 7-103 所示的图片素材，利用蒙版制作出如图 7-104 所示效果。

图 7-102 沙漠素材 1

图 7-103 沙漠素材 2

图 7-104 效果图

3．利用快速蒙版给图 7-105 所示素材添加艺术边框，参考效果如图 7-106 和图 7-107 所示。

图 7-105　素材

图 7-106　效果 1

图 7-107　效果 2

第8章 路径、动作和动画

8.1 『案例』儿童艺术相片

主要学习内容：

- 路径基本知识和路径面板
- 绘制模式
- 矩形工具、椭圆工具、多边形工具及自由形状工具等
- 路径与选区互相转换

一、制作目的

主要素材如图 8-1、图 8-2 和图 8-3 所示，效果如图 8-4 所示。通过本案例将学习自定义形状工具、矩形工具、多边形工具等绘图工具的使用，以及路径描边的方法，加深理解矢量蒙版，掌握矢量蒙版的使用。

图 8-1 happy1.jpg

图 8-2 happy2.jpg

图 8-3 happy3.jpg

图 8-4　效果图

二、相关技能

1．初识路径和路径面板

路径是 Photoshop 基础概念之一，主要用来建立封闭的区域，可以转换为选区、颜色填充和描边的轮廓。路径常用来创建选区，选区也可以转换为路径。使用路径可创建非封闭的区域，即开放路径，这样的路径不能转换为选区或填充颜色。

路径是矢量的，其本身不是图像的一部分，只是起指示性作用，当路径描边、填色或作为图层蒙版后，才对图像产生影响。

使用“形状工具”组或“钢笔工具”组工具，可以创建各种形状的路径。使用“路径选择工具”和“直接选择工具”，可选择路径。

路径可以是直线、曲线、多边形或不规则形状的区域，路径创建后，可用一些路径编辑工具对路径形状、位置、大小进行修改。

执行“窗口”>“路径”菜单命令，可以打开路径面板。“路径”面板列出了每条存储的路径、当前工作路径、当前矢量蒙版的名称和缩览图像。要查看路径，必须先在“路径”面板中选择相应的路径。

路径面板如图 8-5 所示。

图 8-5　路径面板

图 8-5 中，“路径 1”是存储的路径，可称为永久路径；“工作路径”是临时工作路径，临时工作路径的名称是斜体，用户再创建新的工作路径，则该临时路径将消失；“形状 1 形状路径”是形状路径，只有当在图层面板中选中了相应的形状图层时才显示出来。

路径面板下方的按钮含义如下：

- 用前景色填充路径：当路径是封闭区域时，单击该按钮可为路径封区域填充前景色。
- 用画笔描边路径：可使用画笔的当前设置来描边路径。
- 将路径作为选区载入：可将路径转换为选区，只能是封闭的路径。
- 从选区生成工作路径：可将当前的选区转换成路径。
- 创建新路径：可创建新的路径图层。

- 删除路径🗑：选择要删除的路径，然后单击该按钮，可删除路径。也可将要删除的路径拖到该按钮上，再松开鼠标，即删除路径。

如要选择路径则在“路径”面板中单击相应路径。一次只能选择一条路径。如要取消路径的选择，在“路径”面板的空白区域单击。

2. 绘制模式

使用形状或钢笔等矢量工具时，可以使用形状图层、工作路径和填充像素三种不同的模式进行绘制。选择一个矢量工具后，需要先在工具选项栏中选择一种绘图模式，然后再在图像中进行绘图。选择不同的绘图模式后，工具选项栏也会发生相应的变化。

（1）形状图层。

选择形状图层模式后，可以使用形状工具或钢笔工具在单独的图层中创建形状。形状图层包含定义形状颜色的填充图层以及定义形状轮廓的链接矢量蒙版，如图 8-6 所示，形状 1、形状 2、形状 3 图层均为形状图状。形状轮廓是路径，它会出现在“路径”面板中。形状图层创建的形状可以很方便地移动、对齐及调整其大小，非常适于为 Web 页创建图形。

（2）工作路径。

在当前图层中绘制一个工作路径，可使用它来创建选区、创建矢量蒙版，或者使用颜色填充和描边以创建栅格图形，如图 8-6 中所画的太阳为一工作路径。工作路径是一个临时路径，如在路径面板中取消选择该路径，重新绘制路径，那么这个路径将被新路径取代。如需路径长久保存在路径面板中，需将其变为永久路径。在路径面板上将临时路径拖动到新建路径按钮上，松开鼠标即将临时路径转换为永久路径。

（3）填充像素。

填充像素模式是直接在图层上绘制。在此模式中工作时，只能使用形状工具。此模式下，创建的是栅格图像，而不是矢量图形。图 8-6 中的草和花是利用自由形状工具，在填充像素模式下创建的。

3. 矩形工具

使用矩形工具可以绘制矩形形状、路径或填充像素。

使用矩形工具的绘制方法有两种：一是按住鼠标左键，以拖动起点为左上角（或中心）拖画出图形，大小合适，松开鼠标左键即可；二是在绘图区域单击鼠标，打开“创建矩形”对话框，如图 8-7 所示，设置宽度及高度，如勾选“从中心”项，则绘制图形的起点即为图形的中心，单击“确定”按钮，即在当前文档中创建相应的矩形。

图 8-6 利用路径工具绘制图形

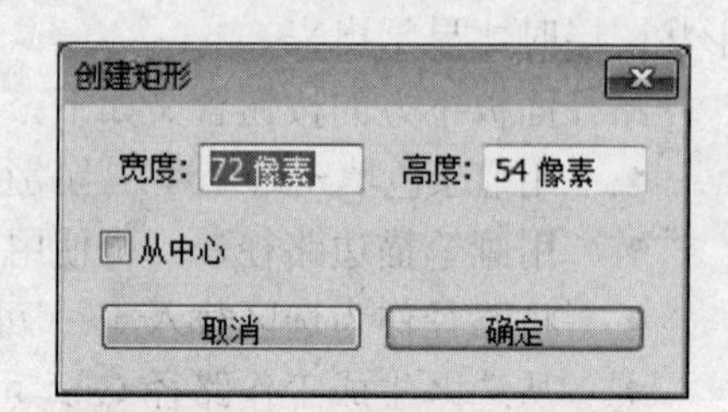

图 8-7 “创建矩形”对话框

注意：如勾选“从中心”项，则以后形状工具绘制都是以起点为中心绘制图形。如没有勾选，也可以在绘制开始后，按住 Alt 键，即以起点为中心绘制图形。

在不同绘图模式下，矩形工具的选项栏是不同的。

（1）形状模式下的工具栏。

“形状图层”模式下，矩形工具的选项栏如图 8-8 所示，各选项含义如下：

图 8-8　“形状图层”模式下“矩形工具”的选项栏

1）填充按钮：单击填充按钮，系统弹出如图 8-9 所示的面板。填充模式有：四种。按钮：表示无填充颜色；：使用纯色填充；：使用渐变色填充；单击按钮，系统打开拾色器面板，用户可选择填充颜色。面板的颜色块、图案或渐变色，单击即表示选择。

单击按钮，系统打开面板下拉菜单。菜单显示内容与当前所选择的填充模式有关。

2）描边按钮描边：：单击描边按钮，系统弹出和图 8-9 一样的面板，可以在此面板上选择描边线条的颜色。

3）设置形状描边宽度 1.49 点：可在文本框中直接输入描边宽度，也可以单击箭头按钮，打开数字滑钮，拖动滑块调整描边宽度。

4）设置形状描边类型：单击此框，显示“描边选项”面板如图 8-10 所示，用户可以设置线型、线对齐方式、端点和角点等。

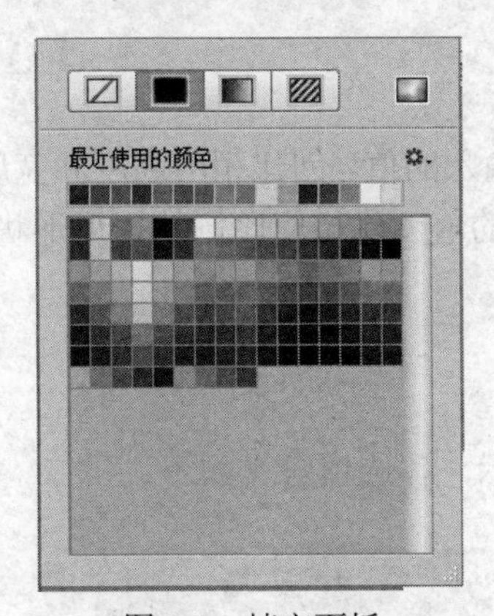

图 8-9　填充面板

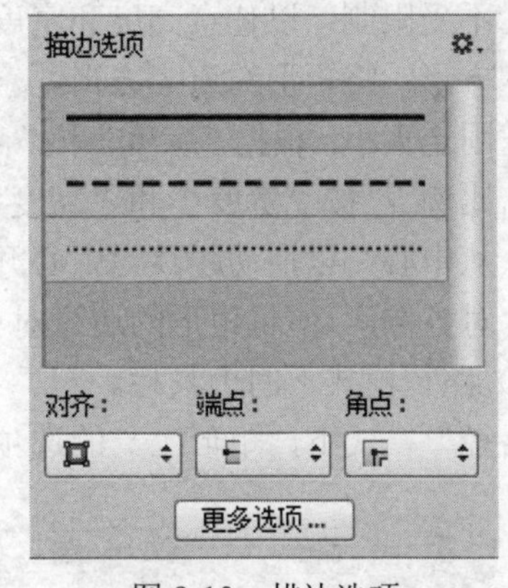

图 8-10　描边选项

5）设置形状的宽度和高度：在宽度和高度文本框中，可设置绘制形状的宽度和高度。

6）链接形状的宽度和高度按钮：单击此按钮，链接当前形状的宽度和高度，修改形状高度值（或宽度值），其宽度值（或高度值）会同比例变化。

7）路径操作按钮：单击路径操作按钮，系统打开路径操作下列菜单，如图 8-11 所示。用户可选择要绘制的形状与当前形状的运算方式，这些运算方式与选区的运算方式类同。

- “创建新图层”：如选择此项，新绘制的形状建立在一个新图层上。
- “添加到形状区域”：只有已创建有形状图层后，该按钮才有效。选择该按钮，绘制的新图形与当前的形状图像相加成一个新的形状图像，不会创建新的图层。

- “从形状区域减去”：只有已创建有形状图层后，该按钮才有效。选择该按钮，绘制的新图形与当前的形状图像重合的部分形成一个新的形状图像，不会创建新的图层。
- “交叉形状区域”：只有已创建有形状图层后，该按钮才有效。选择该按钮，绘制的新图形与当前的形状图像相减成一个新的形状图像，不会创建新的图层。将路径限制为新区域和现有区域的交叉区域。
- “重叠形状区域除外”：只有已创建有形状图层后，该按钮才有效。选择该按钮，清除新绘制的图形与当前的形状图像重合部分，保留各自不重合部分而形成新的形状图像，不会创建新的图层。

8）“几何选项”按钮：单击该按钮，会弹出“矩形选项”面板，如图 8-12 所示。通过该面板可以调整矩形的一些属性。

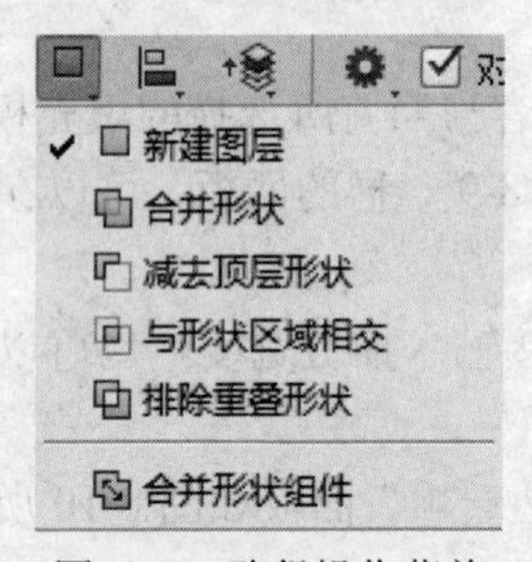

图 8-11　路径操作菜单

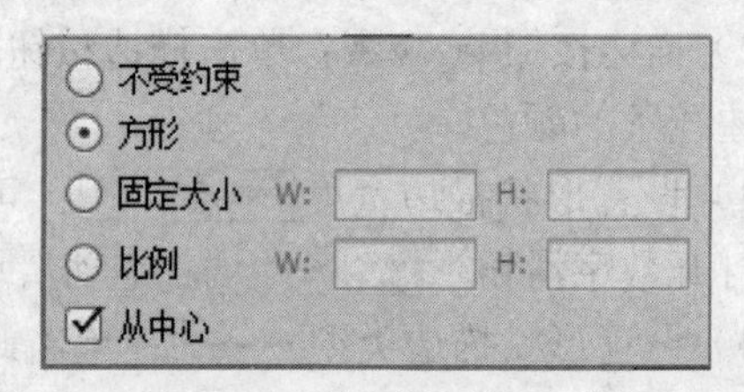

图 8-12　“矩形选项”面板

- 不受限制：以任意高度和宽度创建矩形。
- 方形：将矩形约束为方形。
- 固定大小：根据“宽度”和“高度”文本框中输入的值，创建相应高度和宽度的矩形。
- 比例 ：按“宽度”和“高度”文本框中输入的值创建相应比例的矩形形状。
- 从中心：以拖动起点为中心开始创建矩形。
- 对齐像素 ：将矩形的边缘对齐像素边界。

（2）路径模式下的工具栏。

“路径”模式下，矩形工具的选项栏如图 8-13 所示，各选项含义如下：

图 8-13　“路径”模式下“矩形工具”的选项栏

1）建立选区按钮 选区... ：此按钮功能是将当前路径转换为选区。单击此按钮，系统打开“建立选区”对话框，如图 8-14 所示。在此对话框中可以设置建立选区的羽化半径、与当前选区的运算方式等，单击“确定”按钮，即将当前路径按对话框设置转换为选区。

2）新建矢量蒙版按钮 蒙版 ：此按钮功能是以当前路径区域建立当前图层的矢量蒙版。如图 8-15 所示，已创建了蝴蝶型路径，单击工具选项栏的 蒙版 按钮，效果如图 8-16 所示。

3）新建形状图层按钮 形状 ：此按钮功能是以当前路径，并依据当前形状工具形状模式下的参数设置创建新的形状图层。对图 8-15 所示的图形，单击“形状”按钮，得到效果如图 8-17 所示。

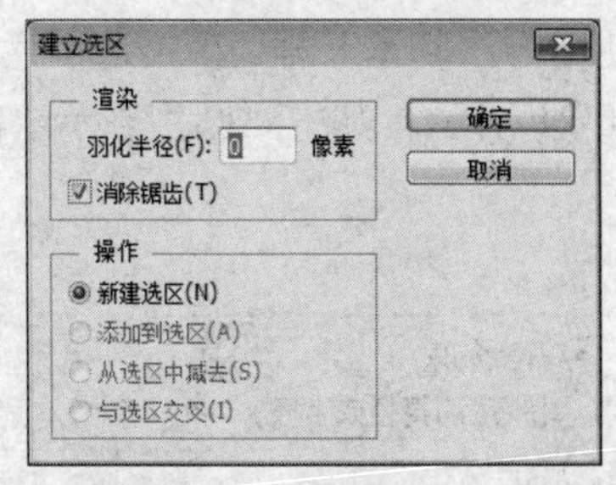

图 8-14　“建立选区”对话框

图 8-15　创建路径

图 8-16　路径转换为矢量蒙版

图 8-17　路径转换为形状

（3）像素模式下的工具栏。

“填充像素”模式下，矩形工具的选项栏如图 8-18 所示。各选项含义如下：

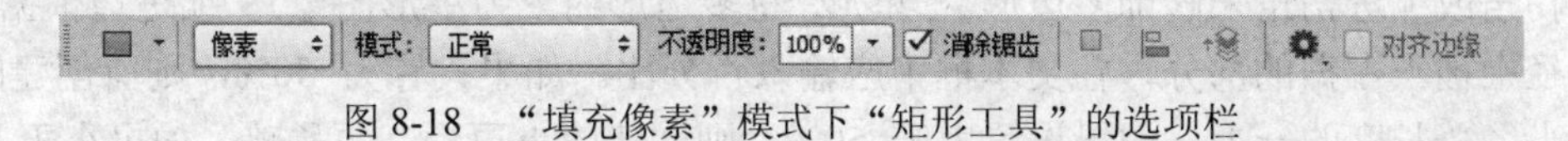

图 8-18　“填充像素”模式下“矩形工具”的选项栏

1）设置填充像素的混合模式 模式: 正常 ：此混合模式是设置将要绘制的填充像素与当前图层对应位置的图像的混合效果，与图层混合模式类同，只是多了“背后”和“清除”两种模式。“背后”模式作用是新绘制的填充像素显示在当前图层对应图像的后面。“清除”模式作用是新绘制的图像像橡皮擦一样清除当前图层对应位置的图像。

2）设置填充像素的不透明度 不透明度: 100% ：设置填充像素的不透明度。可以在文本框中直接输入值，也可以鼠标指向“不透明度”文本，显示出指针时，按住鼠标左键向左拖动减少百分比，向右拖动增加百分比。

4. 圆角矩形工具

利用圆角矩形工具，可在画布上绘制圆角的矩形图像。它的大部分选项与矩形工具是一样的，如图 8-19 所示，只是它增加了一个“半径”文本框。半径是设置圆角矩形圆角的半径。图 8-20 所示，两个圆角矩形除半径外，其他参数都一样，左边的圆角半径为 10 像素，右边圆角半径为 50 像素。

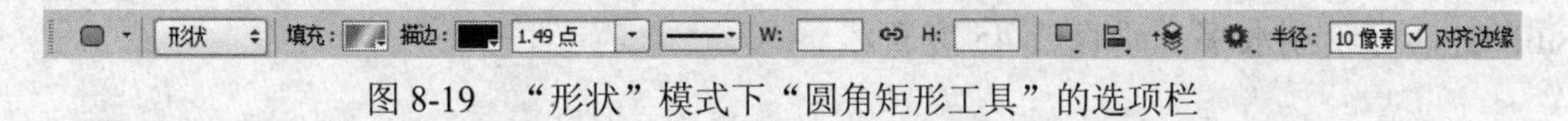

图 8-19　“形状”模式下“圆角矩形工具”的选项栏

5. 椭圆工具

利用椭圆工具可在画布上绘制椭圆和正圆。选择椭圆工具后，按住 Shift 键的同时在画布上拖动可创建正圆。椭圆工具的使用与矩形工具的使用方法基本一样。单击选项栏上的“几何选项”按钮⚙，会显示出“椭圆选项”面板，如图 8-21 所示。其中“圆”表示绘制时将椭圆约束为圆。

图 8-20　圆角矩形

不受约束
圆(绘制直径或半径)
固定大小 W: H:
比例 W: H:
从中心

图 8-21　“椭圆选项”面板

6. 多边形工具

使用多边形工具可在画布上绘制多边形。在“形状图层”模式下，多边形工具的选项栏如图 8-22 所示。选项栏上“边”文本框可设置多边形的边数。单击“几何选项”按钮⚙，会显示出“多边形选项”面板，如图 8-23 所示。

图 8-22　“形状图层”模式下“多边形工具”的选项栏

面板中的“半径”是设置多边形中心与外部点之间的距离。“平滑拐角”或“平滑缩进”用平滑拐角或缩进拐角来修饰多边形。“星形”将多边形约束为星形图像。“缩进边依据”指定星形半径中被点占据的部分，在文本框中应输入百分比。如果设置为 50%，则所创建的点占据星形半径总长度的一半；如果设置大于 50%，则创建的点更尖、更稀疏；如果小于 50%，则创建更圆的点。

设置多边形边为 5，多边形选项均不选择，仅选择“平滑拐角”，仅选择“星形”，仅选择“平滑缩进”，以及三项都选择，画出的图形依次如图 8-24 所示。

图 8-23　“多边形选项”面板

图 8-24　星形图案

7. 直线工具

使用直线工具，可在画布上绘制直线图像。在“形状图层”模式下，直线工具的选项栏如图 8-25 所示。直线工具的几何选项如图 8-26 所示。选择直线工具后，拖曳鼠标的同时按住 Shift 键，可绘制水平、垂直或 45 度直线。

图 8-25　“形状图层”模式下“直线工具”的选项栏

箭头的起点和终点：向直线中添加箭头。选择直线工具，然后选择“起点”，即可在直线的起点添加一个箭头；选择“终点”即可在直线的末尾添加一个箭头。选择这两个选项，可在两端添加箭头。

箭头的“宽度”值和“长度”值，是以直线宽度的百分比指定箭头的比例（“宽度”值从10%～1000%，“长度”值从10%～5000%）。输入箭头的凹度值（从-50%～+50%）。凹度值定义箭头最宽处（箭头和直线在此相接）的曲率。

图8-27所示为各种形状的直线。

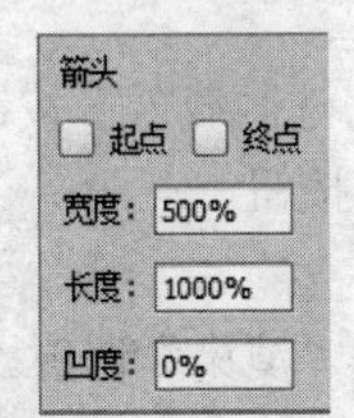

图8-26　“箭头”面板

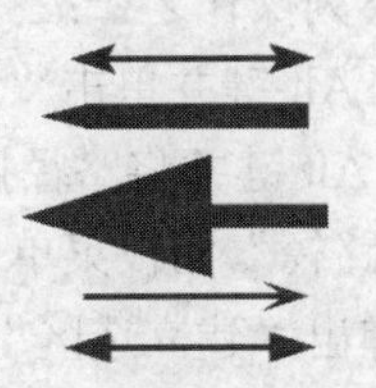

图8-27　各种形状的直线

8. 自定义形状工具

使用自定义形状工具，可在画布中绘制自定义形状的图像。用户可创建自己的自定义形状，也可使用系统自带的自定义形状。自定义形状选项栏如图8-28所示。单击选项栏上“形状”右侧的下拉列表按钮，可弹出“自定义形状”面板，用户可通过单击一个形状后，再在画布上拖动，即可绘制相应的图案，如图8-29所示。自定义形状工具的几何选项与矩形工具的类同。图8-30所示是使用自定义形状工具绘制出来的图案。

图8-28　“自定义形状工具”的选项栏

图8-29　形状面板

图8-30　自定义形状工具绘制的图案

创建自定义形状的方法：新建文档，在画布中绘制要定义的形状（一定要同一图层中，一般在“路径”绘图模式下），绘制好后，执行“编辑”>“定义自定形状”菜单命令，系统弹出如图8-31所示的对话框，输入形状的名称，然后单击“确定”按钮，即创建新形状。新的形状显示在“形状”面板的最后面。

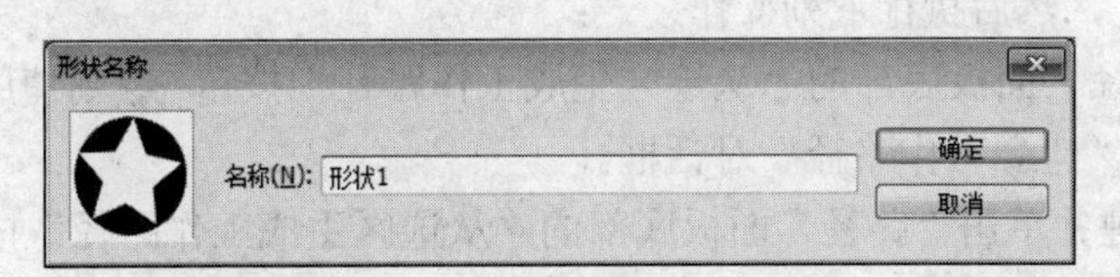

图8-31　“形状名称”对话框

注意：只能是路径才可以定义为形状。

9. 路径转换为选区

路径提供平滑的轮廓，任何闭合路径都可以转化为选区。可以从当前的选区中添加或减去闭合路径，也可以将闭合路径与当前的选区结合。

（1）将路径转换为选区边界并指定设置。

操作步骤如下：

1）创建路径或从路径面板上选择路径。

2）执行下列操作之一：

- 按住 Alt 键并单击“路径”面板底部的“将路径作为选区载入”按钮。
- 按住 Alt 键并将路径拖动到“将路径作为选区载入”按钮。
- 从“路径”面板菜单中选取“建立选区”。

3）系统弹出“建立选区”对话框，如图 8-32 所示，选择“渲染”选项。

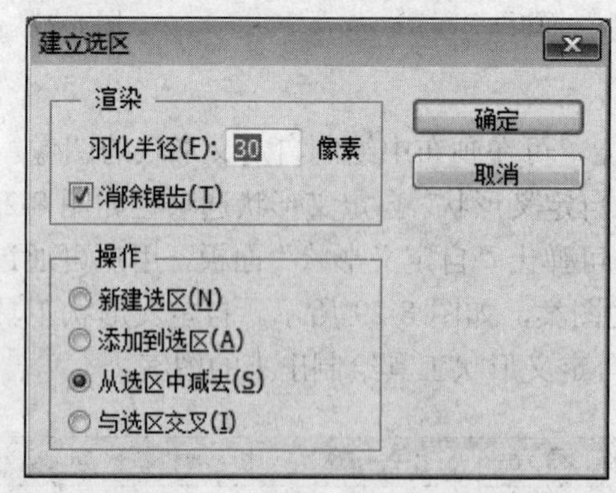

图 8-32 “建立选区”对话框

- 羽化半径：定义羽化边缘在选区边框内外的伸展距离。输入以像素为单位的值。
- 消除锯齿：在选区中的像素与周围像素之间创建精细的过渡效果。

4）选择“操作”选项。

5）单击“确定”按钮。

（2）将路径直接转换为选区边界

操作步骤：创建“路径”或在“路径”面板中选择路径，然后直接单击“路径”面板底部的“将路径作为选区载入”按钮，或按住 Ctrl 键并单击“路径”面板中的路径缩览图。

10. 将选区转换为路径

使用选择工具创建的任何选区都可转换为路径。将选区转换路径操作可以消除选区上应用的所有羽化效果，它还可以根据路径的复杂程度和用户在“建立工作路径”对话框中选取的容差值来改变选区的形状。操作步骤如下：

（1）建立选区，然后执行下列操作之一：

- 单击“路径”面板底部的“从选区生成工作路径”按钮则使用当前的容差设置，而不打开“建立工作路径”对话框。
- 按住 Alt 键并单击“路径”面板底部的“从选区生成工作路径”按钮，系统打开“建立工作路径”对话框，如图 8-33 所示。

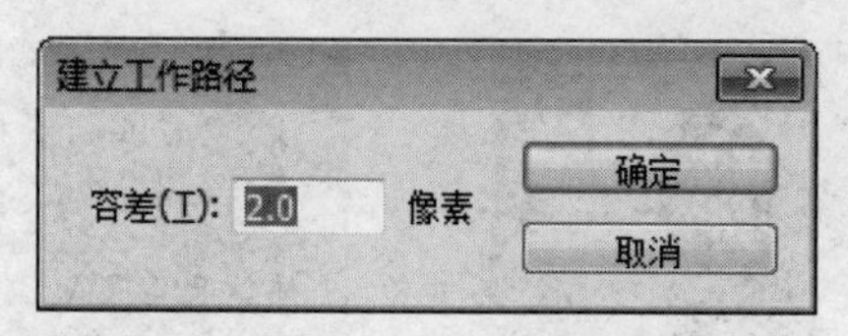

图 8-33　“建立工作路径”对话框

- 从“路径”面板菜单中选取“建立工作路径”命令。系统打开“建立工作路径”对话框。

（2）在“建立工作路径”对话框中输入容差值，或使用默认值。

容差值的范围为 0.5～10 之间的像素，用于确定“建立工作路径”命令对选区形状微小变化的敏感程度。容差值越高，用于绘制路径的锚点越少，路径也越平滑。

（3）单击“确定”按钮。转换后的路径出现在“路径”面板中。

三、制作步骤

（1）创建新文件。创建宽度为 3200 像素，高度为 2000 像素，分辨率为 200 像素/英寸，模式为 RGB，文件名为“儿童艺术相片”的新文件。设置前景色为浅紫色#f08dd4，按组合键 Alt+Delete 将背景层填充为浅紫色。

（2）添加修饰花图案。执行“文件”>“置入”命令，选择素材“flower1.jpg”文件置入当前文件。在图层面板上设置置入文件的图层混合模式为“颜色加深”，如图 8-34 所示。将素材“flower2.jpg”也置入当前文件，设置其图层混合模式为“划分”，调整好各花图案的位置，效果如图 8-35 所示。

图 8-34　图层面板

图 8-35　背景

（3）将素材 happy1.jpg 复制到新文档中。打开图 8-1 所示素材。将素材 happy1.jpg 拖入新文件“儿童艺术相册.psd”文件中，产生新图层 1。按组合键 Ctrl+T，对照片进行自由变换，照片调整为原来大小的 45%，并移到画布的右侧，这时画面如图 8-36 所示。

（4）创建路径。选择“圆角矩形工具”，在工具选项栏上选择“路径”模式，设置“半径”为 100 像素，然后在画布上女孩图像大概中心位置单击并拖动鼠标，拖出一圆角矩形路径框住照片的主体，圆角矩形距离画布上、下和左边界约 100 像素，如图 8-37 所示。

（5）创建图层蒙版。按组合键 Ctrl+Enter，圆角矩形路径转换为选区，再执行“选择”>“修改”>“羽化”菜单命令，将选区羽化 15 像素，并为选区添加 1 个像素的白色描边（“编辑”>“描边”）。在图层面板上选择照片所在图层 1，再单击图层下的“添加图层蒙版”按钮，这时效果如图 8-38 所示。

图 8-36　插入素材 happy1.jpg

图 8-37　创建圆角矩形路径

（6）插入素材 happy2.jpg。打开 8-2 所示素材 happy2.jpg，用移动工具拖动到“儿童艺术相片.psd”文件中。按组合键 Ctrl+T，对照片进行自由变换，照片调整为原来大小的 40%，并移到画布的右上侧，如图 8-39 所示。

图 8-38　添加图层蒙版

图 8-39　调整第二张照片后

（7）创建矢量蒙版。选择“多边形工具”，在选项栏上选择“路径”模式，再单击“几何选项”下拉按钮，如图 8-40 所示进行设置。鼠标在第二张照片女孩下巴处单击并按住 Alt 键，拖出一以单击点为中心的星形（拖动时旋转鼠标方向，可调整星形的方向），如图 8-41 所示。单击工具选项栏上的“蒙版”按钮 蒙版 ，或执行“图层”>“矢量蒙版”>“当前路径”菜单命令，即以当前路径创建矢量蒙版，效果如图 8-42 所示。

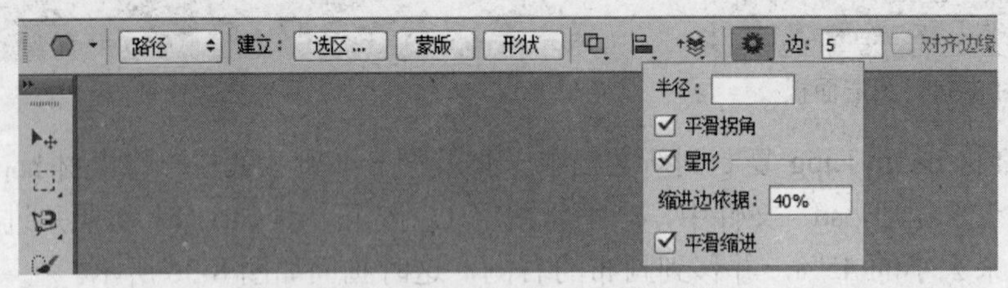

图 8-40　“多边形工具”选项栏

（8）创建描边效果。在当前图层上方添加一新图层，按住 Ctrl 键并单击刚建的星形蒙版缩览图，显示出一星形选区，按组合键 Shift+F6 打开“羽化”对话框，设置“羽化”为 30 像素，单击“确定”按钮。执行“编辑”>“描边”命令，打开“描边”对话框，设置“宽度”为 30 像素，位置为“居中”，颜色为黄色（#FFFF00），然后单击“确定”按钮，效果如图 8-43 所示。

图 8-41 创建星形路径

图 8-42 创建矢量蒙版后

（9）添加素材 happy3.jpg。用上面步骤（6）、（7）同样的方法添加素材 happy3.jpg，创建星形矢量蒙版。在当前图层上方添加一新图层，再单击工具选项栏上的“选区”按钮，打开“建立选区”对话框，如图 8-44 所示，设置“羽化半径”为 30 像素，单击“确定”按钮。执行“编辑”>“描边”命令，打开“描边”对话框，设置“宽度”为 30 像素，位置为“居中”，颜色为绿色（#00FF00），然后单击“确定”按钮，效果如图 8-45 所示。

图 8-43 建立描边

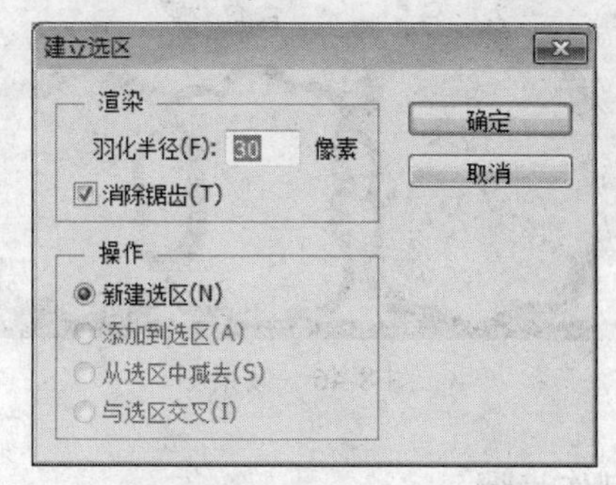

图 8-44 “建立选区”对话框

图 8-45 加入素材 happy3.jpg

（10）为使画面更生动，添加修饰图案。选择“自定义形状工具”，单击选项栏上的“形状图层”按钮，在“形状”下拉菜单中选择合适的形状，在画布上拖出相应的图案。可选择不同的形状，不同的颜色，在画布上拖出多个图案，可参考图 8-4 所示的效果。

注意：如要改变图案的方向，可利用自由变换；如图案不合适，将图案所在的形状图层删除即可。

（11）添加文字。选择文字工具，在图像右侧输入文字，本例中“俏皮”两字体为“华文行楷”，颜色分别为红色和蓝色，后两字字体为“华文彩云”，颜色为黑色。输入完成，再设置文字的样式为样式面板上的“双环发光”，最终效果如图 8-4 所示。最终效果完成，保存文件。

四、技能拓展——制作儿童艺术相框

制作目的

通过本例制作，学习使用不同的绘图工具绘制图形，掌握描边路径的操作方法。效果如图 8-46 和图 8-47 所示。

图 8-46　效果图

图 8-47　插入图片效果

制作步骤

（1）创建新文件。执行“文件”>“新建”菜单命令，在打开的“新建”对话框中如图 8-48 所示进行设置，单击“确定”按钮。

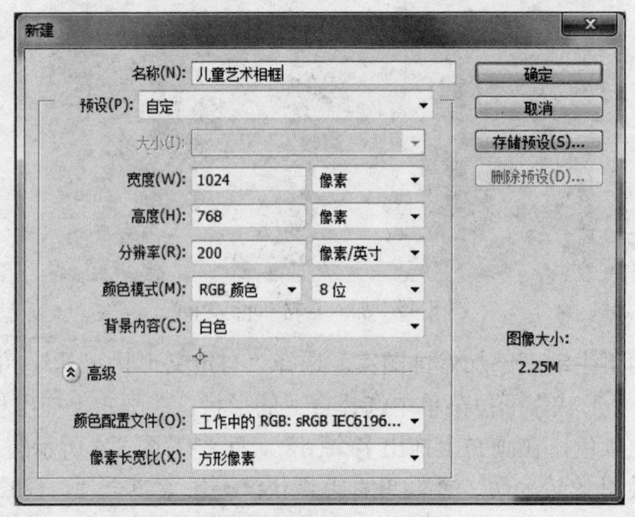

图 8-48　“新建”对话框

（2）创建花形轮廓并描边。选择“自定义形状工具”，设置绘图模式为“路径”，形状为“花 1”，在画布左下方拖出花形路径，如图 8-49 所示，然后按组合键 Ctrl+Enter 将路径转换为选区。在图层面板上，创建一新图层，并将该图层命名为花 1。执行“编辑”>“描边”命令，打开“描边”对话框，宽度为 30 像素，颜色为#df6df0，位置为居外，如图 8-50 所示，单击“确定”按钮。再执行“选择”>“存储选区”菜单命令，将该选区以名“花 1”存储。

图 8-49　花形路径

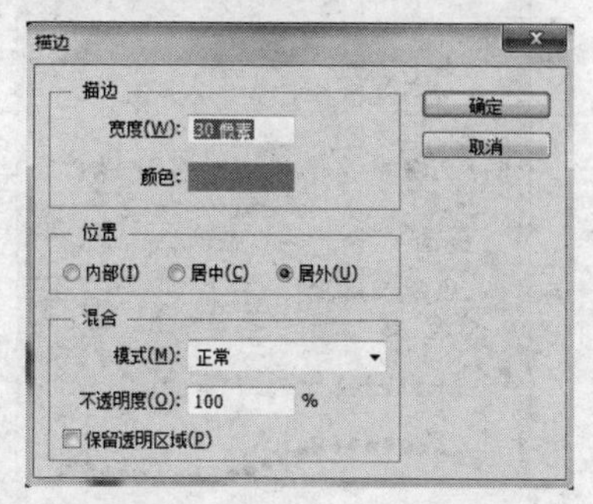

图 8-50　“描边”对话框

（3）创建花图案 2。执行“选择”>“变换选区”菜单命令，将选区向右平移合适距离，选区变为原来大小的 90%，使选区与上步花形边缘有部分相交。再创建新图层，命名为花 2。再执行描边命令，宽度为 20，颜色为#f93cf2。

（4）创建花图案 3。使用与上步相同方法创建花图案。这次花选区可以此上面再稍小点，描边两次，第一次描边宽度为 30 像素，颜色为#df6df0；第二次描边宽度为 15 像素，颜色为#be77f5。这时效果如图 8-51 所示。

图 8-51　创建三朵花

（5）创建右上方的修饰图案。

1）描边路径。创建新图层，命名为“花修饰 1”。仍使用形状为“花 1”，设置绘图模式为“路径”，在画布右上方绘制花型路径。选择画笔工具，单击工具选项栏上的“切换画笔面板”按钮，显示出“画笔面板”。在画笔面板上设置画笔形状为尖角 9，主直径为 9 像素，间距为 128%，如图 8-52 所示。设置画笔的动态颜色，如图 8-53 所示。设置前景色为#be77f5，背景色为# 473af6，然后单击路径面板下方的“用画笔描边路径”按钮，效果如图 8-54 所示。

2）再次描边路径。按 Ctrl+T 变换路径，在工具选项栏设置长和宽均为 50%，单击选项栏上的按钮，确认变换。再单击路径面板下方的“用画笔描边路径”按钮，将缩小的路径描边。

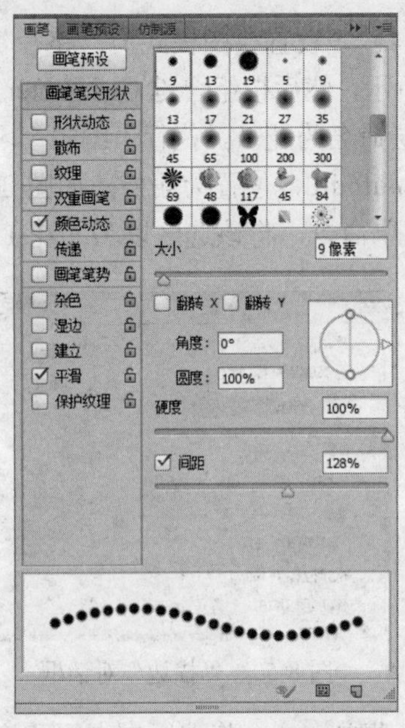

图 8-52 “画笔笔尖形状”设置

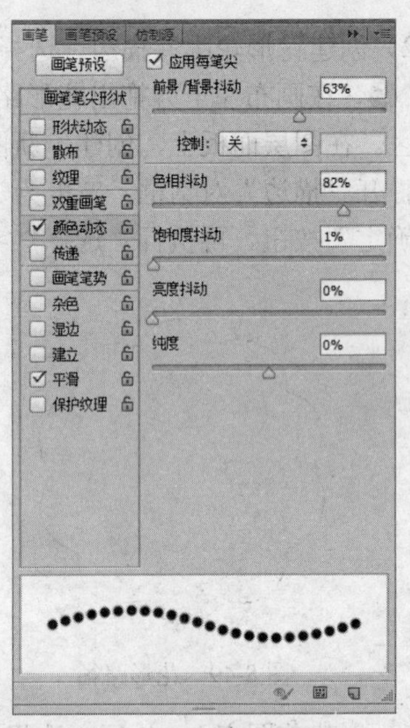

图 8-53 “颜色动态”设置

3）再次描边路径。按组合键 Ctrl+T 变换路径，在工具选项栏设置长和宽均为 150%，单击选项栏上的✔按钮，确认变换。选择画笔工具，在画笔面板上设置画笔形状为尖角，主直径为 3 像素，间距为 25%，取消动态颜色。然后单击路径面板下方的“用画笔描边路径”按钮○。再将路径扩大为 180%，按 X 键交换前景色和背景色，再单击路径面板下方的“用画笔描边路径”按钮○，这时效果如图 8-55 所示。

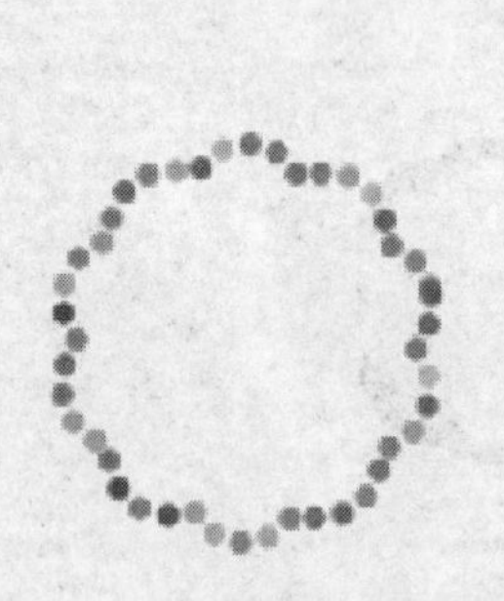

图 8-54 描边路径

图 8-55 多次描边路径后

（6）绘制其他修饰图案。用同样方法绘制其他修饰花形图案。如相同图案重复使用，可以通过复制图层得到，再使用移动工具位置和大小。

（7）添加鸟图案。选择“自定义形状工具”，设置绘图模式为“形状”，形状为“鸟”，设置颜色为蓝色，然后在画布绘制鸟图案，可随时按组合键 Ctrl+T，调整图案的大小位置和方向等，如图 8-56 所示。

（8）添加花图案。选择“自定义形状工具”，设置绘图模式为“形状”，形状为✿，在画布中绘制几枝大小颜色不同的花。如图 8-57 所示。

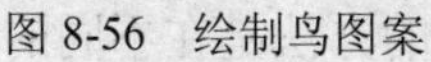

图 8-56　绘制鸟图案

图 8-57　添加花图案

（9）添加直线。选择“直线工具”，在图像下方绘制两条直线，颜色各为浅蓝和浅紫，宽度为 15 像素。在绘制时按住 Shift 键，绘制水平直线，效果如图 8-46 所示。

（10）利用图层蒙版插入相片，效果如图 8-47 所示。

8.2　『案例』路径抠图

主要学习内容：

- 钢笔工具和自由钢笔工具
- 路径的绘制
- 添加或删除锚点
- 转换点工具
- 路径选择和直接选择工具
- 删除路径与复制路径
- 填充路径和描边路径
- 文字路径

一、制作目的

素材如图 8-58 所示，效果如图 8-59 所示。通过本例掌握钢笔工具的使用，学会利用路径抠图，掌握路径转换为选区的方法。

图 8-58　素材 car.jpg

图 8-59　效果图

二、相关技能

1. 钢笔工具概述

Photoshop 提供多种钢笔工具。钢笔工具可用于绘制具有最高精度的图像；自由钢笔工具可用于像使用铅笔在纸上绘图一样来绘制路径；可以组合使用钢笔工具和形状工具以创建复杂的形状。

2. 钢笔工具

钢笔工具常用来绘制路径进行抠图，适合对一些边缘清晰的图像进行精确的抠取。利用钢笔工具可创建直线路径也可创建曲线路径。创建直线路径的方法是在不同的地方单击点，而创建曲线路径是在需要的地方按下鼠标并拖动才能实现。

使用钢笔工具可以绘制的最简单路径是直线，方法是通过单击钢笔工具创建两个锚点，继续单击可创建由角点连接而成的直线段组成的路径。

在“形状”绘图模式下，钢笔工具的选项栏如图 8-60 所示。在“路径”绘图模式下，其选项栏如图 8-61 所示。

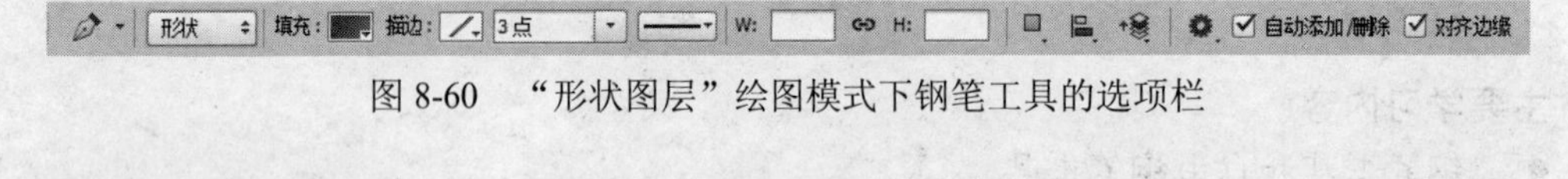

图 8-60　“形状图层”绘图模式下钢笔工具的选项栏

图 8-61　“路径模式”绘图模式下钢笔工具的选项栏

使用标准钢笔工具时，选项栏中提供了以下选项：

- “自动添加/删除”选项：选中此项，当用户单击路径上线段时添加锚点，或单击锚点时删除锚点。
- “橡皮带”选项：单击选项栏上的“几何选项”按钮，显示“橡皮带”选项，选中此项，当用户拖动时预览两次单击之间的路径段。

（1）用钢笔工具创建直线路径。

选择钢笔工具，鼠标移到画布窗口中，这时鼠标钢笔形状的指针下方增加一个“*”号，表示单击鼠标后创建的是一个新路径的起始锚点。用钢笔工具在直线段起点处单击，定义第一个锚点（不要拖动）。单击后原指针下方*号消失，再单击产生直线路径。然后再单击希望段结束的位置（按 Shift 键并单击将直线段的角度限制为 45 度的倍数）。继续单击则设置其他直线段锚点，如图 8-62 所示。请注意：最后添加的锚点总是显示为实心方形，表示处于选中状态。创建新锚点，则之前定义的锚点会变成空心表示未被选择。

如要结束路径的创建，可执行以下操作之一：

- 要闭合路径，请将“钢笔”工具定位在第一个（空心）锚点上。放置的位置正确，钢笔工具指针旁将出现一个小圆圈。单击或拖动可闭合路径。
- 若要保持路径开放，按住 Ctrl 键并单击远离所有对象的任何位置。或者选择工具箱中其他的路径工具。

（2）用钢笔工具创建曲线路径。

用钢笔工具在曲线的起点处单击并拖出方向线，然后在曲线改变方向的位置添加一个锚点，然后拖动构成曲线形状的方向线，按住 Shift 键可将方向限制为 45 度的倍数，这时钢笔工具指针变为一个黑色箭头。方向线的长度和斜度决定了曲线的形状。一般将方向线向下一个计划绘制锚点延长约三分之一的距离。在绘制过程中可以按住 Alt 拖动方向线顶端的方向点可调整方向线的一端。

若要创建 C 形曲线，则第二个锚点拖出的方向线要与前一条方向线相反的方向拖动，如图 8-63 所示，然后松开鼠标左键。

若要创建 S 形曲线，则第二个锚点拖出的方向线要与前一条方向线相同的方向拖动，如图 8-64 所示，然后松开鼠标左键。

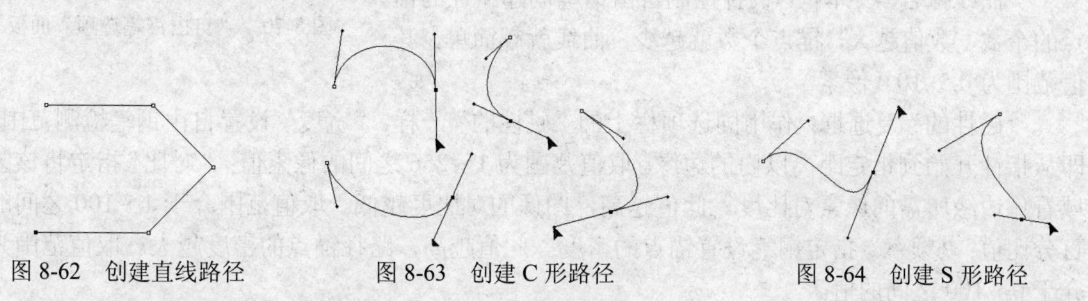

图 8-62　创建直线路径　　图 8-63　创建 C 形路径　　图 8-64　创建 S 形路径

例：绘 M 形曲线。使用钢笔工具拖动以创建曲线段的第一个平滑点。调整钢笔工具的位置并拖动以创建通过第二个平滑点的曲线，如图 8-65 所示。然后按住 Alt 键并将方向线向其相反一端拖动，设置下一条曲线的斜度，如图 8-66 所示，松开键盘键和鼠标左键。再将钢笔工具的位置调整到所需的第二条曲线段的终点，然后拖动一个新平滑点以完成第二条曲线段，如图 8-67 所示。

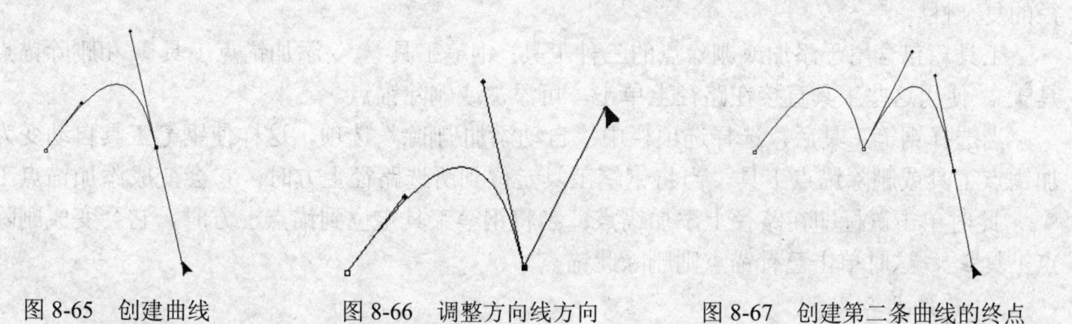

图 8-65　创建曲线　　图 8-66　调整方向线方向　　图 8-67　创建第二条曲线的终点

3. 自由钢笔工具

自由钢笔工具可用于随意绘图，就像用铅笔在纸上绘图一样。绘图时，系统将自动添加锚点，不需要用户确定锚点的位置，完成路径后可进一步对其进行调整。

在“形状图层”绘图模式下，自由钢笔工具的选项栏如图 8-68 所示。在“路径模式”下，其选项栏如图 8-69 所示。选项栏中部分选项的作用如下：

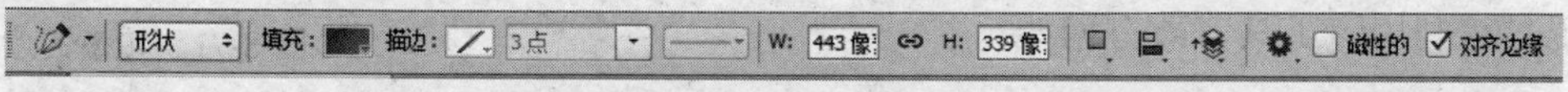

形状　填充：　描边：　3点　W: 443 像　H: 339 像　磁性的　对齐边缘

图 8-68　“形状图层”绘图模式下自由钢笔工具的选项栏

图 8-69 “路径”绘图模式下自由钢笔工具的选项栏

单击选项栏上“自定义形状工具”右侧的下拉按钮，可弹出“自由钢笔选项”面板，如图 8-70 所示。面板中各项作用如下：

- “磁性的”复选框。

选中该项，自由钢笔工具就为成了“磁性钢笔工具”，鼠标指针会变成，使用其绘图时，系统会自动将鼠标指针移动的路径定位在图像的边缘上。

- “几何选项”按钮。

“曲线拟合”文本框：设置控制自由钢笔创建路径的锚点的个数，数值越大，锚点个数就越少，曲线就越简单，其值范围为 0.5~10.0 像素。

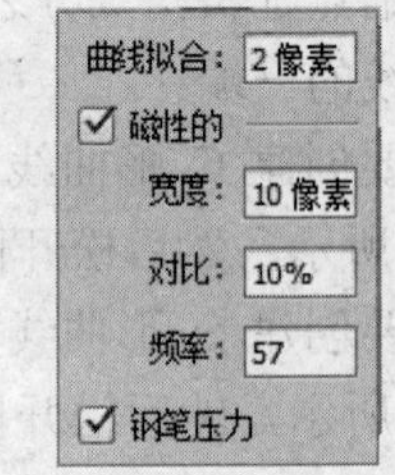

图 8-70 “自由钢笔选项”面板

“磁性的”复选框：作用同选项栏上的“磁性的”一样。“宽度”设置自由钢笔检测范围，即从指针开始到指定距离以内的边缘。取值范围为 1～256 之间的像素值；“对比”指定将该区域看作边缘所需的像素对比度。此值越高，图像的对比度越低。取值范围介于 1～100 之间的百分比值；“频率”指定钢笔设置锚点的密度。此值越高，路径锚点的密度越大。取值范围为介于 0～100 之间的值。

当使用的是光笔绘图板，可选择或取消选择“钢笔压力”。选择该选项时，钢笔压力的增加将导致宽度减小。

4. 添加或删除锚点

添加锚点可以增强对路径的控制和改变路径的形状，也可以扩展开放路径。最好不要添加多余的点，因为点数较少的路径更易于编辑、显示和打印。可以删除不必要的锚点来降低路径的复杂性。

工具箱包含用于添加或删除点的三种工具：钢笔工具 、添加锚点工具和删除锚点工具。使用这些工具直接在路径上单击，可添加或删除锚点。

当选择钢笔工具后，选择选项栏中“自动添加/删除”选项，这样使钢笔工具自动变为添加锚点工具或删除锚点工具，当将钢笔工具定位到所选路径上方时，它会变成添加锚点工具，此时单击鼠标即在路径上添加锚点；当将钢笔工具定位到锚点上方时，它会变成删除锚点工具，这时单击已有锚点则删除此锚点。

5. 转换点工具

选择“转换点工具”后，可将鼠标放置在要转换的锚点上方，如要将直线锚点（也称角点）转换成曲线锚点（也称平滑点），则请向直线锚点外拖动，使方向线出现，如图 7-71 所示；如果要将曲线锚点转换成没有方向线的直线锚点，直接单击曲线锚点即可；也可用鼠标拖动方向线两端的方向点，可以改变路径的形状。

在使用钢笔工具绘制的过程中，可按住 Alt 临时切换到转换点工具，利用该工具修改方向线。

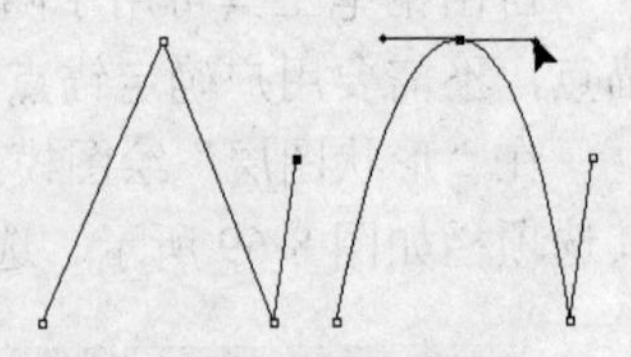

图 8-71 转换锚点

6. 连接开放路径

如要连接两条开放的路径，可用钢笔工具将指针定位到要连接到一条开放路径的端点上。当将指针准确地定位到端点上方时，鼠标指针变化为形状，这时单击此端点。然后用钢笔工具将指针定位到要连接到另一条开放路径的端点上，当鼠标指针变化为，单击此端点，即连接了两条路径。

也可将一条开放的路径边连接为封闭的路径，用钢笔工具将指针定位到这条开放路径的一个端点上，指针将变化为，单击此端点。然后再用钢笔工具将指针定位到要连接到这条开放路径的另一个端点上，当鼠标指针旁边出现小圆圈合并符号时，单击此端点，即封闭了这条路径。

7. 继续绘制路径

已经完成绘制的路径，如需继续对它绘制，可用钢笔工具指向该路径要继续绘制的端点处，当光标为时，在此锚点上单击，然后在其他地方继续单击创建这条路径的新锚点。

8. 路径选择工具

利用“路径选择工具”可以显示路径的锚点、改变路径的形状和位置。当切换至路径选择工具时，在路径上单击或拖曳鼠标框选一部分路径，可将整个路径选择中，路径上的锚点（实心黑色小方形）均显示出来，如图 8-72 所示。这时用鼠标拖曳路径，可移动整个路径的位置，路径的形状和大小不发生改变。

选择了整条路径后，可按组合键 Ctrl+T 对路径进行自由变换；也可单击“编辑”>“变换路径”菜单命令，弹出其子菜单，从中选择某个命令，即可对路径进行相应的调整。路径的变换操作方法与图像变换操作法一样。

9. 直接选择工具

使用“直接选择工具”可以显示路径的锚点、改变路径的形状和大小。

当切换至直接选择工具时，利用该工具在路径的锚点上单击，可选择该锚点。拖曳鼠标可改变锚点的位置和路径的形状，也可调整显示出的方向线改变路径的形状；在路径片段上的单击，可选择显示出该路径片段的方向线，拖动方向线可改变路径的形状。

也可拖动鼠标框选一部分路径，被选中路径片段上的锚点显示为实心黑色小方形，没选中的显示为空心小方形，如图 8-73 所示，可拖曳选中的路径片段，改变路径片段位置和形状。

选中部分锚点时，按组合键 Ctrl+T，进入“自由变换点”状态，可以调整锚点位置和相连路径的形状。

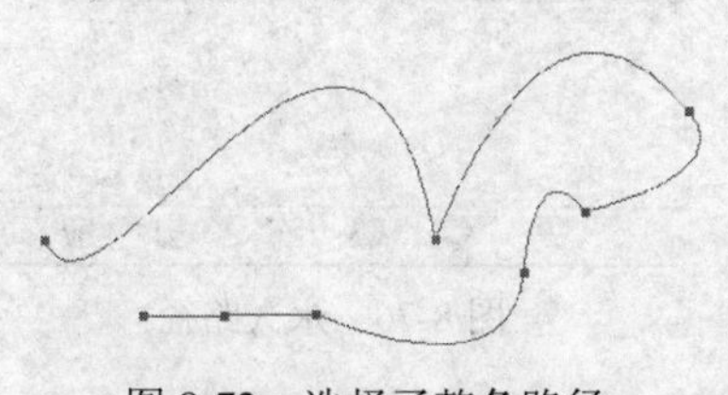

图 8-72 选择了整条路径

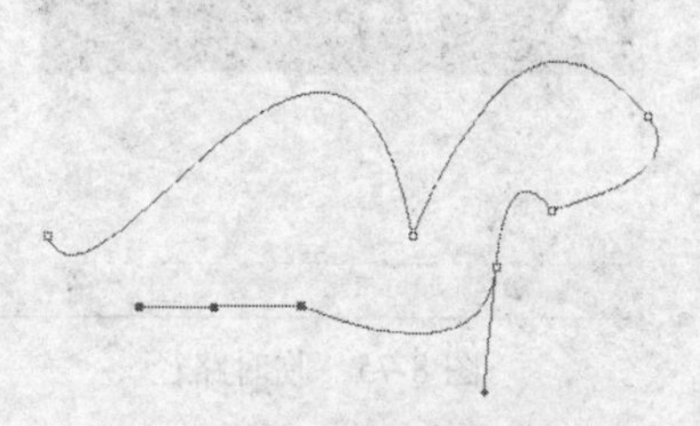

图 8-73 选择了部分路径

10. 删除路径与复制路径

（1）在路径面板上删除路径。

在“路径”面板上单击要删除的路径，如图 8-74 所示，然后将其拖曳到“路径”面板下方的“删除当前路径”按钮上，松开鼠标后，即可删除所选的路径；也可选择路径后，直接单击“删除当前路径”按钮将其删除。

图 8-74 “路径”面板

（2）使用键盘上的编辑键删除路径。

当选择了路径中的锚点、路径片段或整个路径，这时按键盘上的 Del 或 Backspace 键，可删除选中的锚点、路径片段或整个路径。

（3）复制整条路径。

当用路径选择工具或直接选择工具选择整条路径后，按住 Alt 键并拖动路径，即可复制出一条路径。

（4）复制路径层。

在路径面板上单击选择要复制的路径层，然后拖动该路径到路径面板下的“创建新路径”按钮上，松开鼠标即可将选中的路径层复制一份。

注意：如选择中的路径层是临时路径，则复制后得到的是永久路径。

11. 将临时路径转换为永久路径

如果一个图像直接开始绘制路径，在路径面板中可以看到，当前的路径名为“工作路径”且名称为斜体字，如图 8-75 所示，这样的路径属于临时路径，该路径随时会被新的路径取代。在路径面板上不选择该路径，并重新绘制新路径，上面创建的临时路径即被取代。如要将路径长久保存在路径面板上，可将该路径拖动到路径面板下方的“创建新路径”面板上，松开鼠标左键，原来的临时路径转变为永久路径，如图 8-76 所示。

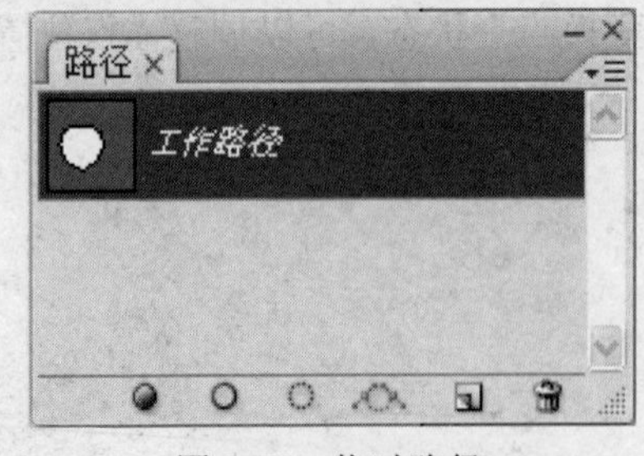

图 8-75 临时路径

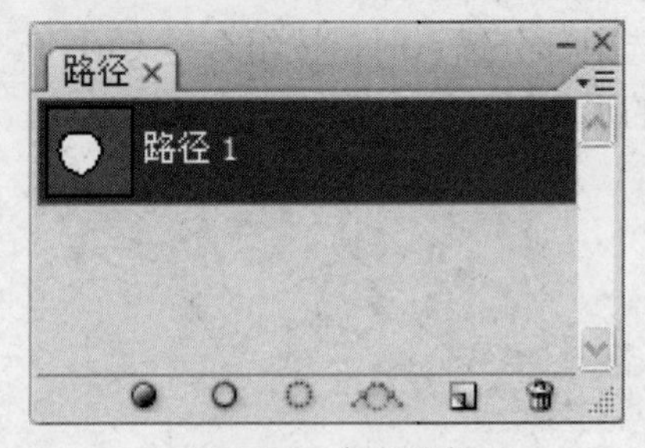

图 8-76 永久路径

12. 创建文字路径

利用“文字工具”在画布中输入“路径文字”四个字，如图 8-77 所示，然后单击“图层”>“文字”>“创建工作路径”菜单命令，即可将文字的轮廓线转换为路径；如单击“图层”>“文字”>“转换为形状”菜单命令，可将文字的轮廓转换为形状路径，如图 8-78 所示。

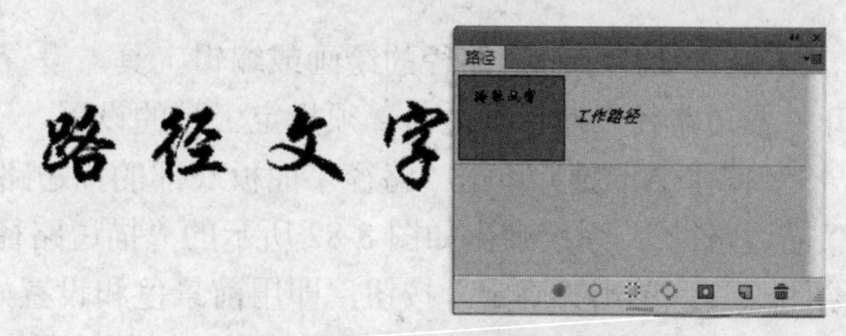

路径文字

图 8-77　输入文字　　　　图 8-78　将文字转化为路径

13. 填充路径和描边路径

使用路径绘制工具创建的路径只有在经过描边或填充处理后，才会成为图层元素。“填充路径”命令可使用指定的颜色、图案或填充图层来填充封闭的路径。“描边路径”命令用于绘制路径的边框。“描边路径”命令可使用绘画工具的当前设置沿任何路径创建绘画描边。

注意：当要填充路径或描边路径时，所需图层一定要处于当前图层状态，且图层不能是图层蒙版或文本图层。

（1）填充路径。

方法一：在路径面板中选中路径，单击“路径”面板下方的“用前景色填充路径”按钮，即可用前景色填充路径。

方法二：在路径面板中选中路径，按住 Alt 键单击“路径”面板下方的“用前景色填充路径”按钮，或单击“路径”面板菜单中的“填充路径”菜单命令，如图 8-79 所示，系统弹出“填充路径”对话框，如图 8-80 所示，在该对话框中进行合适的设置，然后单击“确定”按钮，即可填充路径。图 8-81 左边是没填充前的路径，右边是填充图案后的路径。

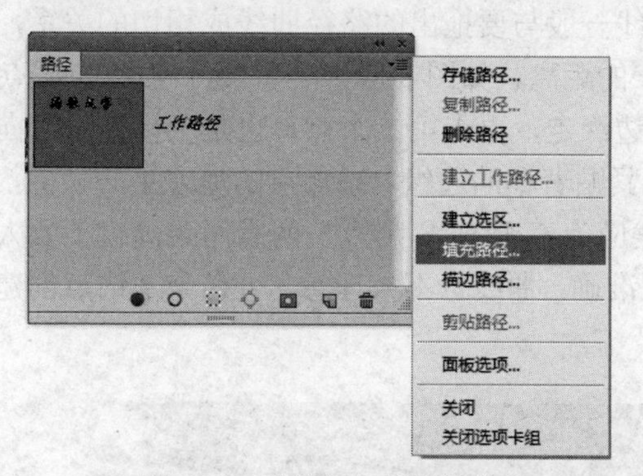

图 8-79　“路径”面板菜单

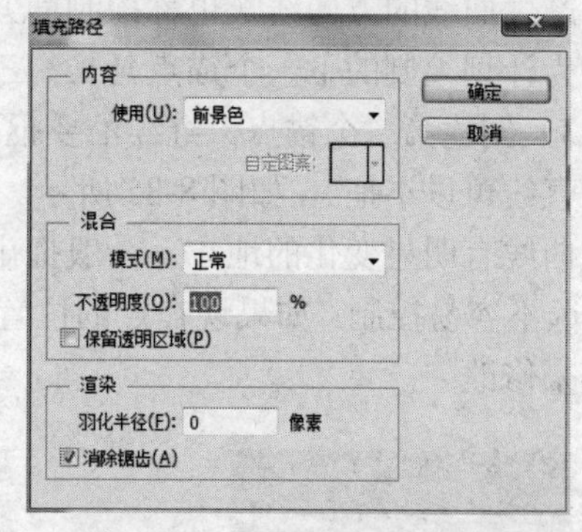

图 8-80　“填充路径”对话框

图 8-81　路径填充前和填充后

（2）描边路径。

操作方法如下：

1）设置好前景色，在“路径”面板中单击选择要描边的路径。

2）选择要用于描边路径的绘画或编辑工具。设置工具选项，并从选项栏中指定画笔。在打开“描边路径”对话框之前，须指定工具的设置。

3）按住 Alt 键并单击“路径”面板底部的描边路径按钮○；或从“路径”面板菜单中选取“描边路径”，系统弹出如图 8-82 所示的“描边路径”对话框，可从“工具”下拉框选择一种绘图工具，单击“确定”按钮，即用前景色和设置好的画笔形状给路径描边。

图 8-83 是对图 8-81 中右图用画笔描边后的效果图。

图 8-82 “描边路径”对话框

图 8-83 描边后的图像

三、制作步骤

（1）打开素材 1，利用“导航器”面板或放大镜工具将图像放大到合适大小，使画布中主要显示车头。放大图像的目的是为了看清楚图片细节，创建路径时会更准确。

（2）添加锚点。选一个地方为起点，用钢笔工具点上一点，不要松开，向下拖动一点，这样会产生曲线的方向线（也称控制柄），方向线一般与要拖出的路径曲线成相切的关系，其长度约为计划绘制的下一个锚点延长约三分之一的距离，如图 8-84 所示，这个点称为锚点。

（3）创建第二个锚点。继续沿要抠取的车边缘走，再点第二个点，也是一样拖出方向线（如是直线可以不拖），如图 8-85 所示。让线条紧贴着车的边缘。添加点的地方不必太多，尽量点在曲线有明显变化的地方。一般拖出的曲线应为 C 形或 S 形点，两点间距离也不要太远了，太远不容易控制。如果现在点的位置不是很准确，曲线也不太理想，可在全部锚点创建好之后再来修改。

图 8-84 添加起始锚点

图 8-85 添加第二个锚点

（4）删除锚点。如添加的锚点位置不合适要删除，可直接按 Backspace 键删除刚绘制的锚点，再按该键，则删除前面的锚点；也可在要删除的锚点上右击鼠标，在弹出的快捷菜单中单击“删除锚点”命令；也可在“历史记录面板”后退一步。

（5）调整方向线的方向。下面接着为创建的曲线路径改变方向，这时需按住 Alt 键并沿曲线方向拖动方向线上端的方向点，如图 8-86 所示。

图 8-86　调整方向线的方向

注意：如要创建曲线为 C 形，新建锚点时拖动方向线要与向前一条方向线的相反方向拖动。然后松开鼠标按钮；若要创建 S 形曲线，新建锚点时拖动方向线要与前一条方向线相同的方向拖动。

（6）添加直线锚点。需创建直线段路径的地方，可以直接加点之后不拖动，继续点下一个点，如本例中的车身下方，如图 8-87 所示。

图 8-87　创建直线路径段

（7）闭合路径。当路径绘制结束时，将鼠标定位到第一个（空心）锚点上，放置的位置正确，钢笔工具指针旁将出现一个小圆圈。单击或拖动可闭合路径，如图 8-88 所示。

图 8-88　创建了封闭路径

（8）修改节点。选择“直接选择工具”即白色箭头，可直接拖动移动不合适的节点位置；也可单击路径上的片段，拖动它的方向线，让路径曲线线条紧贴车的边缘即可，如图 8-89 所示。所有不合适的节点与手柄都可以这样进行修改，直到满意为止。一些小的细节，如果是在图像放得很大的情况下绘制，可把它缩小到原图大小，再来看看这些细节，有时，不太好的地方因缩小了就看不出来了，也就行了。

（9）添加锚点。如有些地点需添加锚点，可在此处右击鼠标，在弹出的快捷菜单中单击“添加锚点”命令，如图 8-90 所示。

图 8-89　调整曲线

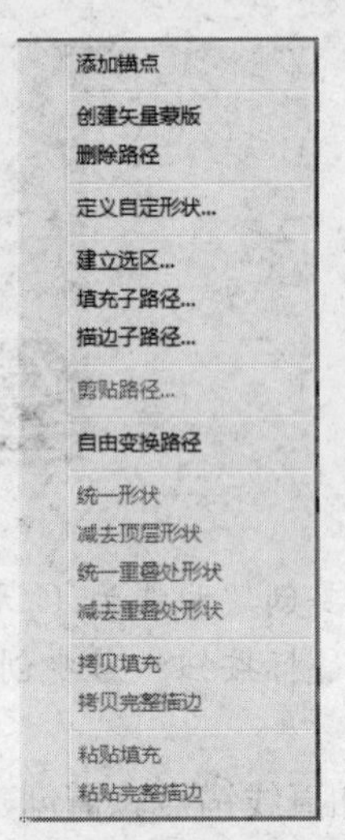

图 8-90　快捷菜单

（10）复制车到新的图层。修改好路径后，单击路径面板下面“将路径作为选区载入”按钮，就得到了选区，如图 8-91 所示，按组合键 Shift+F6，将选区羽化 1 像素。再回到图层面板，按组合键 CTRL+J 复制选区的内容并产生了一个新的图层 1，这个图层里面就有了抠出来的汽车了。

图 8-91　路径转化为选区

（11）增加一个新图层。在图层 1 下方再创建一个新的图层，填充白色，看看抠图的效果如何，最终效果如图 8-59 所示。

四、技能拓展——制作创意文字

制作目的

通过本例制作，熟练路径相关工具的使用，并学习文字转化为路径和路径描边的操作方法。效果如图 8-92 所示。

图 8-92　效果图

制作步骤

（1）创建新文件。创建宽度为 800 像素、高度为 400 像素、颜色模式为 RGB 颜色，背景为白色的画布。

（2）输入文字。选择文字工具，输入“父亲节快乐”文字，字体选择粗一点的字体，本例为“华文隶书”，颜色自定。输入完成后如果字大小合适，可再按组合键 Ctrl+T 执行自由变换，调整到合适大小，如图 8-93 所示。

（3）由文字生成路径。选择“图层”>“文字”>“创建工作路径”菜单命令，生成工作路径，如图 8-94 所示。然后将文字图层删除。

图 8-93 输入文字 勤部

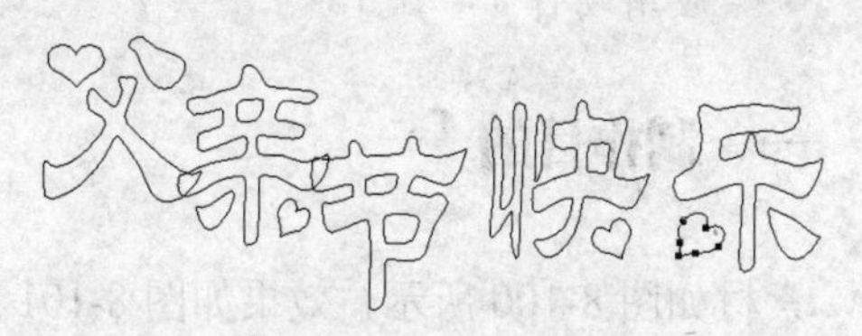

图 8-94 创建文字路径

（4）将工作路径转化为永久路径。切换至路径面板，拖动“工作路径”到“路径”面板下方的“创建新路径”按钮上，工作中路径变为永久路径。

（5）将前三个字路径连接起来。选择路径选择工具，分别选择“父”“亲”“节”三个文字路径，移到如图 8-95 所示，使连接部分稍微叠加。然后移动“快乐”文字路径至合适位置。

（6）给路径加些修饰形状。利用“直接选择工具”框选“父”字左上的撇，然后按 Del 键删除。再切换至“自定形状工具”，选择“形状”为心形，绘图模式为“路径”，在“父”字左上的原来撇的位置绘制心形路径。用同样方法为“亲”“快”“乐”字也添加心形路径，对添加的心形路径，也可选中后按组合键 Ctrl+T 进行自由变换，调整大小和方向，如图 8-96 所示。

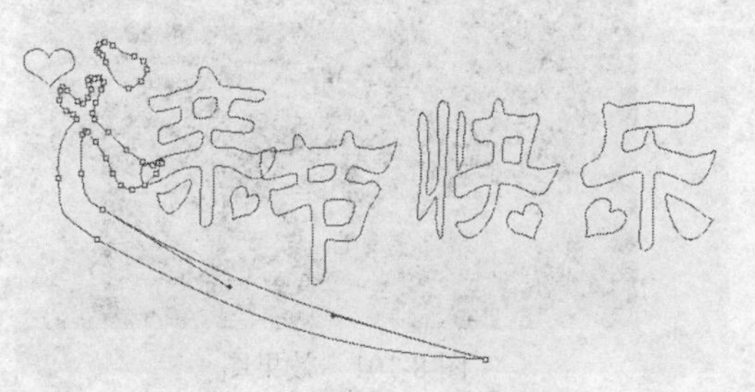

图 8-95 文字路径连接后

图 8-96 调整路径后

（7）调整“父”路径的下部的撇路径。可先用“删除锚点”工具将“父”路径的下部的撇路径上的锚点减少，再使用“直接选择工具”调整锚点的方向线，最终如图 8-97 所示。

（8）同样，调整“乐”字路径，也再调整“父”路径，效果如图 8-98 所示。

图 8-97 调整“父”字路径后

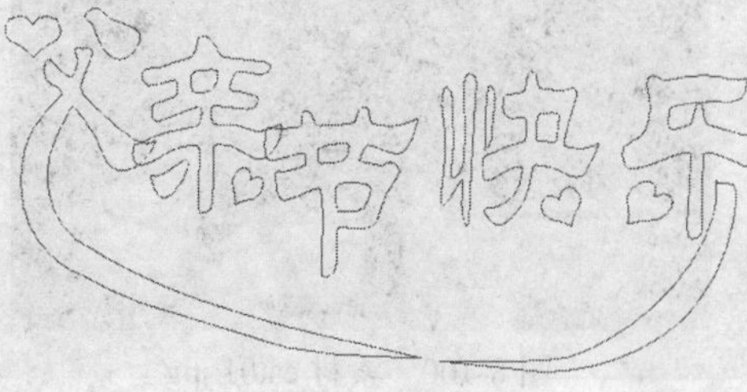

图 8-98 调整路径后

（9）将路径转换为选区并填充颜色。按组合键 Ctrl+Enter 把路径转为选区，然后选择“渐变工具”给选区填充为“橙色、黄色、橙色”渐变色，如图 8-99 所示。

图 8-99　填充颜色后

（10）描边选区。设置前景色为“红色”，执行“编辑”>“描边”菜单命令，调出“描边”对话框，设置描边宽度为 1 像素，位置为“居中”，然后单击“确定”按钮。

（11）创建立体字。按住组合键 Ctrl+Alt，多次交替按光标下移和光标右移键，可以看到立体字已出现，达到所需效果后，停止按键。

（12）按组合键 Ctrl+D 取消选区，创意文字制作完成。最终效果如图 8-92 所示。

8.3 『案例』为照片添加下雨效果

主要学习内容：

- 动作面板
- 创建和编辑动作
- 应用动作

一、制作目的

素材如图 8-100 所示，效果如图 8-101 所示。通过本案例制作学习使用动作面板，初步理解动作。

图 8-100　素材 cat01.jpg

图 8-101　效果图

二、相关技能

1. 动作概述

动作是指在单个文件或一批文件上播放的一系列任务，如菜单命令、面板选项、工具动作等。用户可使用系统已有的动作，也可以创建动作，动作将以组的形式存储。例如，可创建先改变图像大小，再对图像应用滤镜，然后按照所需格式存储文件的动作。

通过动作面板，可以记录、编辑、自定和批处理动作，也可以使用动作组来管理各组动作。

2. 动作面板

单击“窗口”>“动作”命令，弹出“动作”面板，如图 8-102 所示。在动作面板的下方从左到右的按钮依次为：“停止播放/记录”按钮■、“开始记录”按钮●、“播放选定动作”按钮▶、“创建新组”按钮、“创建新动作”按钮、“删除”按钮。

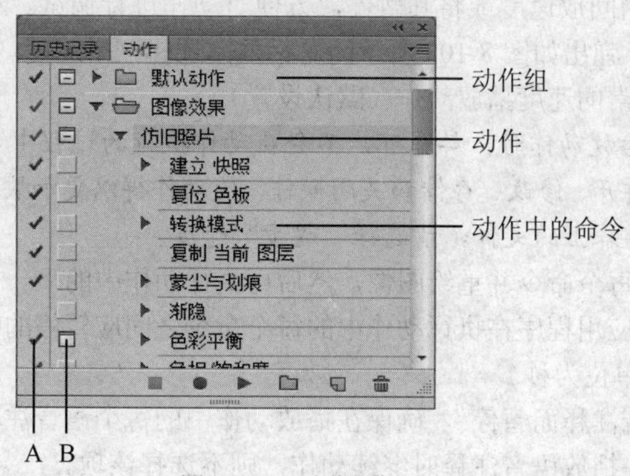

图 8-102 动作面板

在图 8-102 所示的动作面板的 A 处是“切换项目开/关”按钮，用来切换某一个动作或操作是否可执行。当该按钮处显示为黑色的✔时，表示动作组或动作都可执行；当没有✔显示时，表示该动作组、动作或命令不能执行；当动作组或动作前显示红色的对勾✔，表示该动作组或动作中有部分命令不能执行。

动作面板的 B 处是“切换对话开/关”按钮。当动作或动作组前显示为黑色的时，表示执行该组动作的过程中，会弹出对话框并暂停，等待用户单击“确定”按钮才可继续执行；当该处显示为，表示执行动作过程中，不弹出对话框连续将动作中的命令执行完。当一条命令前显示，表示该命令执行时会弹出对话框。

在“动作”面板中单击组、动作或命令左侧的三角形，可展开和折叠组、动作及命令。按住 Alt 键并单击该三角形，可展开或折叠一个组中的全部动作或一个动作中的全部命令。

在动作面板中单击动作名称，可选择动作面板中的动作。按住 Shift 键并单击动作名称可以选择多个连续的动作，而按住 Ctrl 键并单击动作名称可以选择多个不连续的动作。

3. 记录动作的一些原则

（1）记录大多数（而非所有）命令。

（2）“选框”、“移动”、“多边形”、“套索”、“魔棒”、“裁剪”、“切片”、“魔术橡皮擦”、

“渐变”、“油漆桶”、“文字”、“形状”、“注释”、“吸管”和“颜色取样器”工具执行的操作，也可以记录在“历史记录”、“色板”、“颜色”、“路径”、“通道”、“图层”、“样式”和“动作”面板中执行的操作。

（3）如果在记录动作的同时更改对话框或面板中的设置，则会记录更改的值。

（4）如记录将在大小不同的文件上播放的动作，应将标尺单位设置为百分比。这样，动作将始终在图像中的同一相对位置播放。

（5）可以记录“动作”面板菜单上列出的“播放”命令，使一个动作播放另一个动作。

4. 使用动作

可以一次使用一个或多个动作。在动作面板中单击选择一个动作或按住 Shift 或 Ctrl 键选择多个动作，然后单击动作面板下方的“播放选定动作”按钮▶，或单击“动作”面板中的“播放”菜单命令，即可执行当前的一个或多个动作。

5. 设置动作的速度

可以调整动作的回放速度或将其暂停，方便对动作进行调试。单击“动作”面板菜单的“回放选项”命令，弹出如图 8-103 所示的对话框，选择一个速度，然后单击“确定”按钮。

“加速”：以正常的速度播放动作（默认设置）。

注意：在加速播放动作时，屏幕可能不会在动作执行的过程中更新，文件可能不曾在屏幕上出现就进行了打开、修改、存储和关闭操作，使动作得以更加快速地执行。如果要在动作执行的过程中查看屏幕上的文件，请选择“逐步”速度。

“逐步”：完成每个命令并重绘图像，然后再执行动作中的下一个命令。

“暂停”：指定应用程序在执行动作中的每个命令之间应暂停的时间量。文本框中输入的数值范围为 1~60，单位为秒。

如选择“为语音注释而暂停”，确保在播放动作中的每个语音注释后，再开始执行动作中的下一步。如果想在播放语音注释时继续动作，则不选择该项。

6. 以按钮模式显示动作

单击“动作”的面板菜单按钮，在打开的菜单中选择“按钮模式”，系统会将“动作”面板的各个动作以按钮模式显示，如图 8-104 所示。单击其中的一个按钮，即可执行相应的动作。

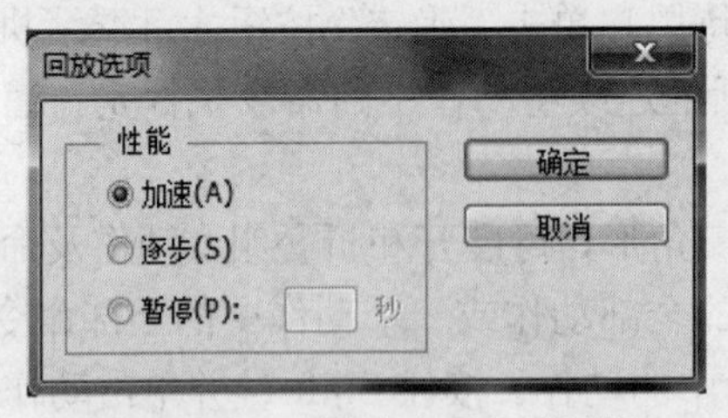

图 8-103 “回放选项”对话框

图 8-104 按钮模式

7. 创建新动作

创建新动作时，用户所用的命令和工具将添加到动作中，直到停止记录。

注意：为了防止出错，在创建新动作前，可单击“历史记录”面板上的“新建快照”按钮，以便在记录动作之前拍摄图像快照。如创建动作出错，可单击之前在“历史记录”面板上创建的快照，返回记录动作之前的图像状态。

创建新动作的操作步骤如下：

（1）打开文件。

（2）在“动作”面板中单击“创建新动作”按钮 ，或从“动作”面板菜单中选择“新建动作”命令，弹出如图 8-105 所示的对话框。输入一个动作名称，选择一个动作组，然后设置附加选项：“功能键”该项为动作指定一个键盘快捷键。可以选择功能键、Ctrl 键和 Shift 键的任意组合，如 Ctrl+Shift+F2，但在 Windows 中，不能使用 F1 键。“颜色”项为该动作在按钮模式下指定一种颜色。设置好后单击“记录”按钮，在动作面板上即出现新建的动作名，这时该动作还是一个没有任何命令的空动作。

图 8-105 “新建动作”对话框

（3）单击“开始记录”按钮。“动作”面板中的“开始记录”按钮变为红色 。

（4）执行要记录的操作和命令。并不是动作中的所有任务都可以直接记录；不过，可以用“动作”面板菜单中的命令插入大多数无法记录的任务。

（5）停止记录。单击“停止播放/记录”按钮，或从“动作”面板菜单中选择“停止记录”，也可按 Esc 键，即停止动作的录制，新动作创建成功。

8. 为已有动作增加操作

可以对原有的动作，增加新的操作。操作方法如下：

（1）在动作面板上单击选中动作名称或操作名称。

（2）单击“动作”面板上的“开始记录”按钮。

（3）执行要增加的操作，然后单击“动作”面板上的“停止播放/记录”按钮，停止录制。

新增加的操作会添加在当前动作或操作的后面。

9. 在动作中插入暂停

可以在动作中插入停止，以方便执行一些无法记录的任务（例如：使用绘图工具）。完成任务后，单击“动作”面板中的“播放”按钮即可继续完成动作；也可以插入提示框，提醒在继续执行动作之前需要完成的操作。可以在消息框中包含“继续”按钮。

插入停止方法如下：

（1）选取插入停止的位置，可在动作面板中选择一个动作的名称可在该动作的最后插入停止；也可选择一个命令，在该命令之后插入停止。

（2）从“动作”面板菜单中选择“插入停止”菜单命令，系统弹出如图 8-106 所示的对话框。键入希望显示的信息。如果希望该选项继续执行动作而不停止，则选择“允许继续”。单击“确定”按钮。

图 8-106 “记录停止”对话框

三、制作步骤

（1）打开素材。按组合键 Ctrl+O，打开素材。

（2）显示动作面板。单击“窗口”>“动作”命令，弹出“动作”面板。单击动作面板右上方的图标，在弹出的菜单中选择“图像效果”选项，这时“动作”面板如图 8-107 所示。

（3）为图片添加下雨效果。在“图像效果”动作组展开的动作列表中选择“细雨”，单击“细雨”选项左侧的按钮，可以查看动作应用的步骤，如图 8-108 所示。单击“动作”面板下方的“播放选定的动作”按钮，执行该系列动作，照片效果如图 8-109 所示。

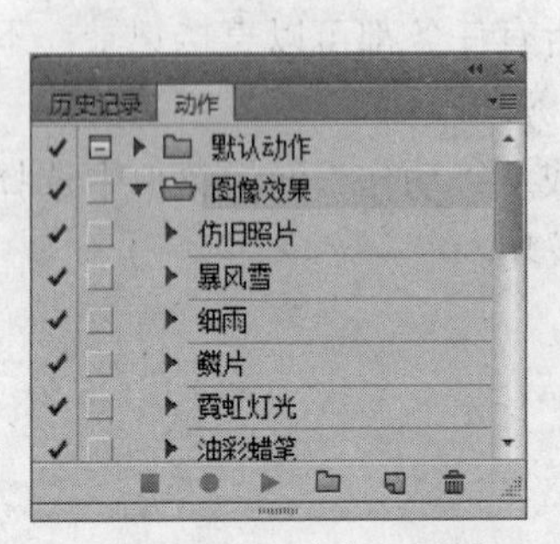

图 8-107 “动作”面板

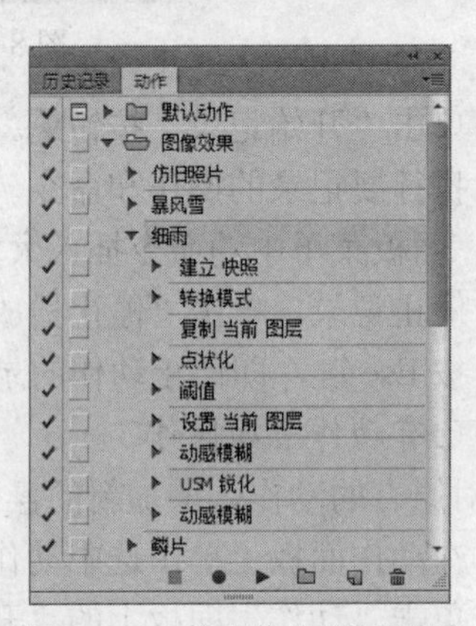

图 8-108 “动作”项展开后

图 8-109 添加细雨效果后

（4）给图片添加木质相框。单击动作面板中的“默认动作”选项左侧的按钮，在展开的动作列表中选择“木质画框—50 像素”，然后再单击“动作”面板下方的“播放选定的动作”按钮，执行该系列动作，照片最终效果如图 8-101 所示，保存文件。

四、技能拓展——录制为照片添加花纹相框的动作

制作目的

通过本例制作，掌握录制动作、动作中插入暂停和应用动作的方法。素材如图 8-110 所示，效果如图 8-111 所示。

图 8-110　素材 girl01.jpg

图 8-111　效果图

制作步骤

（1）打开文件，设置前景色。打开素材，并用吸管工具在照片上吸取衣服上的蓝色，设置前景色为蓝色。注：本步骤设置的前景色是后面操作中相框的颜色。

（2）设置窗口的标尺单位为“百分比”。在窗口中“标尺”上右击鼠标，在弹出的快捷菜单中选择“百分比”。如标尺未显示，可按组合键 Ctrl+R 显示出标尺。

注意：*将标尺单位设置为百分比的目的是使动作在不同大小的图像中播放时，保持相对一致位置。*

（3）创建动作组。单击“动作”面板中的“创建新组”按钮，弹出“新建组”对话框，在“名称”框中输入“相框效果”，如图 8-112 所示。

图 8-112　“新建组”对话框

注意：*创建动作组的目的是方便管理动作，便于用户查找。可将用户自创建的有关相框动作都存在此动作组。*

（4）创建新动作，录制制作相框的操作。单击“动作”面板中的“创建新动作”按钮，弹出“新建动作”对话框，在“名称”框中输入动作名为“花纹相框”，如图 8-113 所示，然后单击“记录”按钮，即在“动作”面板中的“相框效果”组中创建一新的动作，如图 8-114 所示。现在可以开始录制以下的操作。

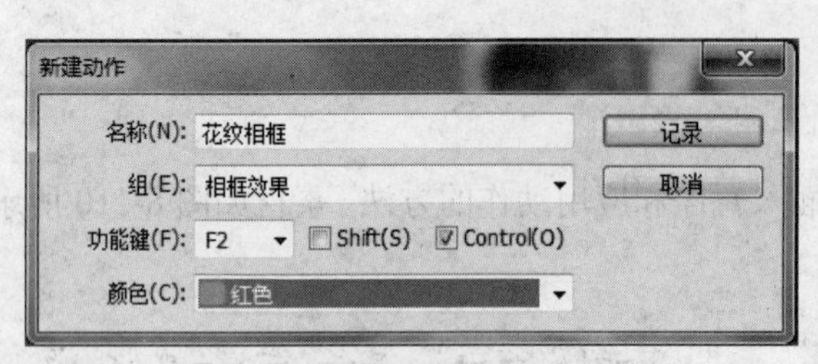

图 8-113　“新建动作”对话框

图 8-114　“动作”面板

（5）添加花纹相框操作。

1）创建选区。单击“选择”>“全部”菜单命令，选择整个画布。再执行“选择”>“变换选区”菜单命令，在其选项栏中的 W 和 H 项均输入 90%，如图 8-115 所示，然后单击✔按钮。

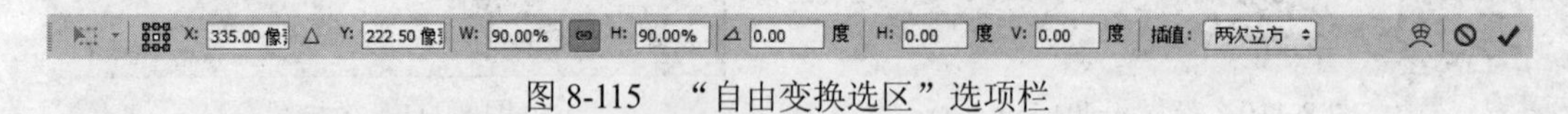

图 8-115　“自由变换选区”选项栏

2）进入快速蒙板。单击工具箱上的按钮，进入快速蒙板编辑状态。这时画面如图 8-116 所示。

3）执行“彩色半调”滤镜。单击“滤镜”>“像索化”>“彩色半调”菜单命令，在打开的“彩色半调”对话框中如图 8-117 所示进行设置，然后单击“确定”按钮。

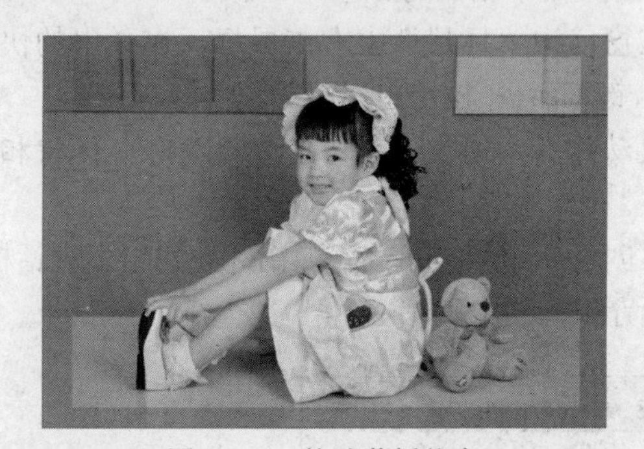

图 8-116　快速蒙板状态

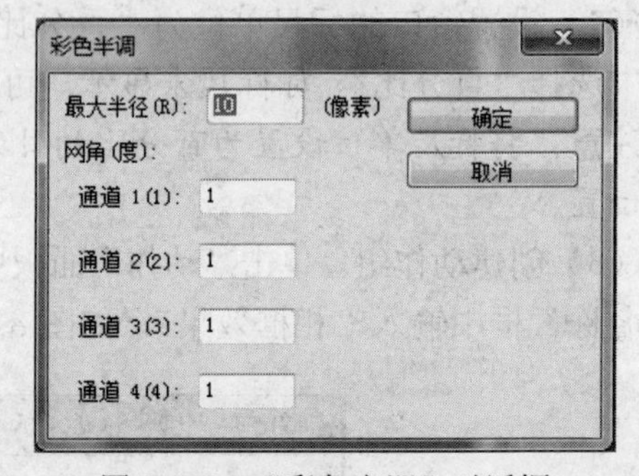

图 8-117　“彩色半调”对话框

4）执行“碎片”滤镜。单击“滤镜”>“像索化”>“碎片”菜单命令。

5）执行三次“锐化”滤镜。单击三次“滤镜”>“锐化”>“锐化”菜单命令。

6）退出快速蒙板。

7）执行反选。按组合键 Shift+Ctrl+I 执行反选。

8）创建新图层。单击图层面板上的“创建新图层”按钮，创建新图层 1。

9）用前景色填充选区。按组合键 Alt+Delete 用前景色填充选区。按组合键 Ctrl+D 取消选区。

10）在图层面板上，在图层 1 上双击鼠标，打开“图层样式”对话框，勾择“斜面和浮雕”和“投影”两项，然后单击“确定”按钮。

（6）结束录制。单击“动作”面板上的“停止播放/记录”按钮，使录制动作的工作停止，到此“花纹相框”动作录制完成，这时动作面板如图 8-118 所示。

（7）增加停止操作。单击选择“动作”面板中“花纹相框”动作中的“反向”操作，即将停止操作添加到此操作后。单击“动作”面板菜单中的“插入停止”菜单命令，在弹出的对话框中如图 8-119 所示输入信息，不选择“允许继续”。

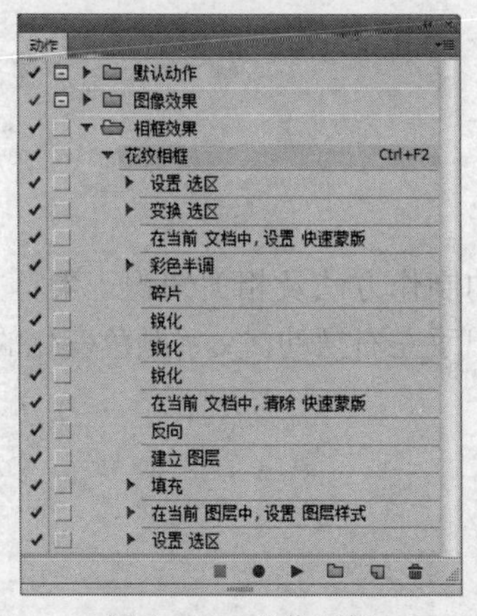

图 8-118 动作面板

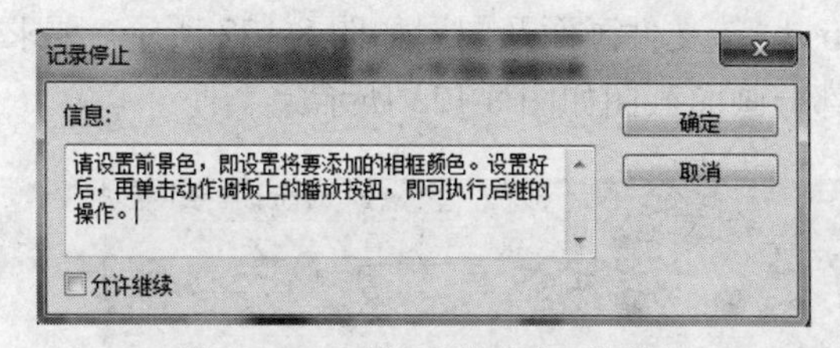

图 8-119 “记录停止”对话框

注意：本操作目的是如对于不同的照片，用户想设置不同的相框颜色，可在给选区填充颜色前，添加一停止操作，让用户设置完前景色后，再单击动作面板中的“播放选定动作”按钮 ▶，即可继续后面的操作。

（8）应用“花纹相框”动作。打开素材“girl02.jpg”，然后单击选择动作面板上的“花纹相框”动作，然后单击“动作”面板下方的“播放选定动作”按钮 ▶，操作会按顺序执行，当执行到停止时，系统弹出如图 8-120 所示的对话框，单击“停止”按钮，然后设置好前景色后（本例设置前景色为深红色），单击动作面板中的“播放选定动作”按钮 ▶，会继续执行完后继的动作，最后效果如图 8-121 所示。

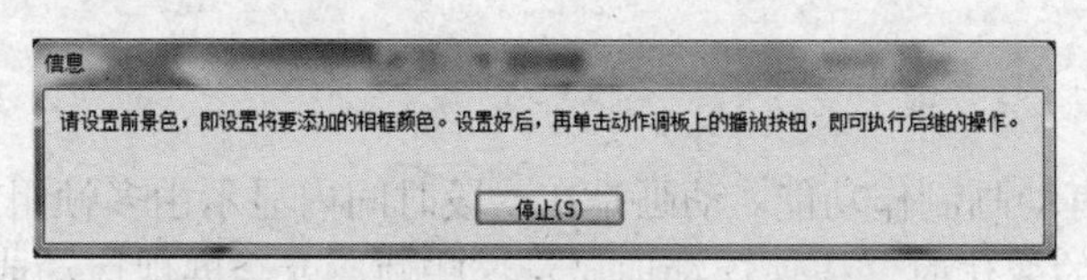

图 8-120 执行“停止”操作弹出的信息框

图 8-121 应用“花纹相框”后

8.4 『案例』制作 QQ 表情

主要学习内容：

- 动画基础知识
- 时间轴面板
- 创建和保存动画

一、制作目的

通过制作 QQ 表情，初步掌握 Photoshop 中动画的制作方法及相关知识。素材文件为 hello.psd，该文件画面及图层如图 8-122 所示。要求制作出手左右摆动，文字颜色变化的动画。动画部分画面截图如图 8-123 所示。

图 8-122　素材

图 8-123　动画截图

二、相关技能

1. 动画概述

Photoshop 提供有动画制作功能。动画是在一段时间内显示由多帧组成的图像，当每一帧比其前一帧都有一定的变化时，快速连续地显示这些帧，就会展现运动或其他变化的效果。

帧是一个概念，类似于时间。如果一个动画 1 秒 20 帧，那么就是说这个动画每 1 秒钟有 20 张图片组成，可以是 1 张图片占一帧，也可以是同一张图片重复多帧，如果一张图片占用的帧数越多，那么这张图片在人眼睛里停留的时间也就越长，这样就形成了动画的连贯和某些动作的快慢。

2. 时间轴面板

我们创建和编辑动画的许多操作都是在时间轴面板上完成。通过“窗口”>“时间轴”菜单命令开启时间轴面板，如图 8-124 所示。时间轴面板默认显示在编辑窗口的右下方。这时图层面板也多出了一些选项，如图 8-125 所示方框所框住的项。如果将时间轴面板关闭则图层面板也恢复到原先样子。

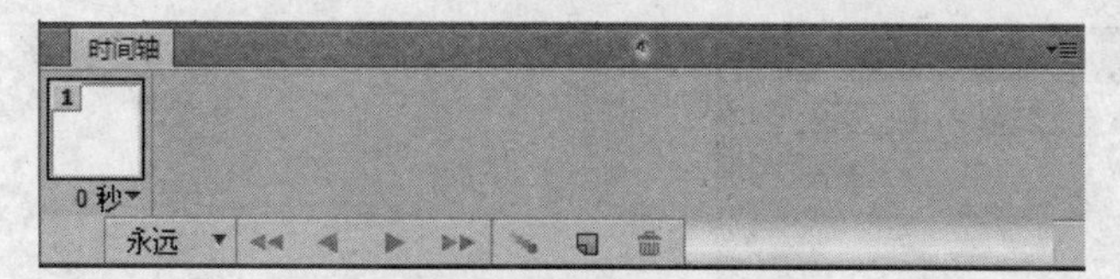

图 8-124 时间轴面板

图 8-125 图层面板

在时间轴面板的下方有一个“永远”项，这指的是动画循环次数。单击后可以选择“一次”或“永远”，或者自行设定循环的次数。设置后再次播放动画即可看到循环次数设定的效果。在绝大多数情况下动画都是连续循环的（即永远）。

单击时间轴面板中的“复制所选帧”按钮，时间轴会新增加了一个帧，这新增加出来的帧和前一个帧是相同的内容。如果用户在时间轴上选择了多帧，则单击“复制所选帧”按钮，也复制出多帧。

“删除所选帧”按钮，其作用是删除当前用户所选择的帧。

“选择第一帧”按钮，单击该按钮，选择时间轴中的第一帧。

“选择上一帧”按钮，单击该按钮，选择时间轴中当前帧的前一帧。

“播放动画”按钮，单击该按钮，从当前帧开始播放动画。该按钮变为“停止动画”按钮，单击此按钮停止动画的播放。

“选择下一帧”按钮，单击该按钮，选择时间轴中当前帧的下一帧。

“过渡动画帧”按钮，单击该按钮，打开“过渡”对话框，用户可以在此对话框中设置过渡动画帧相关项，如图 8-126 所示。

时间面板中每一帧的下方现在都有一个“0 秒”，这就是帧延迟时间（或称停留时间）。帧延迟时间表示在动画过程中该帧显示的时长。比如某帧的延迟设为 3 秒，那么当播放到这个帧的时候会停留 3 秒钟后才继续播放下一帧。延迟默认为 0 秒，每个帧都可以独立设定延迟。

设定帧延迟的方法就是点击帧下方的时间处，系统弹出时间列表，如图 8-127 所示，在其中选择相应的时间即可。

3. 保存动画

保存动画需要使用“文件”>“存储为 Web 所用格式”菜单命令，将出现一个如图 8-128 所示的大窗口。在窗口右下方区域会出现播放按钮和循环选项，在此更改循环次数会同时更改源文件中的设定。需要注意的是，如果在文件格式没有选择 GIF，则播放按钮不可用。因为只有 GIF 格式才支持动画，如果强行保存为其他格式，如 JPG 或 PNG，则所生成的图像中只有第一帧的画面。

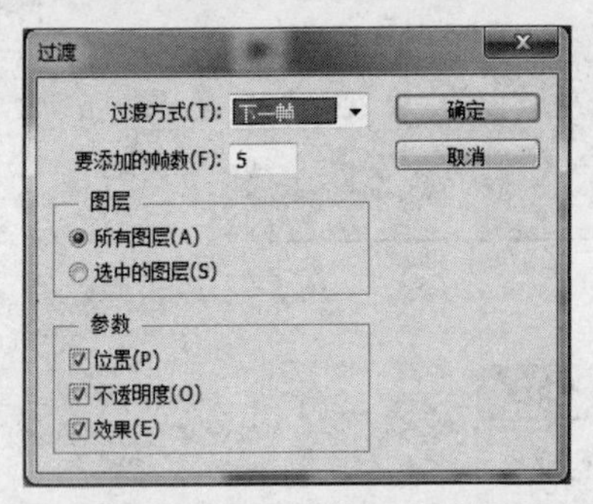

图 8-126 “过渡”对话框

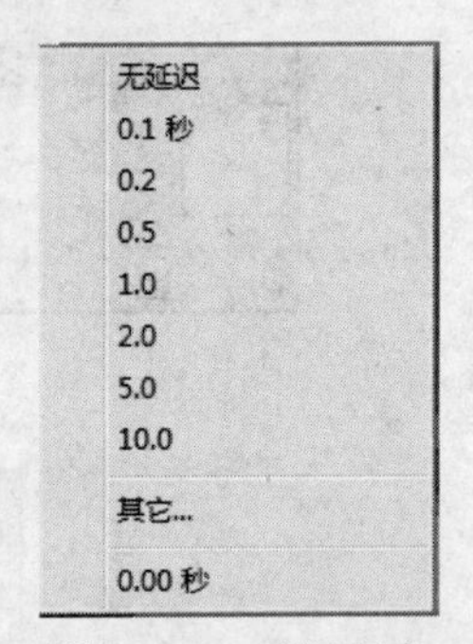

图 8-127 时间列表

在存储过程中可能出现警告信息，如图 8-129 所示，不必理会，单击“确定”按钮即可。

图 8-128 “存储为 Web 所用格式”对话框

注意：在给文件起名时要使用半角英文或数字，不要使用全角字符或中文。这是为了动画能更广泛地被各种语言的浏览器所兼容。

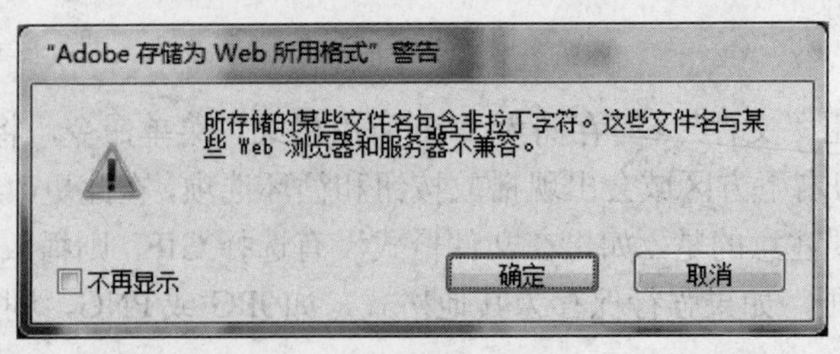

图 8-129 警告对话框

三、制作步骤

（1）打开素材。执行“文件”>“打开”菜单命令，打开素材 hello.psd。

（2）复制手图层。按 F7 键，显示出图层面板。在图层面板上单击选择手图层，将该图层拖至图层面板下方的“创建新图层”按钮上，松开鼠标左键，完成图层的复制，将新得到的图层命名为“右边手”。

（3）调整“右边手”图层中手的位置。选择“右边手”图层，按组合键 Ctrl+T，进入自由变换状态，将手的变换中心点移至变换框右下角点上，如图 8-130 所示。再在工具选项栏上设置“旋转”角度为 45 度 45.00 度，单击选项栏上的“提交变换”按钮，完成手位置调整。

（4）复制文本“早上好”图层。在图层面板上单击选择文本“早上好”图层，将该图层拖至图层面板下方的“创建新图层”按钮上，松开鼠标左键，完成图层的复制。重复再复制出 4 个文本“早上好”图层。将这 6 个文本图层依次命名为“早上好 1”“早上好 2”……“早上好 6”，这时图层面板如图 8-131 所示。

图 8-130　自由变换

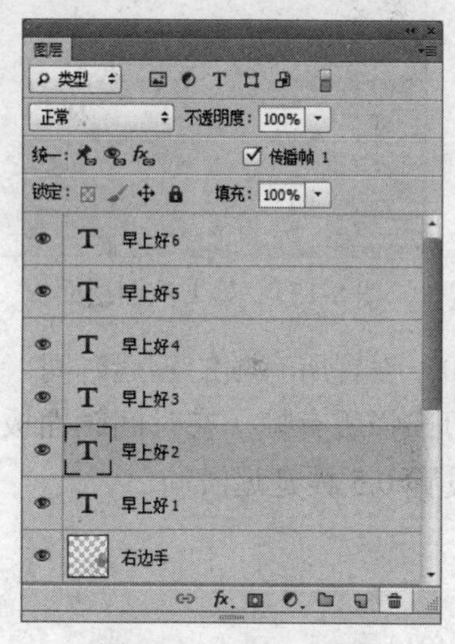

图 8-131　图层面板

（5）更改文本图层文本的颜色。切换至文字工具，分别选择各个文本图层，在工具选项栏上更改文本颜色，使各文本图层中文本颜色各不相同。

（6）开始创建动画，创建第 2 帧。选择“窗口”>“时间轴”菜单命令，打开时间轴面板。这时时间轴上只有一帧，单击时间轴面板上的“复制所选帧”按钮，即创建第 2 帧，该帧由系统复制第 1 帧所得。

（7）再复制出四帧内容。选择时间轴上的第 2 帧，再单击时间轴面板上的“过渡动画帧”按钮，弹出“过渡”对话框，如图 8-132 所示，特别注意要添加的帧数设置为 4，参数中只选择“位置”，单击“确定”按钮。

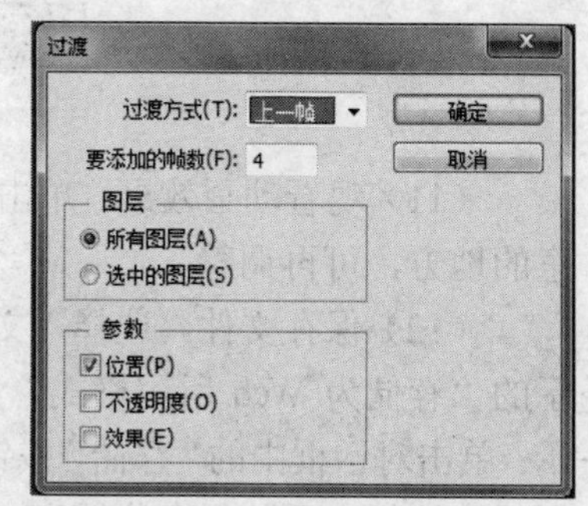

图 8-132　“过渡”对话框

（8）调整动画第 1 帧画面。在时间轴面板上，单击选择第 1 帧。在图层面板上隐藏图层“右边手”和文本图层“早上好 2”～“早上好 6”，其他图层正常显示。这时图层面板如图 8-133 所示。

（9）调整动画第 2 帧画面。在时间轴面板上，单击选择第 2 帧。在图层面板上隐藏“手”图层和文本图层“早上好 1”“早上好 2”～“早上好 6”，其他图层正常显示，这时图层面板如图 8-134 所示。用同样方法设置其他的帧，“手”图层在奇数帧中显示，在偶数帧中不显示；“右边手”图层在偶数帧中显示，在奇数帧中不显示；每个文本图层与在对应帧编号相同中显示，在其他帧中不显示。

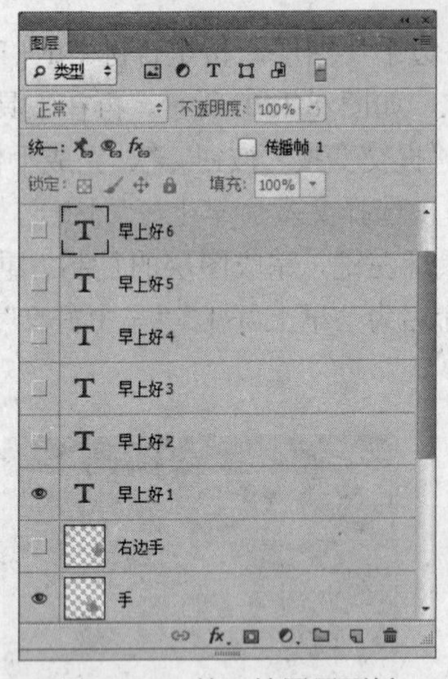

图 8-133　第 1 帧图层面板

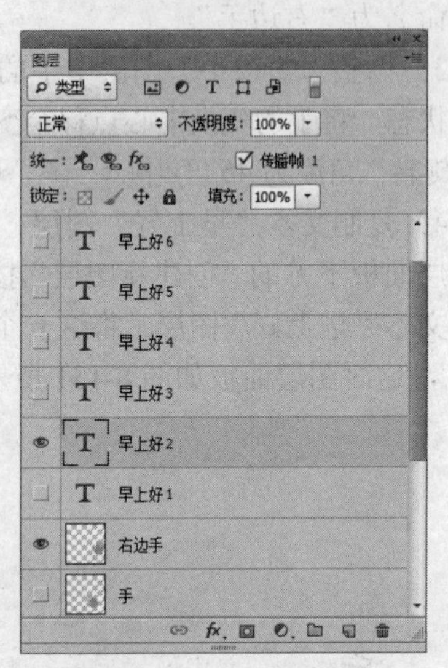

图 8-134　第 2 帧图层面板

（10）设置所有帧的延迟时间。在时间轴面板上，单击第 1 帧，再按住 Shift 键，单击第 6 帧，即选择所有帧。在时间轴面板中，单击帧下“选择延迟时间”按钮 0秒▾，如图 8-135 所示，设置 0.5 秒延迟时间。

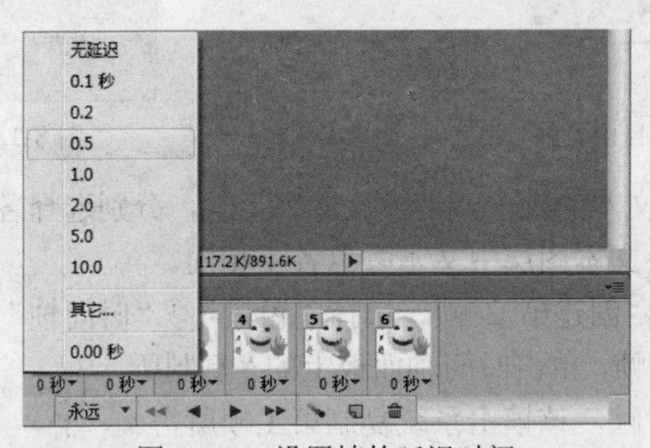

图 8-135　设置帧的延迟时间

（11）观看动画效果。单击动画面板底部“播放”按钮，播放预览效果。如动画中有不满意的地方，可再调整。

（12）保存文件。选择“文件”>“存储为 Web 所用格式”命令，系统打开如图 8-128 所示的“存储为 Web 所用格式”大窗口，在窗口右边设置存储文件格式为 GIF，如图 8-136 所示。单击对话框中的“存储”按钮 存储... ，打开“将优化结果存储为”对话框，如图 8-137 所示，选择合适的保存位置和文件名，单击“保存”按钮，即保存动画文件。

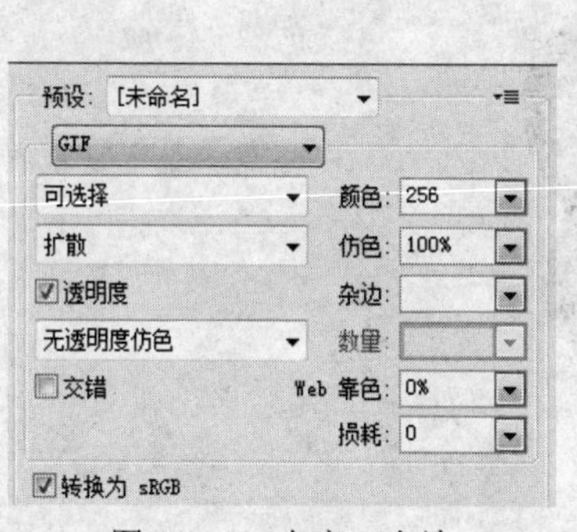

图 8-136　大窗口右边

图 8-137　“将优化结果存储为”对话框

（13）将文件再以 hello.psd 保存。

练习题

1．利用路径将图 8-138 中的鸟轮廓复制到新画布窗口中，再利用轮廓线绘制鸟图像，如图 8-139 所示，将左侧的鸟填充为纯红色，加白色点作为眼睛，将右侧的轮廓填充为纯蓝色和白色的渐变色，加红色点作为眼睛，右下侧喷浅绿色草地。

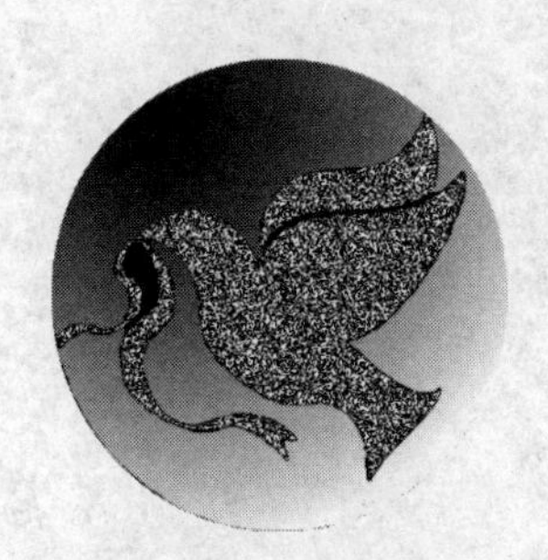

图 8-138　素材

图 8-139　绘制的鸟

2．应用动作制作动感文字，效果如图 8-140 所示。先制作如图 8-141 所示形状，然后再对其复制和旋转多次，得到背景图片效果，再输入合适文字。

图 8-140　动感文字

图 8-141　三角形图案

3．利用自由钢笔工具和描边路径制作如图 8-142 所示的手写文字图像。

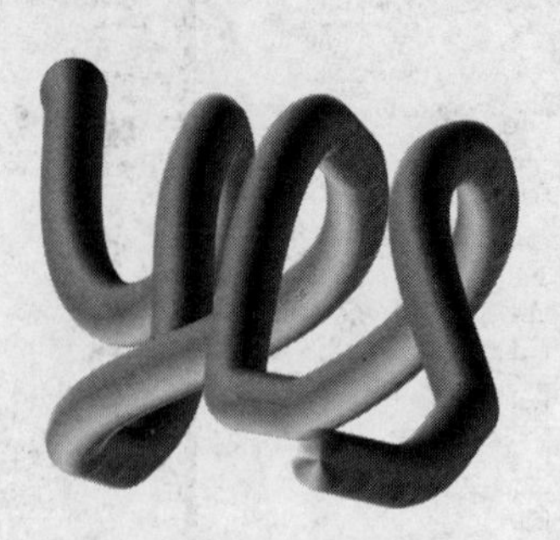

图 8-142　手写文字

第9章 滤镜的使用

滤镜是 Photoshop 的万花筒，是一系列能产生精彩的特殊效果的命令。Photoshop CS6 提供了多种内置滤镜，也可以安装第三方外置滤镜。由于篇幅关系，本书无法对每一个滤镜都进行详细介绍，下面通过几个实例，介绍滤镜在图像处理中的应用方法和技巧。更多的滤镜效果，希望读者自己勇于尝试。

9.1 『案例』飞奔的猛虎

主要学习内容：

- 模糊滤镜的使用

一、制作目的

本例素材如图 9-1 和图 9-2 所示，效果如图 9-3 所示。通过学习本例，复习创建选区和自由变换图像，了解滤镜的概念，掌握模糊滤镜的使用。

图 9-1　素材 1

图 9-2　素材 2

图 9-3　最终效果图

二、相关技能

“模糊”滤镜是通过平衡图像中已定义的线条和遮蔽区域的清晰边缘旁边的像素，以达到柔化或模糊图像。“模糊”滤镜组有表面模糊、动感模糊、方框模糊、径向模糊等多个滤镜。

（1）表面模糊。

该滤镜实现在保留边缘的同时模糊图像。此滤镜用于创建特殊效果并消除杂色或粒度。素材如图 9-4 所示，单击“滤镜”>“模糊”>“表面模糊”菜单命令，弹出“表面模糊”对话框，按图 9-5 所示进行设置，单击“确定”按钮，效果如图 9-6 所示。

图 9-4　素材

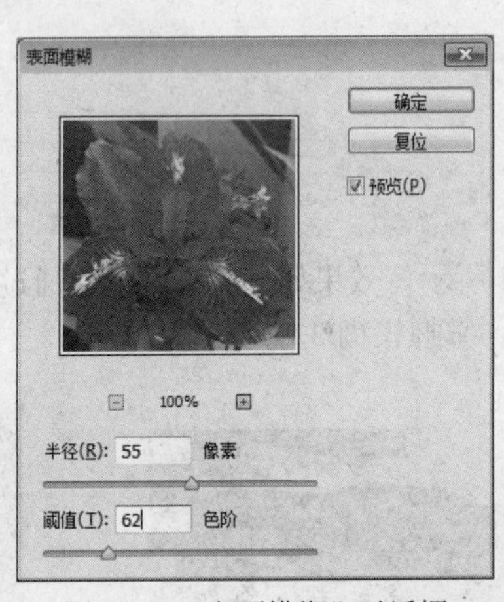

图 9-5　“表面模糊”对话框

图 9-6　表面模糊后

“半径”选项指定模糊取样区域的大小。“阈值”选项控制相邻像素色调值与中心像素值相差多大时才能成为模糊的一部分。色调值差小于阈值的像素将不被模糊处理。

（2）方框模糊。

基于相邻像素的平均颜色值来模糊图像。此滤镜用于创建特殊效果。可以调整用于计算给定像素的平均值的区域大小；半径越大，产生的模糊效果越好。

素材仍使用图 9-4 所示图片，执行“滤镜”>“模糊”>“方框模糊”菜单命令，弹出“方框模糊”对话框，按图 9-7 所示进行设置，单击“确定”按钮，效果如图 9-8 所示。

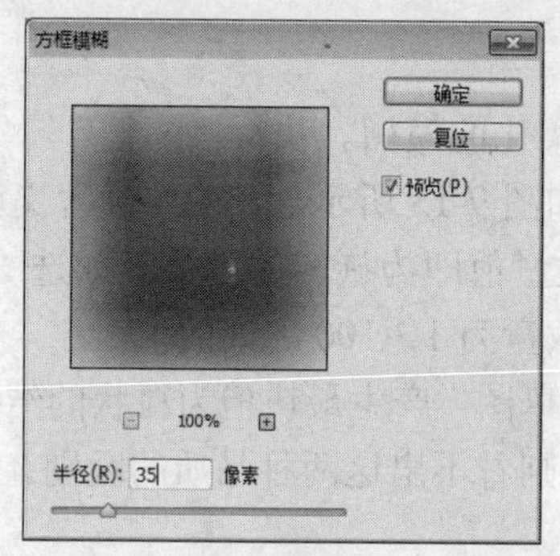

图 9-7　“方框模糊”对话框

图 9-8　方框模糊后

（3）动感模糊。

沿指定方向（-360 度～+360 度）以指定强度（1～999）进行模糊。此滤镜的效果类似于以固定的曝光时间给一个移动的对象拍照。

执行“滤镜”>“模糊”>“动感模糊”菜单命令，弹出“动感模糊”对话框，按图 9-9 所示进行设置，单击“确定”按钮，图 9-4 所示图片变为如图 9-10 所示效果。

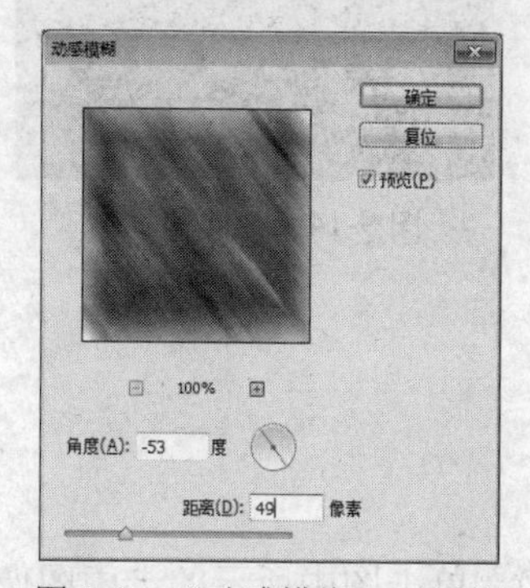

图 9-9　“动感模糊”对话框

图 9-10　执行动感模糊后

（4）高斯模糊。

使用可调整的量快速模糊选区。高斯是指当 Photoshop 将加权平均应用于像素时生成的钟形曲线。“高斯模糊”滤镜添加低频细节，并产生一种朦胧效果。

执行“滤镜”>“模糊”>“高斯模糊”菜单命令，弹出“高斯模糊”对话框，按图 9-11 所示进行设置，单击“确定”按钮，图 9-4 所示图片变为如图 9-12 所示效果。

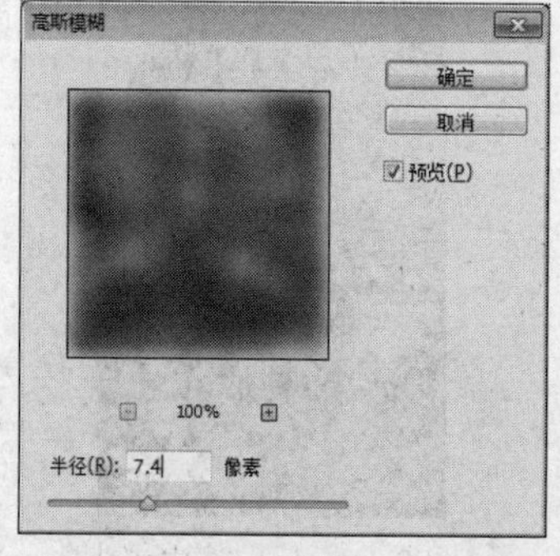

图 9-11　“高斯模糊”对话框

图 9-12　高斯模糊后

（5）径向模糊。

模拟缩放或旋转的相机所产生的模糊，产生一种柔化的模糊。执行“滤镜”>“模糊”>“径向模糊”菜单命令，弹出“径向模糊”对话框，如图 9-13 所示。其中各项含义如下：

如选“旋转”，指沿同心圆环线模糊，然后指定数量值即为旋转的度数。如选“缩放”，沿径向线模糊，好像是在放大或缩小图像，然后指定数量为 1～100 之间的值。

模糊的品质范围从“草图”到“好”和“最好”。“草图”产生最快但为粒状的结果，“好”和“最好”产生比较平滑的结果，除非在大选区上，否则看不出这两种品质的区别。通过拖动“中心模糊”框中的图案，指定模糊的原点。

如图 9-13 所示对图 9-4 进行径向模糊后，效果如图 9-14 所示。

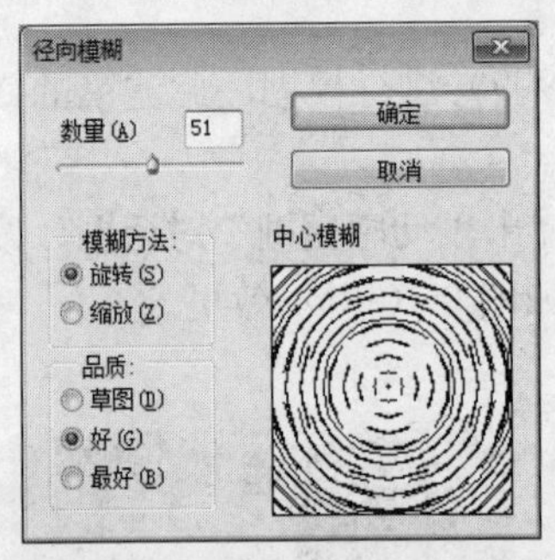

图 9-13　“径向模糊”对话框

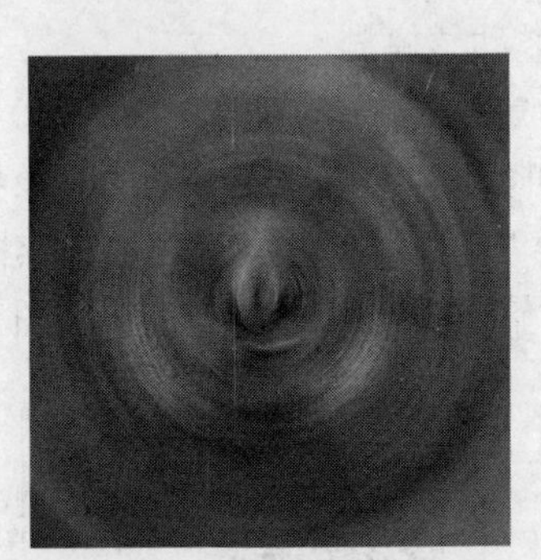

图 9-14　径向模糊后

三、制作步骤

（1）打开素材 9-1.tif 和素材 9-2.tif。

（2）使用工具箱中的“魔棒工具”，设置容差为 30，单击图中所示的老虎图像背景，创建选区。然后按住 Shift 键多次单击图像背景，将老虎的整个背景图像选中。如果创建的选区有选中老虎本身或没有选中背景的，可按住 Shift 键或 Alt 键，使用工具箱中的“矩形选框工具”进行选区的修正，最后效果如图 9-15 所示。

（3）执行“选择”>“反向”命令，如图 9-16 所示。执行“选择”>“羽化”命令，在弹出的对话框中设置羽化半径为 10 像素，如图 9-17 所示。

图 9-15　选中老虎图像背景图

图 9-16　反向选中老虎

（4）选择移动工具将老虎移至城堡图像中，执行“编辑”>“变换”>“缩放”命令，缩小老虎，如图 9-18 所示。

图 9-17　“羽化选区”对话框

图 9-18　调整老虎的大小和位置

（5）在图层面板中选择背景层，对背景层执行“滤镜”>“模糊”>“径向模糊”命令，设置数量为 65，模糊方法为缩放，品质为好，如图 9-19 所示。

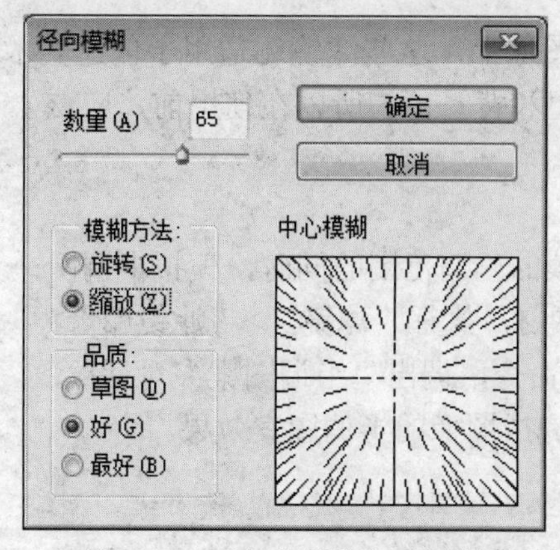

图 9-19　“径向模糊”对话框

（6）把所有图层合并成一个图层，得到最终效果，如图 9-3 所示。

9.2　『案例』鹅毛大雪

主要学习内容：

- 滤镜库、素描、模糊、锐化等滤镜的使用

一、制作目的

本例素材如图 9-20 所示，效果如图 9-21 所示。通过学习本例，复习创建选区，掌握素描、模糊、锐化等滤镜的使用。

图 9-20　素材

图 9-21　效果图

二、相关技能

1. 素描滤镜

素描滤镜将纹理添加到图像上，这些滤镜还适用于创建美术或手绘外观。许多“素描”滤镜在重绘图像时使用前景色和背景色，所以在使用前，应该设置好前景色和背景色。

（1）半调图案。

该滤镜作用是在保持连续的色调范围的同时，模拟半调网屏的效果。如图 9-22 所示素材，执行“滤镜”>“滤镜库”>“素描”>“半调图案”菜单命令，调出“半调图案”对话框，如图 9-23 所示进行设置，即完成图像的半调图案效果。

图 9-22　花图片素材

图 9-23　“半调图案”对话框

（2）绘图笔。

该滤镜是使用细的、线状的油墨描边以捕捉原图像中的细节。对于扫描图像，效果尤其明显。此滤镜使用前景色作为油墨，并使用背景色作为纸张，以替换原图像中的颜色。对图 9-22 所示素材，执行“滤镜”>“滤镜库”>“素描”>“绘图笔”菜单命令，调出“绘图笔”对话框，如图 9-24 所示进行设置，即完成图像的绘图笔效果。

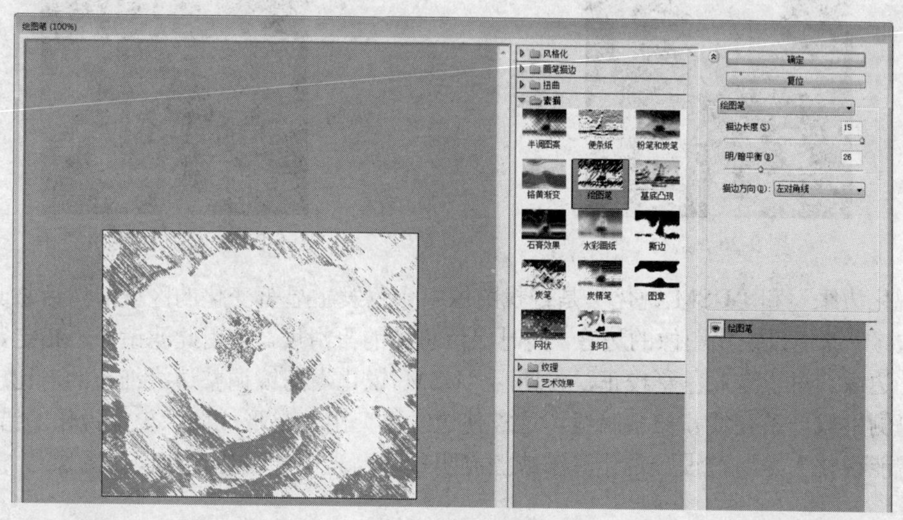

图 9-24　“绘图笔”对话框

（3）珞璜渐变。

“珞璜渐变”滤镜可以渲染图像，创建如擦亮的珞璜表面般的金属效果。对图 9-22 所示素材，执行“滤镜”>“滤镜库”>“素描”>“珞璜渐变”菜单命令，调出“珞璜渐变”对话框，如图 9-25 所示进行设置，即完成图像的珞璜渐变效果。

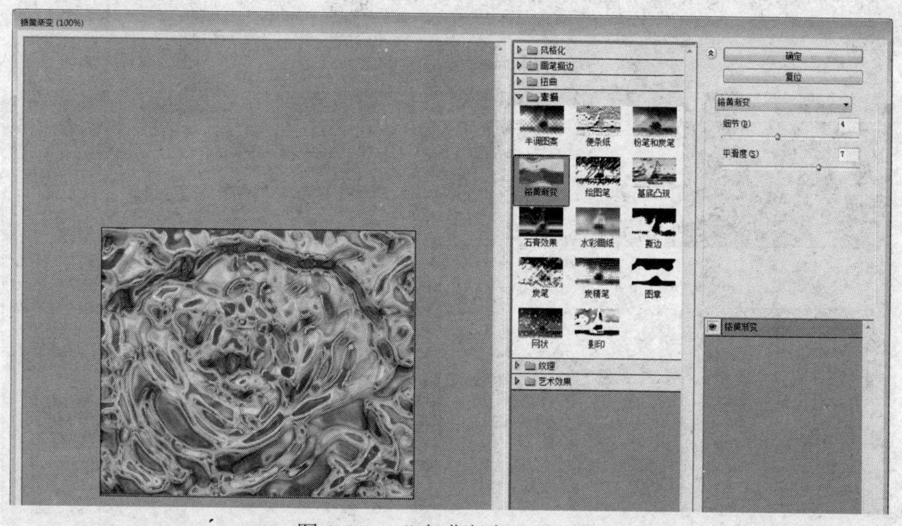

图 9-25　“珞璜渐变”对话框

2. 锐化滤镜

锐化滤镜的作用是增加图像相邻像素间的对比度，以达到使图像轮廓分明和更清晰的目的。“锐化”和“进一步锐化”滤镜是聚焦选区并提高其清晰度。“进一步锐化”滤镜比“锐化”滤镜应用更强的锐化效果。

打开素材如图 9-26 所示，执行“滤镜”>“锐化”>“进一步锐化”菜单命令，效果如图 9-27 所示。

图 9-26　素材

图 9-27　“进一步锐化”后

“锐化边缘”和“USM 锐化”是查找图像中颜色发生显著变化的区域，然后将其锐化。“锐化边缘”滤镜只锐化图像的边缘，同时保留总体的平滑度。使用此滤镜在不指定数量的情况下锐化边缘。对于专业色彩校正，可使用“USM 锐化”滤镜调整边缘细节的对比度，并在边缘的每侧生成一条亮线和一条暗线。这样使边缘更突出，易形成图像更加锐化的错觉。

“智能锐化”是通过设置锐化算法或控制阴影和高光中的锐化量来锐化图像。

三、制作步骤

（1）打开如图 9-20 所示素材。

（2）单击“图层”>“新建”>“图层”命令，创建一个新图层，命名为”图层 1”，设置前景色为灰色，按住组合键 Alt+Delete，用鼠标给“图层 1”填充灰色。

（3）单击“滤镜”>“滤镜库”>“素描”>“绘画笔”命令，设置如图 9-28 所示，点击“确定”按钮。

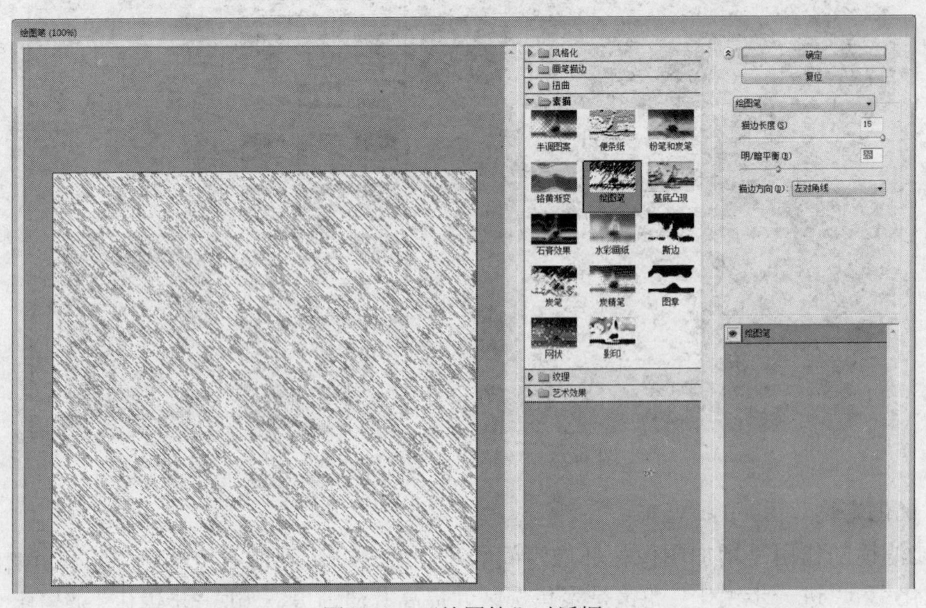

图 9-28　“绘图笔”对话框

（4）单击“选择”>“色彩范围”命令，弹出“色彩范围”对话框，如图 9-29 所示设置，在“选择”下拉框中选择高光，点击“确定”按钮。这里选中图中的白色区域，按 Delete 键删除白色，如图 9-30 所示。

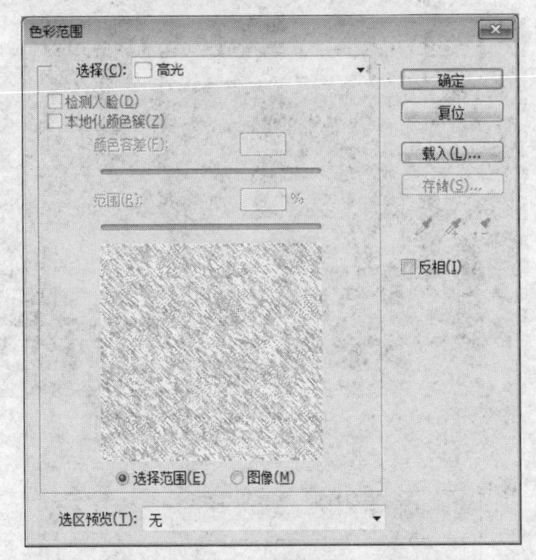

图 9-29　“色彩范围”对话框

图 9-30　删除白色区域

（5）按组合键 Shift+Ctrl+I 执行反选命令，设置前景色为白色，按组合键 Alt+Delete 键，将选区内填充白色。按组合键 Ctrl+D 取消选区，得到如图 9-31 所示效果。

图 9-31　执行反向、填充操作

（6）单击“滤镜”>“模糊”>“高斯模糊”命令，设置模糊半径为 0.5 像素，如图 9-32 所示，点击“确定”按钮，得到图 9-33 所示效果。

（7）在图层面板中设置“图层 1”的不透明度为 85%，如图 9-34 所示。

（8）单击“滤镜”>“锐化”>“USM 锐化”命令，设置如图 9-35 所示，得到最终效果如图 9-21 所示，保存文件。

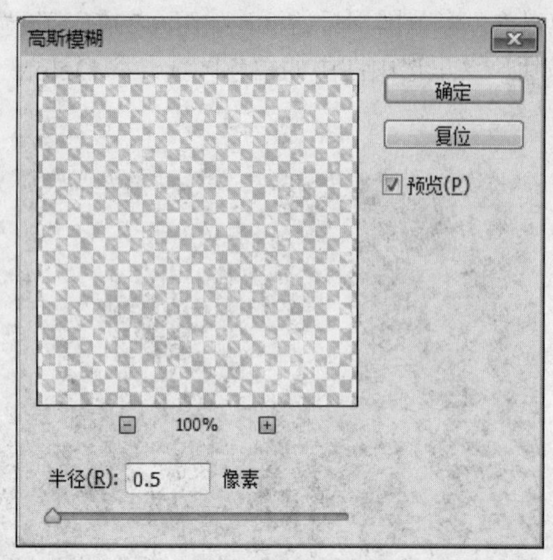

图 9-32 “高斯模糊”对话框

图 9-33 使用高斯模糊后的效果

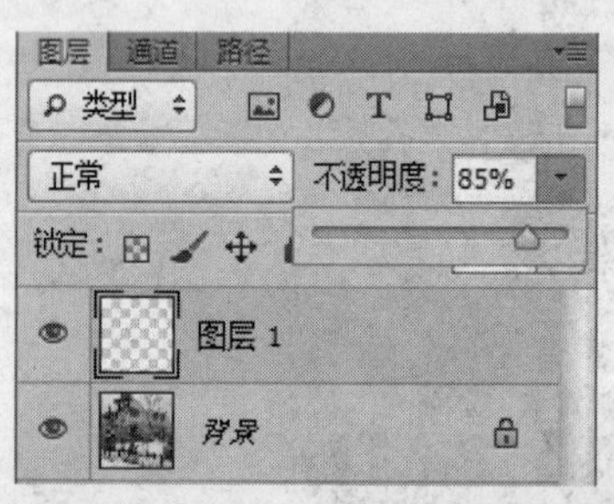

图 9-34 设置图层 1 的不透明度

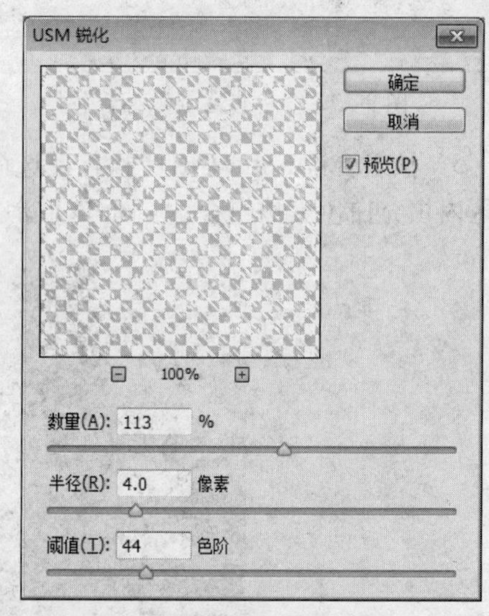

图 9-35 设置 USM 锐化

9.3 『案例』火焰文字

主要学习内容：

- 风格化、模糊、扭曲等滤镜的使用

一、制作目的

本例制作效果如图 9-36 所示的火焰文字。通过学习本例，复习文字工具，掌握风吹滤镜、扩散滤镜、高斯模糊滤镜和波纹扭曲等操作。

图 9-36　火焰文字效果

二、相关技能

1. 风格化滤镜

“风格化”滤镜通过置换像素和通过查找并增加图像的对比度，在选区中生成绘画或印象派的效果。在使用“查找边缘”和“等高线”等突出显示边缘的滤镜后，可应用“反相”命令用彩色线条勾勒彩色图像的边缘或用白色线条勾勒灰度图像的边缘。

（1）扩散滤镜。

根据选中的在其对话框选择以下选项搅乱选区中的像素以虚化焦点：

“正常”使像素随机移动（忽略颜色值）。

“变暗优先”用较暗的像素替换亮的像素。

“变亮优先”用较亮的像素替换暗的像素。

“各向异性”在颜色变化最小的方向上搅乱像素。

风格化滤镜组所用素材如图 9-37 所示白色花。选择“滤镜”>“风格化”>“扩散”菜单命令，调出“扩散”对话框，如图 9-38 所示选择“正常”，则效果如图 9-38 中预览框所示，如选择“各向异性”，则效果如图 9-39 所示。

图 9-37　素材原图

图 9-38　“扩散”对话框

图 9-39　“各向异性”扩散

（2）浮雕效果。

通过将选区的填充色转换为灰色，并用原填充色描画边缘，从而使选区显得凸起或压低。

对图 9-37 所示素材，执行“滤镜”>“风格化”>“浮雕效果”菜单命令，调出“浮雕效果”对话框，如图 9-40 进行设置，效果如图 9-41 所示。

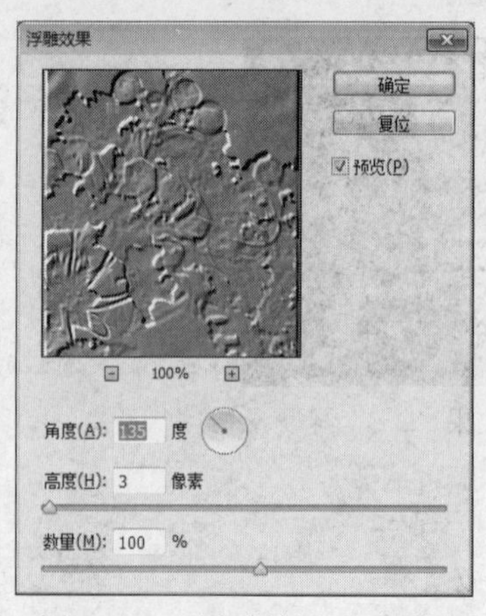

图 9-40 “浮雕效果”对话框

图 9-41 浮雕效果

浮雕角度范围为-360 度～+360 度，-360 度使表面凹陷，+360 度使表面凸起。

（3）凸出。

该滤镜对选定区域或图层产生一种 3D 纹理效果。对图 9-37 所示的素材执行“滤镜”>“风格化”>“凸出”菜单命令，调出“凸出”对话框，如图 9-42 进行设置，效果如图 9-43 所示。如在图 9-42 中选择“金字塔”，其他参数与图 9-42 中一样，则效果如图 9-44 所示。

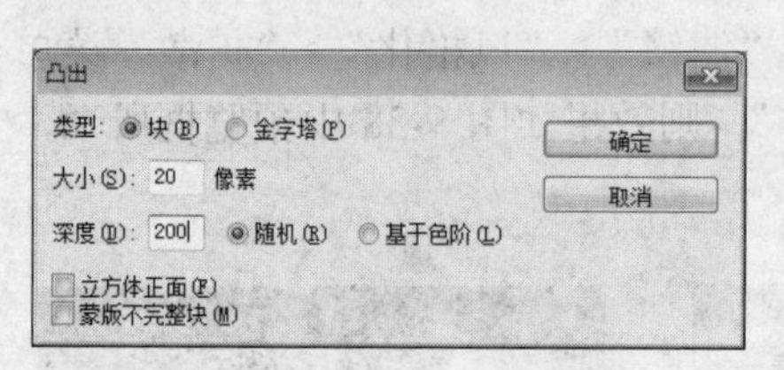

图 9-42 “凸出”对话框

图 9-43 “块”凸出效果

图 9-44 “金字塔”凸出效果

（4）查找边缘。

用显著的转换标识图像的区域，并突出边缘。像“等高线”滤镜一样，“查找边缘”用相对于白色背景的黑色线条勾勒图像的边缘，这对生成图像周围的边界非常有用。对图 9-37 所示的素材执行“滤镜”>“风格化”>“查找边缘”菜单命令后，效果如图 9-45 所示。

（5）风滤镜。

在图像中放置细小的水平线条来获得风吹的效果。方法包括“风”、“大风”（用于获得更生动的风效果）和“飓风”（使图像中的线条发生偏移）。“大风”可获得更生动的风效果；“飓风”会使图像中的线条发生偏移。

2. 扭曲滤镜

“扭曲”滤镜将图像进行几何扭曲，创建 3D 或其他整形效果。本组所用素材为如图 9-57 所示的花图片。

注意：这些滤镜可能会占用计算机大量内存。

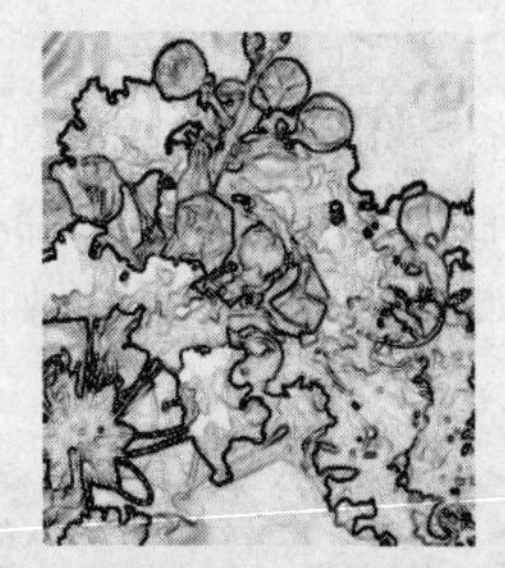

图 9-45　“查找边缘”效果

图 9-46　素材牡丹花

（1）玻璃。

使图像看起来像是透过不同类型的玻璃来观看的。执行“滤镜”>“滤镜库”>“扭曲”>“玻璃”菜单命令，调出“玻璃”对话框，如图 9-47 所示，可以在对话框中的“纹理”下拉框中选取不同的纹理，也可调整缩放、扭曲和平滑度设置，可得到不同的具有玻璃效果的图片。

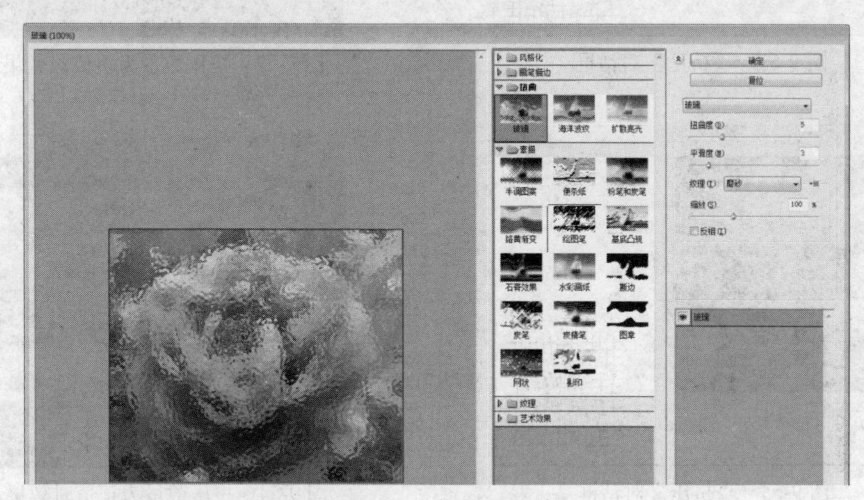

图 9-47　“玻璃”对话框

（2）极坐标。

根据选中的选项，将选区从平面坐标转换到极坐标，或将选区从极坐标转换到平面坐标。使用如图 9-48 所示素材，执行“滤镜”>“扭曲”>“极坐标”菜单命令，调出“极坐标”对话框，如图 9-49 所示设置，效果如对话框的预览框所示。如对图 9-46 所示的素材执行与图 9-49 设置一样的极坐标处理，则效果如图 9-50 所示。

图 9-48　线条素材

图 9-49　“极坐标”对话框

图 9-50　极坐标效果

（3）挤压。

挤压选区，产生图像膨胀或缩小变形效果。正值（最大值是 100%）将选区向中心移动；负值（最小值是-100%）将选区向外移动。执行“滤镜”>“扭曲”>“挤压”菜单命令，调出“挤压”对话框，如图 9-51 所示设置，效果如图 9-52 所示；设置如图 9-53 所示，效果如图 9-54 所示。

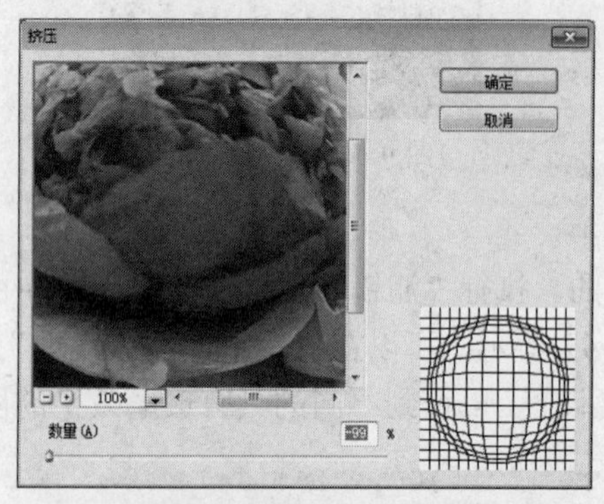

图 9-51　“挤压”对话框

图 9-52　挤压数量为负值时效果

图 9-53　“挤压”对话框

图 9-54　挤压数量为正值时效果

（4）球面化。

通过将选区折成球形、扭曲图像以及伸展图像以适合选中的曲线。对图 9-48 所示线条素材执行“滤镜”>“扭曲”>“球面化”菜单命令，调出“球面化”对话框，如图 9-55 所示设置，效果如图 9-56 所示。在对话框中的“模式”下拉框中还有“水平优先”和“垂直优先”两个选项。

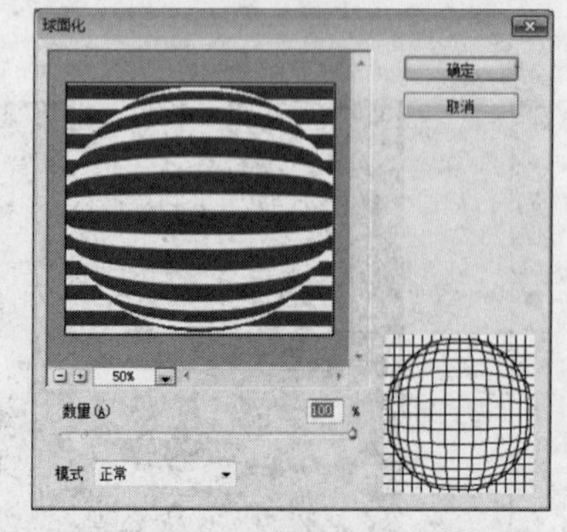

图 9-55　“球面化”对话框

图 9-56　“球面化”效果

三、制作步骤

（1）设置背景色为黑色，前景色为白色。新建宽度为 560 像素、高度为 260 像素、颜色模式为 RGB 颜色、背景为黑色的画布。

（2）使用文字工具箱中的“横排文字蒙版工具”。输入字体为“隶书”、大小为 120 点的文字“火焰字”。使用工具箱中的“套索工具”将文字移到画布中间偏下处，如图 9-57 所示。

（3）单击“编辑”>“拷贝”菜单命令，将选区内的黑色”火焰字”文字复制到剪切板。

（4）按组合键 Alt+Delete，给文字选区内填充前景色白色。按组合键 Ctrl+D 取消选区，如图 9-58 所示。

图 9-57　横排文字蒙版工具

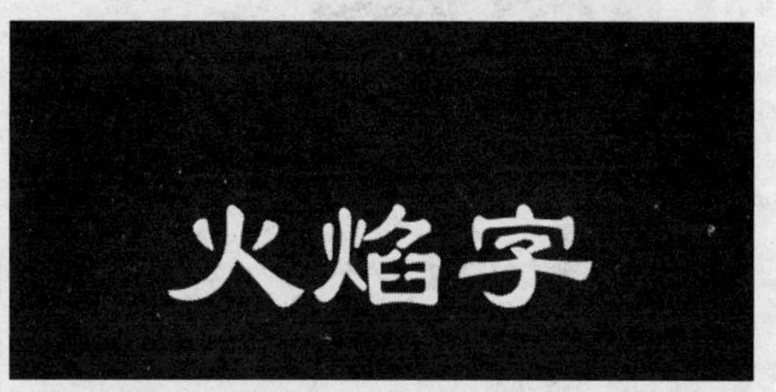

图 9-58　填充白色

（5）单击“图像”>“旋转画布”>“90 度（顺时针）”命令。如图 9-59 所示。

（6）单击“滤镜”>“风格化”>“风”命令，调出”风”对话框。设置如图 9-60 所示。点击“确定”按钮。单击“滤镜”>“风”命令，重复三次。即可得到产生刮风效果的文字图像。

图 9-59　顺时针旋转 90 度

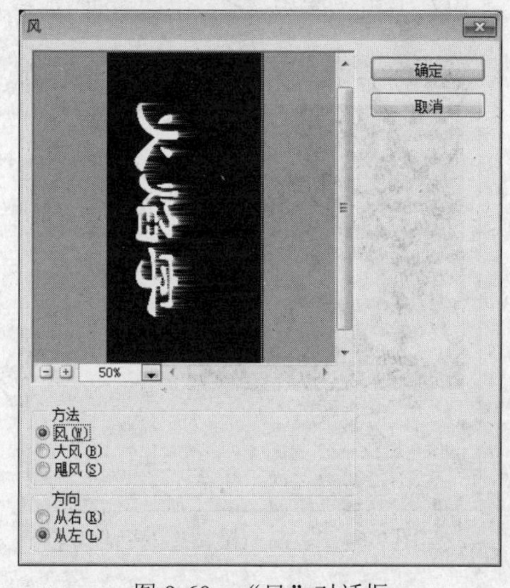

图 9-60　“风”对话框

（7）单击“图像”>“旋转画布窗口”>“90 度（逆时针）”命令。如图 9-61 所示。

（8）单击“滤镜”>“风格化”>“扩散”命令，调出”扩散”对话框，设置如图 9-62 所示，即可得到火焰扩散效果，如图 9-63 所示。

图 9-61　逆时针旋转 90 度

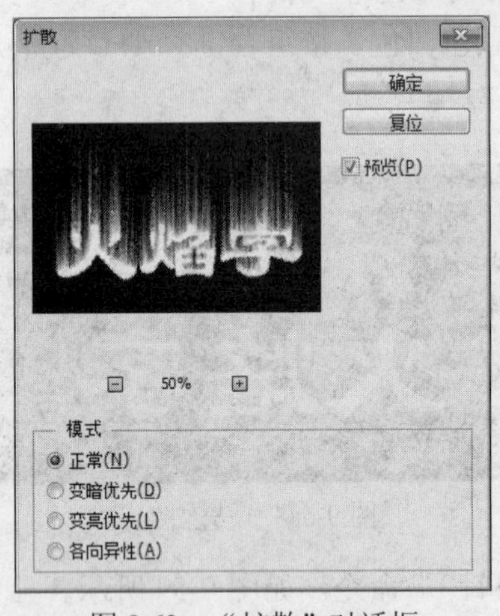

图 9-62　“扩散”对话框

图 9-63　扩散滤镜效果

（9）单击“滤镜”>“模糊”>“高斯模糊”命令，设置如图 9-64 所示，点击“确定”按钮。

（10）单击“滤镜”>“扭曲”>“波纹”命令，设置如图 9-65 所示，点击“确定”按钮。

图 9-64　“高斯模糊”对话框

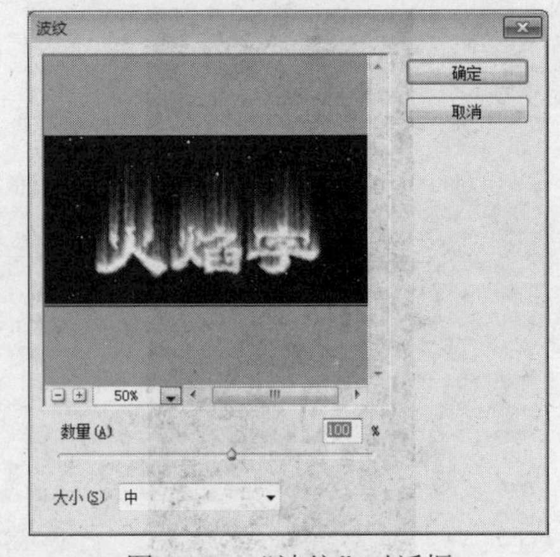

图 9-65　“波纹”对话框

（11）单击“图像”>“模式”>“索引颜色”命令，设置如图 9-66 所示，点击“确定”按钮。

（12）单击“图像”>“模式”>“颜色表”命令，设置如图 9-67 所示，点击“确定”按钮。

（13）单击“编辑”>“粘贴”命令，将黑色的”火焰字”文字粘贴到画布中，调整黑色的“火焰字”文字到画布的“火焰字”文字之上。

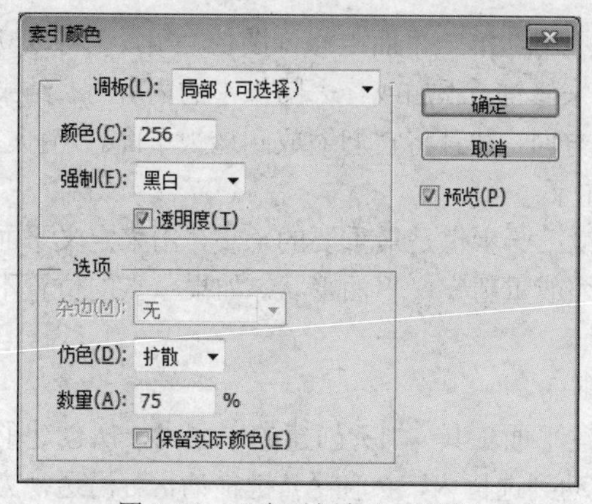

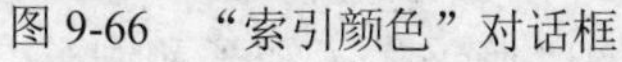
图 9-66　“索引颜色”对话框

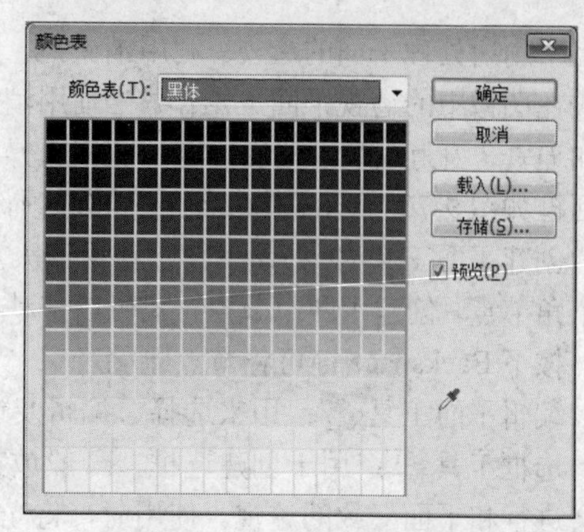

图 9-67　“颜色表”对话框

（14）设置前景色为金黄色，按组合键 Alt+Delete 键，给文字选区内填充金黄色。然后按组合键 Ctrl+D 键，取消选区，得到最终效果如图 9-36 所示。

9.4　『案例』消失的绳子

主要学习内容：

- 消失点滤镜的使用

一、制作目的

本例素材如图 9-68 所示，效果如图 9-69 所示。通过学习本例，掌握消失点滤镜的使用。

图 9-68　素材

图 9-69　最终效果

二、相关技能

消失点滤镜允许在包含透视平面的图像中进行透视校正编辑。通过使用消失点，可以在图像中指定平面，然后应用诸如绘画、仿制、拷贝或粘贴以及变换等编辑操作。所有编辑操作都将采用所处理平面的透视。利用消失点，用户不用在单一平面上修饰图像，相反，将以立体方式在图像中的透视平面上工作。当使用消失点来修饰、添加或移去图像中的内容时，结果将更加逼真，因为系统可正确确定这些编辑操作的方向，并且将它们缩放到透视平面。“消失点”对话框如图 9-70 所示，其中各工具和选项作用如下：

创建平面工具：该工具是使用消失点滤镜第一步也是最重要的一步，用来定义平面的四个角节点。创建了四个节点，就可以移动、放缩或重新定义平面形状。如果节点的位置不正确，按下 Backspace 键可将节点删除。

编辑平面工具：用来选择、编辑及调整平面。

选框工具：用于创建选框，一般放在创建平面工具所创建的平面内，所创建的选框会进行和平面一致的透视。使用时，将光标移动到选框内，按住 Alt 键拖动，可沿透视方向复制图像。本例中就是利用这样的方法，用选框中的图像“遮盖”了绳子和刷子。

图章工具：使用方法类似于仿制图章工具，按住 Alt 键在创建的平面内选择取样点，然后涂抹复制图像。

画笔工具：在图像上绘制选定颜色。

变换工具：通过移动界定框的控制点来放缩、变换、移动浮动选区。

吸管工具：用于取样画笔工具的绘画颜色。

缩放工具和抓手工具：用于缩放窗口的显示比例和移动画面。

三、制作步骤

（1）打开素材“消失点”。

（2）选择“滤镜”>“消失点”命令，打开“消失点”对话框，如图 9-70 所示。

图 9-70　“消失点”对话框

（3）点击“创建平面工具”图标，按照地板的走向，圈选绳子附近地板，形成闭合边缘，不满意的地方可以通过调整点调整，如图 9-71 所示。

（4）点击选框工具，在地板上面勾出的闭合区域内填充，可以看到，选框工具的走向和上一步创立的平面相吻合，如图 9-72 所示。

图 9-71　创建平面

图 9-72　创建选框

（5）保持选中选框工具，然后按住 Alt 键，将选框移动遮盖住绳子，如图 9-73 所示。

（6）点击“确定”按钮，再使用“仿制图章”和“修复画笔”工具修改细微处，效果如图 9-74 所示。

图 9-73　移动选框中的图像

图 9-74　消失的绳子

（7）用同样的方法去掉图中的刷子，再使用“仿制图章”和“修复画笔”工具修改细微处，最终效果如图 9-69 所示。

9.5　『案例』为鸟叔瘦身

主要学习内容：

- 液化滤镜的使用

一、制作目的

本例素材如图 9-75 所示，效果如图 9-76 所示。通过学习本例，掌握液化滤镜使用。

图 9-75　素材

图 9-76　最终效果

二、相关技能

图像的液化是一种非常直观和方便的图像调整方式。液化滤镜可以将图像或蒙版图像调整为液化状态。

打开素材“鸭子.jpg”，双击背景图层转化为一般图层，单击“滤镜”>“液化”菜单命令，进入“液化”对话框，再勾选“高级模式”选项，如图 9-77 所示，各工具功能如下（以下多数工具可以先在对话框右侧设置画笔大小和压力等参数后再使用）。

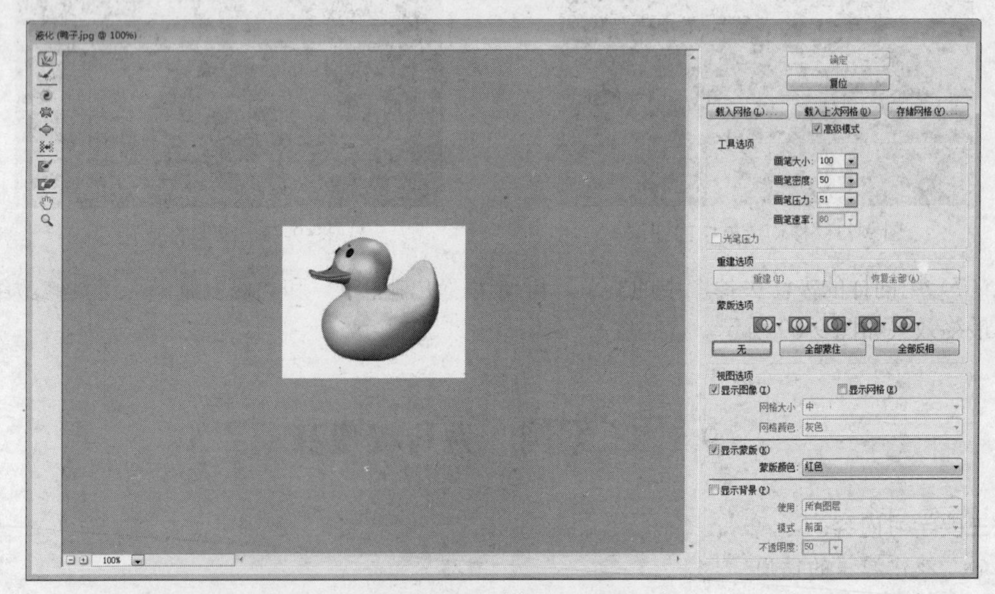

图 9-77　“液化”对话框

（1）“向前变形工具”：该工具可以移动图像中的像素，得到变形的效果。单击选择该工具，然后用鼠标在鸭子的头部和尾巴向右上拖曳，可得向右上变形效果，如图 9-78 所示。如将鼠标向左下方拖曳，即可得向左下变形图像效果，如图 9-79 所示。

（2）“重建工具”：使用该工具在变形的区域单击鼠标或拖动鼠标进行涂抹，可以使变形区域的图像恢复到原状。单击选择该工具，然后在鸭子的变形的头部和尾巴涂抹，图像则恢复原状。

（3）“顺时针旋转扭曲工具”：使用该工具在图像中单击鼠标或移动鼠标时，图像会被顺时针旋转扭曲；当按住 Alt 键单击鼠标时，图像则会被逆时针旋转扭曲。

单击选择该工具，设置画笔大小和压力等，使画笔的正圆正好圈住要加工的那部分图像。然后单击鼠标左键，即可看到正圆内的图像在顺时针旋转扭曲，如图 9-80 所示。

图 9-78　向前变形效果 1

图 9-79　向前变形效果 2

图 9-80　顺时针旋转扭曲

（4）“褶皱工具”：使用该工具在图像中单击鼠标或移动鼠标时，可以使像素向画笔中间区域的中心移动，使图像产生收缩的效果。使画笔圈住鸭子的脖子，然后单击鼠标左键，即可看到正圆内的图像逐渐褶皱缩小，效果如图 9-81 所示。

（5）“膨胀工具”：使用该工具在图像中单击鼠标或移动鼠标时，可以使像素向画笔中心区域以外的方向移动，使图像产生膨胀的效果。画笔在鸭子的头部单击，即可看到画笔处的图像逐渐膨胀扩大，效果如图 9-82 所示。

（6）“左推工具”：该工具的使用可以使图像产生挤压变形的效果。使用该工具垂直向上拖动鼠标时，像素向左移动；向下拖动鼠标时，像素向右移动。当按住 Alt 键垂直向上拖动鼠标时，像素向右移动；向下拖动鼠标时，像素向左移动。若使用该工具围绕对象顺时针拖动鼠标，可增加其大小；若顺时针拖动鼠标，则减小其大小。

选择左推工具，用鼠标在图像上拖曳，可获左推效果，如图 9-83 所示。

图 9-81　褶皱

图 9-82　膨胀效果

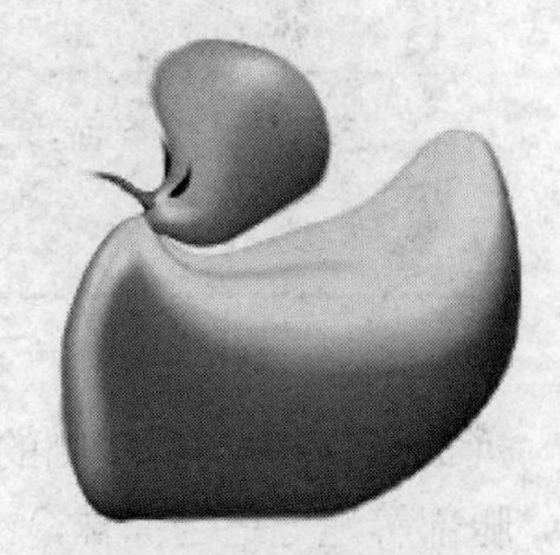

图 9-83　左推效果

（7）“冻结工具”：使用该工具可以在预览窗口绘制出冻结区域，在调整时，冻结区域内的图像不会受到变形工具的影响。选择该工具，在要保护的图像区域上拖曳，如在鸭子的头部拖动，即可在拖曳过的地方覆盖一层半透明的颜色，建立保护的冻结区域。这时再用其他“液化工具”（不含“冻结工具”）在冻结区域拖曳鼠标，就不能改变冻结区域内的图像。

(8)“解冻蒙版工具” ：使用该工具涂抹冻结区域能够解除该区域的冻结。

(9) 工具选项：用来设置当前所选工具的各项属性。

- 画笔大小：用来设置扭曲图像的画笔宽度。
- 画笔密度：用来设置画笔边缘的羽化范围。
- 画笔压力：用来设置画笔在图像上产生的扭曲速度，较低的压力适合控制变形效果。
- 画笔速率：用来设置重建、膨胀等工具在画面上单击时的扭曲速度，该值越大，扭曲速度越快。
- 光笔压力：当计算机配置有数位板和压感笔时，勾选该项可通过压感笔的压力控制工具的属性。
- 重建选项：用来设置重建的方式，以及撤销所做的调整。
- 蒙版选项：用来设置蒙版的保留方式。

三、制作步骤

(1) 打开素材。

(2) 点击“滤镜”>“液化”命令，打开“液化”对话框，如图 9-84 所示。

图 9-84 “液化”对话框

(3) 选择对话框左侧的“向前变形工具” ，适当控制画笔大小，然后在鸟叔肥胖的腰部，腿部等地方适当涂抹，不满意的地方可以通过重建工具 回到编辑前，然后再适当调整，如图 9-85 所示。

(4) 使用缩放工具 ，将图像放大，使用抓手工具，将图像焦点移动到鸟叔脸部，再选择“向前变形工具” ，适当调整画笔大小，为鸟叔瘦脸，如图 9-86 所示。

(5) 选择“褶皱工具” ，适当调整画笔大小，然后在鸟叔的嘴上轻微点击涂抹，为鸟叔瘦嘴。如图 9-87 所示。

图 9-85 使用“向前变形工具”瘦腰、瘦腿

图 9-86 使用“向前变形工具”瘦脸

图 9-87 使用“褶皱工具”瘦嘴

（6）点击“确定”按钮，观察最终效果。如图 9-76 所示。

9.6 滤镜应用综述

一、滤镜的使用方法

Photoshop CS6 滤镜种类繁多，功能和应用各不相同。单击“滤镜”菜单，弹出如图 9-88 所示的下拉菜单，选择相应的菜单命令，即可完成滤镜的操作。Photoshop CS6 的滤镜菜单被分为 6 部分，并用横线划开。

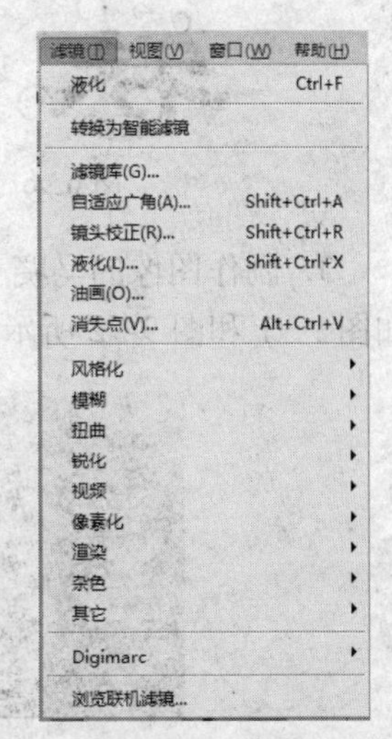

图 9-88 滤镜菜单

第一部分是最近使用的滤镜，当没有使用滤镜时，它是灰色的，不可选择。当使用一种滤镜后，需要重复使用这种滤镜时，可以反复选择。

第二部分是转换智能滤镜部分，单击此命令可以将普通滤镜转化为智能滤镜。

第三部分是 6 种功能十分强大的 Photoshop CS6 滤镜。

第四部分是 9 种含有子菜单的滤镜。

第五部分是外挂滤镜，当没有安装外挂滤镜时，它是灰色的，不可选择。

第六部分是浏览联机滤镜，可以访问 Adobe 公司网站，获得更多联机资源。

二、滤镜的使用技巧

虽然滤镜的种类繁多，但使用方法上却有许多相似之处，了解和掌握这些方法和技巧对提高滤镜的使用效率大有帮助。

- 重复使用滤镜。如果在使用一次滤镜后效果不明显，可以重复使用该滤镜，直到达到满意的效果。上一次选取的滤镜出现在“滤镜”菜单的顶部，可以反复选择，或者按组合键 Ctrl+F。
- 如需重新打开刚执行的滤镜对话框可按组合键 Ctrl+Alt+F。
- 如需在使用滤镜后的图像与使用前的图像之间切换可按组合键 Ctrl+Z。
- 滤镜可以应用于当前选取范围、当前图层或通道。如果当前图像中存在选区，则使用的滤镜效果将作用于选区中的图像；如果需要将滤镜应用于整个图层，不要选择任何图像区域；如果分别对图像的单个通道使用滤镜，结果和对单色图像使用滤镜的效果是一样的，但是当各个通道组合起来后，会产生特殊的效果。
- 有些滤镜只对 RGB 颜色模式的图像起作用，而不能应用于位图模式或索引模式，有些滤镜不能应用于 CMYK 颜色模式下。
- 单击“编辑”>“渐隐”命令可以将应用滤镜后的图像效果和原图像进行混合，就像混合了两个单独的图层，由此可以产生一些特殊效果。
- 滤镜库是 PhotoshopCS6 提供给用户的一个快速应用滤镜的工具和平台，适当地使用滤镜库可以使滤镜的浏览、选择和应用变得更加直观。

练习题

1．制作如图 9-89 所示的卷发字文字效果。

2．制作球体字效果，如图 9-90 所示。

图 9-89　卷发字

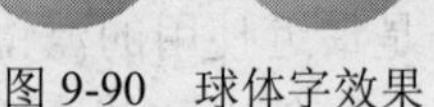

图 9-90　球体字效果

3．制作图像的马赛克拼贴图和砖墙效果，素材利用前面图 9-46 所示的牡丹花图片，效果如图 9-91 和图 9-92 所示。（纹理滤镜）

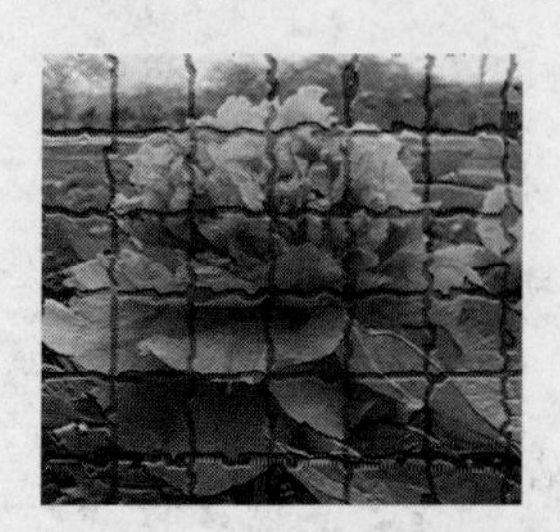

图 9-91　马赛克拼贴图效果

图 9-92　砖墙效果

4．对牡丹花图片进行正弦波、三角波和方波处理，效果如图 9-93、图 9-94 和图 9-95 所示。（波浪滤镜）

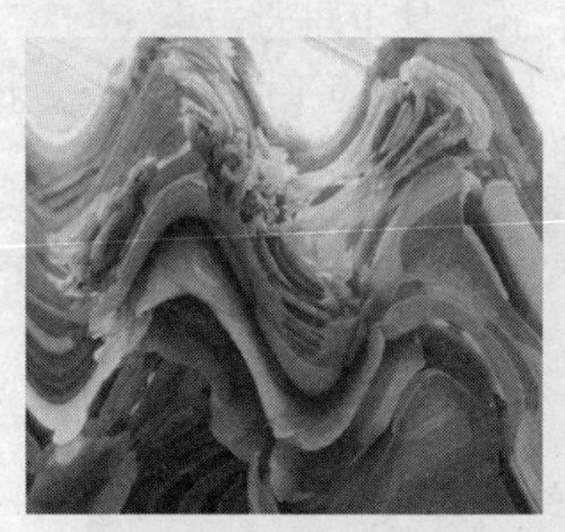
图 9-93 正弦波效果

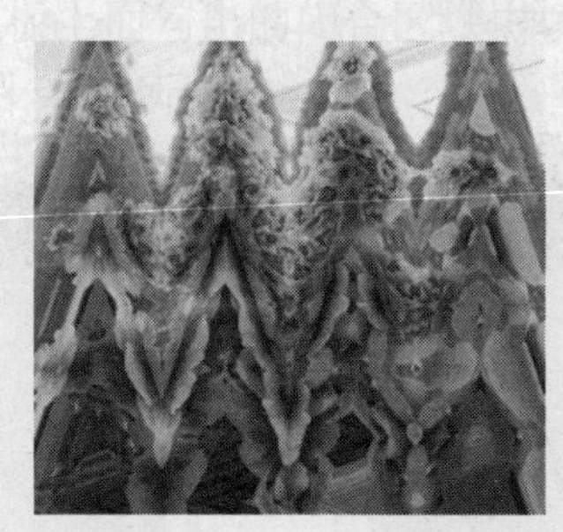
图 9-94 三角波效果

图 9-95 方波效果

5．对牡丹花图片进行彩色半调色、圆点化和镜头光晕处理，效果如图 9-96、图 9-97 和图 9-98 所示。（像素化滤镜）

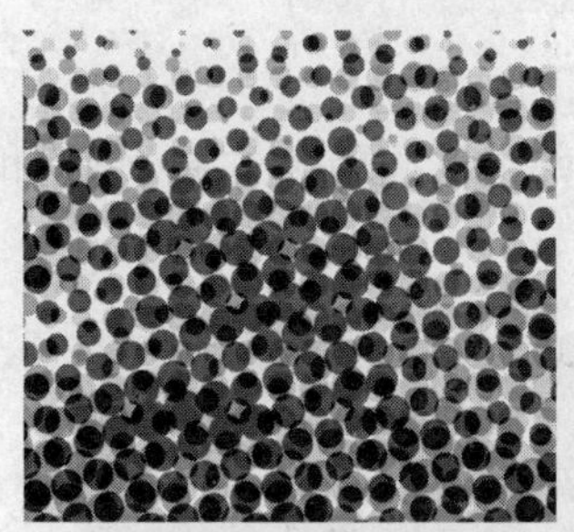
图 9-96 彩色半调色效果

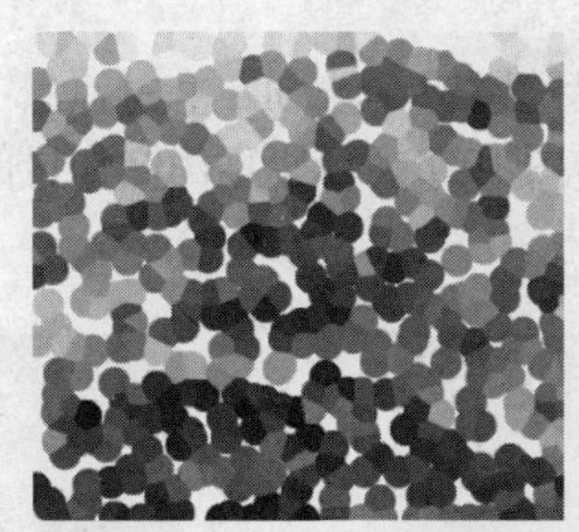
图 9-97 圆点化处理

图 9-98 镜头光晕处理

6．运用本章所学知识，尝试给自己的照片美容。

第10章 综合应用实例

10.1 『案例』世界地球日宣传画

一、制作目的

素材如图 10-1 所示，效果如图 10-2 所示，案例制作目的是熟练掌握路径文字的创建和编辑，灵活使用段落面板和字符面板。

图 10-1　素材

图 10-2　效果图

二、制作步骤

（1）建立新文件。建立一个新文件，600 像素×800 像素，RGB 模式，白色背景，文件主名为“earthday”。

（2）填充背景。选择工具中的渐变工具，设置前景色为白色，背景为浅绿色（#7dd749），然后在画布中从上边缘垂直向下边缘拖出一条渐变线，为背景层填充从白色到浅绿色的渐变色。

（3）复制素材。打开素材 1 文件，利用选择工具将背景拖动到文件“earthday”文件中，得到图层 1，将图层命名为“earth”。

（4）删除 earth 图层中除地球图像之外的像素。使用磁性套索工具或钢笔工具创建选区，选择图中的地球，然后按组合键 Ctrl+Shift+I 反选，按 Del 键删除其他像素，留下地球图。可按组合键 Ctrl+T 对地图执行自由变换，调整到合适的大小，如图 10-3 所示。

图 10-3　删除地球图的背景后

（5）创建以地球中心为圆心的圆形路径。按住 Ctrl 键，单击图层 earth 的缩览图，创建一个和地球大小一样的选区。选择“选择”>“变换选区”菜单命令，在选项栏上设置水平缩放和垂直缩放均为 120%，如图 10-4 所示，单击选项栏上的“确认”按钮✓。然后再单击路径面板上的“从选区生成工作路径”按钮，即得到圆形路径，如图 10-5 所示。

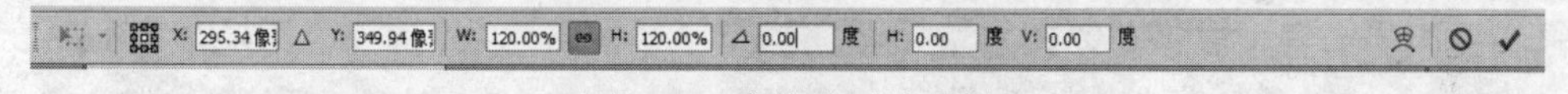

图 10-4　变换选区选项栏

（6）在路径上输入文字。选择横排文字工具，在沿圆形路径输入“SAVE THE EARTH，SAVE OURSELVES！WE ONLY HAVE A EARTH！”，字体为“Impact”，设置合适的字号和字间距，使文字刚好沿圆形一圈。如图 10-6 所示。

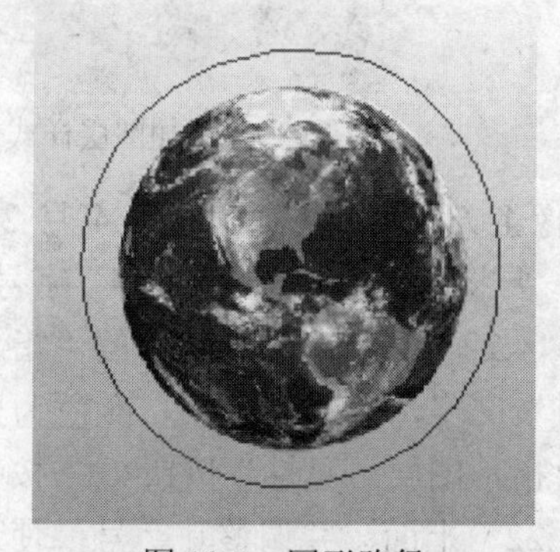

图 10-5　圆形路径

图 10-6　沿路径输入文字

（7）对文字进行透视变换。在图层面板上的文字图层上右击，在打开的组合菜单中选择“栅格化文字”命令，将文字栅格化。再按组合键 Ctrl+T 执行自由变换，按住组合键 Ctrl+Alt，鼠标拖动左上角的定位点进行透视变换，如图 10-7 所示。

（8）为文字图层添加图层蒙版。单击图层面板上的“图层蒙版”按钮，为文字图层添加图层蒙版。这时图层面板如图 10-8 所示。

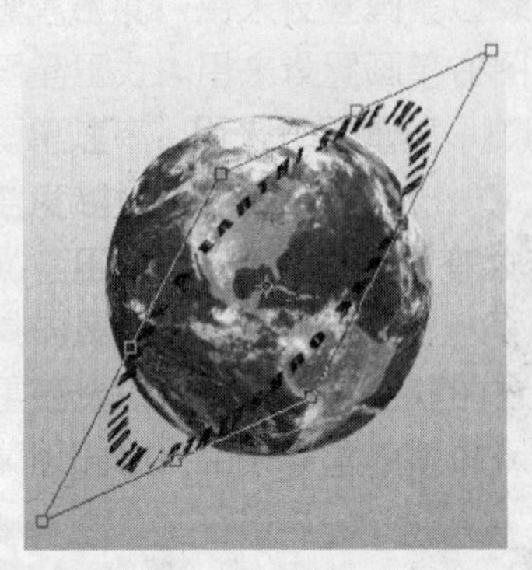

图 10-7　透视变换

图 10-8　图层面板

（9）在图层蒙版上涂抹掉不需要显示的文字。选择画笔工具，设置前景色为黑色，并按住 Ctrl 键单击 earth 图层，创建选区。在图层面板上，单击选择文字图层的蒙版，用画笔在蒙版上的圆形选区中涂抹掉不需要显示的文字，如图 10-9 所示。按组合键 Ctrl+D 取消选区。（注：创建选区的目的是可防止涂抹掉地球边缘的文字。）

（10）为文字添加渐变样式和投影。在图层面板上，在文字图层缩览图上双击，在打开的“图层样式”对话框中设置“投影”和“叠加渐变”，投影各项值采用默认值，叠加渐变的渐变颜色选择“橙色、黄色、橙色”，其他值采用默认。效果如图 10-10 所示。

图 10-9　涂抹文字后

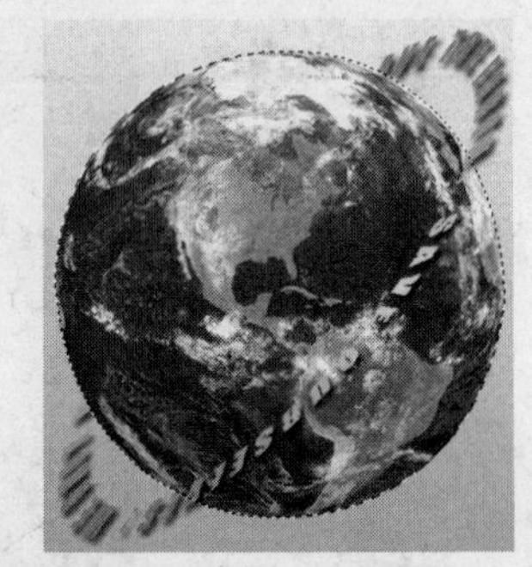

图 10-10　添加图层样式后

（11）添加标题文字。使用横排文字工具，在图像上方输入“4.22”表示 4 月 22 日为世界地球日。颜色为#ff8400，用户选择合适的字体字号，要将“.22”字号调为“4”字号的一半，如前面效果图所示。输入完成后，在图层面板上单击“4.22”文字所在图层前的“指示图层可见性”按钮，将该图层隐藏。再输入“世界地球日”文字，字体为隶书，颜色为蓝色，确认输入。在图层面板上，再单击“4.22”图层右边的“指示图层可见性”按钮，按钮显示为，图层内容显示。再移动“世界地球日”文字到“.22”上面，并调整其字号，使其效果如图 10-2 所示。

（12）添加图层样式。为标题文字两个图层均添加投影和外发光，添加投影降低投影的不透明度为 65%，其他值均采用默认。

（13）创建波浪文字。利用钢笔工具在画布的下方画出波浪路径（具体操作可参考钢笔工具的使用章节），如图 10-11 所示。利用横排文字工具沿路径输入文字“保护地球，给后代一个蓝天、碧水、绿树的世界。保护环境，保护地球，就是保护人类自己。”字体为隶书，颜色为蓝色，字号选择合适的，为文字图层添加“外发光”效果。

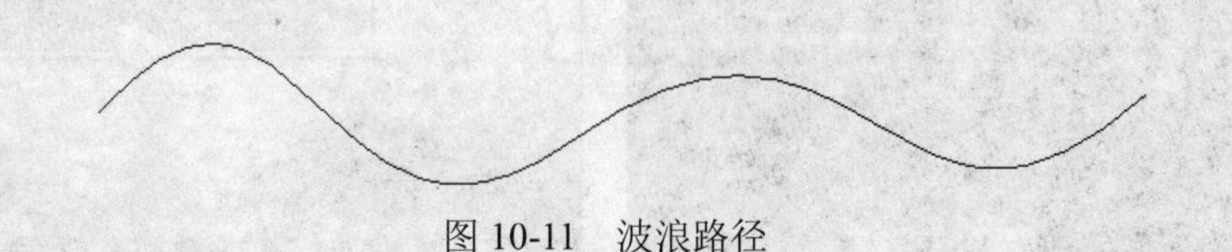

图 10-11 波浪路径

（14）添加干涸土地图片。选择 earth 图层，再按住 Ctrl 键单击 earth 图层，创建选区。打开素材 2，按组合键 Ctrl+A 选择整个图像，按组合键 Ctrl+C 将图像复制到剪贴板上，回到“earthday”文件，按组合键 Alt+Shift+Ctrl+V 执行“粘入”命令，这样粘入的图片仅对应选区内的部分的显示，并创建一新图层，将该图层命名为“土地”，在图层面板上设置该图层的混合模式为“叠加”，效果如图 10-2 所示。

（15）制作完成，保存文件。

10.2 『案例』CD 封面设计

一、制作目的

主要素材如图 10-12、图 10-13、图 10-14 和图 10-15 所示，效果如图 10-16 所示，案例制作目的是熟练掌握文字渐变制作方法和阴影制作方法，灵活使用蒙版工具和图像明暗调整。

图 10-12 素材 1

图 10-13 素材 2

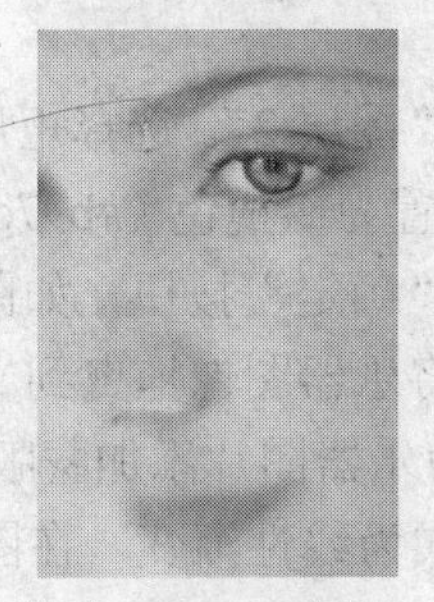

图 10-14 素材 3

图 10-15 素材 4

图 10-16　效果图

二、制作步骤

1. 制作背景效果

（1）按组合键 Ctrl+N，新建一个文件，24 厘米×12 厘米，文件名为“唱片封面设计”。颜色模式为 CMYK，背景内容为白色。

（2）按组合键 Ctrl+R，图像窗口中出现标尺。选择“移动工具”，从图像窗口的水平标尺垂直标尺中拖曳出需要的参考线，距离画布上下左右边界 0.4cm 各有一条参考线，在画布垂直 12cm 处及其左右 0.4cm 处各有一条参考线，共 7 条，效果如图 10-17 所示。

图 10-17　参考线

（3）单击图层面板下方的“创建新图层”按钮，生成“图层 2”。选择矩形选框工具，在图像窗口中的右半部分绘制出一个矩形选区。将前景色设置为橄榄色（#b97d4b），执行菜单“编辑”>“描边”命令，将“宽度”设置为 6 像素，单击“确定”按钮，如图 10-18 所示。

（4）按组合键 Ctrl+O，打开素材文件中的乐器图片，将乐器图像拖曳到文件窗口中适当的位置。单击图层面板下方的“添加图层蒙版”按钮，为乐器图片添加蒙版。按 D 键，将前景色和背景色设置为默认色。选择渐变工具，渐变模式为线性渐变，在图像窗口中拖曳渐变色，如图 10-19 所示，蒙版效果如图 10-20 所示。

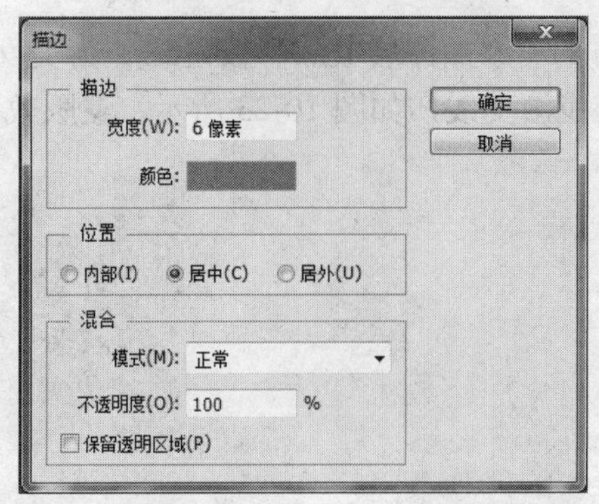

图 10-18 “描边”对话框

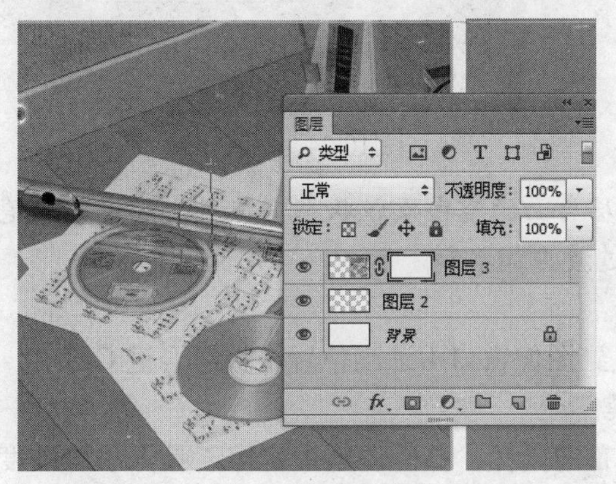

图 10-19 拖曳渐变色

图 10-20 蒙版效果

注意：渐变效果制作时必须在选中“图层3”图层后面的空白蒙版状态下拖曳。

2. 制作人物效果

（1）打开美女图片，将美女图片拖曳到图像窗口中适当位置，按组合键 Ctrl+T，右击鼠标选择“水平翻转”命令，并调整图像倾斜度，按 Enter 键确认操作。

（2）制作模糊效果，执行菜单“滤镜”>“模糊”>“高斯模糊”命令，将“半径”选项设置为5像素。

（3）调色为冷色，执行菜单“图像”>“调整”>“色彩平衡”命令，弹出“色彩平衡”对话框，如图10-21所示调整参数。效果如图10-22所示。

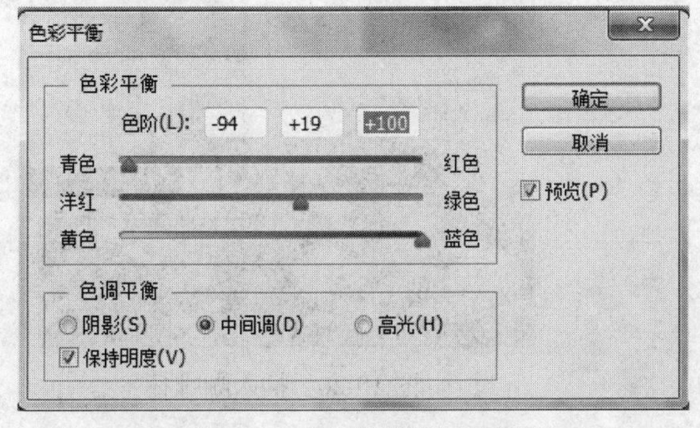

图 10-21 “色彩平衡”对话框

图 10-22 人物效果

（4）单击图层面板下方的“添加图层蒙版”按钮，为美女图片添加蒙版。选择“渐变工具”，在图像窗口中拖曳渐变线，如图 10-23 所示，蒙版效果如图 10-24 所示。

图 10-23　拖曳渐变线

图 10-24　蒙版效果

注意：渐变效果制作时必须在选中美女图层后面的空白蒙版状态下拖曳。可调整画笔大小，在蒙版右上方进行涂抹，使蒙版图形边缘过渡更加柔和。

3. 合成咖啡豆图片

（1）打开咖啡豆图片，将咖啡豆图片拖曳到图像窗口中适当位置，按组合键 Ctrl+T，拖曳控制手柄来改变图像大小，按 Enter 键确认操作。

（2）用橡皮擦工具擦去部分图像，可右击鼠标，打开调整橡皮擦工具大小与硬度面板，调整其大小与硬度。

（3）调整明暗对比，执行菜单“图像”>“调整”>“亮度/对比度”命令，弹出“亮度/对比度”对话框，调整适当参数。调整图层的不透明度约为 90%左右，效果如图 10-25 所示。

4. 制作咖啡杯投影效果

（1）打开咖啡杯图片，将咖啡杯图片拖曳到图像窗口中适当位置，按组合键 Ctrl+T，拖曳控制手柄来改变图像大小，效果如图 10-26 所示。

图 10-25　合成咖啡豆图片

图 10-26　插入咖啡杯

（2）设置前景色为黑色，新建图层，生成“影子”，选择“椭圆工具”，在图像窗口适当位置绘制作一个选区，如图 10-27 所示，并按组合键 Alt+Delete 使用前景色填充选区，如图 10-28 所示。

（3）做影子的模糊效果：取消选区，执行菜单“滤镜”>“模糊”>“高斯模糊”命令，将“半径”选项设置为 8 像素。如图 10-29 所示。

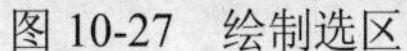

图 10-27　绘制选区

图 10-28　填充选区

图 10-29　模糊效果

（4）拖曳影子图层至咖啡杯图层后面，调整影子图层到适当位置。

5. 添加封底颜色

单击图层面板下方的“创建新图层”按钮，生成“封底图层”。选择矩形选框工具，在图像窗口中的左半部分绘制出一个矩形选区。将前景色设置为洋红色，按组合键 Alt+Delete 填充前景色。

6. 宣传文字制作

（1）制作文字背景。单击创建新图层按钮，生成“图层 7”。选择矩形选框工具，在图像窗口中绘制出一个矩形选区。将前景色设置为洋红色，执行菜单“编辑”>“描边”命令，将“宽度”设置为 5 像素，单击“确定”按钮。边缘线完成，内部填充可缩小选区后填充洋红色，方法是：执行菜单“选择”>“修改”>“收缩”命令，设置收缩值为 8 像素，填充前景色，效果如图 10-30 所示。

（2）打开巴乌图文件和花装饰图案。将巴乌图装饰图案拖曳到图像窗口中适当位置，并调整其大小。再打开 flower.tif 文件，将花图层拖动复制到图像窗口适当位置，效果如图 10-31 所示。

图 10-30　文字背景

图 10-31　插入巴乌图和花图案后

（3）添加宣传文字，选择文字工具T，在背景位置输入文字内容，并选择合适的字体，调整颜色，排版文字内容，效果如图 10-32 所示。

（4）制作“情感”渐变效果。输入文字“情感”，将文字转化为曲线，执行菜单“图层”>“栅格化”>“文字”命令，制作线性渐变效果。效果如图 10-33 所示。

图 10-32　插入文字

图 10-33　插入文字

（5）添加装饰图案和出版标志。

（6）添加封底文字，效果如图 10-34 所示，制作完成后保存文件。

图 10-34　效果图

10.3　『案例』圣诞节贺卡

一、制作目的

素材为如图 10-35 所示的四张图片，效果如图 10-36 所示，案例制作目的是熟练掌握渐变工具和 PS 基础操作的灵活使用。

图 10-35 素材

图 10-36 效果图

二、制作步骤

（1）制作背景效果。按组合键 Ctrl+N，新建一个文件，21 厘米×20 厘米，文件名为“圣诞节贺卡”。设置前景色为深蓝色，背景色为淡蓝色，选择渐变工具，在图像窗口中由下至上拖曳渐变色，效果如图 10-37 所示。

（2）打开“森林”文件，将森林图片拖曳到图像窗口中适当位置，按组合键 Ctrl+T 进入自由变换状态，按 Shift 键等比例缩放，调整图像大小。效果如图 10-38 所示。

（3）打开“山”文件，将山图片拖曳到图像窗口中适当位置，按组合键 Ctrl+T 进入自由变换状态，按 Shift 键等比例缩放，调整图像大小。效果如图 10-39 所示。

图 10-37 背景渐变

图 10-38 森林

图 10-39 插入山图片

（4）制作文字背景。设置前景色为洋红色，背景色为深蓝色。选择椭圆工具，在图像窗口适当位置绘制作一个选区，选择渐变工具，在上面的属性栏中选择径向渐变工具，如图 10-40 所示，在图像窗口中拖曳渐变色，效果如图 10-41 所示。

（5）打开“圣诞雪橇”文件，将圣诞雪橇图片拖曳到图像窗口中适当位置，按组合键 Ctrl+T 进入自由变换状态，按 Shift 键等比例缩放，调整图像至合适大小。使用魔棒工具选择圣诞雪橇图案背景色白色区域，按 Del 键删除白色区域。执行菜单“图像”>“调整”>“色相/饱和度”命令，弹出“色相/饱和度”对话框，调整明度滑块至最右端，如图 10-42 所示，调整圣诞雪橇为黑色。效果如图 10-43 所示。

图 10-40　渐变属性栏

图 10-41　径向渐变

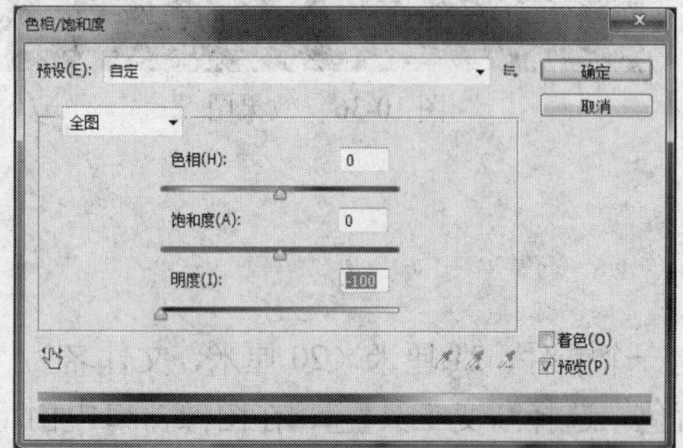

图 10-42　“色相/饱和度”对话框

图 10-43　调为黑色

（6）制作文字效果。选择文字工具T，在背景位置输入文字内容“Merry Christmas”，并选择合适的字体，设置字体颜色为白色，排版文字内容。执行菜单“图层”>“栅格化”>“文字”命令。将前景色设置为黑色，执行菜单“编辑”>“描边”命令，将“宽度”设置为 3 像素，单击“确定”按钮。效果如图 10-44 所示。

（7）打开“铃铛”文件，将铃铛图片拖曳到图像窗口中适当位置，按组合键 Ctrl+T 进入自由变换状态，按 Shift 键等比例缩放，调整图像大小。效果如图 10-45 所示。

（8）单击图层面板下方的“创建新图层”按钮，生成“左背景”。选择矩形选框工具，在图像窗口中的左半部分绘制出一个矩形选区。设置前景色为深蓝色，背景色为淡蓝色，选择渐变工具，在图像窗口中由下至上拖曳渐变色，效果如图 10-46 所示。

图 10-44　制作文字效果

图 10-45　添加铃铛

图 10-46　填充渐变

（9）添加文字。选择文字工具T，在背景位置输入文字内容“To”，“From”，并选择合适的字体，设置字体颜色为白色，排版文字内容。最终效果如图 10-36 所示。

10.4　『案例』茶艺海报

一、制作目的

主要素材如图 10-47、图 10-48 和图 10-49 所示，效果如图 10-50 所示，案例制作目的是熟练掌握蒙版工具和阈值的使用。灵活运用图层叠加方式、文字栅格化和描边。

图 10-47　素材 1

图 10-48　素材 2

图 10-50　效果图

图 10-49　素材 3

二、制作步骤

1. 制作海报背景图片

（1）按组合键 Ctrl+O，打开文件“茶杯图”、“山脉”。将“山脉”图片拖曳“茶杯图”图像文件，调整到适当位置。单击图层面板下方的“添加图层蒙版”按钮，为“山脉”图片添加蒙版，如图 10-51 所示。选择渐变工具，在图像窗口中拖曳渐变色，蒙版效果如图 10-52 所示。

注意：制作渐变效果时必须在选中“山脉”层后面的空白蒙版状态下拖曳。

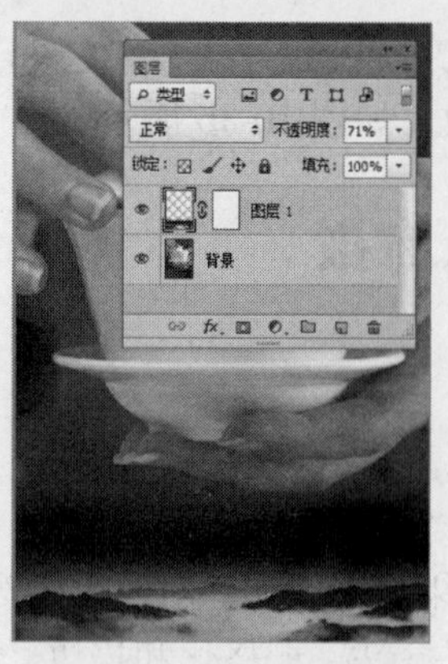

图 10-51　添加图层蒙版

图 10-52　蒙版效果

（2）制作背景文字效果。选择文字工具T，在背景位置输入文字内容，生成“文字”图层，选择合适的字体，排版文字内容。将文字转化为曲线，执行菜单“图层”>“栅格化”>“文字”命令。单击图层面板下方的“添加图层蒙版”按钮，为“文字”图片添加蒙版。选择渐变工具，选择菱形渐变，使用默认前景色和背景色在图像窗口中拖曳渐变色，蒙版如图 10-53 所示，效果如图 10-54 所示。

图 10-53　蒙版

图 10-54　添加蒙版后的效果

2. 制作文字图片遮盖效果

（1）将背景图层复制到面板下方的“创建新图层”按钮，复制背景图层，生成“背景副本”“背景副本 1”，选中“背景副本 1”，执行菜单“图像”>“调整”>“阈值”命令，弹出“阈值”对话框，如图 10-55 所示设置，按“确定”按钮，生成白色选区。效果如图 10-56 所示。

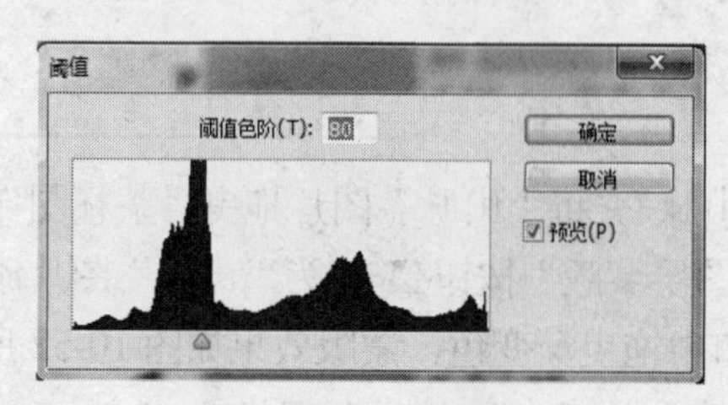

图 10-55　设置阈值

图 10-56　生成白色选区

（2）用魔棒工具选中白色区域，回到“背景副本”图层，单击图层面板下方的“添加图层蒙版”按钮，为背景副本图层添加蒙版。在图层面板上删除“背景副本 1”图层，再将“背景副本”图层放置在“文字”图层上方，制作出文字图片被遮盖效果，效果如图 10-57 所示。

图 10-57　添加蒙版后的效果

注意：① 添加图层蒙版要在保持选区存在时点击按钮，否则添加空白蒙版。②可以结合魔棒工具和套索工具修改蒙版。

3. 添加标题内容文字

（1）打开素材“中”，“华”，“茶”，“艺”，用魔棒工具分别把素材中的黑色字体选中，拖曳到茶艺海报中，调整位置和大小。使用组合键 Ctrl+E 向下合并图层，把这四张文字效果图层合并为一个图层，命名为“中华茶艺”图层。

（2）填充“中华茶艺”图层为深绿色。按 Ctrl 键不放点击“中华茶艺”图层，选中该图层像素。设置前景色为深绿色，按组合键 Alt+Delete 用前景色填充选区。效果如图 10-58 所示。

（3）添加文字，选择文字工具T，在背景位置输入文字内容“文化展览”，选择合适的字体，调整字体颜色，执行菜单“图层”>“栅格化”>“文字”命令。将前景色设置为绿色，执行菜单“编辑”>“描边”命令，将“宽度”设置为 3 像素，单击“确定”按钮。效果如图 10-59 所示。

图 10-58　填充颜色

图 10-59　描边后

（4）添加标志及在图像中分别输入需要的文字，设置字体，字体大小，文字颜色。在图像中绘制一个小矩形，复制多个，调整到适当位置作为修饰。效果如图 10-60 所示。

如图 10-60　添加修饰

（5）制作完成，保存文件。效果如图 10-50 所示。

10.5　『案例』房地产广告设计

一、制作目的

本例主素材如图 10-61～图 10-65 所示，效果如图 10-66 所示，案例制作目的是熟练掌握蒙版工具的使用和图像明暗调整。灵活使用自由变换工具和选区的加减运算。

图 10-61　素材 1

图 10-62　素材 2

图 10-63　素材 3

图 10-64　素材 4

图 10-65　素材 5

图 10-66 效果图

二、制作步骤

（1）新建文档。按组合键 Ctrl+N，新建一 44 厘米×65 厘米的文件，文件名为“房地产广告设计”。

（2）打开“红色背景”文件，将红色背景图片拖曳到图像窗口中适当位置，按组合键 Ctrl+T 进入自由变换状态，调整图像大小。单击图层面板下方的“添加图层蒙版”按钮，为图片添加蒙版。选择渐变工具，前景与背景色为默认颜色，选择线性渐变，在图像窗口中拖曳渐变线，如图 10-67 所示。调整图层不透明度，约为 60%，效果如图 10-68 所示。

图 10-67 拖曳渐变

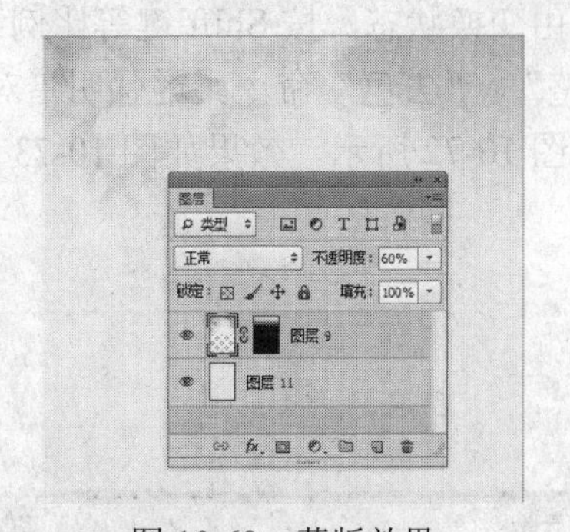

图 10-68 蒙版效果

注意：渐变效果制作时必须在选中“文字”图层后面的空白蒙版状态下拖曳。

（3）打开“放射”文件，将图片拖曳到图像窗口中适当位置，按组合键 Ctrl+T，调整图像大小。单击图层面板下方的“添加图层蒙版”按钮，为图片添加蒙版。选择渐变工具，在上面的属性栏中选择径向渐变工具，在放射图像中心向其边缘拖曳渐变线，效果如图 10-69 所示。

图 10-69　径向渐变蒙版

（4）打开“夜景”文件，将夜景图片拖曳到图像窗口中适当位置。制作选区，选择椭圆工具，在图像窗口适当位置绘制作一个圆选区，选择矩形选框工具，按 Alt 键减选掉下半部分选区，执行菜单“选择”>“羽化”命令，羽化选区边缘，如图 10-70 所示。单击图层面板下方的“添加图层蒙版”按钮，为图片添加蒙版。效果如图 10-71 所示。

图 10-70　制作选区

图 10-71　添加蒙版

（5）打开“别墅群”文件，将别墅群图片拖曳到图像窗口最下方位置，按组合键 Ctrl+T 进入自由变换状态，按 Shift 键等比例缩放，调整图像大小。制作黑白图，执行菜单“图像”>“调整”>“去色”命令。增强明暗对比，执行菜单“图像”>“调整”>“亮度/对比度”命令，如图 10-72 所示。效果如图 10-73 所示。

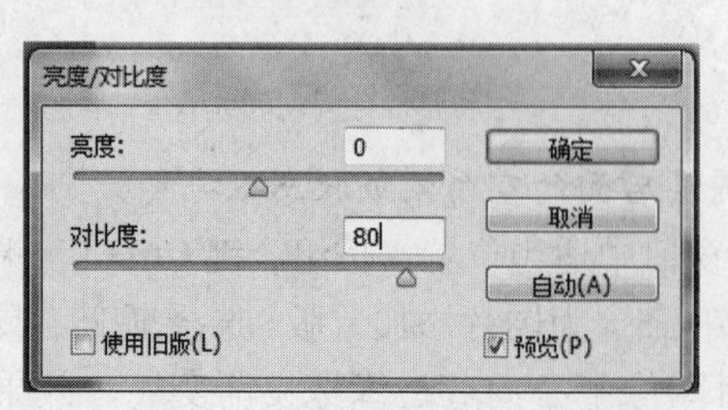

图 10-72　“亮度/对比度”对话框

图 10-73　调整对比度效果

（6）制作圆形装饰图案。设置前景色为橙色，单击图层面板下方的“创建图层”按钮，将新图层名更改为“装饰图案”。选择椭圆工具，在图像窗口绘制一个圆形选区，按组合键Alt+Delete填充前景色。缩小选区，右击鼠标选择“变换选区”，按Shift键等比例缩放，缩小选区范围，设置前景色为黑色，按组合键Alt+Delete填充前景色，以此类推，完成圆形装饰图案。复制多个“装饰图案”，调整到适当位置，效果如图10-74所示。

（7）放置图形。打开“图形”，“图形1”文件，分别将图片拖曳到图像窗口中适当位置，按组合键Ctrl+T进入自由变换状态，调整图像大小，旋转图形。效果如图10-75所示。

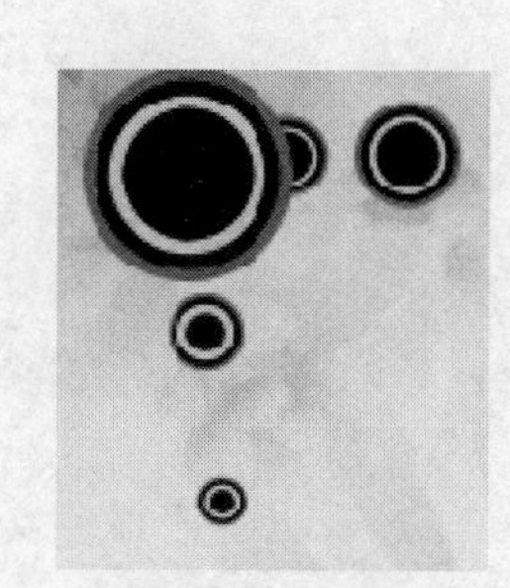

图10-74　装饰图案

图10-75　放置图形

（8）添加文字。选择文字工具T，在图像中分别输入需要的文字，设置字体，字体大小，文字颜色。排版文字内容到适当位置，最终完成效果如图10-66所示。制作完成，保存文件。